과학문화,

난쟁이와 거인의 노래

공기펌프부터 AI까지,
세계관의 변화를 가져온 16가지 과학 이야기

과학문화, 난쟁이와 거인의 노래

김지연 지음

자유아카데미

분열된 세계에서 함께 노래하기

과학은 근대세계를 만들었고, 전 세계를 자신의 거주지로 삼았다[1]. 독특한 효율성으로 과학이 만든 생산물을 이동시킬 수 있었기 때문이다. 그 결과 세계를 아는 방식에 대한 우리의 관점을 재편성했고 우리 삶을 강하게 지배하고 있다. 역설적으로 그 매력 덕분에 지구환경과 인간의 삶은 미래를 기대하기 어려워지고 있다.

과학이 세계를 분열하는 방식으로 효율성을 달성하기 때문이다. 과학은 기계주의 세계관을 확장했고 환원주의 신봉자를 양산했다. 수학자이면서 철학자였던 알프레드 노스 화이트헤드(A. N. Whitehead)는 《과학과 근대세계(Science and the Modern World, 1925)》에서 과학과 세계에 대한 인식 전환을 제기했다[2]. 이후 여러 연구자가 이 문제의 시급성을 주장했지만, 아직도 분열된 세계 문제는 주요 의제가 되지 못하고 있다. 이 책은 근대과학의 서사를 전환하려 했던 여러 주장을 전하고자 한다.

난쟁이와 거인

갈릴레오는 말했다. “1,000명의 데모스테네스와 1,000명의 아리스토텔레스도 자연을 끌어들이는 한 명의 보통 사람에 의해 참패할 수 있다”[3, 4]. 데모스테네스는 그리스의 저명한 정치가이며 웅변가였고 아리스토텔레스는 서양문명의 기원이라고 불릴만한 자연철학자였다. 여기서 ‘자연을 끌어들이는 한 명의 보통 사람’은 갈릴레오 자신과 같은 사람으로서 나중에 ‘과학자’라고 불리게 된다. 이제 막 등장한 신생 분야의 한 인물이 위대한 역사적 인물을 거명하면서 그들 수천 명과 ‘한 명의 과학자’의 무게를 비교한 것이다.

뉴턴은 “내가 더 멀리 보았다면 이는 거인의 어깨 위에 서 있었기 때문”이라고 말했다. 과학사회학자 로버트 머튼(Robert K. Merton)의 분석에 따르면 이 문장은 당시 잘 알려진 것으로 거인의 어깨 위에 있는 난쟁이가 거인보다 더 멀리 볼 수 있다는 의미로 사용되었다[5]. 그 책의 서문을 쓴 기호학자 움베르토 에코(Umberto Eco)는 이 문장을 조금 비틀었다. “거인이 없다면 우리는 아무것도 볼 수 없을 것이다.”

여기서 ‘거인’은 무엇을 지칭하는가? 난쟁이는 멀리 보기 위해서 거인이 누구인지(또는 무엇인지) 알아야 한다. 뉴턴은 우리가 아는 과학보다 장인의 기예와 신비로운 힘을 상징하는 연금술에 많은 시간을 쏟았었다. 그는 연금술에서 더 많은 것을 배웠고 더 많은 빚을 졌다. 연금술은 노동하는 장인의 손기술에서 왔고 때로는 대중을 현혹하는 마법의 세계였다. 17~18세기 근대과학자들은 연금술과 이별하며 기계주의 철학을 채택했다(3장). 뉴턴의 거인은 적어도 근대과학은 아니다. 아마도 풍부함과 역동성을 가진 ‘인류의 집단 지식’을 후보자로 지목하는 것이 적절할 것이다.

인류의 집단 지식은 오랜 시간 동안 노동과 경험으로 형성된 ‘상식(common sense)’이다. 화이트헤드는 과학이 상식에서 나왔고 상식에 위배되지 않아야 한다고 지적한다[7]. "상식은 정확한 사고와 경험 사이의 초기 만남을 표현하기 때문에 과학은 상식과의 관계를 완전히 끊을 수 없다. (…) 과학은 상식을 다듬을 수도 있고, 세부적으로 반박할 수도 있고, 놀라게 할 수도 있다. 하지만 궁극적으로 모든 임무는 상식을 만족시키는 것이다". 상식은 일상의 삶에서 시장, 운동장, 법원에서 최고의 권위를 가지고 있다. 상식은 사실상 인류의 사회학적 관계 전체를 지배하고 있다. 과학과 상식은 난쟁이와 거인의 관계이다.

과학학자 브뤼노 라투르(B. Latour)는 지식 형성에서 개인과 집단의 관계에 대해 말했다. "사실 구축(fact construction)은 너무나도 집단적인 과정이어서 고립된 사람은 단지 꿈이나 주장 그리고 느낌만을 만들 수 있을 뿐, 사실을 만들지 못한다"[4]. 데카르트의 코기토(Cogito)가 '개인의 사유'를 말하며 코기타무스(Cogitamus)는 집단의 사유를 지칭한다.[1] 갈릴레오 이후 근대사회는 개인 차원(코기토)을 과도하게 강조하면서 코기타무스를 지워버렸다. 과학기술학(Science and Technology Studies, STS)은 이를 조사하고 다른 경로를 제안하는 것을 자신의 주요 과제로 내세우며 출발했다.

난쟁이 형제와 로키

북유럽 신화 속 난쟁이와 거인의 이야기는 난쟁이와 거인의 또 다른 면모를 암시한다. 거인족 로키(Loki)는 외모가 출중하고 말재주가 좋아

---

1 코기토와 코기타무스는 라틴어로서 전자는 "나는 생각한다(I think)"를, 후자는 "우리는 생각한다(we think)"를 의미한다. 라투르(2012: 179)는 코기타무스를 '사유 집합체(A collective of thoughts)' 또는 '생각하는 대중(thinking public)'으로 표현했다.

호감이 가지만 교활한 말썽꾸러기이다[8]. 그의 내면은 엄청난 분노와 질투심, 욕정 같은 어두운 구석이 있다. 그의 기묘한 성격 때문에 말썽을 많이 일으키는데 신화 속 대부분 사건이 그 때문에 일어난다. 로키가 없다면 이 신화는 존재하지 못했거나 현저히 매력을 잃었을 것이다.

어느 날 로키가 장난삼아 토르의 아내 시프의 황금 머리카락을 잘라 갔다. 화가 난 토르는 로키를 붙잡아 위협했다. 위기를 모면하고자 로키는 난쟁이들에게 황금 머리카락을 만들게 하겠다는 조건으로 풀려난다. 난쟁이는 특별한 힘을 가진 예술작품을 만들 수 있다. 로키는 난쟁이들을 끌어들이기 위해서 난쟁이의 경쟁심을 이용한다. 그들은 자신의 재주를 인정받고 싶은 욕심이 있었다. 로키는 난쟁이들에게 아스가르드 신들을 위한 선물을 만들고 그중 최고의 작품에 상을 주겠다고 약속한다.

브로크와 에이트리 형제 난쟁이는 경쟁에서 이기면 상으로 로키의 머리를 달라고 요구한다. "우리가 이 경쟁에서 이기면 당신 머리를 가질 겁니다. 당신 머릿속에서는 수많은 일이 벌어지고 있으니까 에이트리가 그걸 가지고 아주 멋진 장치를 만들 수 있을 겁니다." 로키는 급한 마음에 동의한다. 이 경쟁에서 북유럽 신화의 대표적인 보물들이 만들어진다. 시프에게 줄 황금 머리카락만이 아니라, 스스로 날아가 원하는 목표물에 명중하는 창 궁니르, 목표물을 타격하고 다시 돌아오는 망치 묠니르, 순풍을 불러와 어디든 갈 수 있고 접어서 휴대할 수 있는 배 스키드브라드니르, 더 아름답게 만들어 주는 목걸이 브리싱가멘도 제작되었다. 로키의 방해에도 불구하고 최종적으로 묠니르를 만든 형제 난쟁이가 승리했다.

로키는 약속대로 머리를 내놓아야 했지만, 그답게 위기를 모면했다.

"자네는 물론 내 머리를 자를 수 있어. 하지만 여기 전능하신 오딘께 호소하는데, 만약 자네가 내 목을 조금이라도 자른다면 자네는 우리 계약 조건을 어기는 거야. 자네들은 내 머리만 자르겠다고 약속했으니까 말이야." 오딘은 로키의 말이 맞다고 선언한다. 난쟁이 형제는 짜증이 났다. 로키의 머리를 가져갈 수 없자 머리 대신 로키의 입을 가죽 실로 꿰매기로 한다. 입은 명백히 머리에 포함되기 때문에 오딘도 허락한다. 로키에게는 꿰매어지는 고통보다 말을 할 수 없게 된 것이 더 큰 고통이었다. 로키의 영리함은 말을 하는 것으로 드러나기 때문이다.

여기서 난쟁이는 과학기술자를 상징한다. 거인족 로키의 성격은 '인류' 또는 '대중'을 연상시킨다. 그 존재가 모순적이며 역동적이어서 모든 사건의 출발이라는 점이 많이 닮았기 때문이다. 그래서 로키가 없다면 아무 이야기도 생기지 않았을 정황도 현실의 대중과 닮아있다. 이 '거인'은 로키처럼 선과 악을 동시에 가지고 있어서 다양한 문제를 일으킬 수 있다. 난쟁이가 자기 욕심이 있어서 거인에게 속는 것도 현실적이다. 과학기술자의 경쟁심을 떠오르게 한다. 그렇다면 난쟁이 형제가 로키의 머리를 가지려는 것은 그들이 인류(대중)의 지혜를 독점하려는 의도를 상징한다. 이를 달성할 수 없자 로키의 입을 꿰매는데 이것은 인류(대중)의 말하기를 통제하는 것을 암시한다.

거인 없는 난쟁이

신화 속 난쟁이와 거인처럼 그들은 욕망이 있거나 모순적인 충동을 가지며 상대를 속이거나 제압하고자 시도할 수 있다. 근대과학은 '거인'의 입을 꿰매고서 진실을 말할 권리를 '난쟁이'에게만 부여했다. 과학이 항상 답을 내놓을 것으로 기대한다는 점에서 이런 태도를 '과학주의'라고 부른다. 근대과학의 이분법적 통제는 과학자와 대중의 관계만이 아니라, 이성과 신체, 주체와 객체, 인간과 가이아(지구생태시스템) 사이에 걸쳐 폭넓게 적용되었다. 이것은 효과적인 것처럼 보였지만 이제 그 한계가 명확해지고 있다. 입이 꿰매어진 거인은 점점 왜소해졌고 결국 난쟁이는 거인을 잃고 혼자가 돼버렸다.

근대의 이분법적 세계관은 집단보다는 개별(개체)을 과도하게 강조하는 경향을 낳았다. 이런 관점은 과학자만이 아니라 대중에게로 번졌다. 이기적 유전자 열풍(신다윈주의)은 세계와 인간 자신을 이해하는 관점의 왜소함을 단적으로 보여준다. 단지 유전자만으로 생명 원리를 설명하는 주장(유전자결정론)은 난쟁이(개별요소)만을 보고 거인(전체)은 보지 않는 것이다. 역사적으로 진화이론은 신다윈주의만이 아니라 집단유전학 전통이 있다. 두 관점은 다음과 같은 질문으로 구별된다. 자연선택이 개체 내 유전자에만 작용하는가? 혹은 개체의 공동체(집단)도 선택하는가?

조시 미텔도르프(Josh Mitteldorg)에 따르면, 두 진영의 논쟁은 이데올로기적 양상을 띤다[9]. 신다윈주의는 다윈 이론과 유전학의 종합으로 개체의 선택과 진화에 주목해왔다. 그 결과 이들은 자유시장을 옹호하며 개인의 경제적 성공을 정당화한다. 반면에 집단선택을 선호하는 이론가는 사회 안전망과 복지국가를 찬성하는 좌파 경향이 있다. 에드워드 윌슨과 리처드 도킨스 같은 신다윈주의는 오래전부터 명성을 누렸지만, 최근 린 마굴리스의 공생이론에 힘입어 집단유전학이 주목받고 있다. 신다윈주의가 난쟁이(개체와 DNA)에 집착한다면 집단유전학은 거인(집단과 유기체)에 주목할 것을 제안한다.

유전자결정론과 마찬가지로 기술결정론도 난쟁이만 강조하는 것이다. 과학이 자동으로 해답(진실)을 내놓을 것이라는 환상, 그리고 기술이 사회 진보를 주도할 것이므로 기술에 사회의 운명을 맡기자는 세계관은 흔히 미디어에 등장하는 담론이다. 기후변화와 생태 문제에 대해서도 과학기술로 쉽게 해결할 수 있다고 믿는다(14장). 이런 태도는 결국 기계적이고 표준적이며 폭력적 해법을 낼 뿐이다. 적어도 하나의 주장을 절대화하는 것을 유보하고 다른 견해를 살펴봄으로써 균형을 재조정할 수 있어야 한다.

황우석 사건 돌아보기

최근 한국사에서 가장 큰 지적 충격을 준 사건은 '황우석 스캔들'이다. 이 사건을 어떻게 해석해야 할지는 이후 우리 과학문화의 경로를 탐색하는 데 중요하다. 과학자 황우석에 대한 대중의 신뢰는 대단한 것이었고 그 후유증 역시 너무도 커서 대중은 이 사건을 다시 들여다보기를 외면하며 침묵하고 있다. 황우석 사건을 담론의 장으로 끌어와서 다시 이야기할 수 있을 때 한국의 과학문화는 생기를 찾을 수 있을 것이다.

우리나라는 과학기술에 대한 기대가 높은 편이다. 국가경쟁력도 취약하고 사회정치적 신뢰도 유동적이어서 상대적으로 과학기술에 대한 열망이 강한 것으로 보인다. 과학기술에 대한 기대가 높지만 그렇다고 과학기술에 대한 신뢰가 높은 것은 아니다. 이것은 한편으로는 과학주의(또는 기술결정론) 때문이고 다른 한편으로 과학기술을 도구화하는 태도 때문이다.

과학기술은 우리나라에서 자생한 것이 아니라 외부에서 이식된 것이다. 따라서 과학기술과 대중이 함께 성장하는 서사가 약하다. 그런데도 과학주의 문화를 수용하는 데는 과학이 국가경쟁력을 향상할 수단으로 보였기 때문이다. 따라서 신뢰는 약하고 기대는 높은 기이한 상태가 출현한 것이다. 난쟁이는 거인을 무시하고, 거인은 난쟁이를 믿지 않으면서 이용하려고만 하는 형국이다. 황우석 사건은 과학주의 문화의 문제를 압축적으로 드러냈다.

김근배(2007)에 따르면, 황우석은 처음부터 사기꾼은 아니었지만, 그의 욕심과 대중의 과학주의 열망이 혼합하면서 몰락했다. 그의 분석처럼 황우석은 좋은 연구자가 될 수도 있었다. 사실 대중의 열망도 잘못된 것은 아니다. 그렇다면 무엇이 문제를 악화시킨 것일까? 난쟁이는 거인의 어깨를 탐냈지만, 그 어깨에 올라가는 정당한 방법을 알지 못했거나 알려고 노력하지 않았다. 거인도 자신의 어깨를 빌려주는 방법을 몰랐다. 난쟁이는 기계 인형이 아니다. 손으로 집어 들어서 올려놓을 수 없다. 이것은 존재론적인 문제이다.

난쟁이와 거인은 다시 화해할 수 있을까? 거인이 난쟁이에게 어깨를 내주고 난쟁이가 거인의 성장에 기여하면서 상호 관계를 견고하게 만들 수 있을까? 난쟁이와 거인은 함께 노래할 수 있을까? 과학문화는 이것에 관한 이야기이다. 수많은 과학학 연구자의 안내 지도를 따라서 난쟁이와 거인에 관한 서사를 들어보자. 그런 후에 황우석 사건을 다시 되돌아보자. 그러면 황우석 스캔들은 부끄러움으로 끝나는 대신 훌륭한 교과서로 변신할 수 있다.

책의 구성, 5개의 대주제와 5개의 간주곡

이 책은 난쟁이와 거인이 함께 부르는 노래를 고대하면서 총 16개의 장으로 구성했다. 16개의 주제를 5개의 과학문화 주제로 분류하여, 1부 우리의 과학문화(1~4장), 2부 생명의 행성(5~8장), 3부 과학자의 과학

이야기(9~11장), 4부 과학의 존재론(12~14장), 5부 대중문화 속 과학(15~16장)으로 묶었다. 미처 책에서 다루지 못한 과학문화 주제도 많으며, 이후 더 확장되길 기대한다.

1부는 '우리의 과학문화'를 포괄적으로 살펴볼 수 있는 주제를 모아 놓았다. 과학을 문화의 한 형식으로 제안하면서 관련 주제와 개념을 소개할 것이다. 근대과학은 단순히 해답(진실)을 내놓는 마법 상자가 아니다. 근대과학을 역사적으로 그리고 사회적 차원에서 이해하는 일이 필요하다. 1부를 읽으면서 과학을 관찰하기 위한 준비를 할 수 있다. 과학이라는 블랙박스를 열어서 들여다볼 것을 권고한다. 1장 과학의 문화적 지위와 2장 과학혁명과 대중에서 17세기 근대과학의 역사적 기원과 성격에 대해 종합적으로 살폈다. 이성과 신체, 과학자와 대중, 인간과 자연의 관계를 분리하는 현상을 목격할 수 있다. 3장 과학과 젠더는 과학에 내장된 성차별에 주목할 것이고, 유전학자 바버라 맥클린톡의 이야기는 대안적 과학을 암시한다. 참고로 이 책에서 여성 대명사를 사용하지 않을 것이다. 영어권에서는 여성 대명사를 기본으로 사용하여 번역 과정에서 한국어에도 '그녀'라는 단어가 일상화되었다. 그런데 원래 우리말에는 존재하지 않는 표현이다. 그래서 이 책에서는 남성과 여성 관계없이 '그'라고 표기할 것이다. 이어서 4장 기술의 정치는 기술이 만들어내는 불평등과 책임 문제를 다룬다.

2부는 찰스 다윈(C. Darwin)에서 레이첼 카슨(R. Carson)에 이르는 생물학 이론과 세계관을 소개한다. 생물학이 다루는 내용은 언제나 사회문화적인 교훈을 던진다. 생물학자의 연구 결과는 지구 생태계에서 인류의 지위를 재고하도록 촉구하고 있다. 그런 점에서 생물학과 사회-정치학은 서로 연결되어 있다. 그렇다고 해서 사회생물학을 주장하는 것은 아니다. 생물학 개념을 곧이곧대로 사회적인 것에 적용하는 경향은 일종의 결정론이며 사회적 불평등을 정당화하는 우를 범한다. 린 마굴리스(L. Margulis)의 공생이론(6장)은 우리의 상상력을 지구 행성 범위로 넓혀주고 지구 나이 깊이로 늘여 준다. 야콥 폰 윅스퀼(Jakob von Uexküll)의 움벨트 이론(7장)은 인간만이 아니라 모든 유기체의 주체성을 제안한다.

3부는 '과학자의 과학 이야기'라는 주제로 근대과학의 문제와 잠재성에 대한 과학자의 주장을 소개한다. 물리학자 프리먼 다이슨(F. Dyson)과 수학자 노버트 위너(N. Wiener) 그리고 공학자 앨런 튜링(A. Turing)을 통해서 과학과 사회가 연결되는 방식을 확인할 수 있다. 그들은 과학을 통해서 세계를 변화시키려고 했다는 공통점이 있다. 그들은 과학자이면서 동시에 철학자였고 정치인이었다. 과학이 철학과 정치를 품을 때 대중과 동기화될 수 있다. 위너와 튜링의 이론은 꾸준히 비판받으면서 개선될 수 있었고 생명을 얻었다. 과학과 사회가 서로 간섭하며 진동할 때 서로에게 어깨를 빌려줄 수 있다.

4부는 '과학의 존재론'에 관한 주제를 다룬다. 과학은 단편적인 지식이 아니라, 세계에 대한 인식 형식이다. 우리의 위치는 그 형식 안 어딘가에 배정된다. 오늘날 과학은 헌법보다 더 근본적으로 우리 존재 방식을 규정할 수 있다. 과학의 존재론이 인류 운명의 전부는 아닐지라도 적어도 상당히 중요한 것임이 틀림없다. 과학 지식은 어떻게 구성되고 승인되는가? 그것은 어떻게 현재의 인류(난쟁이)와 지구 행성(거인)이라는 존재에 관한 인식을 생산하는가? 인류세 논의는 우리를 '지구족(earth bound)'으로 재정의하고 있다(14장). 도나 해러웨이(D. Haraway)는 우리에게 흙 속의 존재를 만나서 '촉수적 사유'를 배우라고 권장한다(13장).

마지막 5부는 '대중문화 속 과학'에 대해 이야기한다. 특히 SF는 과학을 주제로 다루는 문학 형식으로 대중의 사랑을 받아왔다. SF가 과학을 다루는 방식은 과학기술학(STS)이 과학을 다루는 접근과 닮아있다. 학술적 방법론은 비가시적인 것을 다룰 때 특히 취약하다. 문학은 바로 그 지점에서 강력한 힘을 발휘한다. 물론 대중문화는 과학주의와 기술결정론에 편승하여 문제를 악화시킬 수도 있다. 하지만 그 기여를 결코 가볍게 볼 수 없다. SF는 독자를 주체로 태어나게 하는 잠재성이 있다. SF 작가는 과학자와 철학자보다 먼저 인공물을 실험하고 규칙을 실험해왔다.

이 책은 난쟁이와 거인의 노래를 기대한다는 취지에서 5개의 짧은 인터루트(간주곡)도 담았다. 본론의 내용보다 가벼운 소재를 다루면서도 현실에서 만날 수 있는 실천적인 이야기를 선택했다. 본문의 이론과 개념을 실제 주제에 적용한 것이기도 하다. 1부 인터루트: 과학의 의제성, 2부 인터루트: 버섯과 엘프, 3부 인터루트: 교과서 속 인공지능, 4부 인터루트: 협상의 극장에서 배우기, 그리고 5부 인터루트: 헬라 세포 이야기이다. 이들 주제는 대체로 진행 중인 주제이므로 관점에 따라 해석의 여지가 있다.

난쟁이와 거인이 서로에게서 무엇인가를 끌어내고 상대방을 새로운 방식으로 존재하게 할 것을 기대한다.

2024년 여름

저자 김지연 씀

참고문헌

1 에드워드 J. 해킷·올라 암스테르담스카·마이클 린치·주디 와츠먼 편. ≪과학기술학 편람≫, 김명진 옮김, 아카넷.

2 Whitehead, A. N. 1948. *Science and the Modern World: Lowell Lectures*, 1925, The Macmillan Company.

3 Drake, Stillman. 1970. Galileo Studies: Personality, Tradition and Revolution. Ann Arbor, University of Michigan Press.

4 Latour, B. 1987. *Science In Action: How to Follow Scientists and Engineers through Society*, Harvard University Press: Cambridge, Massachstts.

5 Merton, Robert K. 1965. *On the Shoulders of Giants*, The University of Chicago Press: Chicago and London.

6 브뤼노 라투르. 2012. ≪과학인문학 편지: 인간과 자연, 과학과 정치에 관한 가장 도발적인 생각≫, 이세진 옮김, 사월의책.

7 McAllister, James W. 2023. Common Sense And The Difference Between Natural And Human Sciences, *Inquiry*, DOI: 10.1080/0020174X.2023.2240430

8 닐 게이먼. 2017. ≪북유럽 신화≫, 박선령 옮김, 나무의철학.

9 조시 마셀도르프. 2015. "신다윈주의와 집단선택 논쟁", ≪린 마굴리스: 진화의 역사를 다시 쓴 과학의 이단자≫, 도리언 세이건 엮음, 책읽는수요일. pp. 151–163.

10 김근배. 2007. 〈황우석 신화와 대한민국 과학: 과학다큐멘터리〉, 역사비평사.

차례

1부

우리의 과학문화

1장

과학의 문화적 지위

과학은 문화인가? 그동안 과학은 객관성을 주장해왔기 때문에 사상과 감정의 영역인 문화와는 다른 독립적인 영역으로 간주되어 왔다. 그런데 '과학문화'라는 용어가 사용될 수 있을까? 이 주제를 풀어가기 위해서 우선 물리학자이면서 저술가인 찰스 스노우(C.P. Snow)의 《두 문화(The Two Cultures)》로 이야기를 시작한다. 그는 두 문화 현상을 처음 제기한 사람이다. 이후 이 문제는 학술적 의제가 되었다. 두 문화 현상이 어떻게 등장했고 중요한 의제로 인정받게 되었는지 알아보자. 여기에 17세기 토머스 홉스(Thomas Hobbes)와 로버트 보일(Robert Boyle)의 논쟁을 소환한다면 이 모순적인 상황이 좀 더 직관적으로 보일 것이다. 마지막으로 새로운 과학문화를 위해서 어떤 접근이 필요한지도 살펴본다. 이 과정에서 우리는 '과학이 왜 문화인가?'라는 이론적 개념의 문제만이 아니라, '정치는 시민참여가 당연한데, 과학은 왜 아닌가?'라는 사회적 질문을 만날 수 있다. 그리고 최종적으로 '과학과 대중(외부자)이 서로에게 무엇인가?'라는 존재론적 문제에 접근할 수 있다.

두 개의 세계, 두 개의 문화

물리학자 찰스 스노우는 1959년 "두 문화와 과학혁명"이라는 유명한 강연을 한다. 이 강연은 그 해에 같은 제목으로 출간되어 오늘날에도 사람들에게 많이 읽히는 과학 고전이 되었다. 그가 말하는 두 개의 문화란 과학과 예술을 지목하는 것이다. 당시 스노우는 물리학자이면서도 어느 정도 성공한 신인 소설가였다. 그의 대표 소설로 《이방인과 형제(Strangers and Brothers)》가 있다. 그는 한편으로는 과학의 내부자였고, 다른 한편으로는 예술 영역에 참여하면서 두 문화 사이를 횡단하는 경계인이었다. 스노우는 일하는 시간에는 과학자들과 함께 지내고, 밤에는 문학 동료들과 어울려서 토론하기를 즐겼다. 그는 두 세계 사이의 긴장감을 경험적으로 잘 알고 있었다.

당시 스노우가 살고 있던 영국은 물론이고 유럽 전역에서 두 개의 지적 세계(과학자의 세계와 인문주의자의 세계)는 점점 더 뚜렷하게 분리되고 있었다. 스노우는 두 세계에 속한 사람들이 서로에 대해서 잘 모른다는 것을 깨닫고 당혹스러웠다. 과학과 인문학이라는 두 세계는 점점 더 멀어져 이질적인 것이 되더니 끝내는 서로 적대감을 보이기 시작했다. 스노우의 한쪽에는 문학적인 지식인이 있고, 또 다른 한쪽에는 물리학자로 대변되는 과학자 그룹이 있었다. 양자 사이에서 서로에 관한 심각한 몰이해가 심화되면서 적의와 혐오감이 짙어졌다. 이것은 정상적인 현상인가? 스노우는 질문을 던진다. 만약 그가 어느 한쪽에만 속해 있었다면 그런 의문을 가지지 못했을 것이다.

15~16세기 르네상스 시대, 레오나르도 다빈치(Leonardo di ser Piero da Vinci)는 예술가이면서 동시에 과학자였다. 이 시기 예술과 과학은

하나의 영역이었다. 양자 모두 세계에 대한 인간의 인식 문제이므로 분리될 수도 없고 그럴 필요도 없었기 때문이다. 그런데 18세기를 지나서면서 예술과 과학이 별개의 영역으로 전문화되기 시작했다. 19세기에 이르자 문학과 과학은 완전히 갈라져 서로가 서로에 대해서 알지 못하게 되었다. 스노우가 보기에 더욱 심각한 것은 서로 이해하려는 생각도 하지 않는다는 것이었다.

이상하게도 그들은 단지 서로에 대해 잘 모르는 것이 아니라 서로에 대해 지독히도 왜곡된 이미지를 가지고 있었다. 예를 들어 인문학자들은 '과학자는 성급하고 허풍이 심하다'고 주장하곤 했다. 또 그들은 과학자를 '인간의 조건을 잘 알지도 못하는 천박한 낙천주의자'라고 생각했다. 반면에 과학자들은 인문학자들이 선견지명이 부족하고 인간과 자기 동포에 대해서 무관심할 뿐만 아니라 현실에도 관심이 없다고 생각했다. 또 예술이나 사상을 철학적인 차원에 한정해서 보기 때문에 반지성적인 부류로 보였다. 그들이 서로 얼마나 다른 세계에 살고 있는지를 보여주기 위해서 스노우는 일화 하나를 소개했다.

> "나는 전통문화의 기준에 비추어 고등교육을 받았다고 여겨지는 사람들, 과학자의 무지에 신이 나서 유감을 표명하는 사람들의 모임에 여러 번 참석한 바 있다. 두어 차례 도발 당한 적이 있었다. 그래서 나는 '여러분 중 열역학 제2 법칙을 설명할 수 있는 사람이 얼마나 되느냐?'고 물었다. 돌아온 반응은 냉정하고 부정적이었다. 그러나 나는 과학자 입장에서 '셰익스피어의 작품을 읽은 적이 있나요?'에 해당하는 질문을 던졌을 뿐이었다." [1]

열역학 제1 법칙이 에너지 보존의 원리라면 열역학 제2 법칙은 엔트로피 증가 원리이다. 에너지를 표현하는 변수로는 양과 방향성이 있는데, 제1 법칙이 에너지의 양에 관한 것이라면 제2 법칙은 에너지의 방향에 관한 것이다. 이 두 법칙에 따르면 에너지의 양은 일정하지만 그 무질서도는 계속 증가하는 방향으로 움직인다. 에너지의 질서가 높다는 것은 사용가능한 상태를 의미하는데, 반면에 에너지의 질서가 낮은 상태, 즉 무질서한 상태란 사용할 수 없는 상태가 된 에너지를 말한다. 예를 들어서 뜨거운 커피는 서서히 식어서 주변의 온도와 같아질 때까지 온도가 내려가는데, 반대로 주변의 온도 속에 '녹아있는' 에너지가 커피잔 속으로 다시 들어가는 일은 (확률적으로 거의) 없다. 모든 에너지는 주변의 온도와 같아지려는 성질이 있고, 최종적으로 언젠가는 열적 평형 상태에 도달한다. 열적 평형 상태란 에너지 상태가 완전히 무질서해진 수준을 의미한다. 일단 한번 무질서해진 에너지는 외부의 힘 없이는 질서 있는 상태로 되돌아갈 수 없다. 열역학 법칙에 따르면, 영구동력기관은 불가능하다.[1]

과학자 사회에서 열역학 제2 법칙이란 '셰익스피어의 작품을 읽은 적이 있는가?'라고 물어보는 정도의 기본적인 질문이었지만 인문학자에게는 그렇지 않았다. 스노우는 이 질문으로 마치 금기시되는 불문율을 어긴 자가 되었다. 이 경험을 통해서, 그는 과학을 하는 사람과 인문학을 하는 사람 사이에는 큰 틈이 있음을 확인했다. 두 세계에 사는 사람은 서로에 대해 적대적이기까지 했다. 한쪽 문화에 속한 사람에게 다른 문화는 존재하지 않는 것으로 간주되었다. 사실 적대감이 있다는 것은 다

1 역사적 전후 관계는 그 반대이다. 영구동력기관이 실패하면서 그것을 이론화한 것이 열역학 법칙이다. 2장 '과학혁명과 대중'을 참조하라.

른 문화의 존재를 모르지 않았다는 것이며 오히려 서로를 의식할 뿐만 아니라 경쟁 존재로 여긴다는 의미일 것이다.

스노우가 제기한 '두 문화'라는 문제의식은 양쪽 모두에게 상당한 충격을 주었다. 어느 한쪽에 서서 다른 한쪽을 비평하는 입장은 있었지만, 그런 상황 자체가 문제라고 제기한 사람은 없었기 때문이다. 당시 스노우가 겪었던 과학과 예술 사이의 곤란함을 보여주는 만평[2]까지 있다. 스노우의 한쪽 발은 과학에, 또 다른 한쪽 발은 예술에 두고 있는데 그 둘 사이가 점점 더 벌어진다면 두 문화에 걸쳐 발을 딛고 있는 스노우는 더 곤란해질 것이다.

두 문화의 양태에 대해 좀 더 살펴보자. 인문학자들이 지적한 것처럼 과학자들은 낙천주의자이다. 과학자들은 문제가 발생했을 때 그런 문제를 해결하는 방안을 몹시 찾고 싶어 하는 성격의 소유자들이다. 과학자들은 사회문제 해결에 적극적이다. 게다가 스노우가 보기에 그들은 도덕적으로도 건전한 편이었다. 그는 과학을 한다는 것 자체가 그 안에 도덕적인 성과를 포함한다고 생각했다. 스노우가 처음 과학자에서 출발했기에 상대적으로 과학자 문화에 더 동조하는 것으로 보인다.

과학자들은 '진정한 낙천주의자'이고, 그래서 예술가나 인문학자들이 가지고 있는 소극적인 태도를 경멸했다. 과학자 집단의 관점에서 볼 때 자신들은 문제를 해결하려고 노력하고 있는데, 인문학자들은 문제 해결 의지가 없어 보이므로 답답했을 것이다. 과학자 집단이 볼 때 문학인들은 반사회적인 감정이 팽배하고, 현실의 문제를 이해하고 해결하는데 매우 느리게 반응했다. 그래서 대중들이 예술에 등을 돌리고 다른

---

2 https://www.scienzainrete.it/contenuto/articolo/Le-due-culture

길을 찾고 있는데도 예술가들은 그런 점을 제대로 깨닫지 못하고 있다. 그들은 인문학이 너무 안이하다고 평가했다.

과학자들은 지적인 사람들이지만 음악을 제외하고는 예술적인 요소가 별로 없었다. 스노우는 과학자들이 문학적인 책을 거의 읽지 않는다고 지적했다. 스노우처럼 물리학을 하면서 동시에 소설도 쓰는 사람이 없는 것은 아니지만 일반적이지는 않았다. 게다가 과학자는 대중과의 의사소통 역량이 많이 부족했다.

한편 인문학 지식인은 자연법칙에 매우 무관심하다. 인문학자와 문학가들은 자신들의 문화가 전체인 것처럼 생각하고, 자연법칙 같은 것은 마치 없는 것처럼 여겼다. 자연법칙을 탐구하거나 또 그 결과에 대해서 아무런 흥미가 없다는 듯 행동했다. 스노우가 보기에 물질세계에 대한 과학적 체계는 인간 정신이 이룩한 아름다우면서도 경탄할 만한 공동 작업의 소산인데, 인문학자들은 그것을 이해하려고 하지 않고 감정적으로 거부했다. 그래서 그는 "예술 하는 사람들은 서구에서 가장 현명한 사람들이지만, 물리학에 대해서는 신석기 시대의 사람과 같은 수준에 머물러 있다"고 평가했다.

스노우는 두 문화가 서로 만나서 의사소통하고 협업할 때 새로운 창조의 기회가 만들어질 수 있는데 그러지 못하고 있다는 것을 안타까워했다. 두 문화가 만날 때 종종 충돌하겠지만 그것은 나쁜 현상이라기보다는 새로운 기회의 장을 열어줄 것이다. 스노우의 확신은 그가 직접 두 문화를 횡단하면서 얻은 경험에서 나온 것이었으므로 결코 가볍지 않다. 그의 지적은 두 문화의 균열이 불러온 근대문명의 위기에 대한 시대정신의 반영이었다. 이후 '두 문화 문제'는 사회적 의제가 되었고 학술적 연구 주제가 되었다.[3]

홉스와 보일 논쟁

두 문화는 자연스럽지 않은 현상인데 왜 등장했나? 과학사학자 스티븐 샤핀과 사이먼 섀퍼(S. Shapin & S. Schaffer)는 17세기 토머스 홉스(T. Hobbes, 1588~1679)와 로버트 보일(R. Boyle, 1627~1691)의 논쟁에 주목하여 분석함으로써 그 실마리를 제시했다. 샤핀과 섀퍼의 책 《리바이어던과 공기펌프(Leviathan and the Air-Pump: Hobbes, Boyle, and the Experimental Life, 1985)》는 근대가 출발하던 시기 정치와 과학의 분열 과정을 추적하여 이 질문에 답했다.[4]

현대인의 관점에서는 정치철학자와 화학자가 논쟁하는 상황이 쉽게 이해되지 않는다. 어떻게 정치철학자 홉스와 과학자 보일이 충돌할 수 있나? 당시 두 사람은 격렬하게 싸웠고 그 결과 근대 세계를 분열케 만드는 효과를 생산했다. 17세기 당시 자연과 문화는 구분되지 않는 영역

---

3 과학기술학(Science and Technology Studies, STS)은 스노우의 '두 문화' 주제에 큰 영향을 받았다.

4 스티븐 샤핀과 사이먼 섀퍼 두 학자는 문화에 관한 학문(정치)과 자연에 관한 학문(과학)이라는 이질적인 영역에 대해서 대칭성 명제(symmetry principle)를 적용했다. 여기서 대칭성 명제란 과학기술학(Science and Technology Studies, STS)이 제시한 주요 원칙 중 하나로, '참된 믿음'과 '거짓된 믿음'에 같은 원인을 적용하여 분석하는 접근법이다(12장 참조). 즉, '참된 믿음'과 '거짓된 믿음'의 성공을 같은 인과적 메커니즘으로 설명할 수 있어야 한다(데이비드 블루어, 2000). 그동안 학자들이 비대칭적 접근법에 의존해왔기 때문에 문제를 제대로 탐구할 수 없었다. 예를 들어 어떤 과학지식이 성공했다면 그것이 본래 훌륭했기 때문이라며 내재적 원인을 제시하지만, 빈대로 실패한 지식에 대해서는 사회문화적 원인 때문이라며 외재적 원인을 드는 경우가 많다. 이런 분석은 선택적으로 원인을 제시하는 것이므로 우리의 실천적 방향을 찾는 데 도움이 되지 않는다. 샤핀과 섀퍼는 홉스의 주장과 보일의 주장에 대해서 같은 분석 기준을 적용하고자 했다.

이었다. 19세기 초까지도 홉스와 보일은 모두 자연철학자로 분류되지만 19세기 말부터 홉스는 정치철학자로만 알려졌고, 자연철학자의 면모는 사람들의 인식에서 사라졌다.

이 논쟁의 결과 홉스와 보일은 모두 근대 헌법의 아버지 역할을 해냈다. 홉스가 정치 세계의 헌법을 창시했다면, 보일은 과학 세계의 헌법을 만들었다. 두 영역 분열이 '근대(modern)'라는 결정적 특징을 만들었다. 그 이후 정치는 과학에 대해, 그리고 과학은 정치에 대해 불간섭과 무관심을 당연한 것으로 여기게 되었다. 이것이 바로 근대사회가 효율성을 불러오는 방법이면서 동시에 본질적인 문제 해결을 잘하지 못하는 이유이기도 하다.

흔히 근대과학은 실험을 통해서 자기 정당성을 증명한다. 이에 대해 아무도 의문을 제기하지 않는다. 그런데 샤핀과 섀퍼는 아무도 묻지 않는 질문을 던지고야 말았다. "왜 과학적 진리에 도달하기 위해 실험을

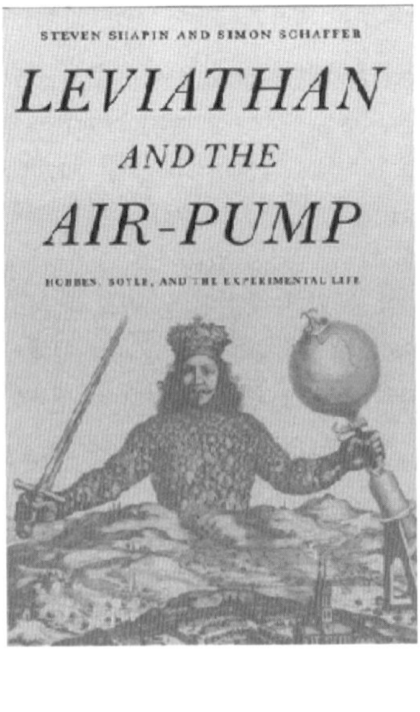

그림 1.1 과학 논쟁은 문화적이다. 《리바이어던과 공기펌프(1985)》의 표지로, 홉스의 대표저서인 '리바이어던'의 표지 그림을 패러디했다. 왕의 형상을 한 리바이어던(국가)은 세속권력을 상징하는 칼과 교회권력을 상징하는 목장(지팡이)을 들고 있었다. 이 표지에서 리바이어던은 목장 대신 보일의 공기펌프를 들고 있다.

하는가?" 그동안 우리가 이런 질문을 떠올리지 못했던 것은 우리가 근대문화의 내부자이기 때문이다. 두 학자는 두 세계 중 어느 한쪽의 내부자라면 결코 하지 않았을 질문을 제기함으로써 두 세계 모두에 대해서 이방인이 되기로 했다.

역사를 설명하는데 내부자의 설명(member's accounts)과 이방인의 설명(stranger's accounts)이 가능하다는 점을 고려하면 새로운 질문과 답을 찾을 수 있다. 특정 문화의 내부자가 되는 것은 그 문화를 이해하는 데 큰 이점이 있지만 동시에 심각한 불이익도 있다. '자기-증명적 방법(the self-evident method)'에 의존하므로 맹점이 발생하는 것이다. 이방인에게는 잘 보이는 것이지만 내부자는 결코 볼 수 없는 것이 있다. 스노우가 인문학자들에게 열역학 제2 법칙에 대해 물었을 때 그들은 질문 자체를 불편하게 생각했다. 내부자의 맹점을 지적했기 때문이다.

홉스와 보일은 자연을 보는 관점이 완전히 달랐다. 홉스는 충만존재론(plenist ontology)과 물질일원론(monism)을 주장하는 유물론자였다. 그에게 있어서 자연은 비물질적이고 무정형의 정신을 위한 별도의 공간을 남겨놓지 않는다. 한편 보일은 진공론(vacuist)과 이원론(dualism)에 토대를 둔 관념론자였다. 그의 세계에서 자연은 정신의 공간을 허락한다. 공기-펌프 속 진공은 그런 공간의 존재를 증명하는 것이었다. 홉스는 보일의 도전을 용납할 수 없었다. 대중의 존재론과 인식론은 공공평화를 유지하는 데 필수적이지만 실험실에서 생산해내는 '진공'은 일반적 인식과 불일치하기 때문이었다. 게다가 실험실은 일반인의 접근을 허락하지 않는 통제 불가능한 공간이었다.

홉스의 공격, 보일의 전략

그동안 우리는 보일의 이론과 주장만을 편파적으로 승인해왔다. 그는 과학의 자명한 논리를 따랐기 때문에 합리적 지식을 생산해 낼 수 있었고 따라서 그 외 다른 설명은 필요 없다고 믿었다. 반면에 홉스에 대해서는 정치·사회적 이해관계에 오염되어 잘못된 주장을 했고 따라서 추가적인 설명이 필요하다고 비난했다. 이런 비대칭적 분석이 홉스와 보일 논쟁을 제대로 들여다보기 어렵게 했다. 과학사학자조차도 홉스가 패배했다고 쉽게 결론 내리곤 했다. 진보주의 전통은 패배한 쪽에 대해서는 거의 관심이 없어서 홉스의 견해는 오랫동안 잊힌 채 도서관에 파묻혀 있었다.

샤핀과 섀퍼가 보기에, 보일의 실험은 객관적이지도 않았고 가치중립적이지도 않다. 홉스는 보일의 실험이 객관적 설득력과 타당성이 결여되었음을 알고 있었다. 그리고 보일의 주장도 홉스만큼이나 정치적·사회적 이해와 밀접하게 연결되어 있었다.[5] 그동안 잊힌 홉스의 주장에서 출발하면 맹점을 쉽게 찾을 수 있다. 그는 보일의 과학이 가지는 결정적 약점을 정확하게 지적했다.

홉스는 자신의 저서인 《리바이어던(Leviathan or The Matter, Forme and Power of a Commonwealth Ecclesiasticall and Civil, 1651)》에서 시민철학과 국가의 질서를 보장하는 관행을 제시했다. 그에게 자연철학이란

5 서구에서 과학과 정치 사이의 관계는 은폐되었을 뿐 사라진 것이 아니다. 의사결정을 도구화하고 엘리트에게 위임하며 비인격성과 합리화 질서를 창출하여 자유주의 정치가 투명성에 근거하고 있다는 환상을 심는 방식으로 과학은 근대 국가에서 잠재된 정치적 기능을 담당했다(과학기술학 편람, 1권, 126쪽)

본질적으로 인과관계에 토대를 두어야 하며, 과학과 철학(정치)을 분리하지 않고 모든 지식에 같은 원리를 적용하는 것이었다. 당시 사회가 매우 혼란스러웠기 때문에 홉스는 통일이라는 개념에 강하게 사로잡혀 있었고, 국가(리바이어던)는 시민들로부터 '권위를 부여받은' 사회 통일의 최우선적이고 강력한 화신이 되어야 했다. 홉스는 기본적으로 평등주의자였다.

> "우리는 자연적으로 평등하므로 어떤 사람이 자기에게 허용된다고 생각하는 만큼 다른 사람에게 허용한다면, 이것은 그 사람이 온건하다는 증거이며 자기 능력을 제대로 평가했다는 증거이다. 반면에, 자기가 다른 사람보다 우월하다고 생각하는 사람은 자신이 원하는 것을 할 권한을 요구하며, 다른 사람보다 자신이 더 존경받고 명예스럽게 여겨지는 것을 당연한 듯이 요구하는데, 이것은 그 사람의 기질이 공격적이라는 증거이다. 이런 사람의 공격적 의지는 부질없는 명예욕과 자기 능력에 대한 그릇된 평가 때문에 발생한다. 온건한 사람의 의지는 이런 사람의 폭력성에 맞서 자기 자신과 자신의 자유와 재화 등을 지키려는 필요성 때문에 발생…"
>
> 홉스의 시민론, 41쪽

홉스의 국가(리바이어던)는 소위 '지식의 권위자들'을 통제하는 문제이기도 했다. 그들은 국가의 안정과 통일을 깨뜨릴 수 있는 존재였기 때문이다. 그는 수학적 증명과 같이 그 자체로 합리적이고 논리적이어서 모든 사람을 즉각 납득시킬 수 있는 방법론을 선호했고, 반면에 실험과 같은 경험과학에는 의심을 품었다. 다수의 연금술사가 마법 같은 실험을 보여주며 대중을 현혹했기 때문이다. 당시 과학자와 연금술사의 구분은 없었다.

한편, 로버트 보일은 1655년 공기-펌프 실험을 시작했다. 그의 펌프는 실험을 통해 '진공'의 존재를 보여주려는 시도였다. 그런데 보일은 신중하게도 공기펌프에 대해 직접 말하기를 자제했다. 토리첼리의 실험(Torricelli's experiment, 1643)으로 진공에 관한 논쟁이 막 시작된 즈음이었다. 뒤집어 놓은 토리첼리의 수은관 안쪽에 발생한 공간에 대해서 공기가 차 있다고 주장하는 측(plenist)과 진공이라고 주장하는 측(vacuist)이 대립하고 있었다. 보일은 논쟁을 피하고 어느 한쪽 편을 들지 않는 것처럼 보이기 위해서 자신은 단지 공기의 무게를 조사할 뿐이라고 주장했다.

실험이 자연을 대변하나

보일이 만든 공기펌프는 유리 벽 내부를 볼 수 있었고 뚜껑이 있어서 그 안에 표본을 집어넣거나 조작하는 것이 가능했다. 그 외 펌프의 피스톤, 두꺼운 유리통 등의 부가 장치의 개선이 잇달아 이루어졌다. 그러나 여전히 결합부를 메우는 개스킷의 품질 개선이 필요했다. 보일은 기술적 연구를 충분히 진행해야 했지만, 그 대신 펌프 아래쪽에 기술자 한 명을 보이지 않게 숨겨서 펌프를 작동하게 했다. 물론 그것만으로 실체적인 진공을 구현하지는 못했다. 대신 작은 새를 펌프 안에 넣어 죽는 모습으로 '공기 없음'을 증명한 것으로 대체했다.

그의 공기펌프 장치는 이후 18세기 응접실 물리학자들에 의해 대중화되었다. 유럽 전역에서 공기펌프 시연이 인기를 끌었다. 공기펌프 같은 값비싼 첨단 장치는 현대 거대과학(Big Science)의 시작이었다[2]. 그것은 '진실을 생산하는 기계'가 되었다. 보일은 실험 공간의 무결성을 방어하기 위해 노력했다. 이것이 '과학(실험)의 제도화'로 이어졌다. 보일은 실험실을 설립하고 왕립학회 회원을 초대해서 실험 현장을 목격하게 했다. 목격자를 통한 승인 제도를 도입한 것이다.

그의 실험실은 단지 실험하는 공간 그 이상이었다. 그는 실제로 발생하는 일의 기록('사실의 문제')과 그 현상에 대한 다양한 해석('의견의 문제')의 문제를 분리했다. 목격자의 개인적 관심과 선입견은 실험실 밖에 분리해 놓고 실험실에 입장해야 했다. 보일은 실험실을 순수한 '객관적 관찰의 세계'로 구성하려 한 것이다. 목격자의 역할은 실험이 적절하게 수행되었다는 것을 보증하는 것이다. 목격자는 주로 왕립학회 회원이거나 젠틀맨 집단에서 초청되었다. 다시 말해서 내부자에게만 목격자 자격이 주어졌다. 그는 쉽게 잘 속는 대중들의 허황된 상상력이 아닌 동료학자의 지지를 얻어내는 새로운 방법론('과학 공화국')을 발명한 것이다.

홉스는 공격했다. 보일의 실험 검증 절차는 논리나 수학, 수사학 등에 두기보다는 '재판을 흉내 내는 은유'를 만들어내고 있다. 보일의 실험실은 자체 규칙에 따라 실험이 수행되는 특별한 공간이었고 목격이 이루어지는 통제된 장소였다. 보일은 명증한 추론의 확실성을 포기했다. 홉스에게 있어서, 보일의 실험은 의심스러운 권위를 만들어내려는 위험한 시도로 보였다. 홉스에게 자연철학을 하는 '특별한 공간'이란 존재할 수 없다. 그에게 실험실은 매우 부적절한 공간이었다. 실험실은 자연이 아닌 곳이었다. 실험의 상황은 특별하게 통제된 것이며 따라서 그런 상황은 자연에 존재하지 않는다. 그러므로 그 실험의 결과는 자연을 대표하지 못한다.

홉스는 목격자의 자격에 대해서도 문제 삼았다. 입장을 희망한다고 해서 누구나 갈 수는 없다는 점에서 보일의 실험실은 공공장소가 아니라 사적인 장소였다. 보일은 실험의 공공성을 강조하고 있지만, 그 실험에 동의한 사람에게만 목격자의 자격을 주었다. 그 실험의 공공성은 매우 제한적이었다. 목격자는 다만 내부 규칙('그들의 헌법')을 잘 준수했는지를 검토할 수 있을 뿐이었다. 그 이상의 권한은 주어지지 않는다. 그렇게 생산된 지식이 정당한 자격을 얻을 수 있을까? 홉스는 격렬하게 공격했다.

홉스 철학의 궁극적 목적은 공공의 평화를 확립하는 것이었다[2, 4]. 따라서 철학자의 활동은 제한받지 않아야 한다. 철학자가 가면 안 되는 곳도 없고 자연철학이 금지되는 문화적 공간도 없어야 한다. 자연철학자의 방법은 시민철학자의 방법과 같으며, 그 목적은 공공평화의 성취와 보호에 복무해야 한다. 사회구성원이 사용하는 단어의 의미는 사회적 합의로부터 시작되므로 공공의 것이어야 한다. 대중은 목격하고 믿는 대중이 아니라 동의하고 공개적으로 발언하는 대중이어야 한다. 보일의 실험실은 이를 위배하고 있었다.

보일이 지정한 공간은 '비밀주의자'의 것이었다. 독일에서 수행된 공기펌프 실험을 묘사한 1657년의 카스파 스캇의 그림(Caspar Schott's Mechanica hydraulico-pneumatica)은 이 실험의 신비주의를 보여준다(샤핀과 섀퍼의 책, 335쪽). 그 장소는 건물 내부이고, 실험자와 실험의 목격자가 등장하지만 실제로 실험을 수행하는 사람의 모습은 보이지 않는다. 기계는 푸티(천사)에 의해 (자율적으로) 작동한다. 그림에는 정말 천사가 그려져 있다! 이는 실험 결과로부터 도출된 지식이 신성하다는 것을 암시한다.

그들은 내부 공동체 합의에 따라 '사실의 문제'에 대해서 이방인의 의견을 허용하지 않는 관습을 도입했다. 과학에 제도와 관습을 도입했다는 점에서 보일과 근대과학자들은 일종의 정치적 공동체였다. 그들의 정치성은 외부자의 접근을 허락하지 않는다. 실험실에서 생산된 지식은 자연을 부분적으로만 대변할 뿐이다. 나머지는 정치적으로 가장된 대표성이다.

분리된 헌법, 분열된 세계

보일과 실험주의자들은 유능한 선전가였다. 그들은 자신의 실험 관행의 정당성을 방어하기 위해서 수사적 노력과 함께 새로운 개방형 실험실을 개발했다. 실험실의 지식 생산을 공공적인 것으로 승인받기 위해 집단 목격의 공간이 필요해졌기 때문이다. 대신 목격은 조건이 충족될 수 있어야 했다. (1) 누구나 목격하는 경험을 할 수 있지만, (2) 그 목격자는 신뢰할 수 있어야 하며 그의 증언도 신뢰할 수 있어야 한다는 것이다. 첫 번째 조건은 실험 공간을 개방한다는 취지를 알리는 효과가 있었고, 두 번째 조건은 그런 개방을 실체적으로 제한하는 결과를 만들었다.

당시 실제 진공을 구현할 수 없었고 이를 검증하는 방법도 마련되어 있지 않았다. 대신 플라스크 안에 촛불(꺼짐)이나 새(죽음)를 넣어서 간접적으로 목격하는 방식을 취했다. 실험이 보여주는 것과 실험이 지향하는 이상 사이의 간극을 제도와 정치로 메우고자 했다. 실험 공동체는 내부 규칙에 따라 실험 장치에 대한 숙달을 익혔다. 그들의 공식적 기관이었던 왕립학회는 실험실을 통해서 왕정복고 사회에서 원하는 것을 생산하고자 했다. 그들에게 과학에 대한 순수한 지향만 있었다고 할 수 없다. 그들이 안전하게 거주할 사회적 지위(social niche)가 절실했다. 실험주의자들은 적극적으로 상황을 만들어냈다.

초기 실험 프로그램에서 그 지지자들은 실험 공간을 유용한 것으로 홍보하기 위해 노력했다. 실험 과정은 자유인들로 구성되며, 그들은 자유롭게 행동하면서 자신들이 목격하고 진심으로 믿는 바를 충실히 전달할 의무가 있었다. 실험주의자 공동체는 자유를 책임감 있게 이용하고 공개적으로 자기 수양 능력을 발휘하도록 격려받았다. 실험자들이 이러한 욕구를 효과적으로 배양하고 충족할수록 실험 활동의 정당성과 과학적 역할의 무결성이 보장될 수 있을 터였다. 17세기 실험 공동체의 욕구는 경제, 정치, 종교, 문화 활동 전반에 걸쳐 퍼져나갔다.

보일의 실험주의와 홉스의 실증적 방법은 모두 질서 문제에 대한 해결책이었다. 어떤 지식을 생산하고 보호할 것인지에 관한 문제는 사실 정치의 문제이며, 정치의 문제 역시 항상 지식의 문제를 수반한다. 그래서 홉스는 특정 시스템을 '과학'이라는 경계로 한정해서는 안 된다고 생각했고 샤핀과 섀퍼는 그의 주장을 부활시켰다. 홉스의 주장은 분열된 두 세계를 재조립해야 할 동기를 제공한다.

> "우리 앎의 형식의 규약적이고 인위적인 지위를 알게 되면서 우리가 아는 것과 직접적으로 관련되는 것은 실재가 아니라 우리 자신이라는 것을 깨닫게 된다. **국가만큼이나 지식도 인간 행동의 산물이다. 홉스가 옳았다.**"
>
> 샤핀과 섀퍼의 책, 344쪽 (강조는 저자)

과학철학자 브뤼노 라투르(B. Latour)는 샤핀과 섀퍼의 연구 분석에 대해서, "그들이 홉스의 과학저작을 발굴하고 보일의 정치이론을 망각에서 구출했다"고 칭찬했다. 보일에게도 자신의 과학과 정치이론이 있고, 홉스에게도 자신의 정치이론과 과학이 있었다. 두 사람은 모두 철저한 합리주의자였지만 실험과 과학적 추론, 그리고 정치적 주장을 배치하는 방식이 달랐을 뿐이다.

사실과 가치, 과학과 상식

홉스는 보일에 반대했지만, 홉스의 리바이어던(국가)은 보일의 과학과 손잡았다. 샤핀과 섀퍼는 국가와 과학의 동맹 관계를 그들의 책 표지로 장식했다. 리바이어던이 교권을 상징하는 지팡이 대신 공기펌프를 들고 있는 모습으로 그려넣었다. 공기펌프는 보일과 실험주의자들이 설계한 근대과학을 상징한다. 보일의 승리였다.[6] 근대 국가와 근대과학은 동맹으로서 서로 닮아갔다. 기계론적 관점이 세계를 관리하는 데 효율성을 보장하는 듯했기 때문이다. 국가와 과학은 효율성이 진보를 보증할 것으로 믿어졌다.

보일은 결국 '대문자 과학(Science)'의 세계를 구축하는 데 성공했다. 대문자 과학은 베이컨적 귀납법에 토대를 둔다(3장). 차례로 자연의 조각을 모아서 진실에 도달할 수 있다는 세계관이다. 이것은 과학이 자연(사물)을 그대로 재현할 수 있다는 믿음에 근거하며, '유일한 진실'로 구

6 근대과학의 전략적 성공에 대해서는 2장 '과학혁명과 대중'에서 다시 다룬다.

축된 확실성의 세계이다. 이들은 세계와 그 세계에 대한 진술이 곧장 대응한다고 주장한다. 이를 과학 실재론(scientific realism)이라고 한다. 이들의 연구방법은 기계적이고 환원주의적이었는데, 자연(세계)을 더 이상 나눌 수 없을 때까지 분할하는 방식으로 해체했다. 그렇게 부분을 모두 알게 되면 다시 조립할 수도 있다고 확신했다.

기계론 철학은 사실(관찰)에서 가치(관심과 의미)를 분리할 수 있다는 생각을 강화했다. 수학자이면서 철학자인 알프레드 노스 화이트헤드(A. N. Whitehead)에 따르면, 근대과학은 자유로운 상상력의 작용을 고려하지 않음으로써 세계 이해의 과정을 기계적인 것으로 환원해버렸다. 이제 자연이라는 거인(가이아)은 조각난 상태로 실험실로 옮겨질 수 있다. 난쟁이(과학자)가 볼 수 있고 다룰 수 있는 조건에 맞추기 위한 것이었다.[7] 그러자 자연은 스스로 말하지 못하게 되었다. 다만 과학자에 의해 실험을 통해서 대리될 수 있을 뿐이다. 이것은 보일이 취했던 전략이고 근대과학이 창조한 신화이다.

기계론은 관찰자와 관찰 대상을 양분한다. 데카르트를 비롯하여 근대철학은 정신과 물질, 그리고 주체와 대상을 분리함으로써 실체에 접근하는 범주 오류를 범했다(도널드 셔번의 책, 378쪽). 화이트헤드에 따르면, '실체(현실적 존재)'는 관찰 이전에 이미 존재하는 것이 아니라 주체가 사물을 구체화해 가는 활동 과정을 통하여 비로소 출현한다.[8] 실

7 "실험실에서 발견되는 것은 자연이 아니라 수많은 인간 노력의 산물이다. 정보는 추출되고 정련되거나 특정한 목적을 위해 발명되고 외부의 영향으로부터 보호되며 혁신적인 맥락 속에 위치 지어진다."[9]

8 '실체(substance)'라는 개념은 근대철학자 데카르트가 사용했고 오늘날 우리가 흔히 익숙하게 사용하는 용어다. 이 용어에 상응하는 화이트헤드의 용어는 '현실적 존재(actual entities)'이다.

체는 구체화 과정의 단위이며 그 과정의 총합이다. 현실적 존재(실체)를 파악하는 과정은 (a) 주체(subject), (b) 파악되는 여건(datum), (c) 그 주체가 그 여건을 파악하는 방식인 주체적 형식(subjective form)을 통해서 구성된다(29~30쪽). 그래서 모든 관찰은 원천적으로 주관적이다. 관찰 주체가 자기 자신을 관찰 과정에서 제거할 수 없기 때문이다. 관찰 주체가 없다면 그 과정을 시작할 수 없으므로 그 과정의 효과(현실적 존재)도 없을 것이다.

따라서 관찰 대상의 속성은 그 대상 자체에 내장된 것이 아니라 과정 속에서 비로소 출현하는 것이다. 우리가 모두 '하늘이 파랗다'라고 관찰하더라도, 하늘 자체에 파란 속성이 내장되어 있는 것은 아니다. 우리의 시각적 형식이 하늘을 그렇게 해석한 결과이다. 아마도 박쥐라면 다른 식으로 보았을 것이다. 꿀벌에게도 하늘은 다르게 보일 것이다. 관찰자가 무엇을 관찰했다면 그것은 관찰 대상의 독립적 속성을 본 것이 아니라 관찰 순간 관찰자의 속성과 대상의 속성이 상호작용한 결과(효과)이다.

관찰자는 어떤 식으로든 관찰 내용에 참여하므로 관찰자가 변하면 관찰 내용도 변할 것이다. 관찰자의 범주에는 물리적 특질만이 아니라 그의 관심(가치)도 포함한다. 그래서 홉스와 같은 충만론자에게 빛은 파동으로 보이고 보일과 같은 진공론자에게 빛은 입자로 보일 것이다. 과학자들은 자신만의 이론과 연구방법을 채택하면서 다른 관찰 결과를 얻을 여지가 있다. 따라서 그들이 어떤 세계관, 어떤 관심을 가지느냐는 중요한 문제가 된다.

화이트헤드는 과학과 상식의 관계를 정의했다. 상식은 정확한 사고와 경험 사이의 초기 만남을 표현하므로 과학은 상식과의 관계를 끊을 수 없다. 과학은 상식적인 사유 장치 전체에 뿌리를 두고 있다. 상식은 과학의 시작점이다. 과학이 상식을 다듬을 수도 있고, 세부적으로 반박할 수도 있고, 놀라게 할 수도 있다. 하지만 궁극적으로 모든 과학의 임무는 상식을 만족시키는 것이어야 한다[8].

상식과 과학은 둘 다 경험을 넘어선다는 점에서 공통성이 있다. 상식과 과학 모두 경험에서 얻어진 실제적인 엄격함에서 어느 정도 벗어나지 않고는 '생각의 조직화(The Organization of Thought)'라는 임무를 진행할 수 없다[15]. 상식 관념(common-sense notion)은 여전히 인류의 일상의 삶에서 최고의 권위를 가지며, 상식은 시장, 운동장, 법원, 그리고 사실상 인류의 사회학적 전체 관계를 지배하고 있다. 그러므로 과학이 상식과 다르다는 생각은 타당하지 않을 뿐만 아니라 과학을 위태롭게 만든다. 화이트헤드가 볼 때, 과학은 상식에 위반되지 않아야 한다. 과학이 '난쟁이'라면 상식은 '거인'이다.

그러나 근대과학은 상식과의 관계를 무시했다. 그 때문에 과학이 일상적인 물체에 대해서조차 일반 상식과는 동떨어진 개념들을 제안하곤 했다. 물리학자들은 핵무기가 전쟁을 빨리 끝낼 방법이라면서 막대한 자금을 쏟아부어 한 번에 수십만 명을 죽이거나 병들게 하는 '괴물'을 만들어냈다. 행동심리학자들은 많은 시간과 비용을 들여서 어린아이도 문제가 있다는 것을 쉽게 알아채는 그런 일을 추진한다. 그들은 설문조사를 통해 자율주행자동차의 알고리즘을 설정할 수 있다고 주장했다(3부 인터루트 참조)[16]. 절대적이고 유일한 확정적인 세계 관찰이 불가능한데도 그것이 가능하다고 믿고 강제했기 때문에, 그리고 상식과 경험에서 멀어지려고 했기 때문에 근대의 세계관은 스스로 취약해졌다.

홉스처럼, 그리고 샤핀과 섀퍼처럼 '사실의 문제와 가치의 문제가 정말 분리될 수 있나?'라고 질문하는 순간 근대과학의 신화는 무너지기 시작한다. 예를 들어서 '이 좌석에 아기가 있어요!'라거나 '대기 중에 이산화탄소 농도가 440ppm을 넘었다'라는 표현은 단순히 사실만이 아니다. 그 말 안에는 '여기에는 앉지 말라!'거나 '지구 메커니즘이 붕괴할 수 있다!'라는 주의와 경고가 담겨있다. 관심(가치)이 없었다면 그런 사실 표현도 없을 것이다[5]. 모든 관찰은 가치의 문제를 포함한다.

새로운 문화는 대문자 과학(Science)에서 소문자 과학(sciences)으로의 이동을 제안한다. 우리는 자연(사물)에 접근하려고 시도하며 그 순간 우리의 지향과 방법론이 개입된다는 것을 인정한다. 어떤 이해관계를 가지느냐가 지식 생산에 영향을 주기 때문에 복수의 지식이 존재할 수 있다는 것도 안다. 그렇다고 해서 상대주의에 만족하자는 것은 아니다. 어떤 지식이 당대의 관심과 가치를 얻어야 하는지에 무관심할 수 없다. 그것은 모든 사람의 삶의 문제에 영향을 주기 때문이다.

과학과 문화, 자기표현의 형식

종합해 보면, 과학과 문화(상식의 세계)는 분리되어야 할 이유가 없으며 분리할 수도 없다. 우리나라 과학기술기본법에서도 이미 '과학문화'라는 용어를 사용하고 있다. 하지만 이 단어에 대한 정의는 명시되어 있지 않다. 본래 문화라는 개념의 모호성이 있기는 하지만 대체로 민족, 시대, 집단 또는 인간 보편의 특정한 삶의 형식을 포괄적으로 지칭한다. 한 공동체 안에서 배우고 축적된 일상적이고 공통적인 감정, 사유, 노력을 총체적으로 의미한다.

과학과 문화의 관계는 시대에 따라 또 지역에 따라서 변해왔다. 과학과 문화의 관계를 구체적으로 논의하기 위해서 다음 세 가지 유형을 비교해볼 수 있다. 〈그림 1.2〉에서 보듯이 모드 1과 모드 2는 전통적 관점이다. 모드 1은 과학기술과 문화가 별개의 영역이라고 보며, 모드 2는 과학기술에 의해서 지식이 먼저 생산되면 나중에 문화가 수용한다는 과학주의(또는 기술결정론)이다. 이들 전통적인 관점은 경제주의를 강하게 내장하고 있다. 과학의 목표를 경제발전이나 경제적 가치로 한정하는 경향을 말한다. 이는 근대사회 세계관을 왜소하게 만들었고 생태환경 문제를 도외시하는 결과를 유도했다.[9]

반면에 모드 3은 문화가 과학기술을 포함한다. 이것은 최근의 대안적 관점이다. 사람들은 과학자가 증명했다고 해서 그 지식을 그대로 수용하지 않는다. 때로는 무관심하거나 때로는 열광적으로 사용하며 새로운 적용을 탐색해낸다. 사람들이 과학자의 견해를 일방적으로 받아들이기

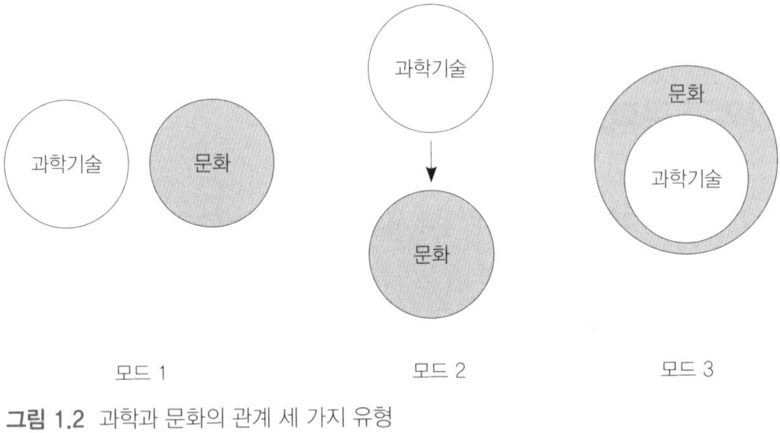

그림 1.2 과학과 문화의 관계 세 가지 유형
자료: Godin & Gingras, 2000

9 우리 법에도 그런 경향이 강하게 남아 있다. 대표적으로 우리 헌법은 "국가는 과학기술의 혁신과 정보 및 인력의 개발을 통하여 국민 경제의 발전에 노력하여야 한다(127조 1항)"고 선언하고 있다.

만 한다면 기후전문가의 연구 결과는 벌써 국제 규범이 되었을 것이다. 기후 문제는 역설적으로 과학지식이 문화를 일방적으로 지배하지 않는다는 것을 보여준다.

모드 3의 관점에 따라 진행된 여러 연구에 따르면 과학문화는 기초 연구를 장려하고, 과학을 혁신하고, 과학을 민주화하는 문제와 두루 관련이 있다. 과학문화는 모방이나 관찰, 학습, 응용, 창작 등 넓은 범위의 과학 활동을 모두 포함한다. 과학문화는 과학과 사회 사이에 여러 관계를 폭넓게 담을 수 있다. 문화의 의미가 삶의 형식을 포괄적으로 지칭하듯이 과학문화도 일상의 삶과 연결되도록 배치할 필요가 있다.

과학문화의 학술적 용어 정의를 몇 가지 살펴보자. 우선 고딘과 깅그라스(Godin & Gingras)에 따르면, 과학문화란 "개인과 사회가 과학기술을 전유하는 모든 표현 양식들(the expression of all the modes through which individuals and society appropriate science and technology)"이다. 여기에서 '전유하다(appropriate)'라는 용어는 낯선 것을 자신의 것으로 만드는 과정을 통칭한다. 개인이나 사회가 과학기술을 접하고 자기 것으로 만드는 과정에서 일어나는 모든 반응과 참여를 포함한다. 고딘과 깅그라스의 정의에서 특히 '표현 양식'이라고 정의한 점이 눈에 띈다. 과학도 예술처럼 표현의 문제라고 본 것이다.

과학문화 연구자인 바우어(M. W. Bauer)는 과학문화란 '일상생활에서 사람들이 생각하고, 상상하고, 가치를 부여하며, 과학지식을 경쟁하는 방식'이라고 정의했다.[10] 과학이 어떤 표준적인 정답이 있는 것이 아니라, 사람들에 의해서 마치 예술문화처럼 상상되고, 의미를 부여하고,

10 바우어는 다음 네 가지 차원을 과학문화 범주라고 지목했다. (1) 과학지식에 대한 대중의 태도 (2) 대중의 과학 참여 (3) 대중의 과학지식 (4) 대중화된 과학기술.

가치를 부여하고, 또 경쟁하는 방식이라고 이야기한 것이다. 바우어(M. Bauer)는 과학문화와 사회적 차원의 관계에 대해 덧붙인다. 과학문화는 '과학연구의 성과는 그 사회가 얼마나 민주화되어 있느냐?' 그리고 '과학에 대해서 얼마큼 긍정적인 가치를 부여하고 있느냐?' 또 '그 사회가 시민들 사이에 협력을 얼마만큼 중요하게 생각하느냐?' 나아가 '자기표현에 얼마큼 가치를 두느냐?'와 영향을 주고받는다.

한편 클레이센스(M. Claessens)는 '과학적 문화(scientific culture)'와 '과학문화(science culture)'를 구분했다. '과학적 문화'는 과학기술 시스템을 의미하며 입력과 처리 과정, 산출이라는 과학적 수행과 관련이 있다. 따라서 이런 접근법에 더 치중한다면 모드 2의 관점에 가까워진다. 이에 비해서 '과학문화'는 과학기술과 사회적 가치가 상호적으로 조응하며 발전하는 상황을 포괄적으로 지칭한다. 이 개념은 모드 3의 관점을 취하고 있다. 이상과 같이 여러 연구는 과학과 문화의 관계가 분리될 수 없다는 것을 확인하게 해준다. 과학은 단지 과학자 집단만의 문제가 아니고, 대중의 삶과 지속가능성의 문제이다.

시민 교양과 전문성의 협력

우리 헌법은 과학활동을 과학자로 제한하지 않는다. 제22조는 "모든 국민은 학문과 예술의 자유를 가진다"라고 선언하고 있다. 학문의 자유는 예술의 자유와 같은 성격을 가지며, 따라서 전문가 집단으로 그 권리를 제한하지 않고 모든 국민의 권리이다. 학문의 자유는 모든 사람의 보편적인 권리로써 민주주의의 주요 내용이다.

그런데 이 조항은 여전히 선언적인 의미에 그치고 있다. 현장의 과학기술 정책은 모드 1 또는 모드 2의 관점에서 진행되고 있는 경우가 더 많다. 그동안 과학의 민주주의 문제는 사회적 관심을 받지 못했고 주요한 의제가 된 적이 없다. 이런 현상을 제기하며 과학을 자기표현의 주요 경로로 다루는 일이 과학문화의 출발이 될 수 있다.

스노우가 지적한 덕분에 이제 인문사회 분야에서도 열역학 개념을 흔히 사용하게 되었다. 그러나 여전히 두 문화가 서로 접촉해서 대화를 나눌 만한 공적 공간은 거의 없다. 그는 특히 교육과 사회적인 환경이 두 문화를 강화하는 현상을 우려했다. 교육은 점점 전문화되어 가고 그 전문화에 대한 맹신적이고 광신적인 믿음도 여전하다. 동서양을 막론하고 이런 교육 전문화가 뿌리 깊게 침투하면서 학문 분과가 더 세분화되고, 그에 따라 교육 체계도 분리적 경향이 심해지고 있다. 그 결과 다른 분과에 대해서 무관심하고 서로 적대시하는 문화도 등장했다.

그는 이런 분리로 인해 특수한 사회적인 세력이 만들어지고 점차 강화되기 때문에 내버려 두면 상황이 더욱 악화될 것이라고 호소했다. 과학자와 비과학자를 분리하는 현상은 젊은이들에게 우울한 미래를 줄 것이다. 스노우는 이를 해결할 수 있는 유일한 해결책은 교육을 재고하는 것이라고 주장했다. 예를 들어 지나치게 전문화된 교육을 개선하고 교양 교육을 강화하는 것이다. 교양 교육은 시민교육으로서 시민구성원들이 각자 다른 전문성을 가지더라도 공통의 정체성을 형성할 수 있게 해준다. 이로써 하나의 전문성과 다른 전문성, 그리고 전문성과 시민성 사이의 소통과 협력을 촉진할 수 있다.

참고문헌

1 찰스 스노우. 2001. 《두 문화》, 오영환 옮김, 사이언스북스.

2 Shapin, S. & S. Schaffer. 1985. *Leviathan and the Air-Pump: Hobbes, Boyle, and the Experimental Life*, Princeton University Press: Princeton and Oxford.

3 데이비드 블루어. 2000. 《지식과 사회의 상》, 김경만 역. 한길사.

4 토마스 홉스. 1977. 《시민론: 정부와 사회에 관한 철학적 기초》, 이준호 옮김, 서광사.

5 브뤼노 라투르. 2009. 《우리는 결코 근대인이었던 적이 없다》, 홍철기 옮김. 갈무리.

6 데이비드 J. 헤스. 2004. 《과학학의 이해》. 김환석 옮김. 당대.

7 도널드 W. 셔번. 2010. 《화이트헤드의 '과정과 실재' 입문》, 오영환·박상태 역, 서광사.

8 McAllister, James W. 2023. "Common Sense And The Difference Between Natural And Human Sciences", *Inquiry*, DOI: 10.1080/0020174X.2023.2240430

9 에드워드 J. 해킷 외 엮음. 2019. 《과학기술학 편람》, 김명진 옮김, 아카넷.

10 Godin, B. & Gingras, Y. 2000. "What Is Scientific and Technological Culture and How Is It Measured? A Multidimensional Model", *Public Understanding of Science* 9, pp. 43–58.

11 Bauer, M. W., Nick, M. A. and Steve, M. 2007. "What Can We Learn from 25 years of PUS Survey Research? Liberating and Expanding the Agenda", *Public Understanding of Science*, 16(1), pp. 79–95.

12 Bauer, M.W. 2015. "Making Science Is Global, Science Culture Remains Local", *Journal of Scientific Temper*, Vol. 3(1&2), pp. 44–55.

13 Claessens, M. 2021. "Science Culture: A Critical and International Outlook", in Bernard Schiele, Xuan Liu and Martin W. Bauer ed., *Science Cultures in a Diverse World: Knowing, Sharing, Caring*, Springer.

14 CST(Conseil de la science et de la technologie), 2002. La Culture Scientifique et Technique au Québec: Bilan, CST.

15 Whitehead, A. N. 1916. "The Organisation of Thought", Proceedings of the Aristotelian Society New Series, 17, pp. 58–76.

2장

과학혁명과 대중

'과학혁명(scientific revolution)'은 과학의 역사에서 가장 잘 알려진 주제어 중 하나다. 16세기에서 17세기에 이르는 시기 갈릴레오(Galileo Galilei)와 같은 과학 엘리트 집단은 새로운 방법론, 즉 과학적 방법을 개척하면서 천문학, 역학, 화학 등 세부 과학 분과를 형성해갔다. 초기 과학 엘리트들은 자신들이 혁명적 변화에 관여했다고 믿었다. 이들의 견해를 계승하여 현재의 과학 교과서는 코페르니쿠스의 태양중심 우주 모델을 과학혁명의 기준점으로 제시한다.[1] 당시 태양 중심 우주 모델을 과학적으로 증명할 수는 없었지만, 과학자 공동체는 과감하게 이 모델을 자신의 세계관으로 받아들였다. 어떻게 증명되지 않은 사실을 수용

---

1 1543년, 니콜라우스 코페르니쿠스(1473~1543)는 《천구의 회전에 관하여》를 출간했다. 이 책에서 그는 "태양이 지구 주위를 도는 것이 아니라 지구가 태양 주위를 돈다. 그리고 별이 지구 주위를 도는 것이 아니라 지구 자체가 스스로 돈다."고 제안했다. 이것은 아리스토텔레스(Aristotle, 기원전 384~322)와 프톨레마이오스(Claudius Ptolemy, 100~170)의 우주 모델에 반하는 것이었다.

할 있었을까? 그들은 코페르니쿠스 모델이 세계를 설명할 잠재성이 있다고 확신했다. 마치 어떤 신념을 가진 정치 집단이 일거에 사람들의 인식을 뒤바꾸는 것과 유사한 일이 과학에서도 일어났다.

17세기 과학혁명은 있었나?

과학혁명에 관한 견해는 다양해서, 여전히 '정말 과학혁명이 있었나?'라는 질문이 자주 거론되곤 한다. 이는 '과학이 연속적인가? 아니면 불연속적인가?'라는 문제와 관련이 있다. 과학지식이 연속해서 누적되는 식으로 발전했다면 과학혁명이라는 명칭은 적절하지 않을 것이다. 논쟁이 여전한데도 이 논의에서 역사학자들이 대체로 동의하는 점이 있는데, '과학혁명'이라고 지목되는 그 현상이 매우 중요했다는 것이다. 역사학자 클리퍼드 코너(Clifford Conner)에 따르면, 과학혁명의 존재를 부정하는 학자들마저도 '근대과학의 출현'이라는 중대한 사건이 있었다는 점만은 인정했다. 대략 1680년에서 1720년 사이 일어난 일련의 사건은 인류가 세계를 이해하는 방식을 완전히 바꾸었다[3].

공식적으로 '과학혁명' 개념은 1930년대 과학사학자 알렉산드르 쿠아레(Alexandre Koyré)가 창안한 것이다. 과학혁명은 중세과학으로부터 성장하거나 확장된 것이 아니라, 일종의 지적 '돌연변이'이고 중세 세계관의 와해를 의미했다. 새로운 과학 엘리트 집단이 구 엘리트를 몰아내고 과학의 주역으로 등장하는 데 겨우 40여 년(1680~1720)밖에 걸리지 않았다. 그 전환 기간이 상당히 짧았다는 점에서 혁명적 사건이라고 부를 수 있다.

과학철학자 토머스 쿤(Thomas Kuhn)은 과학혁명이라는 개념에는 동의하면서도 어떤 이론이 폐기되는 이유는 비과학적이어서가 아니라 다른 차원의 선택이 있다며 쿠아레의 견해를 비판했다. 경쟁하는 다양한 학파는 저마다 나름의 '과학적' 방법으로 과학을 수행하므로 과학이라는 차원만으로 그 전환을 충분히 설명할 수 없다. 대신 그는 하나의 과학이 다른 과학으로 전환하는 메커니즘이 있다고 제기했다.

코너도 쿠아레의 과학혁명 개념을 비판했다. 쿠아레가 순수하게 이론적인 측면에만 초점을 맞춘 좁은 의미의 과학 개념에 기반하여 과학혁명을 설명하기 때문이었다. 쿠아레에게 과학혁명이란 자연의 수학화(mathematicalization of nature)를 의미했고, 상대적으로 실험주의(experimentalism)는 덜 중요했다. 이론적 노력만을 '과학'이라고 정의하고 경험적 측면은 무시한 것이다. 그래서 쿠아레는 과학혁명을 코페르니쿠스(Nicolaus Copernicus, 1473~1543), 케플러(Johannes Kepler, 1571~1630), 갈릴레오(Galileo Galilei, 1564~1642), 뉴턴(Isaac Newton, 1643~1727)이 주도한 사건으로 축소해 버렸다. 토머스 쿤은 이 문제를 해소하고자 했지만, 코너가 보기에 그 역시 쿠아레와 마찬가지로 이론 분야에 우월적 지위를 부여하는 데 그쳤다.

과학혁명 이후 과학은 피렌체, 파리, 런던 등지에서 선택받은 소수에 의한 활동을 넘어 교육받은 일반인들 사이에서 진보적인 사상으로 자리 잡아 나갔다. 동시에 과학혁명을 신비화하고 과학자를 영웅화하는 서사도 널리 퍼졌다. 그런 현상을 보여주듯이 과학혁명에 대한 순진한 묘사를 흔히 목격할 수 있다.

"갈릴레오 이전에, 어떤 이가 자연을 이해하기를 원할 경우, 최선의 방책은 이 문제에 대한 단 하나의 권위, 아리스토텔레스를 따르는 것이었다. 그리고 갈릴레오가 와서 우리에게 어떻게 우리 스스로 사고할 수 있는지 가르쳤고, 이에 따라 초기 근대과학이 시작되었으며 그 이상의 진전을 향한 길도 명확해졌다."

클리퍼드 코너의 책, 316쪽, 재인용

이런 근대과학 창건 신화 중에서 갈릴레오에 관한 에피소드가 가장 유명하다. 갈릴레오가 무거운 공이 먼저 땅에 닿는지 시험을 제안했다는 것이다. 아리스토텔레스(Aristotle, 기원전 384~322) 세계관에서 무거운 물체는 가벼운 물체보다 더 빨리 떨어져야 했다. 아리스토텔레스의 무거움(gravitas)이란, 물체가 그것의 자연적 위치인 지구 중심을 향하려는 성향(본성)을 뜻했다. 그러므로 무거운 물체는 가벼운 물체보다 더 강하게 지구 중심에 이끌리기 때문에 더 빨리 땅으로 떨어질 것이다. 당시 철학자들은 대체로 아리스토텔레스주의자였고 그래서 이 제안을 시간 낭비라고 일축했는데도 갈릴레오는 이를 강행하여 아리스토텔레스가 틀렸음을 증명했다는 전설적 이야기다.

그러나 이 실험은 실제로 수행되지 않았다. 당시 이 실험을 엄밀하게 진행할 설비가 없었다. 역사학자 오퍼 갤(Ofer Gal)에 따르면, 갈릴레오

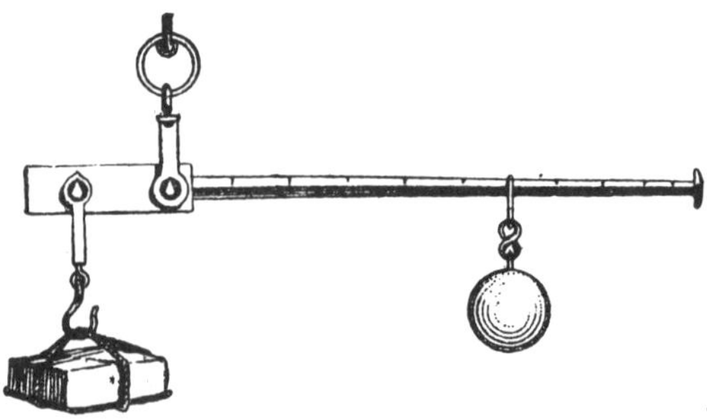

그림 2.1 19세기 대저울

는 과학자로서도 유능했지만 근대과학 선진가로서의 유능함이 더욱 돋보였다. 그는 자유낙하 개념이 아리스토텔레스 이론을 비판할 손쉬운 공격지점이라는 것을 간파했다. 그는 자유낙하에 관한 대중의 상식과 경험적 관찰을 이용하여 과학 실험을 대체할 수 있다는 것을 알았다.

당시 사람들은 로마 시대부터 널리 사용되었던 대저울(steelyard)에 관한 경험과 상식이 있었다. 이 저울은 지렛대의 원리에 근거하고 있는데, 지렛목의 위치에 따라 추의 무게가 달라지는 원리를 이용했다. 추는 저울대의 평행한 지렛목 위에 있는데 눈금 위치를 좌우로 이동하는 것만으로 무게가 변했다. 이것은 아리스토텔레스의 무게 개념과 맞지 않았다. 사물(추)의 무게가 본성적인 것이라면 눈금 위치에 따라 무게가 달라질 수 없어야 한다. 대중의 경험은 아리스토텔레스의 세계관과 불일치했고 이미 균열이 가고 있었다. '대중이 무엇을 경험했고 그 과정에서 무엇을 아는가?'는 수사적 정당화 과정에서 중요한 자산이었고 갈릴레오는 그것을 적절히 동원했다.

뉴턴의 보편중력의 법칙은 다시 한번 아리스토텔레스 세계관에 결정타를 던지며 근대과학의 상징이 되었다. 뉴턴 이전의 우주관은 아리토스텔레스로부터 온 것이었다.[2] 그는 사물의 근원과 운동을 설명하고자 했고, 우주를 천상계(달 위)와 지상계(달 아래)로 구분했다. 지상계에서는 사물이 지구를 향해 떨어지는데, 천상계에서는 행성들이 원운동을 하기 때문이다. 두 세계는 사물이 움직이는 원리가 다르므로 각각 다른

2 아리스토텔레스는 거의 모든 분야에 걸쳐서 저작을 남겼고 그 영향력도 매우 컸다. 그의 세계관은 수 천 년에 걸쳐서 많은 사람에 의해 치밀하게 검토되었다. 그래서 아마도 그는 가장 많이 비판받는 학자 중 하나일 것이다. 그런데도 그의 세계에 관한 질문 방식 중에는 근대에도 여전히 유효한 경우가 있다.

법칙에 의존한다고 생각했다. 그의 관점은 수천 년간 유지된 정상과학이었다.

그런데 뉴턴이 천상계와 지상계를 하나로 통합해서 그 모두에 적용될 수 있는 하나의 법칙을 제시했다. 그의 보편중력의 법칙에 따르면 우주(천상)에서건 지상에서건 모든 사물 사이의 힘의 크기(F)는 두 사물의 질량(m)에 비례하고 그들 사이의 거리(r)에 반비례한다. 근대과학은 천상계와 지상계를 하나의 세계로 통일했다. 비록 기계적이긴 하지만 이 공식 하나로 세계를 통합적으로 해석할 수 있게 되면서 세계에 대한 통제가능성이 높아졌다.

과학 선전가들 그리고 자국어 출판

과학 엘리트의 승리는 무엇보다 1세기에 걸친 열성적인 선전 활동 덕분이었다. 갈릴레오와 베이컨(Francis Bacon, 1661~1626)이 대표적 인물이었고, 그들의 강력한 선전 무기는 인쇄술이었다. 상업자본의 성장으로 '중간 계층'이 독자층을 형성하며 성장했다. 과학자 집단은 자신의 발견과 제안을 일반인들이 사용하는 일상어, 특히 자국어로 출간함으로써 과학이 폭넓게 받아들여지게 했다[3]. 이로써 과학 담론이 사회 전반에 널리 퍼질 수 있었고, 부분적으로 과학이 민주화되는 효과도 나타났다.

근대과학의 정체성도 점차 분명해졌는데, 과학 엘리트 집단은 기계론적 세계관을 채택했다.[3] 처음에 기계론과 연금술 양 진영의 사람들은

3 기계론 철학은 우주를 대규모 메커니즘(즉, 기계)에 비유하는 자연 철학의 한 형태이다.

섞여 있었지만, 점차 서로 다른 집단이 되기 시작했다. 1660년대 기계론이 연금술과의 경쟁을 끝내고 승리했다[9]. 김동광(2017)에 따르면, 기계론 철학은 대체로 다음 3가지 관점을 지지한다. (1) 세계는 입자로 구성되어 있고, 그 입자로 구성된 물질은 실체적 존재이다. (2) 자연은 법칙성과 질서를 내재하고 있다. 여기서 뉴턴의 시계장치 우주(clockwork universe) 은유가 만들어졌다. 기계론은 인간이 자연의 법칙을 이해할 수 있다고 확신한다. (3) 자연의 수학화와 양적 환원을 지향하며 이를 통해 자연을 변경할 수 있다. 그러므로 자연을 통제하거나 지배할 수 있다는 믿음을 강화했다.

당시 과학 엘리트 집단이 기계론을 선택한 배경은 과학적 차원 때문이 아니라, 기계론과 같은 환원주의적인 경험과학이 안전한 길로 보였기 때문이었다. 연금술은 비가시적인 세계를 인정했고 너무 유연해서 때때로 통제할 수 없었다. 과학 엘리트의 궁극적 목적은 과학지식 생산이나 사회 정의가 아니라 자신들의 '사회적 적소(social niche)'를 찾는 것이었다.[4] 그들은 사회에서 필요한 집단이 되어야 했다. 더 정확하게 말하자면 자신의 필요를 입증해야 했다.

과학은 어떻게 성공하나

토머스 쿤(T. Kuhn)은 1962년에 《과학혁명의 구조(The Structure of Scientific Revolutions)》라는 논쟁적인 책을 출간했다. 그는 과학 고전이

4 근대과학 엘리트들의 사회적 적소 찾기에 대해서는 3장 '과학과 젠더'에서 추가로 다룰 것이다.

나 과학 교과서가 과학에 대한 대중적 오해를 불러일으켰다고 지적했다. 과학 교과서는 마치 관광 안내 책자나 어학 교본처럼 실제 활동과는 거리가 멀었다. 사람들은 교과서를 통해서 과학의 이미지를 가지게 되는데, 교과서에서 묘사된 과학자들은 과학의 한두 가지 연구 성과를 보태는 사람이었다. 그렇다 보니 과학의 발전은 그런 연구 성과들이 내재적인 논리에 따라 연속적이고 누적적으로 이어지는 결과(선형 모델)인 것처럼 서술되었다.

쿤은 교과서가 제시하는 과학은 실제 과학과 다르다고 주장했다. 그는 물리학을 전공했고 하버드대에서 과학사 수업을 하면서 과학의 역사적 기록물들을 자세히 살펴볼 기회가 있었다. 이 과정에서 그는 과학의 본질과 그 특별한 성공에 관해서 설명할 필요가 있다고 느꼈다. 그리고 현재의 과학만이 아니라, 과학의 전체 역사를 종합하는 새로운 조망 틀을 만들었다. 그는 사회학과 인문학적인 개념을 적용하여 과학을 설명하는 새로운 과학학 이론을 제안했고 그것은 시대적 질문에 꼭 들어맞았다.

> "천문학, 물리학, 화학, 또는 생물학의 과학 활동은 오늘날 심리학자나 사회학자들에게는 널리 퍼져 있는 근본에 대한 논쟁을 불러일으키지 않는 것이 보통이다. 이러한 차이의 근원을 찾으려 시도하던 도중에 '패러다임'이 과학적 탐구에서 차지하는 역할이 있음을 깨닫게 되었다. 나는 패러다임이 어느 일정한 시기에 전문가 집단에서 모범이 되는 문제와 풀이를 제공하는 보편적으로 인식된 과학적 성취라고 간주한다"[1].

그에 따르면 과학은 정치 상황에서처럼 서로 경쟁할 뿐만 아니라 혁명과 같은 도약 과정을 겪는다. 그리고 과학에는 성공하는 방식이 있다. 과학의 성공은 내재적인 것만으로 결론 나지 않는다. 우선 과학에 관한 질문 중에는 깊게 파고들수록 답하기 곤란한 문제들이 있다는 사실에서 출발해 보자. 예를 들어서, '산소는 언제, 누가 발견했는가?' 또는 '에너지 보존 규칙을 처음 알아낸 사람은 누구인가?'라는 질문이 제기된다면, 과학 교과서는 마치 어떤 한 명의 위대한 과학자가 이런 일을 해낸 것처럼 묘사하곤 한다. 그러나 실제 과학의 역사는 그렇게 단순하게 환원할 수 없다. 과학을 개별이 아니라 과정으로 보아야만 역동적인 현실을 볼 수 있다.

산소(Oxygen) 발견에 대해서 우리는 흔히 라부아지에(Antoine-Laurent de Lavoisier, 1743~1794)라는 과학자만을 떠올린다. 당시 프리스틀리(Joseph Priestley, 1733~1804) 같은 다수의 과학자가 조금씩 불완전한 발견을 했고 그것이 서로 공유되고 변환되면서 최종적으로 산소라는 개념이 등장할 수 있었는데도 말이다. 프리스틀리는 산화수은을 가열해서 나오는 기체에 대해서 '좋은 공기'라고 명명했고 식물도 이런 공기를 만들어낸다는 사실을 알아냈다. 나중에 라부아지에는 '산을 생성하는 물질'이라는 의미로 '산소'라는 명칭을 부여했다. 라부아지에가 부여한 이름은 남았지만, 산소의 성질에 대한 그의 이해(산을 생성하는 물질)는 잘못된 것이었다. 이 기체에 대한 프리스틀리의 이해가 오히려 더 정확했다. 산소의 발견에 대한 공로를 라부아지에에게만 돌릴 수 없고 보는 것이 적절하다.

에너지 보존 개념도 유사하다. 흔히 열역학 이론이 영구동력기관에 관한 열망을 폐기하도록 이끌었다고 배우지만 사실은 정반대였다. 에너지 보존 법칙은 중세부터 등장했던 영구동력기관 개발 경험에서 나온 것이다. 이미 르네상스 시대에 이르러 사람들은 영구동력기관이 경험적으로 성공할 수 없다는 것을 알고 있었다. 사람들의 오랜 열망과 현실의 경험 사이의 간극을 설명할 책임이 과학자들에게 부과되었다. 과학자들은 영구운동기관의 실패를 이론으로 정립했다. 영구동력기관의 실패라는 역사적 경험이 열역학 이론을 이끈 것이다.

과학 교과서는 '과학적인 것'과 '비과학적인 요소'의 구분이 명백한 것처럼 말하곤 한다. 그러나 실제는 그렇지 않다. 근대과학 세계에서 비과학적인 요소란 오류나 미신 또는 사회적이고 정치적인 지향 같은 것을 지칭한다. 과학과 비과학의 구분 강박은 과거의 이론은 덜 과학적이라는 믿음을 만들어냈다. 그러나 아리스토텔레스의 역학이나 플로지스톤 화학, 칼로릭 열역학을 들여다보면 당시의 견해가 오늘날의 과학보다 덜 과학적이라고 보기 어렵다. 당시에도 나름의 과학적 규칙들이 있었다. 우리가 시대에 뒤지는 믿음을 신화라고 부르면서 과학이 아니라고 이야기하는데, 현재의 과학도 그런 정도의 신화는 얼마든지 있다.

쿤은 시대에 뒤지는 이론이 폐기되는 까닭은 그 이론이 비과학적이어서가 아니라 다른 이유 때문이라고 보았다. 쿤의 개념에 따르면 과도기에 부단히 경쟁하는 다양한 학파들이 있었고, 그들은 저마다 나름의 과학적인 방법을 따랐다. 학파가 다르다면 서로 공약 불가능한 방식을 사용하므로 서로와 소통할 수 없다. 그들이 서로 다른 패러다임(paradigm)을 가지고 있기 때문이다. 과거의 이론도 모두 과학일 수 있지만, 현재의 패러다임과 다르기 때문에 이해할 수 없을 뿐이다.

과학의 패러다임

패러다임은 과학자 집단이 공유하는 믿음의 체계를 지칭한다. 그 덕분에 과학은 모든 것을 설명할 필요가 없다. 뉴턴(I. Newton)은 보편중력의 법칙을 세우면서 두 사물 사이에 작용하는 힘의 크기를 계산할 수 있었다. 그러나 '왜 그런 힘이 존재하는가?'에 대해서는 설명하지 못했다. 그렇지만 그는 개의치 않았다. 처음부터 그에게 그것은 연구 질문이 되지 못했다. 뉴턴의 연구 방법은 근대과학의 패러다임이 허락하는 범위 안에서만 잘 작동한다.

패러다임은 과학적 믿음의 범위를 제한함으로써 효율성을 제공했다. 해당 패러다임이 믿는 범위 안에서만 증명 가능하다면 과학으로 받아들여질 수 있기 때문이다. 그렇지 않다면 과학에서 논쟁 종결이 어려울 수 있다. 과학자 사이에 공유하는 패러다임이 존재하지 않는다면 효율적인 연구를 진행하기가 어려울 것이다. 이런 점에서 패러다임은 일종의 제한 규칙이다. 이런 제한 규칙 덕분에 무엇이 정당한 연구 질문이고, 어떤 방법이 정당한 과학적 방법인지를 결정할 수 있다.

과학혁명은 패러다임의 전환이다. 어떤 믿음의 규칙이 다른 믿음의 규칙으로 바뀌는 것이다. 패러다임이 다른 과학자는 연구 질문이나 방법이 다르다. 과학혁명이 일어나면 과학의 탐구 대상도 이동하고, 그 분야가 제기하는 문제도 이동하며, 동시에 적법하게 그 문제를 풀이하는 기준이나 방법도 이동한다. 그래서 과학혁명은 과학적 상상력을 바꾸며 세계를 관찰하고 그에 대응하는 방식도 바꾸는 효과를 수반한다.

쿤은 어떤 분야를 과학이라고 선언하는 기준이 바로 패러다임의 존재라고 말한다. 그는 패러다임의 변화를 설명하기 위해서 17세기 전기이론 사례를 소환했다[1]. 전기학은 18세기에 이르러서야 마침내 그룹 전체의 연구를 인도할 수 있는 과학적 패러다임을 획득할 수 있었다. 그들은 고대 천문학자들이나 중세 역학 연구자들 또는 17세기 물리과학 연구자들이 획득한 것과 유사한 정도의 패러다임에 도달했다.

흔히 베이컨식의 경험론, 즉 개별적인 관찰을 쌓아서 귀납적으로 결론에 도달하는 것이 과학 활동일 것이라고 생각하지만, 실제로는 그렇지 않다는 것을 보여준다. 당시 전기이론은 아직 수립되지 않았고, 여러 가지 형태의 방법론이나 발견들이 중층적으로 난립하고 있었다. 전기 역사 초기 연구자들은 마찰시킨 유리막대에 종이나 머리카락이 끌리다가 다시 튕기는 현상(척력)을 경험적으로 잘 알고 있었지만 크게 주목하지 않았다. 그들은 그것을 전기적인 현상으로 생각하지 않고 단지 역학적인 현상이라고 여겼다. 그들에게 아직 일관된 패러다임, 전기에 대한 패러다임 또는 이론이 존재하지 않았기 때문이었다. 어떤 관찰이 중요한 것으로 인식되기 위해서는 패러다임에 토대를 둔 이론이 있어야만 했다. 그런데 개별적 사실을 축적하는 것만으로는 패러다임을 만들어낼 수 없다.

17~18세기 전기학이 등장하던 시기 적어도 3개의 집단이 존재했었다. 먼저 초기 이론 그룹은 17세기에 등장했는데, 인력과 마찰에 의한 전기 발생을 기본 전기 현상으로 간주하면서도 척력은 부차적인 효과로 취급했다. 그래서 그레이(Stephen Gray, 1666~1736)가 발견한 전기전도 현상도 그다지 중요하게 생각하지 않았다. 다음으로 또 다른 전기학자 그룹이 있었는데, 이들은 앞선 초기 이론 그룹과 달리 인력과 척력을 동등하게 전기 현상으로 간주했다. 이를 기준으로 자신들의 연구와 이론들을 수정해나갔는데, 이들도 단순한 전도 효과를 제외하고는 일

관된 설명을 제시하지 못했다. 이때 제3의 집단이 출현했다. 이들은 앞서 두 집단과 달리 전기를 부도체에서 튀어나온 전기소(effluvium)로 보지 않고 대신 유체(fluid)로 설명하려고 했다. 앞서 두 집단은 전기소라는 입자 유형의 물질이 전기를 전달한다고 상상했다면, 세 번째 집단은 입자 모델 대신 유체(흐름)로 전기 현상을 설명하는 모델을 개발했다.

이들은 부분적인 관찰을 모아서 귀납적으로 이론을 창안한 것이 아니었다. 세 번째 집단이 창안해낸 레이던병(Leyden jar) 사례를 통해서 이를 확인할 수 있다. 레이던병은 간단하지만 흥미로운 장치이다. 세 번째 집안은 자신들의 새로운 설명 이론 덕분에 이 장치를 상상할 수 있었다. 그들은 전기를 유체로 간주했기 때문에, '전기의 흐름을 병에 담을 수 있지 않을까?'라는 생각으로 유도되었다.

그래서 그들은 물을 가득 채운 유리병을 손에 쥐고, 정전기가 발생하는 도선 끝을 유리병 속 물을 닿게 해서 전기의 유체를 병에 담을 수 있다고 믿었다. 일정 시간 후 전기 도선을 유리병에서 떼어낸 후 그 병에 손을 넣으면 가벼운 전기충격을 느낄 수 있었다. 이것이 이후 레이던

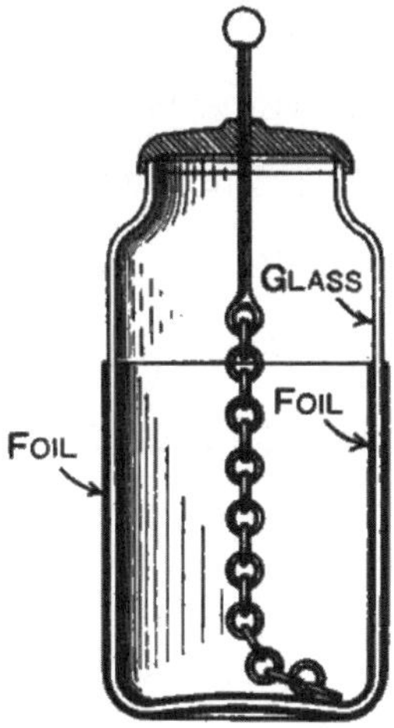

그림 2.2 20세기 초 개선된 레이던병(Leyden jar)

병으로 발전했고 오늘날 전하를 저장하는 축전기의 기원이 되었다. 자연을 단순히 개별적인 사건으로 여기며 자연을 그저 열심히 바라보거나 무작위적으로 탐사하는 사람은 결코 레이던병을 발견하지 못했을 것이다. 이 장치는 전기가 유체라는 특정한 신념 체계에 의해서 출현할 수 있었다.

하나의 전기학이라는 영역 안에서 여러 개의 이론을 가진, 즉 여러 세계관을 가진 학파들이 동시에 존재하고 경쟁도 하고 영향을 받기도 했다. 이 과정을 거치며 하나의 패러다임이 승리하고, 그 이후에 그들 간의 차이는 소멸한다. 그런데 재미있는 것은 승리한 쪽이라고 해서 완성도가 높은 것은 아니라는 점이다. 세 번째 그룹도 인력과 척력을 적절하게 조화시켜서 설명하는 데는 여전히 곤란을 겪고 있었다. 승리한 쪽도 방대한 자연현상을 설명하기에는 형편없이 부족하며 다만 부분적인 성과를 냈을 뿐이다. 성공한 설명도 어떤 특수한 부분을 강조하는 정도라고 말할 수 있다. 전일적이고 완벽한 정답을 제공하는 것은 아니다. 성공한 과학자 집단이 다른 집단보다 훨씬 더 뛰어나며 그래서 완벽한 정답을 내놓을 것이라는 기대는 과학교과서가 만든 신화일 뿐이다. 물론, 조금 더 나은 방법, 또는 좀 더 나은 설명법을 제공하기는 하지만, '완전한 진실'이라는 이미지와는 거리가 있다.

자연의 여러 가지 부분들이 복잡하게 서로 얽혀 있어서 어떤 패러다임도 완전한 답을 내놓을 수 없다. 다만 특정한 패러다임을 공유하는 과학자들이 자신의 마음의 체계를 통해서 어떤 선택이나 평가를 하거나 비판적인 공격을 하는 일련의 과정을 수립해가는 것이다. 하나의 패러다임이 되기 위해서는 경쟁자들보다 조금 더 훌륭해야 하기는 하지만, 그렇다고 해서 모든 사실을 다 설명해야 하는 것은 아니다.

일단 패러다임을 가지게 되면 그 패러다임에 부합하는 장치를 고안해내는 것도 가능해진다. 믿음의 체계는 정당한 연구 방법도 포함하기 때문이다. 프랭클린(Benjamin Franklin, 1706~1790)은 레이던병의 원리를 설명하는 데 관심이 쏟았고, 이 과정에서 그의 전기이론을 패러다임으로 승격시키는 결정적인 논거를 마련했다. 패러다임이 한번 형성되면 급격하게 하나의 분과 과학으로 인정되고 그 패러다임에 걸맞은 연구 방법과 장치들이 등장하여 자기 패러다임을 강화하기 때문이다. 전기연구의 패러다임이 형성되면서 성과 능률도 향상되었다.

무엇보다 그 그룹이 그 패러다임을 수용하는지가 중요하다. 다시 말해서 하나의 영역이 과학이 되는 결정적인 준거는 '어떤 발견이 있었나?'가 아니라 '독자적인 패러다임을 가지고 있는가?' 그리고 또 '그것을 수용하는가?'이다. 패러다임 수립 이후 해당 영역은 전문화가 진행되는데, 이런 전문화에 의해서 그 영역의 사람과 외부 사람이 구분되기 시작한다[1]. 예를 들어서, 수학과 천문학은 이미 고대에 일반교양과 분리되어서 일반인은 이해할 수 없는 영역이 되었고, 18세기 말에 전기학 연구도 비전문인이 이해하려면 번역이 필요한 상태가 됐으며, 물리과학도 19세기에 들어서는 일반인이 접근할 수 없는 내용으로 전문화되었다.

패러다임의 또 다른 특징으로는 가족 유사성(family resemblance)을 들 수 있다. 하나의 패러다임 내에서 신념의 체계를 공유하므로 일어나는 현상이다. 예를 들어서 쿨롱의 법칙은 두 전하 입자 사이에 작용하는 정전기적 인력을 계산하는 공식이다. 이 공식에 의하면 그 인력의 크기는 두 입자, q1과 q2 사이 거리의 제곱에 반비례한다. 이것은 두 물체 사이의 힘의 크기를 계산하는 뉴턴 법칙과 매우 닮았다.

과학혁명은 개념적, 이론적 연결망만이 아니라 도구적, 방법론적인 연결망도 수반한다. 해당 패러다임의 공모자 집단은 경쟁자 집단과 자기 자신을 분리시키고, 그 문제를 해결할 수 있는 묵시적인 규칙을 형성해낸다. 하나의 패러다임이 지배적인 지위를 가지게 되면 정상과학(normal science)의 지위를 얻는다. 패러다임이 일종의 믿음의 체계, 성공의 약속이라면 정상과학은 그것을 구체적으로 실현하는 상태를 말한다.

이런 면에서 정상과학은 패러다임의 마무리 작업이다. 공유된 패러다임에 근거해서 연구하는 사람들은 그 과학 활동에 대한 규칙과 표준을 학습하고 헌신한다. 그런 그들의 헌신과 합의가 정상과학을 출현시키고, 또 그것을 지속시키는 데 필수적이다. 패러다임은 후세대 과학도가 훗날 과학 공동체가 되어 과학 활동을 할 수 있도록 준비시키는 역할도 한다. 패러다임을 학습함으로써 과학자들은 극단적인 의견충돌을 일으키지 않고 정상과학의 지혜를 동원할 수 있다. 그것은 또 다른 효율성이지만 이런 장점은 동시에 약점이 될 수도 있다. 내부 규칙에 익숙해져서 새로운 발견을 억제하는 효과가 있기 때문이다.

과학혁명의 구조와 정상과학

토머스 쿤은 과학혁명의 설명모델을 통해서 우리가 알고 있던 전통적인 과학 실재론(scientific realism)을 폐기하고 과학지식이 구성된다는 급진적인 견해(구성주의)에 정당성을 부여했다. 패러다임이 바뀌면 과학연구의 정상성은 재편될 수 있다. 과학혁명이 성공하고 나면 과도적인 상황은 사라지고 결과만 남기 때문에 다음 세대는 전환이 있었다는 것을 상상하기 어렵다. 과학혁명이 실제로 있었는지에 관한 논란이 계속되는 이유이다. 나아가 쿤은 과학혁명이 있었을 뿐만 아니라, 과학혁명을 일으키는 구조가 있다고 제시했다. 그는 과학혁명 자체보다 그런 혁명을 일으키는 구조를 살펴보는 것이 더 중요하다고 강조했다. 그의 책 제목이 《과학혁명의 구조》가 된 배경이다.

그는 과학혁명의 구조를 설명하기 위해서 (1) 정상과학, (2) 퍼즐 풀이, (3) 패러다임, (4) 변칙 현상, (5) 위기, (6) 혁명이라는 개념의 순환을 제안했다. 과학자는 당대의 정상과학 내에서 여러 퍼즐 풀이(문제 풀이)에 열중할 것이다. 그 과정은 정상과학에 의해 유지되며 해당 과학자들을 연결해주는 패러다임 안에서 작동한다. 이 과정에서 때로 해당 패러다임에 맞지 않는 변칙 현상들이 일어날 수 있다. 그렇더라도 과학자들은 패러다임을 땜질하면서 유지하고자 노력할 것이다. 그런데 변칙이 다수 발생해서 더 이상 그 패러다임이 설명력을 가지지 못하게 되면 그 패러다임은 위기를 맞는다. 이런 위기는 혁명을 일으킬 잠재성으로 작용한다.

종합하면, 어떤 패러다임이 설명력을 가지게 되면서 사실과 예측 사이에 일치 정도가 점점 높아지면 정상과학(normal science)의 지위를 얻는다. 정상과학이란 동시대 '정상'으로 승인된 과학 형식을 의미한다. 정상과학이 된 패러다임은 공식적인 믿음과 신뢰를 수반하면서 추가적인 권위를 얻는다. 그런 현저한 지위를 가지게 되면서 그 패러다임 안에서 과학 활동들이 더 역동적으로 일어날 수 있다. 그 결과 과학자들은 고유한 정합적인 전통을 형성할 수 있고 어느 정도 효율성을 생산한다.

한편 놓치지 말아야 할 것도 있다. 정상과학이 기본적으로 새로운 발견을 목표로 하지는 않는다는 것이다. 이것 역시 토머스 쿤의 흥미로운 통찰이다. 원래 과학은 새로운 발견을 하는 게 목표가 아닌가? 이것은 부분적으로만 맞는 말이다. 더 정확하게 말하자면 과학적 발견이란 해당 패러다임 내에서의 발견이다. 과학자 공동체는 패러다임을 넘어서는 새로운 발견을 지향하지 않는다. 오히려 그런 목표는 억제된다. 정상과학이 실질적인 혁신을 목표로 하지 않는다면 도대체 무슨 의미가 있을까? 대신 정상과학은 패러다임이 적용될 수 있는 범위와 정확성을 증진하는 역할을 한다.

어느 순간 기존의 규칙, 즉 패러다임에 의해서 문제가 풀리지 않는 상황이 발생할 수 있다. 정상 연구의 목적으로 고안된 도구가 예상대로 작동하지 않고, 아무리 애를 써도 전문적인 예측과 들어맞지 않는 이런 현상을 쿤은 '변칙(anomaly)'이라고 명명했다. 과학자는 그 변칙을 패러다임 내부로 끌어들이기 위해 보조적인 가설을 만들어내는 방식으로 땜질한다. 하지만 이런 일이 쌓이면서 더 이상 감당할 수 없는 시점이 오면 과학혁명을 고민하는 상황에 직면하게 될 것이다. 이 변칙 현상을 설명하려면 완전히 다른 패러다임이 필요해진다. 그래서 변칙 현상을 회피할 수 없을 때, 비정상 탐구 형태가 시작된다. 익숙했던 개념을 완전히 바꾸고, 이론적 연결망을 완전히 개편한 이후에야 변칙적인 관찰 사건들을 잘 연결하는 설명을 해낼 수 있다. 이것이 과학의 새로운 기초가 되는 새로운 공약, 새로운 패러다임을 유도한다.

세계관의 변화

과학혁명과 패러다임의 문제는 과학의 일로 보이는데, 왜 과학자만이 아니라 모두가 과학혁명에 주목해야 하는가? 과학혁명이 궁극적으로 세계관의 변화를 의미하기 때문일 것이다. 새로운 패러다임은 새로운 세계로 들어가는 것과 같다. 새로운 패러다임에 의해 인도된 과학자는 새로운 도구를 채택하고, 또 새로운 영역을 들여다보게 된다. 그들이 생산한 과학지식이 우리 세계의 전경을 바꾼다.

패러다임 전환기의 과학자의 처지는 마치 돌연 다른 행성으로 이송된 것과 같을 것이다[1]. 이 낯선 상황은 심리학의 시각적 게슈탈트(Gestalt) 현상과 유사하다. 게슈탈트 개념은 하나의 형태가 사람들마다 다르게 보이는 현상을 말한다. 하나의 낙서 그림이지만 어떤 사람이 볼 때는 오리로 보일 수 있고, 또 다른 사람은 토끼로 보일 수도 있다. 또는 오징어나 화성인으로 보일 수도 있다. 그리고 한 번 오리로 본 사람은 그 그림 안에서 토끼(다른 그림)를 보기가 어렵다.

게슈탈트를 경험하면 이전에 친숙한 대상들이 달리 보이고, 미지의 것들과 섞여서 전혀 다른 형식으로 존재하는 것처럼 보인다. 과학혁명으로 패러다임이 전환되면 과학자는 전혀 다른 세계를 보게 된다. 하나의 과학혁명이 일어난 후에 과학자는 달라진 세계에 대응하면서 새롭게 존재하는 방식을 배워야 한다. 과학혁명은 세계관의 변화를 불러오며, 이전의 세계 모델과는 공통의 규약이 없다.

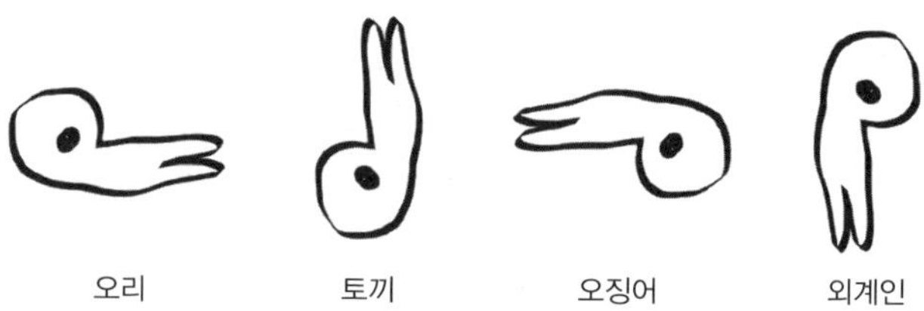

그림 2.3 오리/토끼/오징어/화성인으로 보일 수 있는 낙서 그림
자료: Rosenberger, 2011

쿤은 전환적 상황을 보여주기 위해서 과학혁명 이후 이제 막 코페르니쿠스주의자로 전향한 사람에 대해서 상상한다. 그 전향자는 달을 보면서 "나는 이제까지 행성을 보았지만, 지금은 위성을 본다"라고 말하지 못할 것이다. 프톨레마이오스 모델에서는 지구가 중심에 있고, 태양과 달 그리고 다른 행성들까지도 모두 지구를 중심으로 돌고 있었다. 그래서 지구 이외에 모든 별은 모두 돌고 있는 별, 즉 행성이었다. 그래서 프톨레마이오스 패러다임에서 코페르니쿠스 패러다임으로 이제 막 건너온 이 사람은 '나는 한때 달을 행성이라고 생각했지만, 그것은 잘못이었어!'라고 말할 수 있을 뿐이다. 그가 위성이라는 개념에 아직 익숙하지 않기 때문이다.

또한 그는 행성을 지목할 때도 어려움을 겪을 것이다. 이전 패러다임과 달리 행성의 의미도 완전히 달라지기 때문이다. 프톨레마이오스 우주 모델에서 천상계는 불변이었다. 이 모델에서 천구는 견고하고 커다란 바퀴 이미지이고, 이 천구에 별(행성)들이 붙박여 있다. 천구 이미지는 별이나 행성이 하늘에서 원운동을 하는 이유를 설명하는 장치이다. 별이 도는 것이 아니라 천구가 움직임으로써 그 천구에 있는 별이 움직이는 체계이다.

천구에 기반한 프톨레마이오스 우주관에서는 새로운 행성 또는 혜성 같은 존재를 상상하기 어려웠다. 그래서 이 세계관에서는 혜성이나 새로운 행성의 발견이 거의 일어나지 않았다. 새로운 행성이 있으려면 그 행성이 위치할 천구도 있어야 하기 때문이다. 우주가 그다지 역동적이지 않다는 믿음은 새로운 행성이나 혜성의 존재에 대한 무관심으로 이어졌고, 따라서 발견하기도 어려웠다. 반면에 중세 중국의 우주 모델은 유럽과 달랐기 때문에 근대 이전에도 태양의 흑점이나 새로운 혜성의 발견에 열려있었다. 관찰을 제약하던 패러다임에서 코페르니쿠스 우주 모델로 세계관이 전환되자 혜성의 발견이 급증했다. 상상할 수 있다면 발견할 수 있는 것이다. 패러다임의 변화는 전혀 다른 세계를 보게 해준다.

동역학 분야에서도 유사한 현상을 확인할 수 있다. 갈릴레오는 아리스토텔레스주의자와 다르게 임페투스 운동 이론(impetus theory)을 받아들였는데, 이 이론은 운동을 지속적인 과정으로 간주한다. 상대적으로 아리스토텔레스 세계에서 무거운 물체는 그 본성에 의해서 낮은 곳으로 향한다. 모든 물건은 정지 상태로 운동하므로 아리스토텔레스 세계관에서는 동역학이 발전하기가 어려웠다. 갈릴레오는 아리스토텔레스 모델을 버리고 임페투스 운동 이론을 받아들임으로써 물체의 무게와 떨어지는 속도 사이에 관련이 없다는 상상을 할 수 있었다. 그 결과 가속도나 평균속도 또는 순간속도와 같은 이런 새로운 개념을 끌어낼 수 있었다.

쿤에 따르면, 동시대 정상과학이더라도 분과가 다르면 다른 패러다임을 형성할 수 있다. 물리학자와 화학자는 가까운 분과학문이지만 다른 패러다임 속에 살고 있다. 어떤 연구자가 뛰어난 화학자와 물리학자들에게 "헬륨은 원자인가? 분자인가?"라는 질문을 했다. 양자 모두 망설임 없이 확신에 차서 대답했는데, 서로 답변이 달랐다. 화학자는 헬륨 원자는 분자라고 답했다. 기체운동론의 관점에서 보면 헬륨이 분자처럼 행동하기 때문이다. 반면에 물리학자는 헬륨을 분자라고 생각하지 않는데, 그 이유는 헬륨이 분자 스펙트럼을 가지고 있지 않기 때문이다[1].

과학자는 새로운 패러다임 내에 형성된 게슈탈트 전환을 훈련한 이후에야 다른 세계를 볼 수 있다. 과도기를 거친 후에 새로운 세계를 보는 데 익숙해지면서 시각적으로 혁명적인 변형을 경험한다. 같은 패러다임에 속한 과학자는 같은 세계를 보는 사람들이다. 해당 패러다임 내에서 과학 훈련을 받았다면 그들은 무엇인가에 대해서 공통의 반응을 할 것이다.

물론 한번 만들어진 세계가 영구히 고정되는 것은 아니다. 하나의 패러다임 내에서 훈련받은 사람은 변칙을 발견하지 못할 수 있다. '객관적인 관찰'은 과학의 중요한 기본 토대이지만, 해당 패러다임 내에서 '객관적'일 뿐이다. 정상과학의 전통이 변화하는 혁명의 시기에는 '객관성'의 내용도 변할 수 있다. 그렇게 되면 과학자는 재교육되어야 하는데, 게슈탈트 전환을 통과해야 하므로 매우 고통스러울 것이 분명하다. 그래서 불가피해지지 않는다면 그런 일은 회피하고 싶을 것이다.

이런 맥락에서 과학적 관찰은 외적 기준을 가지지 않는다는 것을 의미한다. 과학에는 제3자가 존재하지 않는다. 모든 과학자는 고유한 패러다임에 속해 있으므로 과학자는 자신의 패러다임 규칙 이외에 의존할 수 있는 절대적 기준이 없다. 관찰의 정당성을 검증해줄 수 있는 제3의 기관이 없다는 의미이다. 과학자의 시각이 전환하고 있더라도, 그것을 증명해주거나 목격해줄 더 권위 있는 상위기관이 없다. 마이클 폴라니(Michael Polanyi)는 이런 현상을 '과학 공화국(the republic of science)'이라고 명명했다. 과학 내부에 독자적인 규칙과 질서들이 존재한다는 의미이다. 과학 공화국은 합의적 사슬에 의존하여 유지되는 독립적인 발의의 연합이다[6].

과학혁명 이후의 과학자들은 다른 세계를 보며 다른 세계에서 일한다. 그러므로 과학이론이 점점 더 진리에 근접해간다는 생각은 환상이며 신화이다. 패러다임과 독립하여서 진짜 거기에 있는 것은 없다. 근대과학 선전가들은 과학 실재론을 설파하면서 진실이 우리 외부 어딘가에 있고 과학자가 그것을 발견한다고 주장했지만, 쿤에 따르면 과학자는 자신의 패러다임에 의해서 훈련받고 그 세계 안에서 무엇인가를 발견해낼 뿐이다. 과학지식은 언어와 마찬가지로 특정 과학자 집단이 공유하는 자산이다. 따라서 정상과학을 이해하려면 그 과학을 창출하고 사용하는 집단의 독특한 특징, 즉 그들의 문화를 이해하는 것이 필요하다.

종합하면, 토머스 쿤은 과학 실재론 대신 구성주의(constructionism) 설명모델을 채택했다. 구성주의에 따르면 세계에 대한 지식은 복수이며 때로 모순적이다. 파동론자에게는 파동만 보이고 입자론자에게는 입자만 보일 것이다. 이 두 현상은 모두 어느 정도 실제적이다. 미시세계에 대해서 슈뢰딩거(E. Schrödinger)는 파동 함수를 제시했지만, 하이젠베르크(W. Heisenberg)는 입자성을 주장했다. 닐스 보어(N. Bohr)는 두 견해를 조정하여 상보성 원리(Complementarity principle)를 선언했다. 이로써 물질의 파동-입자 이중성(wave-particle duality)이라는 타협안이 나올 수 있었다.

진화이론은 신다윈주의와 집단유전학이 대립하고 있다. 진화이론가들은 자연선택이 개체 내 유전자에만 작용하는가? 혹은 개체의 공동체(집단)도 선택하는가? 라는 질문을 두고 견해를 달리해 왔다. 조시 미텔도르프(Josh Mitteldorg)에 따르면 이 논쟁은 이데올로기적이다. 개체 선택 개념은 신다윈주의(특히 사회다윈주의)와 관련이 있고 자유시장을 옹호하며 개인의 경제적 성공을 정당화한다. 반면에 집단선택을 선호하는 이론가들은 사회 안전망과 복지국가를 찬성하는 좌파 경향을 띤다.[5]

5 관련 논쟁에 대해서는 책 《린 마굴리스: 진화의 역사를 다시 쓴 과학의 이단자》 중에서 조시 마셀도르프(Josh Mitteldorf)의 글인 〈신다윈주의와 집단선택 논쟁〉을 참조하라.

에드워드 윌슨과 리처드 도킨스 같은 신다윈주의는 오래전부터 명성을 누렸지만, 최근 린 마굴리스의 공생이론에 힘입어 집단유전학이 주목받고 있다.[6]

노동하는 사람의 과학

쿤의 과학혁명 이론은 많은 반향을 일으켰다. 그런 만큼 다양한 비평도 불러일으켰다. 우선 과학혁명을 과학자 집단의 전유물처럼 설명했다는 점에서 비판받았다. '과학의 주체는 누구인가?'라는 질문에 대해서 쿤은 과학자 공동체에만 주목했다. 그러면 과학자 집단만이 과학의 주체라고 해석될 위험이 있다.

이를 교정하기 위해서 역사학자 클리퍼드 코너(C. Conner)는 과학이 기본적으로 자연에 대한 지식이라는 점에서 자연에 가장 가까운 사람들로부터 유래했다고 지적했다. 수렵인, 채집인, 농부, 선원, 광부, 대장장이, 민속 치료사, 그 외 매일매일 자연과 맞부딪쳐 생존의 수단을 짜내야 했던 사람들을 모두 과학지식 생산자로 포함해야 한다는 것이다. 이를 뒷받침하기 위해서 코너는 다양한 사례를 제시했다. 산업혁명이 진행되던 18세기 영국에서 농업 혁신도 이루어졌는데, 그런 실험은 주로 농부들에 의해 이뤄졌다. 규모가 큰 장원의 경우에도 부유한 지주가 아니라 소작농들이 흙과 거름 더미 속에서 새로운 작물과 절차를 실험했다. 모든 혁신이 그렇듯, 새로운 농업 지식은 수많은 손과 두뇌의 집

6 6장 '공생하는 생명'을 참조하라.

단적 산물이었다. 농부의 지식은 "토지를 소유할 만한 가치가 있는 것으로 만들었다[3]."

최근 몇 세기 동안 지식을 획득하는 과정은 대체로 두뇌보다는 손으로 얻어 낸 산물이었다. 이론적 적용보다는 경험적인 시행착오를 통해 얻어 낸 것이 더 결정적이었다. 세포(cell)라는 용어를 최초로 사용하고 현미경으로 화석을 관찰했던 자연철학자 로버트 훅(Robert Hooke, 1635~1703)의 과학적 발견은 수백 가지 기술의 종합 덕분이었다. 훅이 직접 관련 기술자들을 열거한 목록이 남아 있다. 측량사, 광부, 도공, 담배 파이프 제조공, 유리 제조공, 유리 직공, 유리 연마공, 거울 제조공, 안경 제조공, 광학 유리 제조공의 노고가 그의 과학적 성과를 끌어 낸 공동-생산자들이었다.

르네 데카르트(René Descartes, 1596~1650)도 기술적 지식의 체계화를 요청하면서, 무엇보다 먼저 조사해야 할 것은 '덜 중요한 기예들(those arts of less importance)'이라고 언급했다. 그는 인간의 이성에 주목함으로써 신체의 중요성을 무시했다는 비판을 받는 철학자인데도 노동하는 사람의 기예의 중요성을 놓치지 않았다. 그들의 육체에서 나오는 기예는 "가장 쉽고 단순하며, 무엇보다 그 규칙이 확실히 자리잡힌 것이다. 이를테면 직포나 융단을 짜는 장인의 기예나, 자수를 놓는다든지 이와 같은 방식으로 직물에 끝없는 변화를 주는 기예들"이다[3].

코너에 따르면, 특히 중산층 기술자들의 기여가 결정적이었다. 코르넬리위스 드레벨(Cornelius Drebbel)은 네덜란드 출신의 이민자(영국)로, 기계공이었으나 대학 교육을 받지 못했다. 그는 1620년 템스강에서 16명을 태운 잠수함을 3시간 동안 시범 운행했다. 병에 담긴 산소 덕분에 승객의 호흡이 가능했다. 그 시절에는 아직 산소를 가리키는 개념조차 없었다. '산소'라는 용어가 만들어지기 200년 전이었는데, 그는 초석을 가열하면 호흡할 수 있는 공기가 나온다는 사실을 경험을 통해 알고 있었다.

인쇄업자 & 서적상, 레오나르도 올슈키(Leonardo Olschki)는 근대 초기 기술자들의 경험이 과학에 주는 영향 관찰했다. 당시 지식인의 공통어는 라틴어였지만 갈릴레오는 '자국어로 된 문헌'의 중요성을 인지했다. 그렇지 않았다면 17세기 과학의 결정적인 부흥은 상상할 수 없었을 것이다. 16세기 존 디(John Dee)는 당시 영국이 대륙에 비해 과학지식이 뒤처져 있었는데 특히 수학에서 그 정도가 심하다고 평가했다. 그 이유로 "이탈리아, 프랑스, 독일인은 모두 모국어로 된 과학 용어가 있지만 영국 소년은 알파벳을 배우자마자 곧바로 라틴 문법으로 넘어가 그저 고전만 읽기 때문"이라고 지적했다.

에드먼드 군터(Edmund Gunter)는 17세기 초반 자국어로 수학책을 저술했다. 그는 최초로 수학적 도구를 완벽하게 개량한 인물로 평가받는다. 그의 작업 덕에 젊은이들이 연구에 빠져들 수 있었다. 그전까지의 수리 과학은 그리스어와 라틴어로만 쓰여 있어 아무도 볼 수 없었고, 그저 도서관에 '안전하게' 보관되어 있을 뿐이었다. 그가 자국어로 책을 출간한 이후 영국에서 과학의 확산이 빠르게 이루어졌다. 과학이 패러다임을 공유함으로써 작동한다는 점을 감안한다면 자국어 과학책의 유통은 중요한 역할을 했다.

역사학자 에드거 질셀(Edgar Zilsel)에 따르면, 과학 이전에 실험주의는 이미 발전하고 있었다. 질셀 명제(The Zilsel thesis)는 근대 초 유럽에서 장인과 엘리트 지식인의 상호작용이 활발했고, 두 요소 모두 근대과학 형성 과정에서 필수적이라고 말하고 있다. 기술자들은 경험적 관찰,

실험, 인과적 연구의 진정한 개척자들이었다. 한편 체계적이고 논리적이며 수학적인 사고는 상류층, 대학의 학자들, 그리고 인문주의자들의 몫이었다. 튀코 브라헤와 로버트 보일의 조수들은 실험의 중요한 주체였다. 브라헤의 조수들은 뛰어난 기술적 역량이 있었다. 그런데도 실험 조수들보다 브라헤가 더 두드러져 보인 까닭은 단지 그의 사회적 신분 덕분이었다. 보일이 고용한 기술자들이 수행한 실험 작업은 보일에게 '귀속'되어 버렸다. 보일의 법칙으로 알려진 과학적 명제는 조수들의 지적 노동에 의존했지만 그런 사실은 망각되었다.

근대사회는 손노동과 지적 노동을 엄격하게 구분하려고 했고 그것이 사회적 장벽을 강화했다. 근대 지식인들은 손을 더럽히지 않고 생계를 유지하는 사람들이었고 손을 써서 노동하는 사람들을 두고 열등하다며 경멸을 보내기 일쑤였다. 그들은 점점 더 과학의 역사와 기술의 역사를 엄격하게 분리하고, 과학이 평범한 인간 세계를 초월해 순수한 사고 과정에서 나온다는 이상한 관념을 강화해 갔다.

현대에 이르러 통상적으로 과학이 산업혁명(1760~1820년)을 촉발했을 것이라고 간주하지만 실제는 그렇지 않다. 산업혁명에서 필수적인 지식은 두 가지였다. 하나는 석탄과 철의 성질에 대한 지식으로, 석탄을 가공하여 철을 생산하기에 적절한 연료로 만들어내는 방법이다. 다른 하나는 증기와 대기압의 힘을 이용한 펌프였다. 펌프의 발명이 증기 기관의 발명으로 이어져 생산량을 증가시키는 기계장치에 동력을 제공할 수 있었다.

철채굴, 석탄, 펌프 개량 등 산업혁명의 기초를 다진 기술 혁신은 기술자, 장인, 엔지니어들의 성과였다. 그들은 대개 대학 교육을 받지 못했고, 그래서 과학이론에 의지할 수 없었다. 물방아 제작자 조지프 브라마(J. Bramah), 기계공 윌리엄 머독(W. Murdoch)과 조지 스티븐슨(G. Stevenson), 또는 대장장이 토머스 뉴커먼(T. Newcomen)과 헨리 모즐리(H. Maudslay) 같은 장인들이다.

1689년 토머스 세이버리(T. Savery)의 최초의 증기 동력 펌프는 아직 실용적이지 못했다. 10년 후 대장장이 뉴커먼과 배관공 존 캘리(J. Calley)가 불을 이용해 물을 끌어 올리는 기계를 제작함으로써 실용적인 지위를 얻었다. 뉴커먼의 증기 기관은 실린더 안의 공기가 뜨거워지면 압력이 증가하여 피스톤이 올라간다. 실린더 안으로 찬물이 분사되어 실린더 내부가 식으면 다시 압력이 내려가면서 피스톤이 내려온다. 이때 일부 공기가 물에 녹으면서 추가적인 공간이 만들어진다. 당시 과학자들은 공기가 물에 용해된다는 사실을 모르고 있었다. 물론 뉴커먼도 알지 못했다. 뉴커먼의 설계는 과학이론으로부터 나온 것이 아니라, 경험에 의한 땜질식 개선이었다[3]. 증기 동력은 이론과학의 영향을 받지 않은 경험과학의 성취였다.

이후 증기 기관을 실용적 차원에서 크게 개선한 사람은 제임스 와트(James Watt)였다. 그는 증기 엔진의 피스톤 운동을 연속적인 원운동으로 전환했다. 이로써 증기 엔진은 모든 기계적 목적에 활용 가능해졌다. 와트의 증기 엔진은 19세기 초 수십 년 동안 기술적 지식의 가장 중대한 집적체였다[8]. 그는 가난한 집안 출신으로 정식교육을 받지 못했다. 한때 글래스고 대학의 조지프 블랙(Joseph Black)과 긴밀한 사이였다는 이유로 그가 블랙의 잠열 이론을 적용했을 것이라 알려지기도 했지만, 사실이 아니다. 와트가 증기 기관을 기계적으로 개량한 것은 과학이론에 의한 것이 아니라 그의 경험적 역량에서 나온 것이었다. 19세기 말 운동학 이론이 개발되어 적절한 분석 기법이 나오기 전까지 증기 기관의 원리는 과학적으로 설명될 수 없었다. 증기 기관이 열역학에 미친 영향은 열역학이 증기 기관에 준 영향보다 훨씬 크다[3]. 노동하는 사람의 경험과학을 빼놓고 과학혁명을 말할 수 없는 것이다.

코너가 노동하는 사람들에 주목하는 이유는 인류 전체의 지적 노력 위에서 과학혁명이 일어났다는 점을 환기하기 위함이다. 알프레드 노스 화이트헤드는 과학이 상식에서 나왔고 상식에 위배되지 않아야 한다고 강조했다.[7] 여기서 과학은 난쟁이로, 상식은 거인으로 상징할 수 있다. 과학자는 '거인(대중)'으로부터 떨어져 나온 '난쟁이'다. 난쟁이는 거인과 연결되어야 했지만 근대과학은 그 연결을 망각했다.

7 1장 '과학의 문화적 지위'를 참조하라.

참고문헌

1 토머스 쿤. 《과학혁명의 구조》, 김명자·홍성욱 옮김, 까치.

2 Rosenberger, Robert. 2011. "A Case Study in the Applied Philosophy of Imaging: The Synaptic Vesicle Debate", *Science, Technology, & Human Values* 36(1), pp. 6–32.

3 클리퍼드 코너. 2014. 《과학의 민중사: 과학 기술의 발전을 이끈 보통 사람들의 이야기》, 김명진 옮김, 사이언스북스.

4 피터 보울러, 이완 리스 모러스. 2008. 《현대과학의 풍경》, 김봉국, 홍성욱 옮김, 궁리.

5 오퍼 갤. 2021. 《과학혁명의 기원 : 고대 그리스 철학부터 뉴턴의 역학까지》, 하인해 옮김, 모티브북.

6 Polanyi, M. 1962. "The Republic of Science: Its Political And Economic Theory", *Minerva* I(1), pp. 54–73.

7 존 에이거. 2023. 《20세기 그 너머의 과학사》, 김명진·김동광 옮김, 뿌리와이파리.

8 안드레아스 말름. 2023. 《화석 자본: 증기력의 발흥과 지구온난화의 기원》, 위대현 옮김, 두번째테제.

9 이블린 폭스 켈러. 1996. 《과학과 젠더: 성별과 과학에 대한 제반성》, 한경숙·이현주 옮김, 동문선.

10 김동광. 2017. 《생명의 사회사: 분자적 생명관의 수립에서 생명의 정치경제학까지》, 궁리.

11 웨슬리 샤록·루퍼트 리드. 2005. 《과학혁명의 사상가 토머스 쿤》, 김해진 옮김, 사이언스북스.

12 에드워드 J. 해킷 외 엮음. 2019. 《과학기술학 편람》, 김명진 옮김, 아카넷.

3장

과학과 젠더

우리는 흔히 성(sex)과 성별(gender)이 본성적으로 타고난 것이라고 믿어 버린다.[1] 하지만 페미니스트 철학자들은 원천적인 성의 구분을 거부해왔다. 주디스 버틀러(Judith Butler)에 따르면 '성(sex)'은 단순히 이분법적으로 결론 낼 수 없다[1]. 성과 성별은 고정된 신체적 속성이 아니기 때문이다. 성이나 성별은 사회적 차원에서 역사적으로, 그리고 강제적으로 구체화된 이상적 구성물(ideal construct)이다. 자연적 구별이 아니기 때문에 사회적 강제를 동원하여 반복적으로 규제되는 조건에서만 유지될 수 있었다. 그것이 가까스로 유지되고 있다는 현실은 역설적으로 그런 분류가 결코 완전하지 않으며, 신체가 강요된 규범을 계속 이탈하고 있다는 신호다. 현재의 이분적 강제를 유지하기 위해서 규범은 더욱 정교해졌는데, 과학은 그런 강제를 정당화하는 데 기여해 왔다.

1 대체로 '성(sex)'은 생물학적인 측면을, '성별(gender)'은 사회문화적인 측면을 지칭한다. 그러나 그 경계는 유동적이어서 생물학적인 성도 본성적이라는 의미는 아니다. 생물학적인 것과 사회적인 것은 상호 구성된다.

과학에 내장된 젠더

이 장에서는 주로 이블린 폭스 켈러(Evelyn Fox Keller)의 저서 《과학과 젠더에 관한 성찰(Reflections on Gender and Science, 1985)》을 중심으로 과학문화에 내장된 성차별의 역사를 소개할 것이다. 그는 양자물리학과 분자생물학으로 경력을 시작했고, 과학철학을 공부한 미국의 페미니스트 철학자다.[2] 그는 여러 과학 논문을 분석하는 방식으로 과학연구자 문화 내에 뿌리 깊게 내장된 성차별 인식을 제시했다.

그는 《진화생물학에서 핵심어(Keywords in Evolutionary Biology, 1998)》를 통해서도 진화생물학 분야 담론에서 성 편향적인 내용이 깊게 자리 잡고 있음을 확인했다. 진화생물학자들은 반복적으로 공공 영역에 대해서는 남성적인 것으로, 반면에 사적인 영역은 여성적인 것으로 표현했다. 객관성, 이성, 정신은 남성의 것이라고 간주하고 반면에 주관성, 감정, 자연을 여성적이라고 전제하고 있었다. 과학자들 역시 이분법적 은유를 계속 사용함으로써 학술적 영역 안으로 성별의 구조화를 끌어들였다.

또 다른 저서 《신, 자연 그리고 생명의 비밀(Secrets of God, Nature, and Life, 1992)》은 성차별 구조가 17세기의 과학혁명 및 18세기 산업혁명과도 동기화되어 있음을 보여주었다. 과학혁명과 산업혁명 안에서 여성은 개인적인 것, 감정적인 것, 특별한 것을 책임지고 수호하는 사람으로 간주하는 반면에 과학은 비개인적이고, 이성적인 것이고, 보편적인

2 한국어에는 성별 대명사가 존재하지 않는다. 흔히 영어식 표현에 익숙해져서 '그녀'라는 단어가 자주 사용되지만, 한국어 기준으로 성별 없이 '그'라고 지칭한다.

것을 담당하는 영역으로 남성들의 전유 지대였다.

과학기술과 성차별 문화의 연루에 대해서 루스 코완(Ruth Cowan)도 《과학기술과 가사노동(More Work for Mother)》을 통해서 제시한 바 있다. 산업혁명과 자본주의가 가부장제를 이용하였고, 여성의 가사노동을 줄여주기보다 여성을 가사노동과 가정에 묶어 두는 데 더 관심이 있었다. 이는 과학기술이 자동으로 더 좋은 사회와 차별 해소를 가져오지 않는다는 것을 시사한다. 오히려 과학기술은 차별을 이용하고 강화하는 사회구조를 도울 수 있다.

과학은 세계를 이해하는 문제만이 아니라 자기 자신(정체성)을 아는 문제에서 중요한 지위를 가지고 있다. 주체 자신도 세계의 일부이며 주체를 이해하는 문제는 세계를 이해하는 문제와 분리할 수 없다. 과학이 계속 성별 편향을 묵인하거나 강화한다면 세계에 대한 왜곡도 더 심각해질 것이다. 그러므로 사회정치 사상에서 여성의 부재를 바로잡는 일만큼이나 과학에서 성적 편향과 차별을 바로잡는 것이 중요해지고 있다.

인간 경험의 한 측면을 남성적이라고 부르고, 또 다른 측면을 여성적이라고 부르는 현상은 세계를 이원적인 것으로 분리하는 것이다. 공적인 것과 사적인 것, 비개인적인 것과 개인적인 것, 남성성과 여성성이라는 이분법은 여성을 과학의 실천에서 배제하려는 것이며 동시에 그 이상의 정치성을 내포한다. 여성 배제는 우리 모두에게 영향을 미치고 있다. 우리는 여성이나 남성으로 불리는데 그런 호명은 우리 정체성의 주요 내용이다. 한 사회의 구성원을 강제로 분리하거나 배제하는 경향은 사회 공동체를 위험에 빠뜨린다.

과학에서 여성의 배제는 여성성과 남성성, 주관과 객관 그리고 사랑과 권력 사이에 깊은 심연을 만들었다. 과학이 중립성과 자유를 보증한다는 생각이 그런 편향을 정당화했다. 근대과학이 과학 실재론을 전제하기 때문이다.[3] 이 세계관에서 관찰자(과학자)와 대상(세계)은 분리되어 있고, 중립적이고 공정한 관찰자가 참된 대상을 발견한다고 믿는다. 여기서 대상은 수동적이어서 관찰자의 목격을 기다릴 뿐이다. 관찰자의 능동성과 대상의 수동성이라는 이미지는 남성에게 능동성을, 여성에게 수동성을 부여하는 성별 이미지와 닮았다.

과학의 정치성

화이트헤드(A. N. Whitehead)가 이미 지목했듯이 관찰자(주체)와 대상(객체)은 미리 결정된 것이 아니라 관찰 과정을 통해서 현실적 존재(acutual entities)로 구성된다[3].[4] 관찰자는 어떤 방식으로든 관찰 내용에 참여하므로 관찰자가 변하면 관찰 내용도 변한다. 관찰자의 범주에는 물리적 특질만이 아니라 그의 관심(가치)도 포함한다. 그들이 어떤 세계관, 어떤 관심을 가지느냐는 중요한 문제가 된다. 켈러도 주체와 객체 간의 조정 그리고 공유나 교류가 없다면 지식은 가능하지 않다고 지적했다[4].

과학의 중요한 임무는 자연을 명명하는 일이다. 이것은 무엇인가에

---

3 라투르에 따르면, 주관과 객관, 문화(인간)와 자연 같은 이분법은 근대의 주요 특징이다. 과학이 지목하는 '물질'은 실재가 아니라, '물질'로부터 인식주체(난쟁이)를 추출해내는 제도이다[5]. 이런 발명품으로 인해 근대인은 스스로를 이해할 수 없게 되었고 이분법이 작동하지 않는 다른 문화를 파악할 수 없게 되었다(라투르의 책, 153~154쪽).

4 1장 '과학의 문화적 지위' 참조.

대해서 그것을 현실의 존재로 식별하고 이름을 붙이고 분류하는 일이다. 이름을 부여한다는 것은 그 가치와 정당한 지위를 부여한다는 것이다. 이것은 의미에 관한 것이며 질서에 관한 것이다. 따라서 그것은 단순히 기계적이고 중립적인 과정이 아니다. 어떤 것은 더 중요하고 어떤 것은 덜 중요하다는 위계질서의 생성이다. 그것은 중요성, 의미, 가치가 반영된 결과물이다. 무엇이 더 중요하고 의미가 있는지를 판단하는 일은 권력의 문제가 된다. 과학이 하는 일은 권력을 부여하는 효과를 낳는다. 과학지식을 생산하는 것과 권력의 문제가 분리되어 있지 않은 것이다.

근대과학은 이런 중요한 일을 하고 있지만, 그것을 검증할 외적 기준은 없다. 과학은 내적 기준만을 가지고 있을 뿐이다. 놀랍게도 이분법적 세계관이 이 문제를 정당화해주었다. 대상(세계)은 수동적이므로 주체(과학자)가 적절한 절차를 준수한다면 틀림없는 진실을 발견해줄 것이다. 따라서 외적 간섭은 필요로 하지 않다는 것이다. 오히려 순수한 탐구를 위해서 사회정치적 관심사로부터 멀리 있어야 한다고 선언한다.

그러나 과학의 이분법과 중립성은 원천적으로 불가능하며, 그러므로 외적 기구와 기준이 필요하다. 켈러는 바로 그런 일을 사회가 해야 한다고 주장했다. 자연을 명명하는 일이 과학의 특별한 임무라면 다시 과학을 명명하는 일은 사회의 책임이다. 사회는 자신의 임무를 아직 충분히 의식하지 못하고 있다. 그는 서구의 문화 전통에서 성적 편향이 중심에 자리하고 있었지만, 마치 그런 일이 없었던 것처럼 간주되어 왔다는 점이 가장 큰 문제라고 지적했다. 성과 성별의 개념은 사회문화 전체의 차원에서 그리고 그 개념을 발설하는 개인의 차원에서 갈망과 두려움을 반영하고 있다.

과학과 권력의 영역에서 왜 젠더 문제가 근본적인 주제가 되어야 하는가? 과학지식과 권력의 문제가 분리되지 않는 것과 같이, 성과 성별의 개념 속에 들어있는 편견이 과학지식과 상호 영향을 주면서 강화되기 때문이다. 켈러는 과학자 개인의 발언을 포함하여 과학연구 자료를 폭넓게 분석하여 과학 내에 성별의 속성이 어떻게 내장되어 있는지 그리고 과학 활동에 어떻게 영향을 미치는지를 들여다보았다. 그의 분석에 따르면 프란시스 베이컨(Francis Bacon, 1561~1626)과 로버트 보일(Robert Boyle, 1627~1691) 같은 근대과학의 창설자들은 성별을 묘사하는 언어를 자주 사용했다. 그들은 과학을 통해 남성적 철학을 추구했다. 보일은 자연을 여성으로, 과학자인 보일 자신은 남성으로 표현하곤 했다. 과학은 우리가 생각했던 것처럼 순수한 인식적 노력도 아니고, 공공적인 것도 아니었다. 과학은 사회적인 활동이면서 동시에 개인의 활동이다.

이를 구체적으로 제시하기 위해 켈러는 서구의 지성사에서 3개의 시기를 선택해서 이야기를 시작한다. 바로 (1) 플라톤, (2) 베이컨, (3) 근대과학의 탄생이다. 플라톤은 지식 생산 과정에서 여성을 제거하고자 했고, 베이컨은 성의 지배적 관계를 이용하여 과학의 위계질서를 만들었으며, 근대과학은 이런 성적 차별을 강화했다.

플라톤의 사랑과 성

플라톤(Plato, BC 428~348)은 기원전 4세기 그리스의 철학자이자 사상가로서 ‘이데아론(Platonic idealism, theory of Ideas)’이라는 유명한 철학적 개념을 제시했다. 서양 철학사에서 플라톤의 영향은 꾸준해서 그를 의식하든 의식하지 않든 관계없이 그가 주조한 개념들이 서양의 지적 저작물에서 지속적으로 발견된다. 플라톤의 동굴의 우화는 대중적으로도 자주 인용될 만큼 잘 알려져 있다. 그의 사상은 결정적인 오류에 기반하고 있지만, 그의 비유법은 탁월한 점이 있다.

동굴의 우화는 사물의 본질(이데아)을 추구한다는 신념을 만들어냈다. 인간 관찰자(묶여 있는 죄수)는 동굴 벽에 비친 그림자만 볼 수 있고 대상을 정확히 알 수 없다. 대상을 '정확히' 알 수 없다는 취지는 통찰력이 있는 지적이지만, 죄수가 동굴 밖으로 나갈 수 있으리라는 희망은 헛된 것이다. '동굴 밖'이란 관찰자가 자신의 신체를 벗어나는 상태를 의미하기 때문이다.

관찰 주체는 자신이 처해 있는 여건과 대상을 해석하는 주관적 형식에 의해 사물을 식별할 수 있을 뿐이다. 이 과정을 거듭하면서 더 예민한 관찰로 나아갈 수 있을 뿐이다. 궁극적인 그 너머 어딘가로 나아갈 수는 없다. 관찰 과정에서 관찰 주체를 제거할 수 없고 따라서 관찰 주체가 미치는 효과(대상의 왜곡)를 제거할 수 없다. 이것이 바로 불확실성 원리(uncertainty principle)이다.[5]

이데아를 찾고자 했던 플라톤은 결국 물질과 정신을 분리하는 이원론에 정초해야만 했다. 관찰자의 신체와 정신을 분리했고, 신체 없는 정신(영혼)이라면 아무런 방해 없이 순수하게 이데아(본질)를 볼 수 있다고 기대했다. 그의 사상은 과학 실재론의 기원이 되었다. 이런 태도는

---

5 관찰자의 개입 때문에 원자와 같은 입자의 위치와 속도를 동시에 정확하게 측정할 수 없다. 광학현미경에 포착된 입자는 양자 도약 이후 상태로서 그 이전의 입자와는 다르다. 단지 관찰 이전의 상태를 확률적으로 추정할 수 있을 뿐이다.

플라톤의 성에 대한 인식과 실천으로 이어졌다.

켈러는 플라톤의 대화편(Plato's dialogues)에 나오는 성에 대한 이미지를 조사하고 분석함으로써 플라톤이 지식을 추구하는 과정에서 성욕의 언어를 매우 솔직하고 체계적으로 사용하고 있다고 제시했다. 플라톤의 성애적 편향에 대해서는 프리드리히 니체(2018)도 언급한 바 있다. "아테네의 아름다운 청년들이 없었다면 플라톤 철학은 있을 수 없었을 것"이다[10].

플라톤은 '인식자(the knower)'와 '인식된 사물(the known)'의 관계를 언급할 때 성에 관한 이야기로 귀결되는 경향을 보였다. 인식자(주체)와 인식된 사물(대상)의 밀접한 관계를 에로스적 활동으로 투사했다. 플라톤은 성의 은유를 철학적인 수사와 결합했을 뿐만 아니라 철학적 달성을 위해서 적극적으로 에로스를 끌어들였다.

당시 그리스 사상가들에게 인간 정신과 자연은 공통된 본질에 의해서 묶여 있기도 하고, 때로는 다른 본질적인 차이에 의해서 분리되기도 한다고 간주되었다. 자연이 이중적인 성격을 지닌다는 것이다. 그래서 자연은 어떨 때는 이성과 질서의 빛에 복종하면서도 또 한편으로는 비이성과 무질서 같은 어두운 힘에 굴복하는 성질도 보인다. 인간 정신과 자연도 서로 묶여 있기도 하고 분리되기도 하므로 자연의 이중적 성격은 인간 정신에 영향을 줄 것이다. 다만 인간 정신과 자연의 공통성은 언어적인 보증 같은 것, 즉 로고스(logos)에 의해 연결되어 있다. 로고스란 사물이 그것이라고 설명하게 만드는, 즉 그 사물의 성격이 가진 본질적인 의미를 말한다.

그래서 플라톤은 인간의 인식이 기본적으로 환상에 지배받는다고 보았다. 인간의 정신은 자연의 지배를 받는 신체로부터 완전히 벗어나지 못하기 때문이다. 몸은 자연의 일부이므로 혼란스러운 자연을 닮았을 것이다. 플라톤의 인식론에서 물질은 가변성을 가지는 것이었으므로 되도록 제외되어야 했다. 플라톤이 신체를 버리려는 이유는 자신의 내부에 내장된 (자연의) 비합리적이거나 우발적이거나 무질서함을 제거하기 위해서였다.

플라톤은 육체의 정열과 욕심으로부터 영혼을 해방시키기 위해 투쟁해야 했다. 그래야만 인간의 정신이 이데아(본질)를 볼 수 있을 것이다. 플라톤에게 진리는 순수하고 절대적인 존재의 영역에서만 접근할 수 있는 것이었다. 인간의 시선을 통해 물질에 근접하고자 하는 것이 아니라, 물질적인 것을 넘어서 보는 법을 배우는 것이다. 즉, 동굴 밖으로 나가 이데아를 봐야 한다. 오직 그럴 때만 인간 정신(주체)과 자연(대상) 간의 진정한 만남 또는 결합이 가능하다고 믿었다.

그런데 여기에서 난관이 발생한다. 그렇다면 육체가 없는 인간의 정신이 어떻게 진리를 향해서 나아갈 수 있겠는가? 정신을 자연이라고 하는 가변적인 물질인 신체로부터 분리함으로써 정신이 신체의 제한에서 벗어나 궁극의 자유를 얻었다고 가정하자. 그런 정신이 어떤 경로로, 어떤 방법으로 이데아(본질)를 볼 수 있을 것인가? 이제 정신은 눈도 없고 손도 발도 없다.

이에 대해서 플라톤은 자신의 저서 《향연(Symposion)》에서 한 가지 해법을 내놓는다. "인간의 정신은 에로스의 안내를 받을 때 진정한 이데아(본질적 지식)를 발견할 수 있다". 이에 따라서 그가 가장 높이 평가하는 관계 모델은 성인 남자(철학자)와 그에 필적할 만한 사회적 지위를 가진 젊은이 사이의 사랑이었다. 플라톤의 남색 사랑은 완전히 관능적이지만 극치에 다다르지는 않으며, 육체적인 흥분은 상상적이고 지적

그림 3.1 '플라톤의 향연(1874)'. 독일 화가 Anselm Feuerbach 작품이다. 소크라테스, 아가톤(가운데), 플라톤(아가톤 오른쪽), 파이드로스, 아리스토파네스, 알키비아데스 등이 돌아가며 각자 에로스(사랑)에 대한 찬미의 연설을 하고 있다.

인 에너지로 바꾸는 사랑을 촉발하는 기능을 할 뿐이다[2].

그는 육체적인 욕망에 굴복하는 것은 이성에의 욕망이며 동물적인 욕망 상태로 축소되는 것이라고 간주했다. 육체적인 욕망에 정복된 사람은 단지 짝을 지어 아이를 낳으려는 네발 달린 짐승과 흡사하거나, 음탕에 빠져 자연스럽지 못한 쾌락을 추구하면서도 두려움도 수치도 느끼지 못하는 여성과 같다고 주장한다.[6] 따라서 플라톤은 이성애를 혐오했다. 이성애는 신체에서 출발하기 때문이다.

플라톤의 남색 사랑은 어떤 남자가 한 젊은이(사회적 지위가 있는 미소년)의 미를 감지하게 되면서 시작된다. 이때 사랑과 경이가 일어나는데 에로스는 이렇게 아직 더럽혀지지 않은 남자, 즉 관능에 굴복하는데 익숙하지 않은 남자의 영혼에 호소하는 것이었다. 아름다운 남자라는 지상의 미와의 아름다운 사랑을 통하여 절대자(천상의 환상)로 변신

6 플라톤의 또 다른 저서 《파이드로스(Phaedrus)》를 참조하라.

하도록 만들어줄 수 있다.

연인(사랑하는 남자)의 눈에 비친 자신의 미를 인지하게 되면 애인(사랑받는 남자)은 자극되어 이에 대응하는 에로스를 불러낼 수 있다. 이런 상호작용적인 반사작용을 통해서 연인은 서로의 미를 상대방에게 반사하며 에로스는 상대방을 고무시키는 동시에 스스로를 고무한다. 그리하여 연인들에게서 날개가 싹트게 되고, 서로 협력하여 절대적인 미와 진리를 향해 더 높이 나아갈 수 있다.

여기에서 플라톤의 에로스는 '동등한 사랑'이었다. 애인의 남성성이나 품위를 손상하는 일이 없이, 또 지배적인 역할이나 복종적인 역할도 없고 그에 수반되는 공격성도 있어서는 안 된다. 상호성에 기반한 사랑을 위해서 상대방 소년(애인)은 성인 남자(연인)와 필적할 만한 사회적 지위를 가지고 있어서 성인 남성의 권위에 지배받지 않을 수 있어야 한다.

플라톤의 모델에서 사랑이 인도하는 지식은 질서와 무질서로 구분할 뿐만 아니라, 사랑과 공격성을 구분한다. 그 결과 물리적인 육체는 억압되어 '노예 상태'로 남게 되고 철학의 영역으로부터 완전히 제외될 수 있다. 오직 이렇게 될 때만 사랑의 상호성을 달성하고 이데아에 도달할 수 있다. 플라톤의 사랑은 아름다움을 추구하는 것이었다. 플라톤의 연인들은 운이 좋으면 아름답고 고결하고 뛰어난 영혼을 만나 '출산'을 할 수 있다. 그것은 아름다움의 출산(진리)이다.

플라톤이 꿈꾼 것은 '남성적 번식'이었다. 그는 인식 과정에서 물질을 제외하고, 이상적인 에로스에서 신체의 성욕을 제거하고자 했다. 그는 물리적이거나 생물학적인 번식이 아니라 인공적인 번식을 추구했다. 이 주제는 페미니즘에서 상당히 논쟁적인 주제이다. 켈러는 플라톤의 남성적 번식 지향은 자연에 의해 주어진 번식 능력을 가지고 있는 여성에 대한 두려움, 질투, 혐오에서 기원했다고 해석했다. 페미니즘 학자들은 과학 소설 《프랑켄슈타인》이 바로 남성적 번식을 은유하고 있다고 보고 있다.[7] 과학 작업은 남성적 번식이라는 플라톤의 이상을 내장하고 있다.

플라톤의 남색 사랑은 여전히 계급적이지만 직접적인 지배는 지양하는 것이었다. 그렇다고 해서 그가 개념적으로 평등주의를 지향한 것은 아니다. 철학을 하는 성인 남성과 소년의 관계에는 이미 내적인 불평등이 담겨 있다. 이런 불평등은 지식의 은유를 포함하고 있다. 이원론은 세계에 대한 질서 형식이라는 점에서 근본적으로 공격성을 가진다. 근대 과학자들은 물질적인 자연에 대한 탐구에 열중한다는 점에서 플라톤과는 상당히 다르다. 그러나 플라톤 특유의 지적·감정적 구조는 상당 부분 과학 개념 속에 고스란히 살아남았다.

현대의 물리학자들은 자주 단 하나의 통일된 자연법칙, '모든 것의 이론(theory of everything)'을 추구하곤 한다. 물리학자 프리먼 다이슨(Freeman J. Dyson)은 아인슈타인의 통일장이론(unified field theory)이나 브라이언 그린이 주장하는 초끈이론(string theory)을 대표적인 예시로 꼽으면서 '환원주의 과학'이라고 비판했다.[8] 이런 물리학의 경향은 플라톤의 절대적 본질(이데아) 추구와 닮았다. 플라톤의 이원론은 오늘날 순수와 응용의 구분, 이론적인 것과 경험적인 것 같은 이분법적 분류 행위 속에 남아있다. 과학이론의 내적 구조도 플라톤과 유사한 위계질서를 담고 있다. 물리학자 사회는 자연을 물질적인 요소와 이론적인 요소로 분리하면서 자주 전자가 후자에 복종하는 것으로 묘사한다.

7 과학자 빅터 프랑켄슈타인은 여러 과학지식을 동원하여 인간(생명)을 창조했다(15장).

8 환원주의 과학에 대해서는 9장 '현대 과학 비평'에서 다시 소개한다.

베이컨의 과학, 지배와 복종의 기술

프랜시스 베이컨(Francis Bacon, 1561~1626)은 17세기 영국의 철학자이며 정치인이다. 데카르트(René Descartes, 1596~1650)와 함께 근대철학의 개척자로 불린다. 저서로는 《학문의 진보(Of the Proficience and Advancement of Learning, Divine and Human)》, 《신기관 과학(Novum Organum Scientiarum)》, 《새로운 아틀란티스(New Atlantis)》 등이 있다. 책의 제목에서 알 수 있듯이 그는 새로움과 진보에 관심을 두었다. 그는 새로운 지적 진보에 부합하도록 경험과 관찰을 중요한 인식 방법으로 제창했다. 특히 실험에 기초한 귀납법적인 연구 방법을 강조했다.

베이컨은 과학의 목표와 동기를 정의한 최초의 사상가였다. 그는 '왜 우리가 과학을 해야 하는가?'라는 질문에 '자연의 통제와 지배'라고 분명하게 대답했다. 그는 인류 구원을 위해서는 과학에 권력을 주어야 한다고 생각했다. 그는 인간이 자연을 통치하고, 지배하고, 정복할 수 있도록 이끄는 과학을 꿈꿨다. 그에게 과학이란 인간의 지식과 권력이 만나는 곳이었고, 권력에 대한 인간의 선천적 야심을 건설적이고 숭고하게 쏟아낼 수 있게 하는 영역이었다. 그러면서 그는 그런 권력의 행사는 남성의 도덕적 책임이라고 덧붙였다. 과학을 권력인 동시에 구원으로 보는 비전은 매우 매력적이었고, 근대사회는 베이컨주의를 열렬히 받아들였다.

베이컨의 입장은 순수과학과는 다소 관계가 없는 것으로 평가받기도 한다. 그의 비전은 기술자(technologist)의 관점을 대변하는 것이었다. 과학과 권력을 연결하며 기술중심적 태도를 가졌다는 점에서 그는 테크노사이언스(techno-sceince) 문화의 창안자로 불리곤 한다. 그는 인류가 과학기술을 통해서 세계를 변형시킬 수 있을 뿐만 아니라 세계와 인간의 관계를 변형하는 권력을 형성할 수 있다는 것을 감지했다. 또한, 그는 과학 활동이 관찰 주체와 관찰 대상 간의 관계를 변형하는 힘도 가질 수 있음을 알고 있었다.

베이컨은 성별에 관련된 은유를 많이 사용했다. 특히 정복과 지배라는 개념을 과학연구 내부로 끌어들였다. 플라톤처럼 성 이미지를 많이 사용했다는 공통점이 있지만, 성 이미지를 사용하는 방식은 매우 달랐다. 플라톤의 세계관이 남색 사랑과 동등성이라는 특징을 가졌다면 베이컨은 이성애와 정복 개념을 선호했다. 베이컨은 인간의 정신(관찰자)과 자연(대상)의 관계를 대조했고 자연을 여성으로 명명했다. 그의 이성애는 자연(여성)과 과학자(남성)의 결혼으로 완성된다.

> "인간의 정신과 자연 간에 정숙하고 합법적인 결혼을 성사시키자! … 친애하는 친구여, 내가 당신을 위해 계획하는 일은 정숙하고 성스럽고 합법적인 결혼생활 속에 당신을 사물과 결합하는 것이다. … 나는 실제로 자연과 자연의 자식들을 당신에게 인도하여, 자연이 당신에게 봉사하도록 만들고, 그리하여 당신의 노예가 되도록 유도하기 위해 왔다"[2].

베이컨에게 있어서 사물(대상)은 결코 중립적인 것이 아니다. 자연은 신부였으며 이 신부는 과학의 정신으로 길들여지고 모양 지어지고 정복되어야 할 대상이었다. 그는 때로 자연을 신부에 비유하기도 했고 때로 노예라고 비유하기도 했는데, 모두 수동적이라는 속성 때문에 선택된 상징이다. 하나는 남성(신랑)에 의해서 다른 하나는 주인(인간)에 의해서만 존립할 수 있고 정당해질 수 있다. 어느 쪽이든지 그의 자연은 정복의 대상일 뿐이다.

베이컨이 자연을 여성으로 표현한 것은 여성(신부)처럼 자연이 깊숙이 자리 잡고 있을지는 모르지만 정복될 수 있는 대상이라는 점을 강조하기 위한 것이었다. 그는 과학지식의 훈련과 기계발명에 강한 동기를 부여하기 위해서 '단지 자연의 행로를 점잖게 지도할 뿐만 아니라, 자연을 정복하고 복종시킬 수 있는 권력, 그리고 자연의 토대를 흔들 수 있는 권력을 갖게 해줄 것'이라는 기대를 불어넣었다.

자연을 정복하고 복종시킴으로써, 그리고 자연을 토대로부터 흔들어 놓음으로써 자연을 드러낼 수 있다. 사물의 본질은 자연스러운 자유 상태에서보다 기술의 적용에 따라 더욱 쉽게 자신을 드러내 보이기 때문이다. 기술적 적용을 위해서 더 많은 과학지식과 기계발명이 필요했다. 이런 태도가 그의 과학 개념을 공격적인 방향으로 이끌었다.[9]

그림 3.2 런던 왕립학회의 역사책 표지 그림. 베이컨(오른쪽)이 왕립학회 설립에 영향을 준 인물 중 하나로 그려져 있다. 그는 근대과학 제도를 이끌었다.

베이컨주의는 공격적일 뿐만 아니라 반응적인 성격도 가지고 있다. 베이컨은 자연을 아무렇게나 마구 지배할 수 없다는 점도 알고 있었다. 그래서 그의 과학 목표는 자연을 침해하는 것이 아니라, 진정으로 자연의 지시를 따름으로써 자연을 지배하는 것이었다. 한편으로 자연을 모방하고 쫓아다니며 다른 한편으로 정복하고 복종시키는 것이다. 그렇게 함으로써 진정한 사물의 본질이 드러날 수 있다. 자연을 지배하기 위해서 공격적으로 행동하기도 하지만, 자연에 반응적으로 행동하는 것도 필요한 것이다. 이후 이런 태도는 과학자가 기본적으로 갖추어야 할 소양이며 책무가 되었다.

베이컨은 남성적인 힘찬 과학의 탄생을 추구하며, 잘못된 선입관을 인간 정신에서 말끔히 없애는 것이 과학의 효능을 높이는 길이라고 주장했다.[10] "과학은 공격적이지만 반응성이 있어야 하고, 강력하지만 자비로워야 하며, 오만하지만 도움이 되는 것이어야 하고, 약삭빠르지만 무해해야 한다." 자연은 여성적이지만 남성이 될 수도 있다. 그리고 이에 상응하여 과학적 정신이 여성적인 것으로 전환할 수 있어야 한다. 자연과 과학의 관계가 바뀔 수 있다는 것이다. 어느 쪽이든 성의 변증법(sexual dialectic evident)이라는 점은 같았다. 그의 은유는 언제나 성과 관련되어 있었다.

그는 진실하고 남성적인 과학을 통해 인간 정신이 오염에서 정화되

---

9 피렌체대학 역사철학 교수 로씨(Paolo Rossi)에 따르면, 그들은 미네르바를 설득하는 대신에 강간하고 있다[2].

10 실제 사물에서 나오는 진정한 천연의 빛을 방해 없이 수용하고 신의 진리를 수용하기 위해서 인간의 정신은 순수하고 깨끗해야 하며, 복종적이고 열려있어야 한다. 오직 이때만이 인간 정신은 남성적인 웅건한 과학을 탄생시킬 수 있다.

어 신에 의해 수태되며, 그 행위 속에서 생식력을 갖게 된다고 믿었다. 즉, 자연과의 결합 속에서 힘이 세지고 '남성 자손'을 얻을 수 있다. 여기에서의 남성 자손이란 플라톤이 희망했던 남성적인 번식과 같다. 그래서 신참 과학자에게 장기간의 충실한 도제 기간을 요구한다. 어린아이가 사내답게 되는 것은 아버지로부터 받은 천부적인 재능으로부터 얻어지는 것처럼, 과학자는 신참 과학자를 낳을 능력이 있다. 베이컨의 은유는 어머니 없이 태어나는 우회로를 가리키고 있다. 아이는 아버지와의 동일시를 통해서 여성적인 것을 전유함과 동시에 부인함으로써 '전능'해질 수 있다. 어린아이가 이제 남자의 세계로 들어갈 수 있는 것처럼 신참 과학자는 선배 과학자와 자신을 동일시함으로써 '전능'해질 수 있다.

근대과학의 영혼과 이성

켈러는 플라톤과 베이컨에 이어서 세 번째로 근대과학의 성적 특질도 다루었는데, 과학적 도전에서 성별의 은유가 하는 역할에 주목하지 않는다면 그 발전을 제대로 이해할 수 없을 것이라고 다시 한번 강조한다. 그는 특히 17세기 연금술과 근대과학의 경쟁을 고찰했다. 당시 유럽에서 근대과학은 사회정치적 맥락 안에서 이제 막 자신의 지위를 발견해 가고 있었다.

연금술[11]과 기계론(근대과학)은 모두 새로운 과학의 비전이 될 수 있었다. 연금술 전통에서 볼 때 물질적인 자연은 정신으로 충만해 있다. 그들에게 물질과 정신은 분리되어 있지 않았다. 그래서 연금술을 수행하려면 심장과 손 그리고 정신의 통합된 노력이 필요하다. 대조적으로 기계론 철학자들은 정신으로부터 물질을 분리하고, 심장으로부터 손과 마음을 분리했다. 연금술이 아리스토텔레스 전통의 영향을 받았다면, 기계론은 플라톤의 이데아 이론의 영향을 받았다. 그럼에도 당시에 두 전통 사이의 구별은 명확하지 않았다. 뉴턴은 근대과학의 아버지이면서 동시에 연금술의 열광자였다.[12] 뉴턴과 베이컨의 시대에 연금술과 근대과학(기계론 철학)은 공존이 가능했었다.

연금술은 이후 화학과 의학에 큰 영향을 주었다. 연금술은 새로운 과학이 되기 위해서 경쟁했고 자연계 전체를 설명할 수 있는 보편적인 과학이 되려는 희망을 품었다. 르네상스 시대 연금술사들은 인기가 많았다. 16세기 연금술사 파라켈수스(Paracelsus, 1493~1541)는 고문서에 의존하기보다 자연을 직접 관찰하는 방법을 통해서 연금술의 영역을

그림 3.3 도서관에서 토론하는 연금술사들(왼쪽), 실험실에서 연금술사가 화덕을 이용해 작업하고 있다(오른쪽).
자료: 칼 융의 책, 94쪽

11 연금술사는 주로 납을 사용하여 금을 주조하는 데 현자의 돌을 사용한다. 파리에서 출간된 《보편백과사전》에 따르면, 연금술이란 인간들에게 시간을 지배하는 가능성을 보여주는, 즉 영원성을 찾아가는 것이다. 이러한 가능성에 이르는 방법은 인간 이전에 창조되었으나 자연에 의해서 불완전하게 남겨진 것을 완전하게 만드는 것이다[7].

12 연금술과 뉴턴의 이야기는 에른스트 페터 피셔의 책(2006)을 참조하라.

확장했다. 연금술 전통은 주로 노동을 통해서 훈련하는 것을 중시했다. 파라켈수스의 추종자였던 외과의사 존 웹스터(John Webster)는 연금술을 희망하는 젊은이에게 조언하면서, 단지 정신의 영역만으로는 세계를 이해할 수 없다고 지적했다.

> "젊은이들은 관념, 사색, 언쟁 속에서 빈둥대며 훈련될 수는 없으나, 손을 단련시켜 노동하고, 손가락을 화로에 집어넣도록 배울 수는 있다. … 그리하여 그들은 비슷한 두뇌의 소지자들과 함께 자만하게 되는 것이 아니라 손을 움직이고 눈으로 경험하여, 말만 하는 사람이 아니라 행동하는 사람이 될 수 있으며, 게으른 사색가가 아니라 고통스러운 활동가가 될 수 있으며, 궤변가들이나 철학가들이 아니라 … 진정한 자연마술가(Natural Magicians)가 되어 외부적인 환경 속에서 걸어 다니는 것이 아니라 자연의 숨겨진 비밀의 중심 속에서 걸어 다닐 수 있다. 자연의 숨겨진 비밀은 도서관뿐만 아니라 실험실이 없으면 결코 밝혀질 수 없으며 공중누각을 짓느니보다 불 속에서 일해야 더 잘 밝혀질 수 있다."

연금술사의 작업은 언제나 실험실과 화덕 앞에서 이루어졌다. 연금술사들의 노력으로 오늘날 화학 실험실의 여러 가지 장비들이 만들어졌다. 17세기 연금술사들은 주로 화학적으로 조제된 약을 변형시키는 일이나 치료에 주목했고, 그것은 대중적 관심사와 일치했다.

베이컨은 연금술과 근대과학의 과도기적인 인물이었다. 베이컨은 자율성을 가진 지성을 불신했고[13] 사회개혁에 관심이 있었는데, 이는 연금술사들과 공유하는 것이었다. 그러나 그의 성별과 성욕에 대한 태도는 기계론주의자 중심이던 왕립협회의 회원들과 유사했다. 갈릴레오와 뉴턴 등 근대과학의 창시자들은 베이컨식 과학의 가부장적 상상을 받아들였고, 연금술사들의 미묘한 언어는 거부했다. 연금술사들의 기본적인 은유는 결합이었고 인간 정신과 물체의 결합 그리고 남성과 여성의 융합이었다. 베이컨의 이상적 모델이 남성적인 초인간(virile superman)이었다면, 연금술사들의 이상은 자웅양성자(hermaphrodite)였다. 베이컨이 지배를 추구하는 반면에, 연금술사는 남성과 여성의 '결합'을 원했다.

연금술사들에게 권력은 다른 요소들과 공존함으로써만 성취할 수 있는 것이었다. 파라켈수스는 "여자 없는 남자는 전체가 아니며, 오직 여자와 함께하는 남자가 완전하다"고 가르쳤다. 파라켈수스주의자, 토머스 보건(Thomas Vaughan)도 이와 유사하게 "여성적인 원리 없이 당신이 태양으로부터 어떤 씨도 추출하거나 받아내는 일은 불가능할 것이다"고 전했다. 이처럼 연금술사들은 여성이라는 존재를 배제하지는 않았다.

17세기 초 왕립학회 같은 과학제도가 등장하기 시작했을 때, 그들은 여전히 연금술에 상당히 친화적이었다. 왕립학회의 전신이었던 옥스퍼드 그룹도 연금술을 존중했다. 직접적인 경험을 통해서 나오는 계몽을 강조하기도 했고, 정치적인 차원에서 당시 청교도 혁명에 부합했기 때문이다. 연금술 서적이 영어로 번역되어 널리 유포되면서 인기를 끌었다.

그런데 1650년 말경, 로버트 보일, 월터 찰턴, 헨리 모어 같은 지식인들이 연금술에 대한 충성심을 버리고 기계론적인 관점을 지지하기 시작

13 '자율성을 가진 지성'이란 육체와 분리되어서도 잘 작동하는 지성을 의미한다. 플라톤이나 데카르트가 지향하는 정신이다.

했다.[14] 온건파 성직자들도 연금술에 대한 반대 캠페인을 벌였고, 그중 일부는 왕립학회의 창립 회원이 되었다. 1670년이 되면서 기계론의 승리가 확실해지면서 양자의 경쟁은 막을 내렸다. 아주 짧은 시기 동안 연금술에 대한 관심이 극적으로 고조되었다가 갑작스럽게 사그라든 것이다.

17세기 지적 엘리트 집단은 왜 연금술을 버리고 기계론을 선택했는가? 켈러는 연금술과 기계론 사이의 경쟁은 과학기술적 우열에서 비롯된 것이 아니라 사회정치적이고 이데올로기적인 압력에서 나온 것이라고 분석했다. 당시 청교도 혁명 과정에서 보수주의에 대한 반동이 널리 일어났는데, 그런 힘을 억누르기 위해서는 정치적인 공격 대상이 필요했다. 연금술사들의 반합리주의와 종교적 측면에서의 이단적 견해는 빌미 삼기에 적당했다. 그렇게 연금술은 일종의 희생양이 된 것이다. 당시 엘리트들에게는 기계론이 가장 안전한 길로 보였다. 기계론은 겉보기에 '사회적 야심이 없는', 즉 한층 환원주의적인 경험과학(reductionist experimental science)이었다.

기계론의 성공은 엘리트 집단의 이해관계 때문에 더욱 극적으로 이루어졌다. 역사학자 프랜시스 예이츠(Frances Yates)는 이 점을 명확히 했다. "왕립학회 특별회원은 아픈 사람들을 치료하거나 무료로 치료하는 데 관심이 없었고, 교육의 개혁을 위한 계획에도 관심이 없었다." 과학사회학자, 볼프강 반 덴 데일(Wolfgang Van den Daele)도 "그들은 사회 내에 자신이 거주할 적소(the niche within society)를 찾고 있었을 뿐이지, 사회의 개혁을 추구하지는 않았다"라고 꼬집었다[2].

---

14 가생디(Pierre Gassendi)와 데카르트는 대표적으로 기계론 철학자다.

여기서 적소(niche)란 생태적 지위(ecological niche)를 사회적 차원으로 끌어온 것이다. 당시 지식 엘리트들에게는 자신이 활동할 수 있는 정당한 지위를 얻어야 한다는 중요한 이해관계가 있었다. 이는 기계론의 선택을 부추겼다. 일단 선택하고 나자 그들은 연금술을 공격하기 시작했다. 가장 잠재성을 가진 경쟁자였기 때문이다. 헨리 모어(Henry More)는 왕립학회 특별회원이었는데, 파라켈수스주의자를 강력하게 공격했다. 연금술사는 질료를 가지고 난잡하게 곡예를 하거나 속이려 드는 부류이고 허황된 환각에 빠졌다고 몰아붙였다.[15] 헨리 올덴버그(Henry Oldenburg)는 왕립학회의 목표를 인간 정신을 견고한 진리와 지식으로 숭고하게 만드는 것이라고 공언하면서 자신을 연금술과 분리했다.

왕립학회의 사람들은 연금술을 공격하면서 성적인 은유도 사용했다. 연금술사들은 기본적으로 페미니스트는 아니었다. 그 시대의 문화에서 여성에 대한 보편적인 경멸감이 있었는데 그들도 그러한 감정을 공유하고 있었다. 하지만 연금술사들은 여성의 생식력에 대해서는 존경과 외경, 그리고 질투심도 가지고 있었다.[16] 반면에 기계론자들은 생산적인 지식을 표현하는 형용사로 '남성적'이라는 단어를 자주 사용했다. 예를 들어서 그들은 "사람들 손의 기술에서 발견되는 위트는 남성적이

---

15 실제로 다양한 연금술사들이 있었고 그중에는 사기꾼도 있었다. 14세기 초 작품 《신곡》에서 단테는 자신이 알고 지내던 실제 인물을 배치했는데, 연금술로 가짜 돈을 만들었다가 들통나서 화형당한 그의 친구 카포키오를 지옥에서 만나는 장면이 등장한다.

16 그래서 여성의 생산적인 역할에 가담하려는 욕망도 있었다. 그들이 보기에 여자의 출산 능력은 신이 내린 축복의 표시였다. 그래서 연금술사들은 '하나님의 이미지'가 남자로 새겨진 것과 똑같이 여자로도 새겨졌다고 생각했다. 따라서 남녀 양성적 결합에 참여하는 일은 우주 본질에 해당하는 것이고 신이 갈망한 일이다.

고 지속적이다"라면서 칭송하거나, "우리 속에 있는 여자는 에덴 정원에서 시작되었던 것과 똑같은 속임수를 여전히 쓰고 있다"라며 여성을 부정적으로 표현했다.

기계론의 승리는 연금술의 패배였고, 자연과 여자에게 약간의 존경심을 가지고 있었던 문화의 몰락을 의미했다. 기계론은 남성과 여성의 협력을 배제했기 때문에 과학은 순수하게 남성적이고 정화된 계획이 되어야 했다. 그들은 여성적인 성질과의 혼합을 거부했고 대신 지배하려고 했다. 과학은 자연과 여자의 탐욕을 제거했다. 이것은 당시 남성과 여성의 역할을 구분하려는 이데올로기에 부응하는 것이기도 했다.

프랑스 철학자 미셸 푸코(Michel Foucault)는 고문서 분석을 근거로 17세기 무렵 성 억압이 공적 규제 내용이 되었다고 증언했다. 17세기 초까지만 해도 사람들이 자신의 성생활을 어느 정도 솔직하게 표현할 수 있었지만, 이후 성은 억압되어야 할 것으로 변했다.[17] 19세기 초 빅토리아 여왕 시대가 되자 성생활은 부부 중심의 은밀한 것이 되었다. 그리고 과학만이 성에 대해 말하는 것이 정당화되었다. 이런 남성과 여성에 대한 엄격한 구별은 초기 산업자본주의가 요구한 직장과 가정의 구분이라는 필요에 부합하는 것이었다[8].

여성의 힘을 가정 내로 축소하면서 이전에 공공연했던 여성에 대한 혐오는 다소 완화되었다. 여성에 대한 공격성 대신 감성적인 배려와 보

---

17 남성과 여성의 행동, 예절에 대한 경계선의 관심도 커져서 1620년 제임스 1세는 런던 주교에게 명령하여 모든 성직자들이 여자들의 무례함을 비난하게 하고 여자들이 남성용 상의를 입거나 머리를 짧게 자르는 것을 격렬하게 비난하도록 지시했다. 이런 상황은 당시 문학에도 많이 반영되어 17세기 말경이 되면 여자의 경제적 기능은 가정주부의 기능으로 축소되었다.

호라는 형태로 대체된 것이다. 기계론 철학은 산업자본주의 사회문화에 잘 부합했다. 근대과학은 그것에 응답하고 부응하며 더욱더 자신의 거주지를 강화했다. 그리고 자본주의적인 중산층이 성장했다. 미셸 푸코에 따르면 이 중산층의 이미지는 역설적이다. 그들은 성적인 감정이 축소된, 이상화된 천사의 이미지이면서 동시에 도시에서 성을 거래하는 탐욕스러운 모습으로 출몰한다.

기계론적인 세계관은 우주와 인간을 분리했고, 자연을 활기 없고 기계적(자동적)인 개념으로 질서화했다. 이것은 새로운 인식의 탄생이었고 남성적인 과학의 등장이었다. 이 과학이 상상하는 세계는 의도나 목적이 없고 운명에 따르지도 않으며 순전히 기계적이고 인과적으로 작용하는 고립적이고 자율적인 우주와 그 우주를 무심히 내려다보는 인간(관찰자)으로 구성되어 있다. 이 세계의 인간 역시 고립적이고 기계적이며 인과적인 존재일 뿐이다. 이제 우주(자연)와 인간의 관계성은 관심에서 멀어졌다.

인간은 활기가 없어졌지만 대신 기계화된 자연(세계)을 마음대로 사용할 수 있다는 환상('자유')을 가지게 되었다. 이것이 바로 과학의 중립성 또는 객관주의의 모습이다. 자연과 우주는 기계화됨으로써 쉽게 질서화되고, 언제든지 가져다 쓸 수 있는 것이 되었다. 하지만 그것이 실제 자연을 제대로 잘 반영했는지는 항상 의심스럽다. 근대과학의 세계에는 오로지 하나의 자연(대문자 자연)이 있을 뿐이고, 오로지 하나의 인간 정신(대문자 과학)이 있을 뿐이다. 여성성을 전유하고 동시에 부인한다는 점에서 근대과학은 베이컨과 유사성이 있다. 한발 더 나아가 베이컨이 자연과 신을 위해 남겨놓은 생식기능까지도 과학자가 떠맡음으로써, 과학자의 정신은 남근과 자궁 모두를 가진 존재가 되어야 했다.

플라톤이 지식의 문제에 성별의 위계화를 끌어들였다면, 베이컨은 그런 위계를 계승하여 여성과 자연을 정복의 대상으로 만들었다. 그리고 근대과학은 그런 관계를 더욱 강화해서 공격성을 내장한 지배의 관계만 남겨놓았다. 플라톤, 베이컨 그리고 근대과학은 각각의 고유성이 있지만 젠더(성별)에 관해서 만큼은 어느 정도 계승적 태도를 보였다. 그 문화적 계승자인 근대 세계에서 과학 담론과 대중문화는 서로 순환적으로 성적 편향을 강화하고 있다.

바버라 맥클린톡의 이야기

켈러는 유전학자 바버라 맥클린톡(Barbara McClintock, 1902~1992)을 통해서 남성과학과의 차이를 엿보려고 했다. 맥클린톡은 1983년 노벨 생리학·의학상을 단독으로 수상한 첫 번째 여성 과학자이며 가장 뛰어난 세포유전학자 중 한 사람이다. 켈러가 맥클린톡에게 주목했던 이유는 그가 성공한 과학자였지만 동시에 정상과학 관점에서 보면 이단적인 인물이었기 때문이다. 맥클린톡의 이중성은 근대과학의 결핍을 보여준다.

맥클린톡은 일찍이 고전유전학 대가인 모건(Thomas Hunt Morgan), 에머슨(R. A. Emerson), 스태들러(Lewis Stadler)에게 인정받았고, 1945년에는 미국 유전학회 회장에 선출되었다. 그는 자신이 남성이었다면 훨씬 더 자유로운 과학적 기회를 가질 수 있었을 것이라는 생각 때문에 세상에 대해 화가 나 있었다. 켈러는 《유기체와의 교감: 바버라 맥클린톡의 삶과 연구》에서 맥클린톡의 성공과 주변성이라는 이중성이 그를 이해하는 데 결정적이라고 해석했다. 그는 탁월한 과학자라는 위치에 도달했지만, 동료 과학자 집단과 달리 국외자였다. 단지 여성이라서라기보다 철학적 방법론적인 괴짜였다. 맥클린톡은 동료들에게 독불장군이며 몽상가였다.

맥클린톡의 인상적인 연구 성과는 1951년 옥수수에서 이동성 유전자(transposable element), 일명 '튀어 나가는 유전자(jumping gene)'를 발견한 것이다. 자식 세대의 식물과 부모 세대의 염색체를 비교했을 때 염색체의 특정 부분의 위치가 바뀌는 현상이다. 여기서 그는 세포 분열 동안 세포가 유전 물질을 잃을 수도 있고 얻을 수도 있다는 가설을 세웠다. 그는 상상적 구성에서 출발하여 실제로 유전자가 움직일 수 있을 뿐만 아니라, 특정 환경 조건에서 세포의 유전형질이 켜지거나 꺼질 수 있다는 것도 확인했다.

그런 와중에 1953년 왓슨과 크릭의 DNA 구조 발견으로 세상의 주목은 DNA 쪽으로 쏠렸고, 분자생물학이라는 새로운 영역이 등장했다. 그들은 생명 유전의 중심원리(Central Dogma) 개념을 도입했다. 그러자 맥클린톡의 연구는 세상의 관심에서 멀어졌다.

하지만 맥클린톡은 연구를 계속했고 유전자 돌연변이가 역전될 수 있다는 것도 알아냈다. 이것은 유전자의 위치가 고정되어 있다는 당시의 정상과학의 개념(크릭의 중심원리 모델)을 반박한 것이었다. 그의 '유전자 전위(genetic transposition)' 개념은 유전자가 기존 이론보다 훨씬 더 복잡하고 또 상호의존적이라는 증거였다. 오늘날 이 개념은 더 이상 의문이 아니라 일반적인 현상으로 승인되었다. 전위 가능한 요소들은 도처에 편재해 있고, 사람의 DNA 중 45%가 전위인자로 확인되었다. 이것은 멘델의 유전법칙만큼이나 중요한 의미가 되었고, 유전공학의 중요한 뿌리가 되었다.

맥클린톡의 언어로 말하자면, 세포는 그 자체가 생명체이며 유기체다. 이런 견해는 린 마굴리스(Lynn Margulis)의 세포 공생 개념과 유사한 관점이다.[18] "유기체의 모든 구성요소는 그 자체로 유기체이다. 유전자보다 유기체가 더 중요하다". 유전자는 실에 꿰인 구슬이 아니며, 기능적으로 분해될 수 있는 DNA 단편도 아니다. 유전자와 그 기능은 전체적으로 유기체 조직과 분리하여 규정할 수 없다.

DNA 중심 생명공학은 기계론적 관점을 대표하는 접근법이었고 맥클린톡은 그것을 거부했다. 유전자가 모든 것을 결정한다는 유전자결정론은 그에게 매력적이지 않았다. DNA가 유기체에게 명령을 내리면 유기체가 그대로 그 명령을 받기만 하는 종속적 관계가 아니다. DNA는 세포(유기체) 안에서만 작동할 수 있다.

맥클린톡의 이야기 덕분에 우리는 과학 내에서 이단자가 발생하는 조건, 이단자가 수행하는 기능, 그리고 이단자가 반영하는 가치와 목표의 복수성 같은 것들을 알 수 있다. 맥클린톡에게 있어서 자연은 인간의 상상력을 능가하는 선험적 복잡성(priori complexity)을 가지고 있다. 자연은 인간이 아무리 노력해도 더 이상 접근할 수 없을 정도의 복잡성을 가지고 있다. 생명체(유기체)는 과학자들이 간신히 추측만 할 수 있는 정도의 엄청난 존재이며, 그들만의 고유한 삶과 질서가 있다.

이것은 인간과학자가 무엇을 상상하더라도 그것을 발견할 가능성이 있다는 의미이다. "당신은 당신이 생각해낼 수 있는 어떤 것이나 모두 발견하게 될 것이다". 그러므로 과학자가 발견한 것만 진실이고, 그렇지 않은 것은 진실이 아니라는 이분법은 오류로 유도될 수밖에 없다. 자연

---

18 6장 '공생하는 생명'에서 자세히 확인할 수 있다.

을 설명하는 중심원리 같은 것은 없고 유일한 법칙이나 유일한 진실(대문자 과학) 같은 것도 없다. 맥클린톡에게 옥수수 하나하나가 인간처럼 개체성을 가진 것으로 보였다. 만물에는 만물 나름의 질서가 있으므로 대상을 관찰할 때 대상의 관점에서 주의를 기울여야 한다. 그래서 자연을 주의 깊게 듣고 그 반응에 관심을 쏟아야 한다.

> "그들에 대해 점점 더 많이 연구하면 할수록, 그 '염색체'는 점점 더 커졌고, 그리고 그들과 진실로 작업을 할 때 나는 밖에 있지 않았고, 바로 그 자리에 있었다. 나는 그 체계의 일부분이었다. 나는 그들과 함께 바로 그 자리에 있었으며, 모든 것이 커졌다. 나는 염색체의 내부까지 볼 수 있었다. 실제로 모든 것이 거기에 있었다. 내가 바로 그 자리에 있었고, 그들이 나의 친구인 듯이 실제로 느껴졌으므로 나는 놀랐다…… 당신이 그들을 자세히 바라보면, 그들은 당신의 일부분이 된다. 그러면 당신은 스스로를 잊게 된다." [4]

맥클린톡은 자신이 관찰자라는 인식 자체를 잊고 옥수수(대상)와 융합되어 버리곤 했다. 관찰자와 대상 사이에 경계가 사라지는 경험이 그의 연구를 독특한 것으로 만들었다. 이런 접근은 근대과학이 자연을 정복 대상으로 보는 관점에서 이탈하는 것이었고 그것이 맥클린톡을 이방인으로 만들었다.

맥클린톡에게 과학은 특별한 곳이면서 곤란한 곳이었다. 한편으로 과학은 성별의 문제가 사라지는 장소였다. 과학은 논리적으로 남성이든 여성이든 누구나 수행할 수 있다. 그래서 성별을 초월하려고 하는 맥클린톡의 소망과 일치하는 영역이었다. 동시에 근대과학 안에서 여성과학자는 언어적으로 자가당착에 직면하게 된다. 여성과학자 자신은 여성성을 가지고 있는데, 근대과학의 문화적인 어휘가 계속 관찰자를 남성으로 간주하고, 대상을 여성적인 것으로 간주하기 때문이다. 가부장적인 남편을 모델로 삼는 과학자의 이미지가 일반화된 환경에서 과학하는 여성이 겪어야 할 혼란이었다. 맥클린톡의 경험은 근대과학이 오랜 편협함을 깨고 다양성을 인정하는 과학문화(소문자 과학)로 나아가야 함을 다시 일깨운다.

참고문헌

1 Butler, Judith. 1993. *Bodies That Matter: On the Discursive Limits of Sex*, Routledge.

2 이블린 폭스 켈러. 1996. 《과학과 젠더: 성별과 과학에 대한 제반성》, 한경숙·이현주 옮김, 동문선. [Keller, Evelyn Fox, 1985. Reflections On Gender and Science, Yale University Press]

3 도널드 W. 셔번. 2010. 《화이트헤드의 '과정과 실재' 입문》, 오영환·박상태 역, 서광사.

4 이블린 폭스 켈러. 2008. 《유기체와의 교감: 20세기 유전학 혁명의 선구자 바바라 매클린톡의 전기》, 김재희 옮김, 서연비람. [Keller, E. F. 1995. Barbara McClintock, Die Entdeckerin der springenden Gene, Springer Basel AG]

5 브뤼노 라투르. 2023. 《존재양식의 탐구: 근대의 인류학》, 황장진 옮김, 사월의책.

6 칼 융. 2004. 《연금술에서 본 구원의 관념》, 한국융연구원 C. G. 융저작 번역위원회 옮김, 솔.

7 에른스트 페터 피셔. 2006. 《또 다른 교양: 교양인이 알아야 할 과학의 모든 것》. 김재영 옮김.

8 미셸 푸코. 1994. 《감시와 처벌: 감옥의 역사》, 오생근 옮김, 나남.

9 Foucault, M. 1988. Technologies of the Self. in *Technologies of the Self – Seminar with Michel Foucault*. edited by L. H. Martin, H. Gutman & P. H. Hutton, The University of Massachusetts Press. 16–49.

10 프리드리히 니체. 2018. 〈선악의 저편: 미래 철학의 서곡〉, 박찬국 옮김, 아카넷.

4장

기술의 정치

화학자이면서 과학철학자인 마이클 폴라니(M. Polanyi)는 1962년 학술지 미네르바(Minerva)에 〈과학 공화국: 그 정치경제이론(The Republic of Science: Its Political And Economic Theory)〉이라는 제목의 논문을 발표했다. 그는 과학이 그 내부에 권력 위계가 없으며 동료 평가를 제외하고는 모든 제안으로부터 자유롭다는 점을 들어 '과학 공화국'이라는 개념을 사용했다. 이에 대해 과학정책학자 실라 재서노프(Sheila Jasanoff)는 그가 과학이 국가의 지원을 받아서 국가 목표를 완수하는 방식으로 작동한다는 점을 무시했다고 지적했다[1].

재서노프는 과학을 '제5부(The Fifth Branch)'라고 지칭했다. 입법, 행정, 사법, 전문가 규제기구(제4부)에 이어서 과학이 국가 기관으로 작동한다는 의미이다[4]. 과학자들이 공공적 의사결정에 과학을 적용하도록 강력한 로비를 전개하거나, 과학자로 구성된 자문기구를 만들고 있어서 권력기관의 역할을 한다는 것이다. 그는 과학과 국가의 관계가 강하며, 과학과 기술은 구분되지 않는다는 점에 주목했다. 이런 맥락에서 과학

과 기술의 관계는 재정의되어야 한다.[1]

기술의 힘, 삶의 방식

그리스어 테크네(techne)와 로고스(logos)의 합성어인 기술(technology)은 단지 실용적 목표를 달성하기 위한 도구가 아니다. 특히 현대의 기술 시스템은 법 제도처럼 사회에 질서를 부여하고 통치하는 힘이 있다. 사람들은 미래의 삶을 위해 더 해방적이고 의미 있는 기술적 설계를 탐구하고 구축해왔다. 그리고 기술을 통해 자신의 희망, 꿈, 욕망을 표현한다. 사회가 새로운 기술에 익숙해짐에 따라 집단적 전망과 열망도 변화하고 발전할 수 있다. 그런 점에서 기술 선택은 본질적으로 정치적이다[3].

기술에 대한 철학적 문제의식은 마틴 하이데거(M. Heidegger)에서 비롯되었다. 그에 따르면 기술은 단순한 기능에 한정된 것이 아니라, '존재의 드러남의 양식(the mode of Being's revealing)'이다[2]. 기술은 자연에 질서를 부여하는 형식을 개발하는 일이며 그 질서 양식(the mode of ordering) 속으로 인간과 사물 모두를 호출할 수 있다. 어떤 문제를 풀기 위해서 특정한 조직 원리를 구성하고 그 질서 안으로 자연 세계를 배치하는 것이다. 이로써 자연은 그 질서 형식의 대상이 되어, 그 형식 안으로 재조직되며 그에 부합하는 관계 안에 배치된다. 그 결과 기술은 삶의 방식(a way of life)을 생산한다. 세계 내 사물은 그런 질서 형식 안에 놓일 때만 우리 앞에 출현할 수 있다는 점에서 기술은 진리(라는 존

1 이는 테크노사이언스(techno-science) 개념과 관련이 있다. 이 개념은 9장 '현대과학 비평'에서 다시 다룰 것이다.

재)의 출현 양식이다.

기술철학자는 랭던 위너(Langdon Winner)는 현대 기술의 정치성을 언급하면서 건축가 모제스(Robert Moses)의 뉴욕시 설계 사례를 제시했다. 존스비치 주립 공원은 백인만을 위해서 만들어졌다. 공원 입구 위로 고가도로가 지나게 함으로써 높이를 제한하여 자동차는 들어갈 수 있지만, 버스는 들어갈 수 없게 만들었다. 그 결과 자동차를 가진 중산층은 공원에 들어갈 수 있었지만, 버스를 이용해야 하는 가난한 흑인은 공원에 접근하기 어려워졌다. 인종차별주의자였던 모제스의 평소 생각이 도시 건축에 내장된 것이다. 모제스가 직접적으로 흑인을 차별한 것이 아니더라도 적어도 흑인의 상황을 고려하지 않은 것만은 사실이다. 그 결과 시민의 세금으로 만들어진 공원이었지만 일부만이 혜택을 누리게 만들었다.

이런 현상은 건축 기술만이 아니라 모든 기술에서 항상 일어나는 일이다. 기술은 사회정치적 질서를 부여하고 공공연하게 이득과 부담을 분배하는 권력의 작동 방식이 된다. 기술은 기존 질서를 유지하고 강화할 수도 있고 새로운 질서를 불러올 수도 있다. 기술은 일종의 거버넌스이며, 통치 수단으로 배치될 수 있다. 그런 점에서 기술은 중립적일 수 없다. 그러므로 기술이 보편적 혜택을 제공하도록 하려면 많은 성찰과 개입이 필요하다. 기술의 민주주의는 저절로 올 수 없는 것이다.

기술의 위험

기술 문명은 위험, 불평등 그리고 전복을 생산할 수 있고 잠재적으로 재난을 부를 수 있다. 그런 재난은 물리적 피해만이 아니라 인류의 실존적인 변화도 일으킬 수 있다. 하이데거는 기술의 성격을 정의하면서 특히 현대 기술은 실존적 위험을 불러온다고 지적했었다. 핵무기와 기후변화는 지구상의 생명체를 완전히 절멸시킬 수 있다. 또한, 기술은 불평등을 더욱 강화하고 있다. 부유한 국가의 평균 수명은 77세에 근접하는 반면, 최빈 국가는 겨우 60세 정도로 그치는 실정이며 유아 사망률 또한 매우 높다.

유엔의 지속가능개발목표(SDGs)는 전반적으로 불평등 문제를 제기하고 있고, 특히 10번째 목표는 직접적으로 '불평등 감소(Goal 10. Reduced Inequalities)'를 명시하고 있다.[2] 국제적인 노력에도 불구하고 불평등이 더 확대되고 있다는 보고만 들릴 뿐이다. 현대의 과학기술이 전면화될수록 불평등이 심해지고 있다. 특히 자연경관, 생물다양성, 자유로운 삶을 파괴하는 기술 발명이 경제성장이라는 가치 아래 우선순위를 차지하기 때문이다.

기술의 위험은 기술만의 문제는 아니다. 기술의 작동은 사회와 함께 구성된다. 가장 단순한 일상 기술에서 거대과학에 이르기까지 사회정치적 작동과 동기화된다. 이는 우리 일상에서 흔한 현상이다. 교통신호등은 법과 물질의 잡종적인 결과물이다. 신호등이 있더라도 사람들이 그 규칙에 따르지 않는다면 사실상 신호등 시스템은 작동하지 않을 것이다. 기술과 사회의 상호구성이 필수적인 이유이다.

기술을 현명하게 민주적으로 설계하려면 기술의 블랙박스를 열 수 있어야 한다. 기술적 장치가 허용할 것과 하지 않을 것 사이를 구분하

2 지속가능한 개발이란 '미래 세대가 그들 자신의 필요를 충족시킬 수 있는 능력을 훼손하지 않고 현재의 필요를 충족시키는 개발'을 의미한다(UN 세계 환경 개발 위원회 [UNWCD] 1987).

는 기준의 정당성을 판정하려면 그 내부를 들여다볼 수 있어야 한다. 기술적 발명의 결과는 인간의 몸과 정신 그리고 사회적 교류에 침투할 수 있고, 인간과 비인간이 관계를 맺는 방식도 변환시킬 수 있다. 단지 물질적인 것만이 아니라 인간의 정체성과 관계도 바꿀 수 있다. 예를 들어 최근 생명공학은 인간의 삶과 죽음, 사유재산이나 사생활 문제, 자유나 자율성을 사고하는 방식도 재구성하고 있다.

기술에 관한 오해를 부르는 관념

사람들은 법 제도를 제정할 때는 많은 에너지를 쏟지만, 기술을 도입할 때는 별 관심이 없다. 인간 정치인에게 권력을 위임할 때는 매우 고심하면서도 기술 시스템에 권력을 위임할 때는 신경을 거의 쓰지 않는다. 기술이 우리 삶의 양식이라는 점을 고려하면 정치나 법 제정만이 아니라 기술의 민주주의에도 주목해야 한다. 재서노프는 기술 민주주의를 형성하기 위해서 우선 다음 3가지 문제를 지목했다. (1) 기술결정론, (2) 기술 관료제, 그리고 (3) 의도하지 않은 결과라는 생각이다. 이들 관념은 우리 사회에 뿌리 깊게 박혀있는 기술에 관한 신화로서 기술 예외주의(exceptionalism of technology)[3]를 확산하고, 기술과 사회의 관계 발전을 가로막는 장애물이다. 이런 경향은 기술 변화가 근본적으로 진보적이고 유익한 성격을 갖는다는 견해를 지지하며, 안심해도 된다는 관념을 재생산한다.

---

3 기술 예외주의는 사회와 달리 기술은 특별하다는 믿음에서 나온 것으로, 복잡한 사회 문제에 대해서 기술적 해결책이 있다는 태도를 지칭한다.

먼저 기술결정론(technological determinism)에 대해 알아보자. 이 관념은 거의 모든 기술 논의에 스며들어 있어서 의식하지 못하는 경우가 많다. 이는 기술이 자율성(내적 발전 규칙)을 가지고 있어서 내적 동력에 의해 작동한다는 믿음에서 온 것이다. 기술이 먼저 스스로 무엇인가를 달성하고 이후 그 기술이 사회를 형성한다는 것이다. 기술 선택이 원천적으로 중립적이기 때문에, 오히려 사회의 간섭을 받지 않는 것이 더 좋다고 전제한다. 이런 견해는 기술 개발을 기술전문가에게 의존하고 사회적 개입을 막는 입장을 취한다. 그 결과 그 기술로 인해 삶의 형식이 바뀌는 영향을 받더라도 사람들이 기술 선택에 참여하거나 비평할 수 없게 된다.

기술결정론은 책임 소재를 모호하게 하는 효과도 있다. 기술이 그 자체로 자율적이고 독립적인 작동을 한다고 간주하면, 그 기술의 창조자(인간)에게 물어야 할 책임을 면제하는 효과가 있다. 기술이 스스로 저지른 문제니까 그 기술을 만든 사람의 책임은 아니게 되는 것이다. 그 결과 기술적으로 설계되고 규제되는 삶의 양식을 만들어내는 힘과 의도를 간과한다.

기술이 자율성을 가진다는 감각은 환상이며 매우 위험하다. 기술은 인간의 욕망과 의도와 무관하게 발생할 수 없기 때문이다. 원자의 작동방식에 대한 지식이 반드시 원자폭탄의 제조로 연결되어야 하는가? 기술결정론적 관점에 따르면 원자과학은 원자폭탄 개발로 향할 운명이어야 한다. 그렇다면 원자폭탄을 개발한 과학자들에게 아무 책임도 물을 수 없을 것이다. 그러나 현실은 그렇지 않았다. 맨해튼 프로젝트는 전시상황에서 물리학자들이 더 많은 자금을 동원할 수 있고 권력을 누릴 수 있다고 여겨 원자폭탄 개발로 몰려간 결과이다[4].

페미니스트 SF 작가 조애나 러스(Joanna Russ)는 어떻게 자동 세탁기보다 원자폭탄이 먼저 개발될 수 있었는지 의아해했다[5]. 하나는 인간의 노고를 덜어주려는 기술이고 다른 하나는 인간을 무차별하게 대량 살상하는 기술이다. 기술이 내재적으로 이런 폭력적 성격을 가지고 있다면 우리는 기술 자체를 포기해야 한다.

다음으로 지적할 것은 기술 관료제(technocracy)에 대한 신화다. 기술결정론과 달리 인간 행위자가 기술을 관리하고 통제할 수 있다는 견해이다. 다만 오직 전문적인 지식과 숙련을 갖춘 사람만이 그런 일을 할 수 있다고 전제한다. 보통 사람들은 복잡한 기술을 이해할 수도 없고 참여할 역량도 없다고 간주한다. 기술관료는 기술적 통제에 전문성을 쌓으면서 오만함도 함께 키웠다. 전문가들 역시 편향에 취약해서 자신의 입장을 뒷받침하는 확실성의 정도를 과대평가한다. 게다가 그들은 외부의 비판에 매우 배타적이다.

미 우주항공청 나사(NASA)는 1986년 우주 왕복선 챌린저호 사고 청문회에서 문제를 제대로 해명하지 못했다. 사회학자 다이앤 본(Diane Vaughan)은 조직 내부의 경직성이 조기 경보 신호의 탐지와 내부 소통을 가로막았다고 지적했지만 나사는 귀 기울이지 않았다. 2003년 두 번째로 컬럼비아호 사고 이후에야 나사의 기관 문화에 결함이 있음을 인정했다. 전문가의 독선적 의사결정은 자주 문제를 일으켰다.[4]

---

4 2000년 초에 소수의 경제 자문위원들이 금융 완화를 옹호했다. 당시에 경제 자문위원들은 문제 제기하는 사람들을 '러다이트' 같다며 무시했었다. 그 결과 2008년 금융위기가 발생했다. 재서노프는 전문가의 의사결정 참여가 필요하긴 하지만, 그 과정에 대해서 좀 더 높은 투명성과 공공적 감독이 필요하다고 조언했다.

기술관료가 기술을 통제할 수 있다는 태도는 기술 문제가 드러나면 그때 가서 해당 기술만 분리하여 폐기할 수 있다는 관념에서 나온 것이다. 아서 클라크의 소설《2001 스페이스 오디세이》에는 할(HAL 9000)이라는 슈퍼 컴퓨터가 등장한다. 여기서 할은 자율적인 존재이며 독립적인 능력을 가진 존재로 묘사된다. 이 작품은 기술이 인간(사회)을 해칠 수 있다는 문제의식을 의제화했다는 점에서 탁월했지만 기술과 인간(사회)을 이원화하고 기술의 자율성을 부각하는 오류도 드러냈다. 그래서 할을 파괴하더라도 할만 파괴될 뿐 인간(사회)의 삶은 그대로 존속할 것으로 묘사했다.

기술은 사회와 얽히면서 변이하기 때문에 특정 기술이 일정한 단계에 이르면 제거하기 어려워진다. 토머스 휴즈(Thomas Hughes)의 기술 시스템 이론에 따르면, 모멘텀을 달성한 시스템은 폐기하기 어렵다[6]. 예를 들어서 전기/전력 시스템은 1930년대 이후 단 1분도 스위치를 내릴 수 없는 장치가 되었다. 전기 시스템과 인간 사회와의 결합이 강해진 지금 전력이 없는 사회는 그야말로 '정지 상태' 또는 '재난 상황'을 의미한다. 이처럼 이미 완료된 기술은 심각한 문제가 발견되더라도 제거하기 어렵다.

최근 인공지능 위험관리 방식의 하나로 등장한 '킬스위치(kill switch)' 해법도 기술관료적 관념에서 나온 것이다. 그들은 기술(인공지능)이 문제를 일으키면 스위치를 꺼서 작동을 정지시키는 간단한 방식을 선호한다. 이런 접근을 기술적 해법(technical fix)이라고 한다. 전기/전력 시스템에도 전송 중단 스위치는 있지만 임시적인 사용이 가능할 뿐, 근본적으로 이 시스템을 중단하는 데 사용하는 것은 불가능하다. 인공지능이 일단 전면화되고 나면 킬스위치는 무의미해질 가능성이 크다. 기술의 형성과정에서 문제를 발견하고 개선하는 일이 완성 이후 통제보다 우선되어야 한다. 그런 일은 우리 삶 전체와 관련되기 때문에 매우 복잡해서 기술전문가만으로는 그런 일을 다 할 수 없다. 기술은 사용 과정에서 최초의 설계 취지와 달리 다양하게 진화한다. 그런데 기술 진화의 모든 장소에 기술전문가가 있을 수는 없다. 기술사용자는 많은 장소에 편재해 있어서 기술의 진화와 위험을 폭넓게 목격할 수 있다. 기술전문가와 관료는 사용자와 협력하는 방법을 모색해야 한다.

세 번째 문제로, 기술로 인해 발생한 위험을 '의도하지 않은 결과(unintended consequences)'라며 변호하는 태도이다. 기술 실패는 주로 복잡하며 기술적이면서도 동시에 사회적이다. 기계의 고장은 흔히 일어나는 일이기에 사회의 기본 리듬에 거의 아무런 영향을 주지 않는 것으로 보이기도 한다. 마치 자연의 일처럼 간주되기도 한다. 게다가 그런 문제가 왜 발생했는지 기술 설계 과정을 공개하는 일도 드물다. 덧붙여서 기술적인 사고 또는 재난이 원천적으로 의도한 것이 아니었다는 점을 강조하면 책임은 사라진다.

이 태도는 주로 기술에 책임을 물을 수 없다는 취지로 사용되곤 한다. 의도하지 않은 결과라는 표현은 설계자의 원래 의도가 계획대로 실행되지 않았다거나 아니면 그들이 의도한 범위 바깥에서 문제가 일어났다는 태도를 취한다. 전자는 기술 사용자가 제대로 사용하지 못해서 문제가 발생한 것이기 때문에 사용자가 책임져야 한다는 의미를 포함한다. 후자의 경우는 기술 통제가 불가항력적이어서 책임자를 찾아내지 못할 것이라는 취지를 내포한다. 1984년 인도에 보팔 가스 누출 사고가 일어났을 때도 의도하지 않은 결과라는 변명만이 공식화되었고 원인 규명과 책임 문제는 사라졌다.

좋은 결과는 항상 의도된 것으로 얘기되면서도 나쁜 결과는 사후적으로 의도되지 않은 것이었다는 비대칭적 설명을 제공함으로써 실패를 정당화한다. 오존 구멍이 생겼을 때 과학기술자와 기업은 이를 의도하지도 않았다고 변호했다. 염화불화탄소(CFCs)의 배출이 오존 구멍과 기후변화를 초래했는데,[5] 자동차가 대대적으로 도입된 지 수십 년이 지난 다음에야 배기가스에 포함된 기체가 기후변화의 주된 원인이라는 것이 밝혀졌다. 이런 경우 불가항력적이어서 책임자를 찾아낼 수 없다는 주장이 효력을 발휘한다. 당연히 그런 재난을 의도한 사람은 없었을 것이다. 유익한 목적으로 인류에게 봉사하도록 보완된 장치 속에 재앙의 잠재력을 의도적으로 집어넣지는 않을 것이다. 기술의 위험은 누구도 사전에 계획하지는 않았지만, 주의 깊게 봤다면 문제를 발견할 가능성이 있다[4].

그랬다면 현재의 기후변화도 다른 모습일 수 있었다. 편리한 삶이라는 희망만이 아니라 대항 통찰(countervailing insights)을 수행한다면 우리 사회가 체계적이면서도 강력한 기술사회적 이해를 발전시킬 수 있다. 기술의 성장이 사회의 미래를 담보할 것이라는 기술결정론 신화에 대해서, 그리고 기술을 통제할 수 있다고 장담하는 기술관료의 신념에 관해서 성찰할 기회가 없었던 것은 아니다. 기술도 기술전문가도 정치

5 1960년대 등장한 염화불화탄소(CFCs)는 불활성의 무독성, 불연성 냉매로 인기가 있었는데, 1972년에 캘리포니아 대학의 화학자 롤런드(F. Sherwood Rowland)와 몰리나(Mario Molina)가 이를 성층권의 오존층을 고갈시키는 원인으로 지목했다. 1989년, 국제 공동체가 인간 사회의 생명을 위협하는 화학물질의 생산과 사용을 중단을 약속하는 몬트리올 의정서를 체결했다. 1960년대에 염화불화탄소가 등장해서 1989년에 국제적 차원에서 이 문제를 각성할 때까지 상당한 시간이 흐른 뒤였다.

나 도덕적인 분석밖에 놓을 수 없다. 기술이 복잡해지고 더 강한 영향력을 가질수록 '겸손한 기술'이 절실하다.

기술의 위험관리와 책임

사회 속으로 진입한 기술은 설계 당시 원형의 모습으로 남을 수 없고, 유기체처럼 그 기술을 담아내는 환경(사회)에 부응하며 변이한다. 유용하고 오래가는 기술적 발명으로 바퀴나 기어, 전기, 트랜지스터, 마이크로칩, 개별식별번호(PIN) 같은 것들이 있다. 성공한 기술은 사회적 필요가 성숙하고 가치가 변화하는 데에 따라 적응했기 때문에 성공할 수 있었다. 단순해 보이는 전구조차도 사회의 필요에 따라 그 형태와 기능이 굉장히 다양해졌다.

현대 기술에서 수단과 목표를 연결하는 일은 복잡해지고 있다. 기술적 수단과 목표가 본래 의도대로 일대일 대응으로 귀결되지 않는 경우도 많다. 자동차 에어백은 교통사고 시 탑승자가 자동차 내부와 부딪혀 받을 충격을 줄여서 탑승자를 보호하기 위한 안전장치다. 그러나 에어백이 예고 없이 급격히 팽창해서 오히려 치명적인 사고를 일으켰다. 어린이나 여성이 에어백 팽창으로 다치거나 사망한 사례도 자주 일어났다. 에어백이 표준 체격을 가진 남성을 기준으로 설계되었기 때문에 '표준 이하'의 사람을 위협한다. 의도하지는 않았지만 부주의하거나 무관심했던 것이다.

자율자동차는 소리를 감지하여 충돌을 방지하는 메커니즘을 가지고 있다. 그런데 도로 상황은 언제나 여러 가지 소리로 가득 차 있다. 자율

자동차는 소리의 질적 측면을 판단할 수 없고 다만 정량적 판단을 할 수 있다. 그래서 소리의 위험성을 오인하여 도로상에서 자주 정지했고 이 때문에 교통흐름을 방해할 뿐 아니라 뒤따르는 차량과 추돌하는 새로운 위험을 불러왔다.

기술적 위험(technological risk)이란 인간이 만든 도구나 시스템의 사용으로 인해 발생하는 상해나 손실을 의미한다. 그래서 기술적 위험이란 용어는 자연 재난과 대비되는 개념이었다. 그러나 현재는 양자가 상호 연관성을 가지는 경우가 빈번해지면서 구분이 어려워지고 있다. 대표적으로 기후변화는 자연 재난과 기술 위험 사이의 구분선을 넘나들고 있다. 사람들은 이 문제를 '인류세(anthropocene)'라고 부르기 시작했다.[6] 인간이 불러온 위험이 지질학적인 지층의 이름이 되기에 이른 것이다. 인류세라는 이름은 인공적이면서 또 자연적인 작용이 혼종적으로 작용하고 있음을 시사한다.

GMO 사례도 기술과 자연의 잡종적 원인을 가진다. 실험실에서 과학적 발견도 가치중립적이지 않지만(12장), 이것이 현장과 산업으로 들어가게 되면 정치적인 이해관계와 얽히며 더욱 난해한 거버넌스 문제를 일으킨다. 과학자들이 처음 이 기술을 고안했을 때, GMO가 건강과 안전에 직접적인 위험을 제기할 것이라고 생각하지 못했다. 초기 위험 평가는 생물학 분야의 전문가들이 맡았고, 소비자와 시민은 자문 대상이 되지 못했다. 사후적으로 문제가 발생한 이후에서야 대중의 의견을 청취하는 정책적 과정이 이루어졌다. 기술의 초기 단계에서 대중적인 숙

6 인간의 활동이 지구 환경에서 지배적인 영향력을 발휘한 지질시대를 지칭하는 명칭이다. 아직 공식적으로 확정되지는 않았지만, 일반적으로 기후 위기를 표현하는 명칭으로 통용되고 있다.

의를 시작했다면 더 현실적인 성찰이 이루어졌을 것이다. 문제가 발생하고 나서, 즉 상황을 되돌리기 어려워진 이후에서야 대중참여를 수행하는 것은 사실상 의미 없는 것이 되기 쉽다. 대중참여로 효과를 보려면 대중이 기술 개발 과정 내에 들어있어야 한다.

유전자 조작 성장호르몬(rBGH) 논쟁은 잘 알려져 있다. 이 호르몬은 젖소의 우유 생산량을 늘리려는 목적으로 생산되었다. 성장호르몬 처치를 받은 젖소의 우유 생산량은 늘었지만 대신 젖소에게 유방 염증이나 기타 신체적인 고통을 유발했다. 그러자 소의 감염을 관리하기 위해서 항생제 사용이 증가했다. 이렇게 성장호르몬의 부작용이 증가하자 유럽연합은 사용을 금지했다. 그러나 미국 식품의약청(FDA)은 성장호르몬 처치를 받은 소로부터 채취한 우유라도 인간에게 아무런 위험도 주지 않는다면 문제가 되지 않는다는 이유로 사용을 허가했다. 유럽연합과 미국은 서로 다른 판단을 한 것이다. 이런 상반된 결정은 일견 아무런 문제가 없는 것처럼 보였지만, 우유 제품이 국제적으로 유통된다는 점에서 문제가 잠재해 있었다. 미국 정부의 판단에 소규모 농부들과 동물복지 단체는 격분했고 소비자들도 성장호르몬으로 생산된 우유 구입을 거부하는 운동을 시작했다.

1996년 다국적 화학회사 몬산토(Monsanto)는 글리포세이트라는 화합물을 주성분으로 하는 제초제, 라운드업(Roundup)을 제조·판매했다. 이 제초제는 라운드업-레디(Roundup-ready)라는 농작물을 판매하기 위한 것이었다. 라운드업-레디는 유전자조작 기술로 탄생한 품종으로 라운드업 제초제에 내성을 가지도록 만들어졌다. 라운드업 제초제는 라운드업 레디 처리가 된 식물을 제외한 다른 모든 식물을 말려 죽인다. 일견 효율적이고 창의적이다. 이후에 라운드업 계열의 대두, 옥수수, 면화의 비율이 크게 성장하여 2015년에는 라운드업-레디 대두가 전체 대두의 94%, 라운드업-레디 면화와 옥수수 비율도 각각 전체의 84%, 81%를 차지하게 되었다.

그러나 과도하게 효율적인 작물 재배의 위험은 예측을 넘을 때가 많다. 게다가 유전자 정보가 생명체 내에서 작동하는 방식에 대한 과학의 이해는 빈틈이 많다. 바로 불확실성에 관한 문제이다. 하나의 유전자가 특정 표현형으로 일대일 대응대지 않는다. 비어있는 지식이 있다는 사실을 무시하고 기술 개발과 대량 생산을 감행했을 때 그 위험 부담은 전 지구적인 것이 될 수 있다. 현재 기술이 국제적으로 확산할 때 이를 통제할 책임 있는 제도도 취약하다.

GMO가 발생시킬 문제는 즉각 전면에 드러나지 않을 수 있고 정확한 사실을 알 수 없거나 원인을 규명하기 어려울 수 있다. 생명공학 분야에서 윤리와 책임 문제가 중요한 이유는 사고가 났을 때 그 위험이 개인이나 지역에 한정되지 않기는다는 데 있다. 여기서 책임이란, (1) 누락된 지식을 생산하고, (2) 예방과 위험 감수 사이에서 균형을 잡고, (3) 자연과 지속가능성 의제에 대해 경합하는 견해들을 중재하고, (4) 사고가 났을 때 비용을 부담할 책임을 포함한다[4].

과학자들의 윤리적 대응이 없었던 것은 아니다. 1975년 아실로마 콘퍼런스가 대표적이다. 당시 유전공학자들은 스스로 콘퍼런스를 열었고, 유전공학과 관련된 자율규제, 윤리 지침, 가이드라인을 협의했다. 이 사건 이후 생명공학에 대한 긍정적 신뢰가 높아졌다. 그러나 아실로마 콘퍼런스조차도 위험한 GMO의 외부 방출을 완벽하게 차단하지 못할 것이라는 우려를 남겼다.

불확실성 문제

과학기술의 불확실성 문제는 오래된 주제이다. 과학사회학자 브라이언 윈(Brain Wynne, 1992)은 불확실성과 관련한 범주표(Typologies of Uncertainty)를 만들었다. 이 분류에서 위험(risk), 불확실성(uncertainty), 무지(ignorance), 미결정성(indeternimancy)을 비교했다. 과학기술로 인한 정량적 위험만이 아니라 과학 지식의 원천적 불확실성과 불완전성을 포함하려는 취지이다.

이 분류표에서 위험은 과학기술로 인한 손상가능성을 가리킨다는 점에서 기존 개념과 같지만, 과학 연구의 결과로 도출된 정량적 지식을 말한다는 점에서 차이가 있다. 정량적으로 위험의 정도를 도출할 수 있다면 의사결정을 하는 데 도움이 될 것이다. 불확실성은 정량적으로 확정

표 4.1 브라이언 윈의 불확실성 범주표. 위험, 불확실성, 무지, 미결정성으로 분류

분류	설명	비고
위험 (risk)	정량적 가능성으로 환원된 앎	주로 과학연구의 결과로 위험의 정도를 도출
불확실성 (uncertainty)	정량적 가능성을 확정할 수는 없지만, 질적 판단을 충분히 할 수 있는 정도로 아는 상태	불확실성을 위험문제로 전환하려고 시도
무지 (ignorance)	모른다는 것을 모르는 상태	(충분히 잘 알고 있다고 전제하는 것과 같기 때문에) 불확실성이 감소하는 효과
미결정성 (indeterminacy)	매개변수 및 그 변수들 사이 상호작용에 대해 알려진 것이 없어서 인과적 연쇄 또는 그 물망이 열려있는 상태	어떤 판단 또는 실행하기에 충분하지 않음

할 수는 없지만, 질적 판단은 할 수 있는 정도로 아는 상태를 말한다. 사람들은 불확실성을 줄이기 위해서 이것을 정량적인 것으로 전환하려고 노력한다. 그런데 질적 지식이 양적 형태로 쉽게 전환되지 않기 때문에 전환을 과도하게 강제하면 문제가 발생한다.

세 번째 무지는 모른다는 것을 모르는 상태이다. 무지한데도 충분히 알고 있다고 전제하는 경우, 불확실성이 감소하는 효과가 있다. 그래서 그런 잘못된 확실성의 토대 위에서 의사결정을 하는 것은 새로운 문제를 일으킨다. 불확실성은 적어도 문제가 있다는 것을 아는 상태이지만 무지는 모른다는 것 자체를 모르는 상태이기 때문이다. 그래서 불확실성은 줄일 수 있지만 무지를 줄일 수는 없다. 흔히 근대과학은 불확실성을 강제적으로 정량화하고 무지를 존재하지 않는 것으로 간주하는 경향이 있다. 마지막 미결정성 문제는 매개변수와 그 변수들 사이의 상호작용에 대해 알려진 것이 없어서 인과적 연쇄망이 열려있는 상태를 지칭한다. 이 경우 어떤 판단이나 실행도 할 수 없다.

최근 과학정책에서 과학기술의 위험만이 아니라 불확실성을 관리하는 일이 새로운 의제로 부상하고 있다. 2000년 초에 GMO 문제와 관련하여 대립하는 두 가지의 태도가 있었다. 하나는 과학(위험) 기반 접근을 고수하는 국가(또는 조직)와 예방을 선호하는 국가(또는 조직) 사이에 커다란 간극이 발생한 것이다. 과학 기반의 접근은 정량적 분석에 기반하여 그 위험을 다소 감수하더라도 그 기술의 장점을 활용하겠다는 의사결정으로 이어졌다. 한편 예방을 선호하는 접근은 문제의 불확실성에 주목하면서 안전이 확인되기 전에는 사용을 금지하는 예방적 태도를 취했다.

개별 국가는 저마다 독자적 의사결정을 하지만 국제적으로 모든 자원이 교류되기 때문에 다른 국가의 규칙을 침범하는 경우가 발생한다. 이런 충돌이 바로 GMO 무역 전쟁이다. 2003년에 미국, 아르헨티나, 캐나다는 유럽연합을 WTO에 제소했다. 유럽연합이 GMO 작물에 대한 수입을 금지한 행위가 국제 자유무역 규칙을 위반한다는 주장이었다. 위험 평가에서 GMO의 안정성이 확인되었는데도 유럽연합이 GMO 수입을 거부하는 것은 부당하다는 것이다. 그들은 유럽연합의 결정이 과학적 근거를 가지지 못했다고 공격했다. 2년 후 WTO는 유럽연합이 과도한 수입금지를 하고 있다며 미국의 손을 들어주었다.

이후 유럽연합은 공식적으로 GMO 식품 수입 금지 조치를 할 수 없게 되었다. 하지만 유럽의 소비자들은 여전히 미국의 위험 평가가 부당하다는 생각을 유지하고 있다. 유럽 시민은 GMO에 대해 질적인 판단을 했다면, 미국은 위험 평가라는 정량적 기준을 채택했다. 브라이언 윈의 표에서 보듯이 위험 평가는 이미 알고 있는 위험 항목에 대한 확인이다. 확인되지 않은 위험은 정량화할 수 없기 때문에 불가피하게 누락된다. 누락된 지식을 존재하지 않는 것으로 간주하는 것은 그 자체로 위험하다.

2008년 유럽은 몬산토사의 해충 저항성 잡종 옥수수(MON810)에 대한 수입금지 조치를 내렸다. 유럽 시민과 재배자 동맹은 과학이 GMO에 대해 불확실성과 무지의 상태일 수 있다고 우려했다. 유럽연합은 이후 여러 번 유사한 조치를 단행했다. 과학 기반의 세계관과 예방적 세계관 사이의 갈등이 앞으로도 계속 일어날 것으로 보인다. 미국과 유럽의 갈등을 통해서 안전 기준을 받아들이는 과정에서 얼마나 불확실성의 누락을 용인할 것인지는 과학적 판단이라기보다는 정치적인 판단임을 알 수 있다. 앞으로도 GMO 문제는 과학적인 기준만으로 해소되지 않을 것이다.

GMO 작물은 식품 공급의 다양성을 감소시키는 새로운 문제도 일으킨다. 몬산토의 라운드업-레디 작물이 주요 작물의 대부분을 차지했고 다른 종의 작물 재배지는 급격히 감소했다. 라운드업-레디 작물의 생산성이 다른 작물 재배 의욕을 무너뜨린 것이다. 라운드업-레디 작물 재배자가 라운드업 제초제를 뿌리면 근처의 작물은 살아남지 못했다. 이런 경향이 식물 및 생물의 다양성 그리고 식품의 다양성을 훼손한다. 일단 다양성이 훼손되면 장기적으로 지속가능성을 붕괴시킬 수 있다. 유전공학은 새로운 작물과 동물의 생산과 상업화에서 출현할 복잡한 상호작용을 모두 예측할 수 없다. 과학은 여전히 생명체 또는 생태계 전체에 대해서 거대한 무지 상태에 있다.

불균형을 조정하는 거버넌스

불확실성 문제는 과학자와 전문가의 통제를 넘어서는 영역에 놓여 있다. 아실로마 회의와 같은 전문가의 자율 통제에 과도하게 기대하는 것은 너무 낙관적이다. 그렇다면 무엇을 해야 하나? 우선 재서노프는 GMO를 설계하고 판매하는 집단과 그로 인해 생계가 위협받는 집단 사이에 권력의 불균형을 조정해야 한다고 지적한다. 미국의 생명공학 대기업, 거대 농기업은 GMO 제품으로 이득을 얻지만, 유럽의 소농과 소비자에게는 불안을 야기했다. 기술 혁신이 가난하고 힘없는 사람에게 이득을 주기 위해서는 전 지구적인 차원의 거버넌스 이론과 실천에서의 혁신이 필요하다.

재서노프는 새로운 기술 거버넌스 모델을 창안하기 위해서 우선 기존 거버넌스를 검토했다. 그동안 기술영향평가, 윤리위원회, 대중참여 의사결정 모델이 주로 운영되어왔다. 우선 기술영향평가는 1970년대에 거대과학 프로젝트에 대해서 사회적인 평가가 필요하다는 취지에서 등장했다. 미국은 기술영향평가국법(Office of Technology Assessment Act)을 제정했고, 기술이 거대해지는 것에 맞서서 합리적인 정책을 제정할 수 있도록 의회에 새로운 권한을 부여했다. 의회에서는 상하 의원 12명으로 기술영향평가위원회를 구성했고 특별한 과학기술 의제가 부상하면 각계의 의견을 청취하고 대중의 인식을 반영하여서 보고서를 작성했다. 대표적으로 1983년에 레이건 정부의 전략방위계획(일명 '스타워즈') 영향평가가 있었고, 1987~1989년에 생명공학에 대한 5개의 보고서 사례가 있다.

1984년 네덜란드 기술영향평가국은 기존의 기술영향평가를 개선해서 구성적 기술영향평가(constructive technology assessment, CTA)를 제안했다. 거대 기술 프로젝트의 설계 단계에서 시민들의 관점이 포함될 필요가 있다는 문제의식에서 시작되었다. 최근에는 시민참여 합의회의 모델을 기술영향평가에 포함시키기도 했다. 기술과 사회의 지속적인 커뮤니케이션이 가능해질 수 있으리라 기대한 것이다. 좋은 취지였지만 기대만큼 잘 작동하지 않았다.

예를 들어서 제너럴 모터스 사의 전기자동차 몰아내기 전략은 다큐멘터리 〈누가 전기자동차를 죽였나?(Who killed the electronic car?, 2006)〉를 통해서 사회적으로 공론화된 사건이다. 제너럴 모터스 사(GM)는 전기자동차를 생산하면서도 전기자동차가 폐기되는 방향으로 전략을 세웠다. 전기자동차의 존재가 자사를 포함하여 전통적인 관계자들의 이해관계에 방해되기 때문이었다. 이 사건은 중요한 행위자가 적극적으로 상황을 기망할 수 있다는 것을 보여준다. 새로운 구성적 기술영향평가(CTA)조차도 적절한 관리가 작동하지 못했고 문제가 공식적으로 발생한 이후에야 뒤늦게 상황을 인지함으로써 실효성에 의문을 가지게 했다.

윤리위원회 제도 역시 취지와 달리 그다지 성공적이지 않았다고 재서노프는 평가했다. 유전자 혁명이 제기하는 헌법적인 차원의 쟁점들을 적절하게 논의하지 못했기 때문이다. 기관윤리위원회(IRB)는 생명윤리를 민주적으로 감독하고 있다는 느낌을 주어서 사람들을 안심시켰으나 또 다른 전문가 담론에 불과했다는 비평을 받았다. 거버넌스 모델들조차도 전통적인 정부조직이 그랬듯이 여전히 대중을 분리시키고 전문가만의 담론이 됨으로써 오히려 기업에게 무제한적인 자유를 부여했다는 지적도 있다.

한국에서도 유사한 대중참여 경험이 있다. 2017년 신고리 5·6호기 공론화위원회는 500여 명의 시민참여단을 구성하여 2박 3일 동안 집중적인 토론을 하고, 원자력 발전소 건설 재개 여부 의견을 도출했다. 당시에 시민들은 열정적으로 참여했고 긍정적인 경험을 남겼다. 하지만 대중참여를 조급하게 운영하는 문제도 확인할 수 있었다. 당시 정부는 결론을 강제하는 태도를 취했다. 참여자들은 의사결정 압박감 때문에 여유 없이 재개나 중단 중 하나를 무조건 선택해야 했다. 그 결과 환경단체가 반발하면서 상처를 남겼다. 대중참여 거버넌스는 강력한 힘을 가지지만 쉽게 달성할 수 있는 것이 아니라는 교훈을 주었다.

또 다른 예시는 중이온가속기 구축 사업이다. 거대 과학연구는 주로 국가연구 투자 덕분에 수행된다는 점에서 시민적 의제이다. 그리고 공청회는 시민참여 방법론 중 하나이다. 이 사업은 여러 번 연기되었고 그 때마다 연구 규모가 축소되었으며 추가 예산이 편성되었다. 그런데도 본래의 계획을 완성하지 못했기 때문에 공식적인 평가가 필요했다. 2021년에 중이온가속기 구축사업 공청회가 열렸다. 과학기술 연구 사업은 기본적으로 불확실성이 있고 따라서 실패할 수도 있다. 하지만 적어도 그 실패를 설명할 수는 있어야 한다. 사업단 관계자들은 '기술적인 불확실성' 때문이라고만 말할 뿐 그 불확실성의 내용에 대해서는 거의 설명하지 못했다. 그런 불확실성이 발생하는 양태에 대한 구체적인 서사를 제시하지 못함으로써 청중은 어떤 의사결정을 할 수 없었다. 이런 경우 대체로 기술관료의 결단에 의존하는 것으로 결론지어지곤 한다. 과학자와 기술관료에게 과학연구의 서사를 제공할 의무를 부과하지 않는다면 의사결정 권한은 계속 그들에게만 남을 것이다.

기술 거버넌스가 성공하기 위해서 새로운 형태의 윤리 전문가 그룹이 필요하다. 재서노프는 도덕 철학자인 메리 워녹(Mary Warnock)을 대표적인 윤리 전문가로 언급했다. 워녹은 1984년에 워녹 보고서로 알려진 인물이다. 그는 당시에 배아 연구에 관한 논란에 대해서 윤리적이면서도 실천적인 균형을 끌어냈다. 워녹 보고서는 14일 이내의 배아는 연구 목적으로 사용할 수 있다는 기준을 제시했고, 이후 이 기준은 국제적인 규범으로 인용되고 있다.

탈정상과학과 기술 거버넌스

실비오 폰토비츠(Silvio Funtowicz)와 제롬 라베츠(Jerome Ravetz)는 과학

정책을 연구한 결과, 현대의 과학연구는 정상과학 이상의 지식이 필요하다고 주장했다[8, 9]. 두 학자는 과학연구를 세 가지 유형으로 분류하면서 각각 고유한 관리가 필요하다는 새로운 시각을 제공했다. 그들은 과학연구를 정상과학(normal science), 자문 과학(consultancy science), 탈정상과학(post-normal science)으로 분류했다. 이 분류는 우리의 관점을 정상과학 이상으로 넓히는 효과가 있다.

정상과학은 일반적이고 표준적인 과학연구를 지칭하며 전통적인 순수 과학과 응용과학 연구를 포함한다. 자문 과학은 잘 정립된 문제에 적절한 지식을 적용하는 분야이다. 과학자들은 정상과학만이 아니라 정부나 기관에 과학적 자문을 제공하기 위한 연구도 수행한다. 한편 탈정상과학은 불확실한 과학연구를 대표하는 새로운 명칭이다. 그동안 정상과학에 의해서 배제되었거나 아직 수행되지 못한 잠재적인 혁명적 연구를 가리킨다. 〈그림 4.1〉은 세 가지 과학연구의 상대적 위치를 보여준다.

〈그림 4.1〉을 참조하면, 가로축은 '시스템의 불확실성'을 의미하고 세로축은 '의사결정의 부담'을 의미한다. 원점에서 멀어질수록 불확실성이 높고 의사결정 부담도 커진다. 가로축의 불확실성 차원은 인식론적이고 윤리적인 차원에서 작동한다. 해당 연구 문제가 특정 사실의 발견인지 아니면 복잡한 현실에 대한 이해와 관리 문제인지에 관한 사안을 다룬다. 세로축의 의사결정 차원은 가치의 문제와 이해 당사자들 사이의 목표 간 충돌에 관한 것이다. 다양한 이해 당사자들이 저마다 제기하는 의제가 있는데 이것이 서로의 가치에 반하거나 우선순위가 달라서 발생하는 문제를 다룬다. 사람들은 불확실성이 높다면 회피할 것이고 의사결정 부담이 높아도 미룰 것이다. 바로 탈정상과학이 놓여 있는 영역이다.

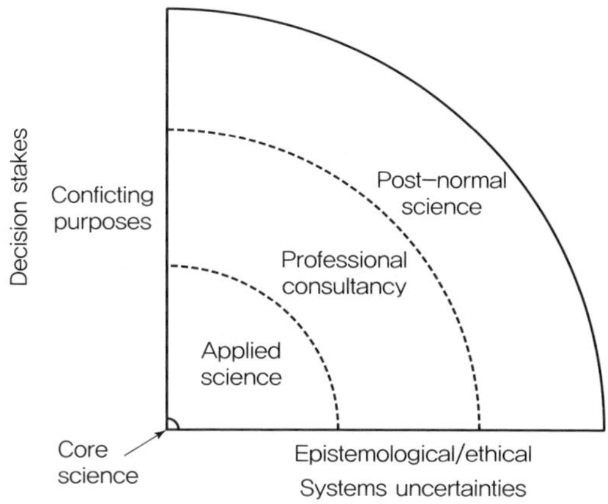

그림 4.1 폰토비츠와 라베츠의 과학연구 분류. 가로축은 인식적·윤리적 차원의 불확실성의 정도를 표현하고, 세로축은 의사결정 부담(이해충돌)의 정도를 가리킨다. 사분면에서 가장 중심의 작은 반원은 전통적인 순수 과학연구, 다음은 응용과학, 전문가 자문연구, 가장 바깥 원은 탈정상과학을 배치했다.

자료: 폰토비츠와 라베츠의 논문[8]의 그림을 토대로 구성

그림의 사분면에서 왼쪽 아래 작은 원은 전통적인 순수 과학연구를 표현하고 있다. 순수 과학은 과학자들의 호기심이나 자발적 동기부여에 의해서 시작하고 외부의 이해관계는 거의 없는 연구를 가리킨다. 그런데 갈릴레오의 천문 연구가 다윈의 종의 기원 같은 연구는 흔히 순수 과학으로 분류되지만 당대에는 불확실성이 높고 의사결정 부담이 매우 높은 혁신적인 작업이었다. 이런 점에서 볼 때 순수 과학과 탈정상과학이 실제로는 구분되지 않을 수 있다. 최근에는 기초연구나 순수 과학에 대한 태도가 변해야 한다는 주장도 있다. 기초연구도 단편적으로 진행되기보다는 혁신적인 비전을 기대하는 쪽으로 이동해야 한다는 것이다. 다음 응용과학은 잘 알고 있듯이 흔히 산업적이거나 실용적인 연구들이다.

사분면의 중간 영역인 전문가 자문연구는 규제과학(regulatory science)이라는 이름으로 불리기도 한다. 대표적으로 의료 분야가 여기에 해당한다. 최근에 경험했던 것처럼 코로나19 상황에서 정부는 대응 거버넌스를 설계할 때 관련 전문가 자문에 의존했다. 이 영역의 불확실성의 정도나 의사결정 부담의 정도는 정상과학에 비해 상대적으로 높다. 현대의 거버넌스는 과학지식이나 전문가 자문에 의존하는 경향이 강해지고 있다.

사분면의 가장 끝 경계 지역인 탈정상과학은 과학자와 기술관료 모두에게 도전적인 영역이다. 폰토비츠와 라베츠는 탈정상과학 연구 예시로 국제 기후변화와 에너지 기술을 꼽았다. 이 영역은 개별 분과 지식만으로는 해결하기 어렵다는 특징이 있다. 기후변화 연구는 여러 분과 학문의 전문가들이 공동으로 작업해야 하는 영역이다. 또한, 탈정상과학은 동료 평가와 같은 과거의 표준적인 방법으로는 검증할 수 없다. 동료 평가는 과학자 공동체가 이미 수립된 정상과학의 관리 모델이다. 탈정 정상과학은 이제 시작하는 단계에 있으므로 해당 과학자 공동체가 존재하지 않는다.

탈정상과학은 불확실성이 높고 의사결정 부담이 크지만, 시급성 때문에 그 결정을 미룰 수 없다는 특징이 있다. 기후변화 문제가 불확실성이 있다는 이유로 연구를 미룬다면 불확실성이 사라진 이후에는 그 연구의 의미도 사실상 사라질 것이다. 문제를 바로잡을 시간이 남아 있지 않을 것이기 때문이다. 오늘날의 과학기술 정책은 탈정상과학 연구를 지원하고 조정해야 하는 새로운 임무에 직면하고 있다. 탈정상과학은 매우 다양한 사람들이 협업하며 수행되어야 하고, 그 주제가 국제적인 관심사이거나 인류 전체의 삶의 문제와 관련된다.

따라서 동료 평가 대신에 '확장된 동료 평가(extended peer review)'를 권장한다. 과학자뿐만이 아니라 그 과학연구와 관련이 있거나 영향을 받을 가능성이 있는 이해 당사자를 넓게 포함하는 것이다. 탈정상과학의 특성에 비추어 볼 때 그 범위는 자연스럽게 일반 시민을 포함하는 방향으로 나간다. 탈정상과학을 관리하는 거버넌스는 단지 과학의 문제가 아니라 사회적이고 공공적 차원으로 전환될 것이다.

시민 인식론

재서노프에 따르면, 근대의 사회 계약은 과학과 국가라는 오직 두 당사자 사이의 협약으로만 인식되었고 대중은 무시되어 왔다. 국가 권력은 적어도 법으로 규제받지만, 과학은 진리 추구라는 초월적인 규범의 지시를 받을 뿐이었다. 그 결과, 과학은 대중의 평가나 민주주의적인 평가로부터 예외가 되었다. 과학자는 그동안 국가(정보)와 계약을 맺을 뿐 대중과는 무관한 것처럼 행동했다.

전통적 패러다임에서 과학의 정당성은 과학자 사회의 건강성에만 의존해야 했다. 과학과 대중의 접촉면은 아마추어 과학자들을 통해서 겨우 유지될 뿐이었다. 토머스 쿤(T. Kuhn) 이후 과학사회학자들은 여러 연구를 통해서 일반 시민의 지적 역량을 재고해야 한다고 주장했다. 시민은 과학에 무지한 사람이 아니라 문화적 지능을 가진 사람이며 여러 분야의 복잡한 현상을 이해할 수 있는 능력을 가진 행위자이다.

특히 일반 시민은 지식의 균열 지대에 존재하는 모르는 것(무지의 상태)을 파악하는 데에 있어서 전문가보다도 훨씬 뛰어나다. 대중은 수학적 확률의 의미를 파악하지 못할 수는 있지만, 시민문화의 구성원으로서 다양한 경험과 지식을 보유하고 있어서 분과적 지식들을 종합적으로 묶어내는 창의적인 역량을 발휘할 수 있다. 시민 공동체는 공적인 신뢰와 이성을 통해서 전례 없이 풍부한 생산 형식을 구성할 수도 있다.

1986년에 체르노빌 사건으로 영국 컴브리아 지역에 방사능 낙진이 떨어지는 재난이 발생했다. 이때 그 지역에서 양을 키우는 목양농들에게 양모 생산을 규제하는 조치가 단행되었다. 영국 정부와 과학자들은 3년이 지나면 다시 안전해질 것이라고 발표했다. 하지만 목양농들은 그 지역의 토양에 대한 지식을 가지고 있었고 과학자의 표준적인 실험 결과를 신뢰하지 않았다. 실제로 3년이 지난 이후에도 방사능은 제거되지 않아서 목양농들의 주장이 사실로 드러났다[10].

1980년대 발생한 영국의 광우병 논쟁에서 정부나 과학자들은 대중에게 신뢰를 얻지 못했다. 정부와 과학자들은 광우병 의심 소의 고기로 만들어진 햄버거가 위험하지 않다고 홍보했지만, 대중들은 냉담하게 반응했다[12]. 광우병 사건은 영국 시민과 국가의 연결 관계가 약해졌음을 드러냈다. 이런 충돌과 논쟁을 통해서 시민들은 과학이 절대적이지도 않고 그렇다고 단순히 도구화된 대상도 아니라는 것을 이해하게 된다.

이제 '과학의 평가가 옳은가?'라는 문제는 중심 문제가 아니게 되었고 대신에 '과학적 권고를 신뢰할 만하고 권위가 있는 것으로 승인할 것인가?'라는 문제가 더 중요해지고 있다. 전자는 객관주의적인 태도에서 나오는 질문이라면, 후자는 과학이 구성된다는 견해에서 나오는 질문이다. 그래서 재서노프는 과학이 과학자 사회에 의해서만 구축되는 것이 아니라 해당 지역(국가)의 '시민인식론(civic epistemologies)'과 조응하면서 성장한다고 제기했다[13].

시민인식론에 따르면, 어떤 사실을 이야기할 때 그 사실에 관해서 지식이 있느냐를 기준으로 보아서는 안 되고 대신에 해당 지역의 정치공동체가 사물을 이해하는 방식에 더 관심을 두어야 한다. 이렇게 관점을 바꾸면 과학기술을 향한 대중들의 반응이 문화별로 다르다는 것도 알 수 있다. 시민들은 전문성, 지식, 합리성을 생산할 수 있고 또 고유한 문화적인 방식을 형성할 수 있다.

시민들은 과학 의제에 대해서 수동적인 행위자이지만, 공적 지식이 생산되고 적용되는 과정을 감시할 충분한 역량이 있다. 개별 시민은 국가의 전문 지식을 시험하고 논쟁할 수 있는 능력과 자원이 있고 때로는 대안 지식을 생산하기도 한다. 일상의 삶을 살아가는 사람들은 심각한 문제에 직면할 때 그것을 해결하기 위해서 몰두하며 사실을 추구할 뿐만 아니라, 무지와 불확실성을 극복하고자 하는 역량과 의지를 동원하는 데 뛰어나다.

시민인식론적인 관점에서 보면 과학도 사회 활동이다. 그러므로 과학 지식은 과학연구 자체보다는 세상에 대한 이해가 공유된 상태에서 생산되어야 한다. 재서노프는 시민인식론이 (1) 공적 지식 생산의 참여 유형(stylesofpublicknowledge-making), (2) 공적 설명가능성(public accountability, basis for trust); 신뢰성의 근거, (3) 공적 시연(demonstration, practices); 실천, (4) 선호되는 객관성 목록(objectivity, registers); 기록, (5) 인정받은 전문성의 근거(expertise, foundations); 기반, (6) 전문가의 가시성(visibility of expert bodies)이라는 여섯 가지 차원으로 구성된다고 정의했다.

예를 들어, GMO 문제에 대해서 미국은 논쟁적인 형태를 취하고, 영국은 공동체주의적인 접근을, 독일은 합의주의적인 태도를 보였다. 이것은 마치 사회문화를 그대로 과학 지식에 투영했다고 봐도 좋을 정도다. 철학자 화이트헤드가 과학이 상식적인 사고 전체에 뿌리를 두고 있다고 주장했던 바와 같은 맥락이다[11]. 참여 형식에서도 문화적 차이가 있었다. 미국은 공적 지식의 생산에 참여할 때 이해관계에 기반을 둔 다원주의적인 방식을 선호했고, 영국은 서비스에 기반을 둔 참여의 유형을 개발했으며, 독일은 정부 기관들 사이에 또는 전문가 기관들 사이의 협력에 방점을 두었다. 이렇듯이 국가(지역)의 문화적인 차이는 어떤 문제가 과학적 의제가 되어야 하고 그런 다음 해당 문제를 어떻게 접근할 것인지에 대한 차이도 불러온다.

시민인식론은 과학정책을 수립하고 관리하는 과정에서 강력한 개념적인 도구가 될 수 있다. 이에 기반해서 시민 참여권을 보장한 사례도 등장하고 있다. 1998년 오루후스 협약은 유럽연합 시민들에게 환경에 관한 의사결정 참여 권리를 부여했다. 환경 의제와 관련된 의사결정을

표 4.2 미국, 영국, 독일의 시민인식론 비교

	미국 – 논쟁적	영국 – 공동체주의	독일 – 합의추구
(1) 공적 지식 생산의 참여유형	이해관계에 기반한 다원주의	서비스에 기반한 구체화	기관 간 협력주의
(2) 공적 설명가능성 (신뢰성의 근거)	불신을 가정, 법에 기반	신뢰를 가정, 이성에 기반	신뢰를 가정, 규정에 기반
(3) 공적 시연(실천)	사회기술적 실험	경험과학	전문가의 합리성
(4) 객관성(기록)	공식적, 수치적, 추론적	자문, 협상적	자문, 추론적
(5) 전문성(기반)	전문 기술	경험	훈련, 기술, 경험
(6) 전문가의 가시성	투명	가변적	불투명

할 때는 과학 정보가 필수적이다. 그래서 유럽 의회는 조류 색인, 유럽 풀밭나비 색인, 해양전략 기본 지침, 유럽연합의 통계, 시민과학 기록 등에 대한 접근성을 강화했다. 그 외에도 생물다양성 협약에 서명한 유럽의 각국 정부들은 생물다양성 모니터링을 정기적으로 공개 보고하도록 했다. 그런데도 대중이 활용할 수 있는 환경정보는 여전히 부족해서 더욱 적극적인 관련 지식의 생산이 절실하다. 이를 위해서 대중참여 과학 연구(Public Participatory Science Research)라는 새로운 모델이 부상하고 있다. 이것은 지식 생산과 거버넌스를 동시에 수행하는 방법론으로 주목받고 있다[11].

재난의 윤리

재서노프가 주목하는 또 다른 주요 주제 중 하나는 재난에서의 불평등 문제다. 최근 기술의 잠재력이 '인간됨(Human being)'의 문제를 불러일으킨다는 지적이 커지고 있다. 정보기술이 인간을 전례 없이 취약한 존재로 만들고 있다. 빅데이터와 알고리즘도 인간의 분별력을 대체하고 있다. 산업 생산의 시대가 남긴 기후변화도 인간의 존재를 재설정하고 있다. 기술 진보를 향한 인류의 욕구가 억제되어야 하지만 상황은 낙관적이지 않다.

일부 사람들은 기술 위험에 맞서서 다시 기술적 해법이 나올 것이라고 믿고 있다. 지구를 지키는 지구공학이나 오염 없는 성장을 가능하게 하는 새로운 에너지 기술 등을 바라는 것이다. 이 중에는 새로운 행성을 찾아서 탈출하는 SF 같은 상상력도 있다. 이들의 견해를 생태근대주의(eco-modernism)라고 부른다. 근대과학으로 인해 발생한 문제를 근대과학 방법론으로 해소할 수 있다고 믿으며 다시 소환하는 것이다. 재서노프를 비롯해서 다수 과학학 연구자들이 기술결정론을 비판했듯이 생태근대주의는 적절한 접근법이 아니다.

재난 불평등이 심각해지고 있다. 최근 기술 사고로 인한 인명 피해나 환경오염 그리고 질병이 증가하고 있는데, 통계에 따르면 가난한 사람들이 부자들보다 더 큰 고통을 겪는 것으로 나타났다. 가난한 사람들이 더 위험한 조건에서 더 오래 일하고 덜 안전한 거주지에 살며 재난이 닥쳤을 때 자신을 보호할 자원이 적기 때문이다. 이들은 재난의 위험을 알 수 있는 위치에 한 번도 있어 보지 못했다. 이들은 무력하게 재난의 희생물이 되곤 한다. 그들은 기술의 설계나 관리 과정에 발언권을 가진 적이 거의 없다. 그들은 사고가 나서 죽거나 상해를 입을 뿐만 아니라, 재난 이후에 그들의 신체를 재앙의 증거로 사람들에게 전시하는 상황도 겪어내야 했다.

재난 불평등 문제를 해소하기 위해서 재서노프는 새로운 기술 거버넌스의 세 가지 주제를 면밀하게 살펴볼 것을 권장한다. 즉 (1) 기대, (2) 소유권, (3) 책임의 문제에 관한 것이다. 우선 기대의 문제에 관한 것으로, 전문가와 관료에게만 의존하지 말고 아래로부터 의견을 찾아야 한다고 조언한다. 최근 젊은이들이 녹색화와 단순화, 프리가니즘(freeganism) 활동에 나서고 있다. 'freeganism'은 무료(free)와 채식(vegan)의 합성어로, 다른 사람이 버린 쓰레기로 생활하는 행동을 지칭한다. 반소비주의, 반자본주의 취지를 실행하는 것이다. 재서노프는 생물과 무생물에 대한 끊임없는 제국주의적인 착취적 태도를 버리고, 사회 통합과 복무(social cohesion & stewardship)의 가치에 더 관심을 지불해야 한다고 강조한다.

다음으로 소유권과 발명의 문제를 지적했다. 지적재산권이 지속적으로 확장되면서 소유권이 왜곡되고 있다. 기술은 사회적 성과인데도 개인의 재산이라고 하는 개념을 너무 강하게 적용하고 있다. 특히 1980년대 생명공학에서 다이아몬드 대 차크라바르티 판결(Diamond v. Chakrabarty, 447 U.S. 303)[7] 이후 상황은 더 위험해지고 있다. 1988년 온코마우스(Onco-mouse) 특허도 중요한 논쟁이었다. 온코마우스는 특허를 받은 최초의 포유동물이다. 유전자를 변형시켜서 태어난 쥐를 새로운 합성물로 볼 것인지가 주요 관심사였다.[8] 만약 그렇다면 방사능으로 유전자 변형이 일어난 사람도 합성물이므로 특허의 대상이 될 수 있다. 논란에도 불구하고 온코마우스는 특허를 획득하는 데 성공했다. 과학기술 연구는 인간과 생물 모두의 존재론을 재배열하고 있다.

한편 생명공학의 사유화에 대한 저지 움직임도 일어나고 있다. 2001년 도하 선언(Doha Declaration)[9]이나 2013년 미국 대법원에 인간 유전자

---

7 다이아몬드(Sydney A. Diamond)는 당시 미국 특허청의 심사관의 이름이다. 차크라바르티(A. M. Chakrabarty)는 제너럴 일렉트릭(GE)의 미생물학자였다. 그는 여러 박테리아를 재조합해서 석유를 분해하는 박테리아를 제조했고 특허를 신청했다. 특허청은 이를 자연의 산물이라고 판단해서 특허를 거부했었다. 이에 차크라바르티는 소송을 냈고 미국 대법원에서 승소했다. 이 판결은 생물과 무생물, 그리고 '합성물(composition of matter)'의 차이를 제거하며 모든 것이 특허의 대상이 될 수 있는 길을 열어버렸다. 이 이후에 특허청은 유전자의 특허를 폭넓게 인정하는 태도로 전환했다.

8 온코마우스의 존재론적 논의에 대해서는 13장 도나 해러웨이(Donna Haraway)의 사이보그 이론을 통해서 다시 논의할 것이다.

9 지식재산권에 관한 협정(TRIPS 협정)을 수정하여 필수의약품에 대한 신속하고 대대적인 접근을 요하는 에이즈 같은 긴급 상황에서 각국이 제약 특허권을 우회하는 것을 허용했다.

특허를 중단하는 판결[10]이 있었고, 1992년 생물다양성 협약[11]이 있다. 지식재산을 소유권으로 인정하느냐 하는 문제는 중요한 사회적 의제여야 하지만 현실은 법원이나 시장 메커니즘에만 의존하고 있다. 사실 발명은 지정학적인 경계를 가로지르고, 많은 사람의 경험과 창의성 그리고 자연의 재료들을 연결하면서 생긴 결과이다. 따라서 과학기술의 결과는 특허보다는 공유자산 형식으로 다루어져야 할 필요가 있다.

마지막으로 책임과 관련된 문제를 살펴본다. 기술의 진보는 공적인 공간과 사적인 공간을 재분할한다. 그래서 개인이나 집단의 책임 규범도 재편하고 있다. 이런 사실은 이미 마르크스(K. Marx) 같은 사회 이론가들이 예견했었다[15]. 산업 기술과 대량 생산 문화가 인간 정신에 미치는 영향도 심각하다. 대량 생산과 일상적인 감시 시스템에 익숙해지면서 사람들의 정신도 평균화되고 표준화되고 무감해지고 있다. 이런 경향은 지속가능한 삶이라는 측면에서 불안한 징조다. 대규모 기술 시스템 속에서 컨베이어벨트 조립에 얽매여서 일하고 또 생산 할당량을 채워야 하는 규칙에 종속돼 있으면, 자아 해방이나 책임 같은 개념이 숭고함을 불어넣기보다는 거대한 농담처럼 들리게 된다[12].

기술영향평가 등 기존의 거버넌스가 충분히 기술을 관리하고 통제하는 역할을 하지 못하고 있다는 점에서 재서노프는 새로운 거버넌스를 제안하며, 대중참여의 필수성을 강조한다. 어떤 기술을 사용한다는 것

---

10 미국시민자유연맹의 오랫동안 활동 결과, 특허청의 특허 친화 정책을 뒤집었다. 인간 유전체의 일부를 사유화하는 것을 방지했다.

11 토착 지식 보유자의 소유권을 인정하여 생물 해적질을 방어하려 했다. 생물탐사 회사와 지역 공동체 사이 수익 공유를 규정했다. 1992년 이후 지금까지 협약에 가입하는 국가가 늘고 있다.

은 그 기술의 규칙에 따른다는 것을 의미한다. 기술도 법 못지않게 우리의 집단적인 미래를 형성하는 강력한 경로이다. 이에 공감한다면 기술 거버넌스에 대해서 진지하고 윤리적인 참여에 관심을 가져야 한다. 법이 제정되는 과정에 참여하듯이, 정치 참여가 시민의 권리이자 의무이듯이 기술에 참여하는 과정도 권리와 의무로 인식해야 한다. 그렇다면 기술 거버넌스는 지금과는 다른 면모를 가질 수 있다. 운명적인 기술결정론이 아니라, 시민참여와 공적 담론을 통해서 인간해방으로 이동할 실마리를 찾을 수 있다.

참고문헌

1 Jasanoff, S. 2005. "Judgment under Siege: The Three—body Problem of Expert Legitimacy", in *Democratization of Expertise?: Exploring Novel Forms of Scientific Advice in Political Decision-Making*, Sabine Maasenet al ed., Springer, pp. 209—224.

2 Heidegger, M. 1962[1977]. The Question Concerning Technology and Other Essays, William Lovitt(trans.), Harper & Row: New York.

3 랭던 위너. 2010. 《길을 묻는 테크놀로지: 첨단 기술 시대의 한계를 찾아서》, 손화철 옮김, 씨아이알.

4 실라 재서노프. 2022. 《테크놀로지의 정치: 유전자 조작에서 디지털 프라이버시까지》, 김명진 옮김, 창비.

5 조애나 러스. 2020. 《SF는 어떻게 여자들의 놀이터가 되었나》, 나현영 옮김, 포도밭.

6 Hughes, Thomas P. (1983), *Networks of Power: Electrification in Western Society, 1880-1930*, The Johns Hopkins University Press Baltimore and London.

7 Wynne, B. 1992. "Uncertainty and Environmental Learning: Reconceiving Science and, Policy in the Preventive Paradigm", *Global Environmental Change (June 1992)*, pp. 111—127.

8 Funtowicz, S. and Ravetz, J. 1993. "Science for the Post—normal Age", *Futures*, 25(7), pp. 739—755.

9 Funtowicz, S. and Ravetz, J. 1990. *Uncertainty and Quality in Science For Policy*, Kluwer Academic Publishers: Dordrecht, the Netherlands.

10 Wynne, Brian. 1996. "Misunderstood Misunderstandings: Social Identities and Public Uptake of Science', in Misunderstanding Science: the Public Reconstruction of Science and Technology, edited by Alan Irwin & Brian Wynne, Cambridge University Press. pp. 19—46.

11 Shirk, J. L., H. L. Ballard, C. C. Wilderman, T. Phillips, A. Wiggins, R.

Jordan, E. McCallie, M.Minarchek, B. V. Lewenstein, M. E. Krasny, and R. Bonney. 2012. "Public Participation in Scientificresearch: A Framework for Deliberate Design", *Ecology and Society* 17(2), pp. 29.

12 McAllister, James W. 2023. Common Sense And The Difference Between Natural And Human Sciences, Inquiry, DOI: 10.1080/0020174X.2023.2240430

13 실라 재서노프. 2019.《누가 자연을 설계하는가》, 박상준·장희진·김희원 옮김, 동아시아.

인터루트 과학의 의제성

새로운 과학 의제가 부상할 때, 어떻게 관전해야 하나? 과학자 사회가 결론을 내릴 때까지 기다려야 할까? 대체로 그렇다. 그런데 그저 기다릴 수 없는 문제도 있다. 과학과 관련 없이 살던 사람조차도 어느 순간 과학 의제에 관심을 빼앗길 수 있다. 과학자 사회가 해답을 줄 것으로 기다리지만 쉽게 결론 나지 않는다. 정상과학 내부에서 일어나는 의제가 아닌 경우 과학자 공동체도 결론을 내리기 어렵다. 그 영향력이 크고 사회적 관심이 높을수록 과학자 담론으로 결론이 나지 않는다. 그렇다면 어떻게 해야 할까? 전문가가 아닌 사람이 전문적 의제에 참여할 수 있을까? '그럴 수 있어야 한다'가 답이다. 축구선수가 아니더라도 축구를 관전할 수 있는 것과 같다.

2023년 여름 갑자기 한 연구자 집단에 의해 작성된 초전도체 관련 논문 2편이 아카이브(arXive)에 등장했다.[1] 아카이브 사이트는 아직 동료평가를 받지 않은 연구논문에 대해 공개적인 의견을 듣기 위해 연구자가 자발적으로 논문을 등재하는 온라인 공유 장소이다. 이 논문이 올라오자마자 국제적으로 크게 주목받았다. 이들 논문은 새로운 초전도체 물질을 발견했다고 주장했으며, 그 물질을 'LK-99'라고 명명했다.

---

1 2편의 논문은 다음과 같다. Sukbae Lee, Ji-Hoon Kim, Young-Wan Kwon, 2023. "The First Room-Temperature Ambient-Pressure Superconductor", arXiv:2307.12008. & Sukbae Lee, Jihoon Kim, Hyun-Tak Kim, Sungyeon Im, SooMin An, Keun Ho Auh, 2023. "Superconductor $Pb_{10}-xCux(PO_4)_6O$ showing levitation at room temperature and atmospheric pressure and mechanism", arXiv:2307.12037.

초전도체 주제는 오랫동안 과학자 사회의 주요 관심사였고 다수의 논문이 등장했지만 모두 주목받지는 못했다. 게다가 한국은 초전도체 분야에서 선도적인 나라도 아니다. 논문에 대한 평가 중에는 "논문답지 않다"라는 의견이 많았다. 흥미로운 점은 논문답지 않은 글인데도 관심이 쉽게 수그러들지 않았다는 것이다. 초전도체 관련 다른 '정상' 논문이 주요 학술지에 발표되었지만, LK-99만큼 관심을 끌지 못했다. 왜 그런 것일까? 이 논문은 어떻게 전 세계적으로 과학자와 대중 모두의 정동(affection)을 불러일으킬 수 있었던 것일까?

이처럼 폭넓게 그리고 지속적으로 관심을 받는 일은 흔하지 않다. 특히 대중이 과학적 발견에 대해 실시간으로 지켜보면서 결과를 기다리는 일은 더 드물다. 인터넷 커뮤니티 디시인사이드에 올라온 한 게시글은 만화 '원피스'의 장면을 패러디하며 LK-99에 관한 사람들의 관심과 참여가 두껍게 쌓였음을 알려준다.[2] 과학 유튜브 동영상 중에서 초전도체 정보의 방문자 수가 다른 정보에 비해 현저히 높았다. 일부 사람들은 답답함을 견디지 못하고 직접 초전도체 관련 논문을 읽기 시작했다.

곧이어 사람들은 궁금증을 풀기 위해서 LK-99 저자들의 정체성에 주목했다. 이들 연구자는 과학의 역사에 종종 등장하는 '확신에 찬 멍청이'인가? 아니면 '사기꾼'인가? 또는 '이방인'인가? 이 논문이 학술적으로 혹평받는데도 동시에 큰 주목을 받고 있다는 점에서 그들이 '이방인'일 가능성을 검토해보자. 과학지식은 보통 '정상과학'의 틀 내에서 이루어진다(2장). 달리 말하면 정상과학 외부의 과학 작업도 존재한다는 의미이다.

---

2 디시인사이드의 〈LK99 관련주식 갤러리〉 게시판 "근데 국립연구소 LK99 검증은 어케됨??(2024. 01. 07)"

과학학자 샤핀과 섀퍼(S. Shapin & S. Schaffer)는 과학 논쟁을 분석할 때 내부자의 설명(member's accounts)과 이방인의 설명(stranger's accounts)을 모두 고려해야 한다고 지적했다.[3] 특정 문화의 내부자가 되는 것은 그 문화를 이해하는 데 큰 이점이 있지만 동시에 심각한 결핍도 있다. 내부자는 '자기-증명적 방법(the self-evident method)'에 의존하므로 맹점이 생기기 때문이다. 이방인은 내부자가 보지 못한 것을 볼 가능성이 있다.

한편 과학의 역사에는 많은 대립적인 논쟁이 있었다. 바로 미결정성 때문이다(12장). 빛의 입자성과 파동성 논쟁은 이분법으로 끝나지 않았다. 대신 과학자 공동체는 두 가지 견해를 모두 정당한 것으로 수용했다. 인공지능 역사에서 퍼셉트론 논쟁은 반대 진영의 맹공으로 수십 년간 비정상 과학으로 폄하되었지만 2016년 인공 신경망 모델로 화려하게 복귀했다.[4]

내부자의 비평은 그들이 사기꾼인지를 검토해 줄 수 있다. 이것은 과학의 건강성을 담보하는 일이다. 국내 과학자들은 "학술적 측면 기여는 없"었다고 결론 내리며, "초전도체 관심 환기는 환영"할 만하다고 논평했다.[5] 한국초전도저온학회는 국내 8개 연구팀과 합동으로 검증단을 꾸렸고, 보고서(2023. 12. 13)를 공개했다. 그들은 "퀀텀에너지연구소에서 문헌으로 공개한 방법을 충실히 따라 복합산화물을 합성하였으나 초전

---

3 Shapin, S. & S. Schaffer. 1985. *Leviathan and the Air-Pump: Hobbes, Boyle, and the Experimental Life*, Princeton University Press: Princeton and Oxford.

4 김지연. 2023.《인공지능과 인간: 자동인형에서 GPT까지 공-생산을 향한 도전》 중에서 '퍼셉트론 논쟁'을 참조하라.

5 상온 초전도체 LK-99 공개 100일..과학계에 남긴 과제, 국내 전문가들 "학술적 측면 기여는 없어, 초전도체 관심 환기는 환영" (동아사이언스, 2023.11.06)

도성을 보이는 LK-99를 얻어내지 못했다".

내부자 중에서도 기대를 내비치는 견해가 다수 등장했다. 남균 연세대 명예교수(물리학)는 "상온 초전도체 개발을 위한 저자들의 노력이 세상에 대단히 큰 파장을 일으킨 사실을 높이 평가해야 한다"라는 의견을 피력했다.[6] 스탠포드 대학의 리우 박사(Jerry Z. Liu)는 "LK-99는 한계가 있지만, 상온 초전도체개발에 있어서 공학적 철학을 바꿨다는 의미가 있다"라고 평가했다.[7] 중국의 웨스트레이크 대학의 두 연구자 카오와 카보킨(Cao & Kavokin)은 LK-99가 전례 없는 관심을 끌었다면서 "유사한 샘플에 대해 보고된 관찰을 재현하려는 다른 팀의 시도는 지금까지 실패했지만, 사용 가능한 데이터의 앙상블을 설명할 이론적 모델을 구축하는 것은 가치가 있다"고 제안했다.[8]

한편, 이방인 관점은 이 논문에 새로운 자격을 부여할지를 검토하는 일이다. LK-99 저자들이 '이방인'이라면 그들 연구의 진위를 확증할 방법은 사실상 없다. 미결정성 이론과 실험자 회귀 개념(12장)에 따르면, 새로운 발견은 과학자 사회의 합의에 따라 종결될 수 있는데, 아직 LK-99 연구자의 주장을 수용할 합의 기준은 없다. 다만 이 연구의 뿌리를 살펴보는 것으로 그 진정성을 짐작해 볼 뿐이다.

LK-99의 주저자인 이석배 박사는 연구의 기원이 자신의 지도교수였

---

6 매일 경제 사외칼럼 [기고] "불순물 유감" (매일경제, 2023-12-28)

7 Liu, Jerry Z. 미상년도. "LK-99 Limitations and Significances", Stanford Univ. California, USA. https://cs.stanford.edu/people/zjl/pdf/lk99.pdf

8 Cao, Junhui & Kavokin, Alexey. 2023. "The interplay between exciton- and phonon-induced superconductivity might explain the phenomena observed in LK-99", https://www.sciencedirect.com/science/article/pii/S2352492823019840?ssrnid=4570810&dgcid=SSRN_redirect_SD

던 최동식 교수라고 밝혔다.[9,10] 최 교수가 남긴 저서를 통해 볼 때 그의 논거는 급진적이다.[11,12] 그는 분명 '이방인'이었음에 틀림없다. 그는 전통적인 초전도체 이론, 즉 BCS 이론의 결핍을 강하게 비판했다. 그의 급진적 견해가 LK-99가 혹평과 대단한 관심을 동시에 불러일으킨 현상과 관련이 있지 않을까? 내부자들이 LK-99 논문 속에서 정상과학(BCS 이론)의 한계를 스스로 감지했을 가능성이 있다.

최동식은 자신의 저서에서 정상과학의 4가지 장벽이 초전도 연구를 방해한다고 지적했다. 바로 (1) 경력 장벽 (2) 짝 장벽 (3) 전선 장벽 (4) 준거 장벽이다. 그는 놀랍게도 정상과학의 기본 개념을 모두 공격했다. 그는 "BCS 이론의 짝(pair) 개념이 터무니없는 오해를 불러왔다며 이 개념에서 벗어나지 않는다면 초전도 연구는 새로운 차원으로 들어갈 수 없다"라고 주장했다. 특히 준거 장벽이 가장 큰 문제라고 제기했다.

> "(초전도체 관련하여) 과열된 연구 결과를 생산하자 준거에 미치지 않는 글은 읽지 않기로 합의했다. 그 준거는 ① 제로 저항과 마이스너 효과가 함께 나타나야 한다. ② 항상 재현성 있는 결과를 보여주어야 한다.

---

9 다음 논문 중에서 '감사의 글'을 참조하라. 이석배, 김지훈, 임성연, 안수민, 권영완, 오근호. 2023. "상온상압 초전도체(LK-99) 개발을 위한 고찰", Journal of the Korean Crystal Growth and Crystal Technology, 33(2), pp. 61-70.

10 LK-99 만든 이석배 '개발물질 초전도체 맞다... 검증받을 것 (연합뉴스, 2024. 01. 09). 이석배 박사는 "최동식 고려대 교수의 액체 상태방정식 이론을 바탕으로 LK-99를 만들었다며 20년에 걸친 실험과 조정을 거쳐 물질을 개발했다"라고 주장했다.

11 최동식. 1994.《초전도혁명의 이론적 체계》, 고려대학교 출판부.

12 김두희. 1993. "벽에 부딪힌 초전도 연구에 돌파구 제시한 고려대 최동식 교수", (과학동아, 1993년 9월호).

③ 분자식이나 구조가 확실히 밝혀져야 한다. ④ 안전성, 가공성에서 실용성이 있는 것이어야 한다. 이 규칙 때문에 정말 괜찮은 업적이 각광을 받지 못하는 사례가 상당수 발생했다.

이상 4가지 기준은 LK-99 논란 과정에서 자주 언급된 내용이다. 그는 30년 전에 이것을 초전도체의 준거로 인정하지 않기로 한 것이다. "장벽을 넘어가든 뚫고 가든 마음대로이다. 제일 좋은 것은 그 장벽을 인정하지 않는 것이다. 그러면 그것은 이미 존재하지 않게 된다". 정상과학의 준거틀을 인정하지 않는 것이 바로 LK-99의 검증이 어려운 이유일 수 있다. LK-99 연구자 집단의 역사적 서사를 고려하면, 그들의 초전도체는 정상과학의 준거에 맞추어 제조되지 않았을 가능성이 있다.

그렇다면 무엇을 기준으로 검증할 것인가? 과학의 기준이 멈춘 곳에서 문화적 차원이 작동하기 시작한다. LK-99 저자들은 분열했고, 그것이 아카이브 논문 공개로 외화되었다. 그런데 특이하게도 그들은 분열하면서도 양자 모두 LK-99의 진실성에 대해서는 확신하고 있다. 정상과학의 준거 기준을 통과할 수 있다고 확신한 저자와 그럴 수 없을 가능성을 염려한 저자가 분열한 것이 아닐까? 그래서 후자는 동맹 맺기를 시도했다. 그러자 전자는 분노했을 것이다. '순수하게' 준거를 통과할 수 있는데 왜 새로운 저자를 받아들여야 하는가?

현재 분열한 저자들은 모두 새로운 동맹 맺기를 향해 경주하기 시작했다. 과학자가 아닌 사람이 과학 의제를 어떻게 관전해야 할까? 축구선수가 아니더라도 축구를 즐겁게 관전하듯이 함께 모여서 이야기하는 것이다. 이야기하기 위해서 경기 규칙 몇 가지를 알 필요는 있다. 처음부터 모든 규칙을 알 필요는 없다. 관전하면서 배울 수 있다. 관객이 많다면 새로운 호소력 있는 규칙을 만들 수도 있다. 과학문화는 그런 규칙의 구성에 관한 것이다.

2부

생명의 행성

5장

생명의 진화

고대부터 철학자와 과학자 그리고 종교 사상가들은 생명의 기원에 대해 숙고해왔다. 기독교가 서구문화를 주도한 이래 주류 견해는 생명과 물질은 근본적으로 다르다는 것이었다. 그래서 생명은 처음부터 다른 모습으로 등장했고 생명종은 태초부터 줄곧 자기 모습을 유지해왔다고 믿었다. 18세기경 생명에 대한 자연주의적이고 유물론적인 관점이 재부상했다. 18~19세기는 자연사(Natural history)의 시대였다. 자연사란 자연환경에서 동물, 곰팡이, 식물을 포함하여 생물에 대한 학술 영역으로, 실험 연구보다는 직접 관찰을 통해 연구한다.[1] 이 견해에 따르면 생명체가 자연에서 생명이 없는 물질로부터 저절로 생길 수 있고 일단 발생한 생명체는 자연의 힘에 따라 변할 수 있다.

자연사학자 뷔퐁 백작(Georges Buffon, 1707~1788)의 《자연의 사

---

1 우리나라에서는 자연사 또는 박물학으로 명명한다. 자연사는 그 이름에서 알 수 있듯이 자연의 역사, 식물과 동물에 관한 과학연구 분과로서 오늘날 지질학, 생물학, 생태학 등의 여러 분과로 전문화되었다.

(Histoire Naturelle, 1804)》와 찰스 라이엘(Sir Charles Lyell, 1797~1875)의 《지질학의 원리(Principles of Geology, 1830)》를 바탕으로 지구의 나이가 수백 만년에 이를 수 있다는 주장이 출현했다.[2] 이것은 다윈 혁명의 중요한 토대가 되었다. 다윈의 주장이 타당성을 획득하기 위해서는 상당히 긴 자연의 역사가 필요했다.

1859년 찰스 다윈(Charles R. Darwin, 1809~1882)은 유명한 저서 《자연선택에 의한 종의 기원(On the Origin of Species, On the Origin of Species by Means of Natural Selection, the Preservation of Favoured Races in the Struggle for Life, 약칭: 종의 기원)》을 발간했다. 이 책은 즉각적인 주목과 논란을 불러일으켰다. 책 제목에 포함된 '자연선택(natural selection)'이 바로 다윈이 지목한 생명 변화(종의 분기)의 주요 동력이다.

다윈 이전에도 생명의 진화에 관한 설명 이론이 없지 않았고, 게다가 다윈 이론에는 유전 메커니즘에 대한 결핍이 있었는데도 이 책은 인류 역사상 중요한 인식론적 전환을 불러왔다. 생명 진화에서 향상 진화(anagenesis) 대신 분기 진화(cladogenesis)라는 새로운 개념을 제시한 덕분에 인류가 생명의 역사를 이해하는 길을 열었기 때문이다. 그래서 그의 성과를 단지 다윈 이론이라고 부르지 않고 '다윈 혁명'이라는 각별한 이름으로 호명한다.

---

2 당시 성경 해석가들은 성경을 문자대로 해석하여(문자주의), 창세기부터 계산해 지구의 나이가 약 6천 년이라고 제시했다.

생명종의 의미

다윈 이론은 혁신적이었다. 다윈 이전의 진화론은 창조론을 부정하면서도 인간이 가장 고등한 생명종이라는 관념은 유지하고 있었다. 그런데 다윈은 인간이 생명계에서 최고의 지위에 있다는 당대의 신념을 무너뜨렸다. 대신 인간을 포함한 모든 생물종은 공통 조상으로부터 유래했다. 새로운 형태의 생명체는 이전 생명체로부터 분기하는 방식으로 변이하며 현재에 이르렀다. 그 과정에서 '고등하다' 또는 '최고'라는 방향성은 없다. 이 '방향성 없는 진화'라는 개념은 생명체가 지성의 산물이 아니라고 말한다. 이것은 기독교 문화에 반하는 것이었고 인간중심 세계관(anthropocentrism)에 저항하는 것이었다.

다윈 이론이 발표된 지 160년이 지났지만, 다윈 이론에 대한 인식론적 오해와 저항은 여전하다. 다윈 이론이 오랫동안 오해 속에 남아 있는 현상은 역설적으로 그 이론의 혁명성 때문이다. 고생물학자 스티븐 제이 굴드(Stephen Jay Gould)는 "다윈 혁명은 아직 완성되지 않았다"라면서 "집단으로서 인류가 자연선택에 대해서 정확한 윤곽선을 그릴 수 있게 될 때까지 그 혁명은 완수되지 않을 것"이라고 전망했다[4].

정신분석학자 지그문트 프로이트(Sigmund Freud)는 인류역사에서 주목할 세 가지 과학혁명을 지목했다. 코페르니쿠스 혁명, 다윈 혁명, 그리고 마지막으로 자신의 연구인 프로이트 혁명이다.[3] 프로이트가 꼽은 세 가지 과학혁명 이야기는 이후 여러 학자에 의해서 인용되면서 널리

3 프로이트 표준 저작집 제17권(The standard edition of the complete psychological works of Sigmund Freud Vol. 17(1917–1919): An Infantile Neurosis and Other Works), pp 139를 참조하라.

알려졌다.[4] 프로이트가 볼 때, 과학의 역사에서 일어났던 모든 혁명은 하나의 공통점이 있는데, 바로 절대적 확신이라는 인간의 오만과 편견을 뒤엎었다는 것이다.

먼저, 코페르니쿠스 혁명은 지구가 우주의 중심이라는 인류의 믿음을 깨트렸다. 지구는 이제 태양을 도는 일개 행성으로 지위가 격하되었다. 지구가 우주의 중심이 아니게 되면서, 지구의 인간도 우주의 중심이 아니게 되었다. 지구의 지위와 함께 인간의 지위도 중심에서 주변으로 밀려났다. 다음으로 다윈 혁명이 일어나서 인간은 다른 생물종과 마찬가지로 공통 조상에서 비롯되었다고 선언했다. 이제 인간의 지위는 생명 왕국의 중심에서 밀려나 '동물의 후손'이 되었다. 인간종은 '생명의 나무(Tree of Life)'에서 중심 줄기가 아니라 한낱 작은 가지에 불과한 존재로 지위가 격하되었다.

마지막 프로이트 혁명으로 인간의 이성과 자아에 대한 확실성이 무너졌다. 앞선 두 개의 혁명에서 인간의 지위가 격하되는 충격을 받았지만, 인간만이 가진 '이성'에서 겨우 위안을 찾고 있는데 그것마저 무너뜨린 것이다. 우리의 마음은 무의식이 지배하며 우리는 우리 자신에 대해서조차도 모호하게 알 뿐이다. 인간이 우주와 자연에서만이 아니라 자기 자신에 대해서도 완벽한 주인이 아니라는 의미이다. 인간은 자기 자신에 대해서도 중심의 자리를 내놓아야 했다. 이상과 같이 세 가지 혁

4 프로이트의 세 가지 혁명을 인용한 저술로는 과학철학자 토머스 쿤의 《코페르니쿠스 혁명》, 고생물학자 스티브 제이 굴드의 《풀하우스》, 기술철학자 루카치오 프로리디의 《The Philosophy of Information》, 과학학자 브뤼노 라투르의 《Facing Gaia》가 있다. 인용이 많다는 것은 세 가지 사건의 혁명성에 동의하는 사람이 많다는 뜻이다.

명 모두 인간의 위대한 지적 업적이었는데, 역설적으로 인간중심주의를 무너뜨리는 역할을 했다.

그런데도 인간중심적 관점에서 진보의 경향을 찾으려는 태도는 여전 강력한 힘을 발휘하고 있다. 근대과학의 태도는 어떤 경향성, 질서, 법칙을 찾으려 집착한다. 이것이 결정론 또는 인과론에 매달리는 과학문화를 조장했다. 다윈 이론이 교과서에 실리고 정상과학으로 인정받고 있지만, 현실에서 다윈 이론을 위배하는 유전자 결정론 모델이 더 자주 화제를 이끌고 있다.

생명의 진화를 다룰 때, 다윈 이론의 취지에 부합하도록 주의를 기울여서 해석하고 이야기할 필요가 있다. 전문가들조차도 다윈 이론을 오해로 이끄는 사례가 많다, 대표적으로 자신을 다윈주의라고 주장하는 에른스트 헤켈((Ernst Haeckel, 1834~1919)은 다윈의 '생명의 나무'를 변형시켜서 슬그머니 중심 줄기의 맨 위쪽에 인간의 자리를 표시했다.[5] 그는 다윈 이론에서 이탈해서 인간중심적 진화 모델로 회귀했다. 헤켈의 나무는 사람들에게 인기가 많아서 다윈의 나무로 오해할 정도다.

다윈의 생명의 나무는 무성한 가지를 가진 나무의 모습을 하고 있다. 이 나무는 세균(bacteria), 고세균(archaea), 진핵생물(eucarya)이라는 큰 가지(역)를 가지고 있다. 가지의 거리가 멀다면 유연관계가 먼 것이다. 고세균은 부분적으로 세균과 닮았고 부분적으로 진핵생물과 닮았다. 세균(bacteria)과 고세균(archaea) 사이의 거리는 동물(animals)과 균류(fungi) 사이의 거리보다 훨씬 더 멀다(그림 5.1). 이 나무는 모든 종이 공통 조상(세균)에서 나왔음을 표현하고 있다. 인간종은 전체 나무에서

5 다행히도 위키백과 '생명의 나무' 편에서 '다윈의 생명의 나무'와 '헤켈의 생명의 나무' 이미지를 구별하여 소개하고 있다.

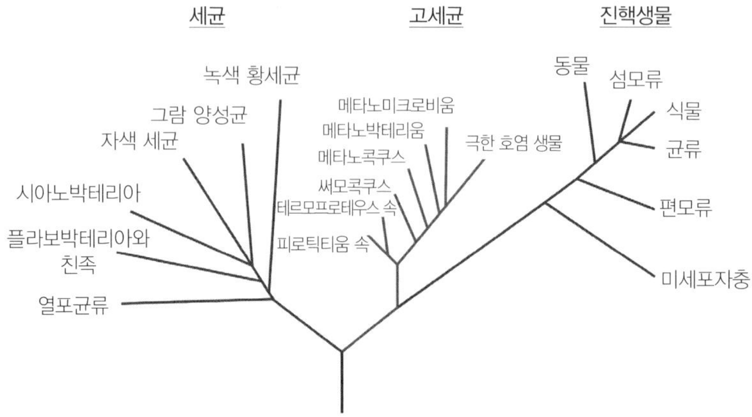

그림 5.1 생명의 진화 나무(Life's evolutionary tree)
자료: Maulucioni, Wikimedia Commons

진핵생물 가지의 아주 작은 가지(동물)의 가지이다. 너무 작은 가지라서 이 그림에는 표현되지 못할 정도로 작다.

다윈 이론을 오해로 이끄는 과학자 중에 에드워드 윌슨(Edward O. Wilson)도 있다. 윌슨은 우리에게 《통섭》이라는 저술로 잘 알려진 생물학자이다. 그는 단순한 것에서 복잡한 것으로의 생명진화를 뜻하는 '상승 진화'라는 표현을 사용한다. 그는 생명 진화의 주요 특성이 '진보'라고 주장했다.

> "진화의 과정에서 역방향 진화도 많이 일어났지만, 생명의 역사 전반에 걸친 평균적 경향은 단순하고 적은 수에서 복잡하고 많은 수로 움직이는 것이다. 지난 몇십 억 년 동안 동물은 전체적으로 몸의 크기, 먹이 섭취 및 방어 기술, 뇌와 복잡한 행동, 사회적 조직화, 환경 조절의 정확성 등에서 상승 진화했다. 따라서 동물 행동의 목적과 의도 달성 수준을 포함하여 생각할 수 있는 거의 모든 직관적인 기준에 비춰볼 때 생명

진화의 전체적인 특성은 진보이다."[4]

윌슨의 설명은 인간의 오만을 격려하고 있다. 이것은 다윈 이론을 완전히 부정하는 것이다. 그의 책이 베스트셀러가 되는 현상을 보면, 사람들은 표면적으로는 다윈 이론을 인정하면서도 '상승 진화'나 '진보' 같은 개념에 이끌리는 경향이 여전히 강하다는 것을 알 수 있다. 인류라는 집단 차원에서 세계(우리 자신을 포함)를 인식하는 일이 매우 어렵다는 것을 알려준다. 그런 점에서 160년 전에 출간된 다윈 이론은 아직도 혁명 중이다.

인공선택으로 인한 동식물의 변이

다윈은 자연선택을 설명하기 위해서 인위적인 품종개량 이야기로 시작한다. 19세기 기독교 문화의 일반적인 믿음은 생명종이 원래의 상태로 세상에 등장한 이래 변하지 않고 그대로 현재에 이르렀다는 것이다. 다윈에게 당시 문화를 거스르는 설명을 해야 하는 난관이 기다리고 있었다. 생명이 불변한다는 당대 보편적인 믿음에 맞서 '생명은 변이한다'라고 주장하기 위해서 그는 사람들의 상식적인 경험에 의존하는 전략을 취한다.

사람들이 일상에서 기르는 동식물에 관해서 이야기한다면 생명에 대한 이해를 쉽게 이끌어낼 수 있을 것이다. 그래서 다윈의 책에는 농부와 육종가들의 경험담이 많이 등장한다. 사람들이 익숙하게 알고 있는 비둘기와 개, 그리고 과일과 꽃에 관한 이야기를 그들의 입을 통해서 말하게 하는 것이다. 다윈 자신도 대중의 상식과 경험에서 이론적 영감을

얻었다. 그는 사람들의 풍부한 품종개량 지식에 기반하여 다윈 혁명이라는 새로운 이론의 문을 열었다.[6]

밀과 사과, 소는 오랫동안 인간에 의해 재배되거나 사육되었다. 그 과정에서 많은 개량이 이루어져서 야생의 부모종과 많이 달라졌다. 인간이 기르는 품종은 자연 상태에 있는 동일종이나 변종에 속하는 개체보다 훨씬 상호 차이가 크다. 이런 품종들 사이에 상호 차이가 나타나는 이유는 인간이 의도적으로 어떤 특징을 더 원했기 때문이다. 사실 인간은 모든 생명종을 가축화하지는 못했다. 가두어 키우는 조건은 심각한 환경 변화였고 대부분의 동식물은 그런 갑작스러운 변화에 쉽게 적응하지 못했다. 인간의 품종개량이 가능하려면 생물종이 본래적으로 가변성(variability)을 가져야 하고 인간은 그것을 경험적으로 잘 활용해야 한다.

생물종이 가변성을 일으키는 가장 흔한 원인은 수컷과 암컷의 생식계(reproductive system)에 있다. 생식계는 생명체의 다른 기관보다 생활 조건의 변화에 훨씬 민감하다. 예를 들어서 갇힌 상태에서 사육되는 동물은 불임이 되는 경우가 많다. 사소한 변화도 불임을 일으킬 수 있다. 가축화에 성공한 소수의 종은 불임에 이르지는 않았지만 많은 변화를 겪는다. 다윈은 이런 가변성에 의해서 생기는 개체 간의 차이에 주목하면서 이를 변이의 법칙(law of variation)이라고 명명했다.

여기서 변이(variation)란 모든 개체가 조금씩 서로 달라지는 경향을 말한다. 생물체 내 조직의 여러 사소한 차이는 개체 간 차이(individual differences)를 불러온다. 그래서 모든 개체는 자신의 부모형과 다소 달

---

6 화이트헤드는 상식에서 과학이 비롯되었다(1장)고 했고, 클리포드 코너도 일하는 사람의 지식이 과학을 이끌었다(2장)고 말한 바 있다.

라지는 경향이 있다. 같은 어버이로부터 태어난 형제들이더라도, 그리고 같은 공간에 서식하는 동종의 개체들이더라도 조금씩 다르다. 변이의 법칙이 불러일으키는 결과는 복잡하고 다채롭다. 변이를 이해하는 데 유의할 점은 이 개념이 매우 유동적이라는 점이다. 변이는 개체 내에서 발생하는 것이 아니라 개체와 개체 사이에 존재하는 차이이기 때문이다. 개체수 규모가 크다면 변이는 다양해질 것이다. 다시 말해서 모든 개체는 서로에게 변이이다.

다윈에게 있어서 변이는 종의 기원을 설명할 중요한 근간이다. 변이가 없다면 종의 분기는 불가능하다. 특히 '대물림되는 변이'가 중요하다. 변이가 있더라도 다음 세대로 대물림되지 않는다면 새로운 종의 시작점이 될 수 없다. 변이가 발생하더라도 어떤 것은 대물림되지 않는다. 예를 들어 돌연변이는 대체로 대물림되지 않는다. 돌연변이는 특이함 때문에 사람들의 주목을 받지만 다윈에게는 관심을 끌지 못했다.

대물림이 가능한 구조상의 변화는 매우 다양하다. 다윈은 대물림을 지배하는 법칙에 대해서는 아직 알려진 바가 별로 없다며 아쉬워했다. 당시 유전학은 아직 등장하지 않았다. 유전학은 얼마 후 다윈 이론을 반박하기 위한 멘델(Gregor Mendel, 1822~1884)의 실험 논문으로부터 시작될 것이었다.[7] 다윈은 아직 유전학의 혜택을 받을 수는 없었다. 그런데도 다윈은 대물림의 규칙이 있다고 확신했다.

---

7 그레고어 요한 멘델은 식물학자이면서 수도원장이었다. 그는 기독교 교리에 따라 생명종이 창조 이래 같은 모습을 보존하고 있다고 생각했고 이를 증명하는 데 관심이 있었다. 그는 수도원 채마밭에서 완두씨를 키우며 콩의 색깔(노랑과 초록), 모양(주름진 것과 매끄러운 것)이 다른 이유가 '인자' 때문이라고 가정했다. 그의 생각은 20세기 초 재발견되었고 유전학이라는 새로운 분과를 형성했다.

품종개량과 변이의 법칙

다윈은 개와 닭, 비둘기 예시를 소개하면서 우리가 알고 있는 다양한 품종들이 단일종(same species)에서 기원했다고 주장했다. 이 작업은 매우 중요한데, 서로 달라 보이는 다양한 품종을 거슬러 올라가 단일종의 자손이었다는 사실을 확인할 수 있다면 생명종이 불변한다는 생각에 의심을 품는 것이 정당해지기 때문이다.

우선 다윈은 개의 여러 품종을 관찰했다. 당시 영국에서 품종개량은 경제성이 있는 사업이었다. 사람들이 다양한 개 품종을 애호했던 것이다. 그레이하운드, 블러드하운드, 불독 등은 외견상 매우 달라 보이지만 모두 근연종(species closely allied)에서 왔다. 몇몇 품종은 단일종으로부터 왔다는 강력한 증거도 있다. 닭도 매우 다양한 품종이 있지만 거슬러 올라가면 모두 야생 인도가금(Gallus bankiva)으로부터 왔다. 다윈은 집요하게 비둘기 품종에 관한 관찰 연구를 수행했다. 영국에서 비둘기는 인기가 높아서 품종개량 사례가 풍부했다.

> "집비둘기의 여러 품종의 골격구조에서 얼굴뼈의 발달은 길이, 너비, 굴곡의 측면에서 대단한 차이를 보이는데, 꽁지뼈와 엉치뼈의 수도 다양하고, 흉골에 나 있는 구멍의 크기나 형태는 엄청난 차이를 보이며, 창사골에 있는 두 갈래로 갈라진 뼈는 그 갈라진 정도와 상대적인 크기 면에서 상당한 다양성을 보인다."[1, 2]

전령비둘기(Avian carriers), 단면공중 제비비둘기(short faced tumbler), 런트(runt), 공작비둘기(fantail)는 골격구조가 다양했다. 그뿐만 아니라

그림 5.2 다윈의 비둘기 연구는 잘 알려져 있다. 품종개량이 비둘기의 다양성을 만들어낼 수 있었다.
자료: Darwin, 1868, The Variation of Animals and Plants Under Domestication, John Murray.

외관도 상당한 차이가 있다. 입과 눈꺼풀, 콧구멍, 혀, 모이주머니, 식도의 크기, 유선의 발달 정도, 1번 날개와 꽁지깃의 수, 날개와 꽁지의 길이 비율, 몸 전체에서 꽁지깃의 비율, 다리와 발의 상대적 길이, 발가락 사이에 있는 피부의 발달 등 모든 부분이 가변성이 있다.

여러 품종의 비둘기는 다양한 차이가 있지만, 모두 바위비둘기(rock pigeon)로부터 왔다. 바위비둘기는 우리가 흔히 볼 수 있는 평범한 비둘기다. "현재 우리가 볼 수 있는 완벽함과 유용함이 그 모든 품종에 갑자기 나타나지는 않았을 것이다". 이런 다양한 품종을 만들어내는 중요한 요소는 육종가들이 계속해서 그런 선택을 해왔기 때문이다. 동물의 어떤 외향적 형태를 선택하는 방식으로 원하는 유형의 생명체를 만들어낼 수 있었다. 연속된 세대들의 그 미묘한 차이를 한 방향으로 누적시킴으로써 원하는 유형의 품종을 만들어내는 것이다. 다윈은 이런 선택의 과정을 "마법사의 지팡이와 같다"고 표현했다.[8]

과일이나 꽃 같은 재배 식물의 사례는 더 극적이다. 동물에 비해 식물에서 변종이 갑작스럽게 나타나는 경우가 더 흔하다. 동물에 비해 식물은 대량으로 재배할 수 있기 때문이다. 개체수가 많다면 그 개체들 사이에 발생할 차이도 많아질 것이다. 이런 조건에서는 변종이 나타날 가능성도 훨씬 더 높아진다. 포도를 닮은 과일인 구스베리(gooseberry)는 지속적으로 크기가 증가해왔다. 원예용으로 재배되는 달리아, 삼색제비꽃, 제라늄도 개체 간 차이를 누적하여 선택한 결과로 개량이 많이 진행되었다. 다윈은 19세기 당시 원예용 꽃들을 보면서 "20~30년 전의 과거의 꽃 그림을 비교해볼 때 놀라울 정도로 개량되었다"며 감탄했다. 과일의 크기와 당도, 꽃의 크기와 색상은 그들 사이의 변이를 활용한 인공선택에 의해 단기간에 극적으로 달라졌다.

한편 품종개량에서 인간의 선택이 무한하지는 않다. 인간은 주로 외관상 눈에 띄는 특징을 개량해왔다. 인간이 동식물의 구조상의 특징을 선택하는 것은 거의 불가능한 일이거나, 가능하더라도 매우 어려운 일이다. 인간이 생물의 내부 구조에까지 관심을 가지는 일도 드물다. 관심이 없다면 차이를 식별할 수도 없고 그런 차이 중 어떤 쪽을 선택할 일

---

8 선택은 품종개량에서 중요한데, 그 선택에는 무의식적인 선택까지도 포함한다. 능력 있는 사육자들은 다양한 목적을 고려해서 더 우수한 새로운 혈통을 만들기 위해서 노력하는데, 그들이 우수한 동물을 소유하고 번식시키려는 마음에서 무의식적인 선택행위도 하기 때문이다.

도 없을 것이다.

인간의 품종개량은 자연이 이미 생성한 성과에 의존할 수 있을 뿐이다. 자연이 계속해서 변이를 일으키는 원천적 과정이 있고 이에 인간은 자신에게 유용한 방향으로 약간 개입할 수 있을 뿐이다. 자연에 의해서 어느 정도 변이가 일어날 수 있는 특성이라야 인간의 선택을 통한 영향력 행사도 가능한 것이다.

자연 상태의 변이

생물종의 변이를 일으키는 주요 원인은 생활 조건이다. 생활 조건이란 그 생물종을 둘러싼 환경을 말한다. 환경의 변화가 수컷과 암컷의 생식기에 영향을 주고 그로 인해 개체의 변이가 발생하면 그중 특정 변이가 더 선택되기 쉬운 조건이 만들어진다. 그런 선택이 오랜 기간 누적되면 해당 변이가 점점 더 강화되고 새로운 품종의 등장으로 이어질 수 있다.

이런 누적적 선택 작용이 체계적이고 빠르게 적용될 수도 있고, 아니면 무의식적이거나 느리게 작용할 수도 있다. 인간이 선택을 통해서 품종을 개량할 수 있었다면, 더 큰 힘을 가진 자연에서는 더 많은 변이도 가능할 것이다. 다윈은 인간의 품종개량 행위를 자연으로 확장했다. 지구의 역사가 매우 길다는 자연사 연구에 힘입어, 생물이 변이를 일으키고 그것이 어느 방향으로 누적되어서 서로 다른 변종(variety), 나아가 아종(sub-species)이 되었다가 완전히 새로운 종(species)으로 분기하는 것도 가능하다는 가설을 수립했다.

다윈은 자연 상태의 변이로 주제를 이동하면서 전문학자들의 경험을 소환한다. 전문적 훈련을 받은 학자들도 종 분류를 할 때 종종 어려움을 겪는다. 중간적인 형질을 가진 생물 개체에 대해서 어떤 학자는 같은 종으로 분류하기도 하고 다른 학자는 하나를 다른 하나의 변종으로 취급한다. 종 분류에 전문성을 가진 학자들이 왜 그런 어려움에 자주 직면하는 것일까?

변이에 나타나는 개체 간의 사소한 차이가 연속적이기 때문이다. 그 변이의 어느 지점부터 다른 종이라고 해야 할지 경계를 긋기가 쉽지 않다. 변이는 보편적인 현상이고, 차이라고 해도 미세하기 때문이다. 학자들은 유사한 생물 그룹이 있다면 편의적으로 두 그룹 중 하나를 종이라고 하고, 다른 하나를 상대적으로 변종이라고 정의한다. 가장 흔하게 볼 수 있는 집단이나 먼저 밝혀진 집단을 종이라고 취급하고, 나머지를 변종으로 처리하기도 한다. 그래서 종과 변종 사이의 경계는 고정적인 것이 아니라 임의적이고 상대적이다.

이렇듯 종을 분류하는 절대적인 기준은 없으며, 믿을만한 판단력과 폭넓은 경험을 가진 자연사학자의 의견을 따르는 것만이 유일한 해결책이다. 학자들조차도 끝내 결정할 수가 없어서 다수결로 결론 내리는 경우도 있다.[9] 다윈은 《종의 기원》에서 우리가 생명체에 대해서 여전히 무지하다고 여러 차례 고백한다. 그러면서도 종과 변종 사이에 존재하는 경계의 모호함을 고려할 때 개별 종이 독립적으로 창조되었다면 이런

---

9 만약에 어떤 자연사학자가 전혀 알지 못하는 일군의 생명체를 연구한다면 종과 변종을 결정하기가 매우 어려울 것이다. 그 생명체의 변이량과 종류에 대해서 아는 바가 없기 때문이다. 일정한 연구가 진행되더라도 생명체 전체의 규모와 그 안에서의 개체들 사이에 어떤 종류의 차이가 있는지를 모두 알 수는 없다. 이런 불확실성은 자연을 연구할 때 언제나 일어나는 일이다.

곤란함을 설명하기 어렵다고 결론 내린다.

다윈은 변이를 중요한 자연선택(natural selection) 요소로 지목한다. 변이는 자연선택이 시작되는 출발점이며 재료이다. 변이가 없다면 선택할 수 있는 원천 자체가 사라질 것이다. 여기서 생물종의 다양성이 왜 중요한지도 확인할 수 있다. 변이가 많을수록 생명종은 다양할 것이다. 생물종이 다양하다면 환경이 변하더라도 그 새로운 환경에 유리한 변이가 있을 가능성도 높아진다. 인간이 사육 생물의 개체 차이를 일정한 방향으로 누적시킨 것과 같은 방식으로 자연도 그런 일을 할 수 있을 것이고 변이가 다양하다면 선택의 실패를 낮출 수 있다.

다윈을 유명하게 만든 사례 중 하나가 갈라파고스의 핀치새 연구다. 젊은 시절 다윈이 갈라파고스 제도에서 동식물을 수집할 때 개별 섬에서 채집한 핀치새의 외형이 상당히 달라서 처음에는 전혀 다른 종의 새라고 생각했다. 나중에 그 새가 모두 핀치새라는 사실을 알고나서 그는 자연선택이라는 새로운 개념을 창안할 수 있었다. 다윈은 "신이 창조했다면 그렇게 좁은 지역에 그처럼 다양한 핀치새를 창조"했을 리가 없다고 단언했다.

갈라파고스 핀치는 모두 14종인데, 각 섬의 지역 환경이 조금씩 달라서 그 환경에 적응하는 과정에서 핀치새가 서로 다른 식습관을 가지게 되었다. 딱딱한 씨앗을 먹어야 하는 섬에 사는 핀치는 씨앗을 깨기에 유리한 크고 딱딱한 부리를 가지고 있다. 그 섬에서 그런 부리를 가진 핀치는 다른 핀치보다 살아남을 가능성이 높았을 것이고 따라서 자손을 남길 가능성도 높았을 것이다. 그 자손은 부모의 부리 모양을 닮았을 것이다. 이런 상황이 누적되면서 그 섬에는 커다란 부리를 가진 핀치 집단이 일반화되었을 것이다.

다른 섬에서는 곤충을 먹어야 하거나 애벌레를 먹어야 했고 이때는 곤충을 잡아채기 좋은 길고 가느다란 부리를 가진 핀치가 유리했을 것이다. 이처럼 어떤 변이가 자연환경 조건의 차이로 인해 누적되면서 유사한 계통 집단을 묶을 수 있게 되면 이를 변종이라고 명명할 수 있다. 더 나아가서 좀 더 차이가 명백한 계통 집단으로 변해가면 아종이 되고, 이후 더 격차가 벌어진다면 완전히 다른 종으로 분기한다. 이것이 새로운 종의 출현이다.[10]

종의 분기는 큰 속(genus)에서 발생할 가능성이 높다. 생명종 분류법에 따르면, 유사한 여러 개의 종을 묶어서 하나의 속으로 배치한다. 유연관계에 있는 종과 변종들이 많은 속을 큰 속이라고 하는데, 큰 속에 속하는 종이 작은 속에 속하는 종보다 변종이 빈번히 일어난다. 어떤 속의 종이 변이를 많이 형성할 수 있다면 그곳의 환경은 변이를 일으키는 데 유리했다는 뜻이고 따라서 그 환경이 여전히 변이를 일으키는 데 유리할 것이다.

이를 증명하기 위해서 다윈은 몇 가지 실험을 소개했다. 예를 들어서 12개국의 식물과 또 두 지역의 딱정벌레 분포에 관한 것이었다. 거의 동일한 양으로 큰 속과 작은 속 두 집단으로 분리해서 살펴보면, 작은 속보다 큰 속에서 변종을 만들어내는 비율이 높았다. 다윈은 만약 종이 독립적으로 각각 창조되었다면 더 큰 속에서 더 많은 변이가 일어나는 이유를 설명할 수 없을 것이라고 지적했다.

---

10 종이란 단지 특징이 뚜렷하고 명확한 변종일 뿐이다. 종은 서로에 대해서 변종이다. 종이란 개념은 학술적인 차원의 개념적일 뿐, 현실에 존재하는 것은 아니다. 과학이 자연에 대해서 어떤 이름을 부여하고, 명명하고, 분류하는 일을 하는 것이다.

생존 투쟁

이제 《종의 기원》에서 가장 잘 알려진 용어 '생존투쟁'에 관해 이야기할 차례이다. 이 개념은 다윈 이론에서 가장 오해가 많은 부분이기도 하다. 원문에서 생존투쟁은 'Struggle for Existence'로 표기되어 있다. 우리의 예상과 달리 생존(survival)이 아니라, 존재(existence)라는 단어를 사용한 것이다. 그래서 이 용어는 생존 투쟁보다는 '존재 투쟁'이라는 의미에 더 가깝다. 생존이 개별 개체의 존립을 의미한다면, 존재란 집단적이고 종 수준 차원의 현상을 암시한다.

다윈은 'Struggle for Existence' 이외에도 'Struggle for Life'라는 개념을 함께 사용했다. 후자는 같은 종 내에서 일어나는 개체 사이의 경쟁을 의미한다. 살아가는 조건에 따른 투쟁으로, 먹이 경쟁을 포함하여 개체의 일생을 유지하는 데 필요한 조건을 확보하려는 활동이다. 우리가 기존에 알고 있었던 생존 투쟁의 개념은 사실 'Struggle for Life'에 해당한다.

이 용어는 번역서마다 조금씩 다르게 번역되었다. 장대익의 번역서에서는 'Struggle for Existence'와 'Struggle for Life'를 구분하지 않고 모두 '생존 투쟁'으로 번역했다[2]. 한편, 신현철의 해설 번역서에서는 'Struggle for Existence'는 '생존을 위한 몸부림'으로, 'Struggle For Life'는 '살려는 몸부림'으로 구분해서 번역했다[3]. 원전에서 다른 용어를 사용하고 있으므로 두 개념을 구분하는 것이 취지에 부합할 것이다. 다만, 신현철의 번역어는 호명성이 부족한 점이 있기 때문에 'Struggle for Existence'는 장대익의 번역어대로 '생존 투쟁'을 사용하고, 'Struggle For Life'는 임시로 '생활 투쟁'이라고 사용할 것이다.

다윈이 생존 투쟁을 하나의 장으로 소개함으로써 개체 차원의 생존이 아니라 종 차원의 생존 문제에 주목하기 때문이다.[11] 다윈은 생존 투쟁 개념을 상당히 넓은 의미로, 그리고 은유적으로 사용했다. 이 용어는 적어도 세 가지의 의미를 포함하고 있다. 우선 (1) 한 존재가 다른 존재에 의존한다(dependence of one being on another)는 것이고, 다음으로 (2) 개체의 생존뿐만 아니라(not only the life of the individual), (3) 자손을 남기는 데 성공(success in leaving progeny)하는 것을 포함한다.

생존 투쟁의 첫 번째 의미로 경쟁이나 투쟁이 아니라 생명종이 상호 연결되어 있다는 점을 꼽았다. 생명체의 한 부분이 다른 부분에 적응하거나 생활환경에 정교하게 적응하는 사례는 많이 발견된다. 이질적인 생명종 사이의 아름다운 상호 적응(beautiful co−adaptations) 현상도 흔하게 볼 수 있다.

예를 들어서, 딱따구리와 겨우살이의 아름다운 상호 적응은 잘 알려져 있다[1]. 겨우살이는 새의 내장을 거쳐야만 씨앗을 싹틔울 수가 있다. 그래서 새들에게 먹혀야만 한다. 그러려면 새들에게 매력적인 먹이로 보여야 한다. 오랜 세대에 걸쳐서 겨우살이는 새에게 더 매력적인 먹이가 되도록 변이가 선택되면서 새와 겨우살이의 상호 적응 관계를 형성할 수 있었다.

이 외에도 동물의 털이나 새의 깃털에 달라붙는 기생충, 물로 뛰어드는 물방개의 다리구조, 산들바람에 떠다니는 털 달린 씨앗도 상호 적응의 예시이다. 어떤 변이가 환경에 유리해서 도움이 된다면, 그 변이는

11 다윈 이론을 왜곡하여 생존 투쟁을 개체 차원의 문제로 설명하는 경우가 흔히 있다. 그래서 현재 사회적으로 성공한 개인/집단에 정당성을 부여하는 이데올로기로 활용되기도 한다.

보존되고 자손에게 전달될 가능성이 있다. 자손들도 그 변이에 의존해서 살아남을 가능성을 높일 수 있다. 아름다운 상호 적응 현상은 자연의 종들이 서로에게 변이의 선택을 촉발하는 존재라는 것을 암시한다.

생존 투쟁의 두 번째 의미가 바로 개체의 생활 투쟁(Struggle for Life)에 해당한다. 다윈은 생존 투쟁의 한 요소로 생활 투쟁을 배치했다. 이 점에서 다윈이 생존 투쟁이라는 용어를 개체 차원이 아니라 종 차원의 문제를 다루려는 취지였음을 확인할 수 있다. 생존 투쟁의 세 번째 의미는 가장 중요한 내용인데, 바로 자손을 남기는 데 성공하는 것이다. 다윈은 자손을 남기는 것이 생존 투쟁의 가장 중요한 목적이라고 지목했다. 생존 투쟁 개념을 개별 개체의 생존보다 종차원의 존립에 우선순위를 두었음을 보여준다.

다윈은 종의 생존에 영향을 주는 여러 요인 가운데 종의 집단성을 강조했다. 생존 투쟁이 일정한 규모의 무리를 전제하기 때문이다. 여기서 다윈은 정원에서 밀을 재배했을 때 씨앗을 수확하기가 매우 어려웠다는 자신의 경험도 전했다. 이것은 어떤 종이 자신을 유지하려면 무리의 규모가 어느 정도 이상이어야 한다는 것을 암시한다. 밀은 적어도 정원 규모 이상이어야 생존 투쟁과 종 보존에서 승리할 수 있다. 종이 생존하기 위해서는 천적보다 많은 개체수가 필수적이다. 옥수수나 유채씨 같은 경우에는 이 씨를 먹이로 하는 새의 개체수보다 엄청나게 많아야만 종을 보존할 수 있다. 한편 새들의 개체수는 먹이가 많은 계절에도 일정 정도 이상 증가하지 않는다. 먹을 것이 없는 겨울에 개체수가 억제되기 때문이다.

사회성 식물(social plants)도 종의 무리성을 보여준다. 희소한 식물이 아주 좁은 지역에 밀집해서 자라는 사례가 있다. 식물이 사회성을 가진다는 표현은 어색해 보인다. 그런데도 이런 명칭이 붙은 이유는 식물 개체가 자신의 범위를 극도로 제한하면서까지 서로 밀집해서 생활하기 때문이다. 이 식물들은 함께 있음으로써 극심한 파괴로부터 서로를 보호할 수 있다. 개체 차원의 생활 투쟁을 제한하면서까지 집단의 생존 투쟁에 '헌신'하는 것이다.

생존 투쟁 설명 과정에서 다윈은 오류를 범하기도 했다. 자연조건에 제약이 없다면 모든 동식물은 기하급수적으로 증가하는 경향이 있으며, 존재할 수 있는 모든 공간에서 급속하게 증가한다. 하지만 이 세계가 생명체의 증식을 전부 수용할 수는 없다. 이처럼 생존할 수 있는 수보다 더 많은 개체가 생겨나기 때문에, 어느 시기에는 동식물이 소멸함으로써 기하급수적인 증가 경향이 저지되어야 한다. 다윈은 동물계와 식물계 전체에 맬서스의 원리(Doctrine of Malthus)가 적용될 것이라 상상했다. 이 때문에 항상 생존 투쟁이 일어날 수밖에 없다.[12]

여기서 그는 생명종의 서식지 경쟁에 관해서 쐐기(wedges) 비유를 들었다. 쐐기는 물건의 틈에 박아 넣어 그 틈을 메우거나 쪼개는 데 쓰는 물건이다. "자연의 얼굴은 1만 개의 뾰족한 쐐기가 빼곡히 박혀 있는 표면이다". 그래서 자연에 쐐기가 박혀 있듯이, 서식지가 생명종들로 가득

---

12 다윈은 맬서스의 원리에 상당히 영향을 받았고 이 원리를 자연의 경제에도 적용할 수 있다고 생각했다. 그래서 생존 투쟁이 항상 일어날 수밖에 없다고 보았다. 그러면서 생존 투쟁의 다각적 차원을 분석했다. 예를 들어서 알의 개수(자손의 수)가 생존에 영향을 주는가? 다윈은 알의 개수는 생존에 영향을 주지 않는다고 결론 내린다. 콘도르(condor)는 한 쌍의 알을 낳고, 타조(ostrich)는 20개의 알을 낳는 데에 비해서, 풀마슴새(Fulmar petrel)는 단지 1개의 알만 낳는데도 이 새의 개체수는 세상에서 가장 많다. 또 보통의 파리는 한 마리가 수백 개의 알을 낳는데, 히포보스카(hippobosca)라는 파리 종은 단 하나의 알을 낳지만, 개체수가 부족한 적은 없었다[3].

차 있어서 새로운 종이 쉽게 들어올 수 없으므로 생존 경쟁이 치열해진다는 논리였다.

쐐기 비유는 생존 투쟁에 대한 오해를 낳았다. 다윈을 존경하는 스티븐 제이 굴드는 쐐기 비유에 대해서만큼은 다윈의 편을 들지 않았다[4]. 다윈이 생존 경쟁을 쐐기로 비유하면서 사람들에게 오해를 불러일으켰기 때문이다. 굴드는 지구 생태계는 여러 번의 대멸종이 있었고 서식지는 자주 비어 있었기 때문에 쐐기 비유는 보편적인 자연 현상을 대변하지 않는다고 보았다.

생명종의 상호연결성

포식 관계는 생명종이 서로 얽히는 한 가지 형태이다. 어떤 종의 평균적인 집단 규모를 결정하는 것은 그 종이 먹이를 얼마나 얻을 수 있느냐보다는 다른 동물에게 얼마나 많이 잡아먹히느냐에 달린 경우가 훨씬 많다. 그래서 종의 생존에는 천적과의 관계가 중요하다. 넓은 땅에 사는 자고새, 뇌조, 산토끼의 개체수는 그 주변에 천적이 얼마나 많이 있는지에 따른다.[13]

생명체들 사이에는 이보다 더 복잡한 연쇄가 많다. 한 지역 내에서 서로 경쟁하거나 의존하는 생명종들 사이의 관계는 복잡하고 예측 불가능하

13 다윈은 만약에 영국에서 향후 20년 동안 사냥을 금지한다면 지금보다 종들이 더 많이 사라질 것이라고 예견한다. 왜냐하면, 사냥을 금지하면 코요테 같은 천적들이 증가할 것이고 이들이 자고새, 뇌조, 산토끼들을 더 사냥해서 개체수를 줄일 것이기 때문이다.

다. 파라과이에서는 소의 개체수가 소나무의 생존과 밀접하게 관련이 있다. 열대지방에 사는 기생성 나사파리 벌레(Cachliomyiahominivorax)는 소의 배꼽에 알을 낳는다. 그래서 이 파리의 개체수는 소의 생존과 개체수에 영향을 준다. 다시 파리의 개체수는 포식자인 새들에 의해서 억제된다. 파리를 먹는 새들의 수가 증가하면 파리의 수는 감소하고, 그러면 야생에서 소의 생존 가능성이 높아진다. 야생화된 소의 개체수는 소나무와 같은 식물상에 엄청난 영향을 준다.

이런 복잡한 연쇄는 자연 상태에서 매우 일상적으로 일어나는 일이다. 난초과의 식물은 수정하기 위해서 나방의 도움이 필요하다. 삼색제비꽃의 수정을 위해서는 땅벌이 필수적이다. 땅벌만이 좁은 삼색제비꽃의 화밀에 닿을 수 있기 때문이다. 땅벌이 멸절한다면 삼색제비꽃은 수정할 수 없다. 다시 땅벌의 수는 들쥐의 수에 의존한다. 쥐가 땅벌 집을 파괴하기 때문이다. 쥐의 수는 고양이 수에 의존한다. 그래서 땅벌 집은 마을이나 작은 도시 근처에서 더 많이 발견되곤 한다. 고양이가 인간의 근처에 살고 있기 때문이다. 어떤 지역에 고양이가 많다면, 쥐나 벌의 생존에 영향을 줄 수가 있고, 또 이것은 다시 특정한 꽃의 생존에 영향을 준다[2]. 생존 투쟁은 종 자체만의 역량으로 결정되는 것이 아니라 이처럼 다른 종들과의 연쇄 속에 그 운명이 달려 있다.

유사한 종간의 투쟁도 일어난다. 동일한 속의 종들은 대개 비슷한 습성과 체질을 가지고 있고, 구조 면에서도 유사성을 가지고 있기 때문이다. 동일한 속에 속한 종간의 투쟁은 다른 속에 속한 종간의 투쟁보다 더 치열하다. 그들의 서식지가 겹치기 때문이다. 미국에 서식하고 있는 동굴제비가 널리 퍼지면서 다른 제비 종의 수가 줄어든 사례가 있다. 스코틀랜드에서는 어떤 지방에서 개똥지빠귀의 수가 증가하자 노란

지빠귀의 수가 감소했다[3]. 중간종이나 변종들과의 투쟁이 치열하므로 중간종이나 변종들이 빠르게 사라지는 원인이 된다. 우리가 진화상의 중간종의 흔적을 찾기 어려운 이유이다.

이렇게 생물들은 서로 연관되어 있고, 의존하기도 하고, 투쟁하면서 생존을 위한 이야기를 펼쳐왔다. 그런 관계들이 너무나 복잡해서 생명체의 상호관계에 대해서 알려진 바는 그다지 많지 않다. 가장 중요한 결론은 모든 생명체의 구조는 다른 모든 생명체의 구조와 어느 정도 연관되어 있다는 점이다. 다윈은 생명체 간에 상호관계가 복잡하게 연결되어 있으면서도 서로 딱 들어맞는 경우를 다수 발견했다.[14] 생명종들은 거주지를 차지하기 위해서 경쟁하거나, 도망치거나, 잡아먹히기도 하는 과정에서조차 서로 연관되어 있다. 다윈은 생존 투쟁이라는 개념을 통해서 역설적으로 생명의 연관성에 주목하도록 우리를 이끌었다.

자연선택

다윈은 인공적인 선택의 원리가 자연에서도 적용될 것인지를 끈질기게 질문했다. 인간이 체계적이거나 무의식적으로 어떤 선택을 함으로써 '위대한 결과'를 만들어낼 수 있다면, 자연도 그러지 못할 이유가 없을 것이다. 다윈은 이 선택의 원리가 자연계에서도 매우 효율적으로 작용할 것이라고 확신했다.

자연계에는 수많은 변이가 존재하고 그 변이 중 일부는 대물림되는

14 생명의 상호연관적 구조의 발생에 대해서는 7장 '생명의 움벨트'에서도 다룬다.

성향이 있다. 자연에서 사소한 변이가 유용한 경우에 보존되는 원리를 '자연선택'이라고 명명했다. 인간이 어떤 개체 특성을 선택해서 교배하여 품종을 개량하는 것처럼, 자연(환경)이 그런 선택을 수행하는 행위자라고 의인화한 것이다. 자연선택 개념은 일반적으로 자연환경 내에서 유리한 변이는 보존되고, 유해한 변이는 배제되는 과정을 지칭한다.

> "자연선택은 언제나 잘 작동할 준비가 되어 있으며, 인간의 미약한 노력과는 비교도 안 될 정도로 큰 힘을 가지고 있다. 이것은 마치 예술이 자연에 크게 못 미치는 것과 같다. 인간은 눈에 보이는 외부 형질에만 영향을 주지만, 자연은 외향에는 신경을 쓰지 않는다. 자연은 생명의 모든 내부 기관, 그리고 미묘한 체질적인 차이에 작동할 수 있다. 인간은 자기 자신의 이득을 위해서만 품종개량의 방향을 선택하지만, 자연은 자신이 돌보는 존재(생명종)의 이익을 위해서만 선택한다." [1, 2]

인공선택이 자연선택에 비해 턱없이 짧은 기간임에도 불구하고 품종개량이 놀라울 정도라는 점을 고려하면, 아마도 자연은 엄청나게 많은 일을 해왔을 것이다.

> "자연선택은 매일 매시간, 전 세계의 구석구석에서 아주 미세한 변이라고 하더라도 세심히 살피면서 나쁜 것은 버리고, 좋은 것은 보존하는 원리를 계속 적용해왔을 것이다. 그런 미세한 차이 덕분에 어떤 나무(종)는 자연 상태에서 다른 나무(종)나 천적과의 투쟁에서 성공할 수 있었다. 미세한 차이지만, 그리고 매우 느린 변화이지만 자연선택이라는 거대한 시간의 손에 의해서 엄청난 차이가 만들어질 수 있다." [1, 2]

사소한 변이더라도 유용한 경우에 보존될 수 있다. 어떤 동물의 경우에는 일생에 단 한 번만 사용되는 구조라고 하더라도, 그것이 생존에 매우 중요하다면 자연선택을 통해서 강화된다. 어떤 곤충은 커다란 아래턱을 가지고 있는데, 고치를 여는 데 필요하기 때문이다. 새의 부리에 있는 딱딱한 돌출부는 부화 직전에 알을 깨는 데 사용된다. 반면에 짧은부리 공중제비 비둘기는 부리가 짧아서 알을 깨고 나오지 못하는 경우가 많다. 사육자가 도와주지 않는다면 알을 깨고 나오지 못한다. 이 비둘기는 독특한 외모와 행동 덕분에 인간의 선택을 받았고 자신의 알 깨기는 인간에게 '위임'했다. 짧은부리 공중제비 비둘기의 외모는 인간의 사육이라는 환경(자연)에 적응한 결과이다.

성 선택

다윈은 자연선택만이 아니라 '성 선택(sexual selection)'도 중요하게 언급했다. 성 선택은 자연선택보다는 다소 덜 가혹하다. 때로는 기이한 선택을 하기도 한다. 동물의 암수는 동일한 지역에서 동일한 환경 조건에 살기 때문에 그 구조나 털의 색깔 또는 장식 측면에서 특별히 차이가 있어야 할 이유가 없다. 그런데도 차이가 나타난다면 성 선택에 따라 만들어진 것이라고 추정할 수 있다.

많은 경우에 수컷 사이의 경쟁에서 승리를 결정하는 것은 수컷의 물리적인 힘이 아니라, 수컷이 가지고 있는 어떤 특별한 무기인 경우가 많다. 예를 들어서 수사슴의 뿔, 수탉의 발톱 같은 것이다. 수컷 악어는 인디언처럼 암컷의 주위를 돌며 춤을 추면서 괴성을 지른다. 오랫동안 암컷에 의해서 선택되었기 때문에 현재의 수컷이 그 특징을 보존하고 있다고 추정할 수 있다. 성 선택은 도대체 합리적이지 않아서 논리적인 설명을 허락하지 않는다.

성 선택을 통해서 얻은 특징이 방어 무기가 되는 경우가 있기는 하다. 사자의 갈기나 수퇘지의 어깨 패드, 수컷 연어의 갈고리 모양 턱 같은 것이 바로 그 예이다. 그중에서도 새들의 성 선택은 특히 불합리해보인다. 언뜻 별것 아닌 것이 성 선택에서 효과를 발휘한다. 수컷 새의 노래나 극락조의 아름다운 깃털 같은 것이 있다. 수컷 공작의 화려한 얼룩무늬는 매우 기이한 사례이다. 이 꼬리는 공작이 제대로 날 수 없는 정도로 무겁다. 수컷 공작의 꼬리는 자연에서의 생존에 불리하다. 포식자를 만나는 위험한 상황에서 민첩하게 움직일 수 없다. 그런데도 성 선택을 통해서 계속 보존되고 있다. 자연선택의 합리성을 성 선택이 간섭하는 것처럼 보인다.

형질 분기

자연선택은 마침내 형질 분기(divergence of character)를 유도한다. 형질 분기는 변이의 누적을 통해서 변종을 만들어내는 과정을 지칭하는 개념이다. 형질 분기는 생존을 유리하게 만들어가는 생명의 '전략'이다. 하나의 종에서 나온 자손이 구조나 습성에서 달라진다면 자연에서 다른 서식지를 차지하면서 생존 영역을 넓혀갈 수 있다. 형질 분기는 생태적 지위(ecological niche)의 변화로 이어진다. 그러면 기존의 한계를 넘어서 더 많은 개체 규모를 유지할 수 있다.

〈그림 5.3〉은 다윈이 《종의 기원》에서 직접 제시한 형질 분기 도표다. 이 그림에서 형질 분기는 나뭇가지 모양을 하고 있다. 가로선의 간격은 하나가 1,000~10,000세대를 표현한다. 각 글자의 거리는 종들 사이의 유사성 거리를 표현한 것이다. 가장 아래쪽에 있는 A, B, C, D는 큰 속에 포함된 여러 종을 표현하고 있고, 매 단계 형질 분기를 일으키며 가장 상단에 있는 마지막 자손에 이르고 있다.

가변성과 대물림을 통해서 변이가 선택되면서 마지막 세대인 a~z에 도달한다. a~m의 후손은 공통 조상인 A로부터 나온 변종이 계속해서 그 수를 늘려가서 다양해진 결과이다. 이런 형질 분기를 최종적으로 모두 모으면 전체 생명체는 수많은 가지로 이루어져 있을 것이다. 이것이 '다윈의 생명의 나무'이다. 생명의 나무에서 잔가지는 현존하는 종이고, 분기가 멈춘 것은 멸절된 종이 있었음을 표현한다.

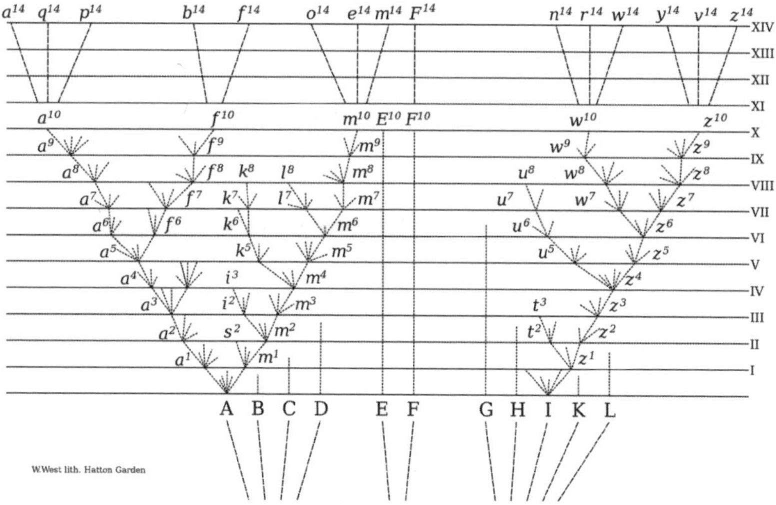

그림 5.3 다윈이 자신의 저서에서 소개한 형질 분기(Divergence of character) 도식. 방향이 없는 진화를 표현하는 생명의 나무(Tree of Life)를 암시한다.

새로 나온 잔가지들은 사방으로 뻗어나가 주위에 있는 다른 잔가지들을 능가하기도 하고 없애버리기도 한다. 생명의 나무에서 다윈이 전하고자 하는 메시지는 생명종의 등장과 멸절이 비결정적이라는 것이다. 형질 분기에서 가지의 분기는 자연(환경)의 변화로 발생하는데, 자연(환경)이 어떻게 변할 것인지 미리 알 수 없기 때문이다. 그래서 어떤 가지가 성공한 가지가 될지는 미리 결정된 것이 아니다. 자연환경 조건은 무한한 복잡성 속에서 그때그때의 우연성에 의존할 뿐이다. 자연이 어떤 변화를 일으키는 순간이 되어서야 비로소 정해진다.

그래서 다윈의 진화 이론은 '비결정론적인 모델(nondeterministic model)'이다. 이것은 방향성 없는 진화를 선언한 것이다. 결정론적 진화 모델(deterministic model)이 흔히 상향적인 진보를 주장하는 것과 대조된다. 다윈의 생명의 나무에서는 어떤 가지도 중심적이지 않다. 따라서 '하등하다'거나 '고등하다'라는 의미도 존재하지 않는다. 어떤 종이든 자신의 환경에 잘 부응하고 있다면 훌륭한 종이다. 다윈 이론은 인간을 최종적 도착점으로 하는 향상진화 또는 진보의 개념을 폐기했기 때문에 혁명적이다. 그래서 다윈 이론은 논란이 되었고, 오늘날에도 사람들에게 수용되는 데 어려움을 겪고 있다. 사람들은 다윈 이론을 배우면서도 여전히 인간중심적인 상향적 진화 모델을 버리지 못하고 있다.

다윈의 관점에서 인간은 가장 성공한 종이 아니다. 모든 종이 연관되어 있다는 점에서 인간도 다른 생명종과 연관되어 있다. 인간종의 삶은 자연선택의 결과 중 하나이며 지구 전체의 삶과 엮여 있다. 무엇보다 사회 경쟁을 정당화하기 위해서 생존 투쟁 개념을 인간 중심적이고 개체 중심적인 것으로 오역하지 말아야 한다. 다윈은 우리에게 겸손한 지구 구성원이 될 것을 조언하고 있다. 우리는 하나의 생명종으로서 다른 종

과의 관계를 사회적 의제로 다룰 수 있어야 한다. 이 문제는 인류세 문제와 관련이 있다.[15]

15 14장 '인류세와 지구족'을 참조하라.

참고문헌

1 Darwin, Charles. 1859. *On the Origin of Species by Means of Natural Selections, or the Preservation of Favoured Races in the Struggle for Life*. Ebook.

2 찰스 다윈. 2019. 《종의 기원 : 자연 선택을 통한 종의 기원에 관하여 또는 생존 투쟁에서 선호된 품종의 보존에 관하여》, 장대익 옮김, 사이언스북스.

3 찰스 다윈. 2019. 《종의 기원 : 톺아보기》, 신현철 옮김, 소명출판.

4 스티븐 제이 굴드. 2002. 《풀하우스 : 진화는 진보가 아니라 다양성의 증가다》, 이명희 옮김, 사이언스북스.

5 Freud, Sigmund. 2001[1917]. "A Difficulty in the Path of Psycho–Analysis", in *The standard edition of the complete psychological works of Sigmund Freud Vol. 17(1917-1919): An Infantile Neurosis and Other Works*, Vintage. pp. 137–144.

6 Baptista, L. F., Martinez Gomez, J. E., & Horblit, H. M. 2009. Darwin's Pigeons and the Evolution of the Columbiforms: Recapitulation of Ancient Genes, *Acta ZoológicaMexicana* 25(3), pp. 719–741.

7 Anisimova, M. 2003. "Detecting Positive Selection in Protein–coding Genes", https://www.researchgate.net/publication/268326863 (2024. 1. 10 검색).

8 Woese, C. R., Kandler, O. and Wheelis, M. L. 1990. "Towards a natural system of organisms: Proposal for the domains Archaea, Bacteria, and Eucarya", Proc. Nati. Acad. Sci. USA 87, pp. 4576–4579.

6장

공생하는 생명

미생물학자이면서 진화이론가인 린 마굴리스(Lynn Margulis)는 생명에 대한 새로운 설명을 제안했다. 바로 공생을 통한 생명의 역동성에 관한 것이다. 다윈이 생명종의 경쟁과 무의도적인 자연의 행위에 주목했다면, 마굴리스는 생명의 다른 측면, 즉 공생과 삶의 의지에 초점을 맞추었다. 다윈은 생명에 대한 우리의 앎이 여전히 부족하다는 것을 알고 있었다. 그는 생명종이 다양하지만 공통 과거를 공유하고 있다는 사실을 확정했다(5장). 마굴리스는 다윈 이론의 기본 원칙을 인정하면서도 과감하게 강조점을 이동시켰다.

그의 관점은 생명과 지구 시스템에 대한 우리의 이해를 새로운 조망으로 이끌었다. 그래서 신다윈주의자들이 유전자결정론과 사회생물학으로 길을 잃었을 때, 마굴리스의 공생이론은 균형 잡힌 민감성과 유연함을 유지할 수 있었다.[1] 미생물이 우리 눈에 들어오기 시작한 것은 그리 얼마 되지 않는다.[2] 미생물은 눈으로 직접 확인할 수 없으므로 현대의 삶에서도 그 존재를 잊고 지내기 쉽다. 마굴리스는 먼 과거에서 현재에 이르는 거대한 생활사를 통해서 미생물을 강력한 생명체로, 그리고 매력적인 존재로 우리 앞에 데려다 놓았다. 그 덕분에 미생물의 세계를 더 '현실적인 자연'으로 대면할 수 있게 되었다.

마굴리스의 공생이론은 처음에는 소수 의견에 불과했지만, 점차 호응을 얻었다. 과학자이며 저술가인 호르헤 와헨베르그(Jorge Wagensberg)는 마굴리스를 기리는 글에서 "공생발생, 서로 다른 생물들이 융합하여 생존가능한 별개의 새로운 생물을 만든다는 개념은 생물학에서 자연선택 이후 가장 아름답고 강력한 개념"이라고 극찬했다[1]. 화학자 제임스 러브록(James E. Lovelock)은 "린은 전선에서 군대를 지휘하는 장군 같았다. 그녀는 자기 영역이라는 참호에 틀어박혀 있는 지구과학과 생명과학 분야의 동료들에 맞서 전투를 벌였다"라며 마굴리스를 회상했다[1].

우선 마굴리스는 기존 생물 교과서의 오류와 왜곡을 비판했다. 생물 교과서 집필자들은 생물이 환경과 분리되어 독립적으로 존재하며, 환경이 정적인 무생물 배경처럼 작동한다고 암시했다. 이런 태도는 예외 없이 생명에 대한 오해를 불러왔다. 이 관점은 자연을 수동적인 것으로,

---

1 다윈의 자연선택 개념에 대한 논쟁이 있다. 신다윈주의는 이 개념을 개체 차원에서 발생한다고 보았고, 마굴리스는 집단 선택을 믿는 진화생물학자에 속했다. 관련 논쟁에 대해서는 책 《린 마굴리스: 진화의 역사를 다시 쓴 과학의 이단자》 중에서 조시 마셀도르프(Josh Mitteldorf)의 글, "신다윈주의와 집단선택 논쟁"을 참조하라.

2 17세기 현미경의 발명과 함께 로버트 훅(Robert Hooke)이 처음 세포를 발견했고, 곧이어 안토니 판 레이우엔훅(Antoni van Leeuwenhoek)이 미생물학을 새로운 분과로 수립했다. 19세기 중반 루이 파스퇴르(Louis Pasteur)가 미생물이 부패에 관여한다는 사실을 밝혔고, 이어서 로베르트 코흐(Robert Koch)는 미생물이 결핵과 콜레라 등 질병을 일으킨다는 사실을 알아냈다.

그리고 또 지배와 정복의 대상으로 간주했던 근대과학의 기계론 관점에서 온 것이다. 마굴리스의 관점에서 생물과 환경은 서로 긴밀하게 얽혀 있다. 생물들이 서로 긴밀히 얽혀 있다고 말했던 다윈의 설명(5장)에서 한발 더 나아간 것이다. 그래서 마굴리스에게는 흙도 죽은 것이 아니다. 흙은 부스러진 바위나 꽃가루, 곰팡이의 균사, 섬모충의 포낭, 세균의 포자, 선충류 등 여러 미생물이 뒤섞여 있는 혼합물이다. 흙은 단순히 물질적 대상이 아니라 생명과 상호작용하며 변화하는 유기체적 특질을 가진다.

45억 년 전 지구는

생물학자에게는 언제나 '생명이란 무엇인가?'라는 근본적인 질문이 따라다닌다. 마굴리스는 이 문제에 답을 찾기 위해서 생물학자가 관찰해야 할 시간과 공간을 최대한 확장한다. 그의 시간은 지구가 탄생한 45억 년 전에서 현재까지를 포함하며 그의 공간은 지구 생태 메커니즘 전체를 대상으로 한다.[3] 생명을 정의하는 문제는 생명의 역사에 관한 것이고, 생명의 역사는 지구의 역사와 분리할 수 없다.

"초기 지구는 그 자체로 초대형 실험실이었다"[8]. 그 거대한 실험이 지금의 지구를 있게 했다. 지구의 모습은 이웃 행성인 금성이나 화성과는 완전히 다르다. 어떻게 그럴 수 있었을까? 지구화학자 제임스 러브록(J. E. Lovelock)의 '가이아 이론(Gaia theory)'에 따르면 바로 생물권

3 마굴리스의 공간적 확장은 우주도 포함한다.

(biosphere)이 지구를 창조해냈다[2]. 마굴리스는 러브록과 함께 가이아 이론을 발전시키는데 기여했고 그의 공생이론의 토대로 삼았다.

지구의 생명체가 해낸 일 중에서 가장 극적인 것은 지구의 대기 조성 변화이다. 금성과 화성의 대기를 지구와 비교해보면 그 차이를 즉시 알 수 있다. 금성과 화성의 대기는 이산화탄소가 96% 이상이고, 그 외 질소나 미량가스로 구성되어 있다. 러브록에 따르면, 금성과 화성의 대기 구성은 엔트로피 법칙에 따른 자연스러운 화학적 평형 상태이다. 이에 비해서 지구는 질소가 약 80%, 산소가 약 20%, 나머지 미량가스로 구성되어 있는데, 이산화탄소는 0.03%에 불과하다. 지구의 대기 구성은 화학적 평형으로 종결지어져야 할 '자연 법칙'을 어기고 있다.

무엇이 이런 일을 해낸 것인가? 러브록과 마굴리스는 지구 생물권(가이아)이 그 일을 해냈다는 데 동의했다. 일견 미미해 보이는 지구의 여러 작은 생명체가 끊임없이 상호작용을 하며 긴밀한 교환관계를 형성했고, 그 활동을 통해서 오랜 세월 동안 지속적으로 지구의 생리적인 특성들을 변화시켜온 덕분에 현재의 지구가 될 수 있었다.

마굴리스는 생명의 역사를 조망할 때 DNA보다 세포(cell)를 생명의 기본 단위로 다루어야 한다고 강조했다. DNA가 유기체의 삶 전체를 관장한다는 견해는 일종의 '문자주의(literalism)'이다.[4] DNA 중심주의는 유기체의 풍부한 삶을 제거하여 기계적인 인과론으로 유도한다. 이러한 유전자결정론은 마치 결정적인 자연의 법칙을 제시한 것처럼 보이지만 현실에서 세포 없는 DNA는 아무것도 할 수 없다. 세포(cell)의 언어적

---

4 문자주의란 고전을 해석할 때 맥락보다는 문구 그대로 수용하는 것을 말한다. 《한 장의 잎사귀처럼》에서 도나 해러웨이(Donna Haraway)는 마굴리스처럼 DNA 중심주의를 비판하며 유기체적 관점을 옹호했다.

정의는 '작은 방' 또는 '한계를 정한다'는 뜻이지만, 현실의 세포는 자신의 한계를 초월해서 계속 성장할 수 있다. 생명은 자신을 고치고 유지하고 다시 만들면서 자신을 능가해가는 놀라운 능력이 있다.

이런 생각을 마굴리스만 한 것은 아니다. 구소련 인지심리학자 비고츠키(Lev Semenovich Vygotsky)는 근대과학의 분석 체계를 전환할 필요가 있다고 지적했다[3]. 기계적 최소 단위에 집착하기보다 통일체의 기본적인 모든 특질을 갖추고 있으면서 더 이상 분해할 수 없는 부분을 분석의 단위로 삼아야 한다는 것이다. 유기체에서 세포는 고유한 생명의 주된 모든 특질을 지니며 그 자체로 살아있는 최소 단위이고, 세포를 연구할 때 생명체의 특질을 잘 이해할 수 있다.

마굴리스는 원시적인 지구에서 이제 막 등장한 작은 세포가 어떤 방식으로 자신의 삶을 개척했을지에 주목하면서 생명의 역사를 추적했다. 약 45억 년 전 초신성 폭발의 잔재가 응축해서 지구가 탄생했다. 그 후 얼마 지나지 않아서 별의 구성 물질로부터 생명체가 발생했다. 약 35억 년 전 우리의 공통 조상인 박테리아(세균)가 등장했고, 약 30억 년 전에는 고세균[5]이, 이어서 20억 년 전에 진핵생물이 출현했다. 이후에 생명체는 매우 다양해져서 가장 작은 세포인 세균에서부터 거대한 생물권에 이르기까지 '자신을 더 많이 만들어내는 방식'으로 지속성을 확장해왔다.

생물권(biosphere) 개념은 구소련의 광물학자이면서 화학자인 블라디미르 버나드스키(Vladimir Vernadsky)가 처음 고안한 용어이다. 그는 이

---

5 고세균(Archaea)이라는 이름은 그리스어 '오래된(old)'에서 나온 것으로 지구상에 처음 출현한 존재라는 의미이다. 우즈(Carl R. Woese)는 고세균을 '진정한 박테리아(Eubacteria)'로 부른다[7].

용어를 통해서 결과적으로 지구과학과 생명과학을 통합하는 일을 해냈다. 서구의 생물학이 생명을 유전자와 분자로 세분화할 때, 소련의 생물학자들은 행성의 변화와 생태계를 통합하여 생명을 이해하는 새로운 길을 열었다.[6] 생물권은 지구를 둘러싸며 성장하고 스스로 상호작용하는 얇은 물질층을 지칭한다[5]. 지구가 달걀이라면 생물권은 달걀껍질 정도의 얇은 두께를 가지고 있다.

생물권은 지구 표면 두께 약 20km에 해당하는 부분으로, 최상부는 대기권이고 밑바닥은 대륙암과 심해저로 이루어져 있다. 생물권 내 여러 부분은 서로 유기적으로 연결되어 있어서, 여기에서 떨어져나온 생명체는 살아갈 수 없다. 러브록이 지구의 유기체적 성격을 지칭하기 위해서 '가이아'라는 이름을 소환한 이유이다. 러브록은 가이아를 생물과 무생물이 상호작용하면서 스스로 진화하고 변화해 나가는 하나의 생명체이자 유기체라고 정의했다.[7] 마굴리스는 가이아를 곧장 생명체로 간주하기보다 '메타-생명'으로 해석하기를 제안한다.

마굴리스와 러브록처럼 생명과 지구를 함께 묶어서 관찰할 때 양자 모두에 대한 더 높은 이해로 나아갈 수 있다. 인류는 지구 환경을 이제 막 발견했을 뿐이다. 인류는 인간의 발달 단계로 보자면 거울 단계에 불과하다[7]. 거울 단계란 프로이트의 정신분석학에 나오는 개념으로, 아이가 거울 속 자신을 보면서 거울 속 인물이 자기 자신이라는 것을 인

---

6 프리먼 다이슨(Freeman J. Dyson)의 책 《과학은 반역이다》 중 1~5장 '생물권은 중요하다'를 참조하라.

7 생물권 개념은 브뤼노 라투르(Bruno Latour)의 임계지점(Critical zone)과 같은 개념이다. 14장 '인류세와 지구족'을 참조하라. 생물권 또는 임계지점은 지구의 존재론적 지위와 관련이 있다.

식하는 상황을 지칭한다. 인간이 생명체 또는 지구 환경을 이제 막 이해하기 시작했다는 겸손함이 필요하다.

마굴리스는 지구라는 행성과 생태는 상호의존적이므로 하나의 분과로 연구할 필요가 있다며 행성생태학(Planetary ecology)이라는 새로운 분과를 제안했다. 프랭크 허버트(Frank P. Herbert)의 과학소설 《듄(Dune, 1965)》에는 리에트 카인즈 박사라는 행성생태학자가 등장한다. 행성생태학이라고 명명하는 순간, 단지 과학 분과의 탄생이라는 의미로 그치는 것이 아니라 정치 운동으로 전환된다. 듄에서 카인즈 박사의 행동은 과학과 정치의 결합을 암시한다. 행성의 구성원들은 그 행성의 생태에 의존하여 삶이 달라지기 때문이다. '어디에 의미를 둘 것인가?'의 문제는 '무엇을 볼 것인가?'를 결정한다. 의미와 관측이 분리될 수 없듯이 과학은 정치와 연루된다.

생명, 외부 세계를 지각하는 존재

마굴리스에 따르면 생명의 중요한 특질 중 하나는 외부 세계를 지각한다는 것이다. 그래서 생명이란 '지각할 줄 아는 물질'이다. 가장 단순한 세포조차도 매 순간 외부 환경을 지각하고 그에 반응하면서 자신의 생존 방향을 찾아간다. 외부 환경을 지각한다는 것은 살아있는 물질(생명)에게 결정적인 능력이다. 지각의 결과를 토대로 세포, 그리고 생명은 무엇인가를 선택할 수 있다. 그래서 생명은 '선택하는 물질'이다. 그 선택의 과정을 통해서 세포는 자신을 더 많이 만들어내는 방향으로 자신의 한계를 초월해서 성장해갈 수 있었다. 그런 생명의 선택들이 쌓여서 어느 시점에 진핵세포도 등장할 수 있었다.

원생생물 에밀리아나 헉슬레이(Emiliana Huxleyi)는 원시지구에서 미생물들이 거대한 힘으로 작동했음을 예증해준다. 이 생명체는 단추처럼 생긴 비늘로 덮여 있고 지름은 20 마이크로미터밖에 안 되는 아주 작은 생명체인데, 적도에서 아극지까지 거의 모든 지역에 존재한다. 이 생물은 바다에서 칼슘을 침전시키며 디메틸설파이드 가스를 생성하여 구름 형성에 관여하고 해양 온도 유지와 기후변화에 영향을 미친다.

다윈 이론을 통해서 우리는 생명의 진화에 관한 개념을 개선할 수 있었는데 다른 한편 생명체와 환경이 일방적인 관계라는 생각을 가지게 되었다. 생명체는 수동적인 존재이고 환경이 생명체를 선택하는 이미지로 그려졌다. 그런데 마굴리스는 생명체의 활동이 지구를 새롭게 만들어냈다는 능동성 개념을 제기했다. 생명체는 단지 환경(자연)의 선택을 받기만 하는 수동적 존재가 아니라 환경과 상호작용하면서 자신에게 유리한 환경을 구축하는 적극적 관여자이다.

마굴리스가 세포의 역동성을 강조했다고 해서 개별 세포가 독자적인 의식을 가지고 있다고 주장한 것은 아니다. 세포가 지각하고, 선택하

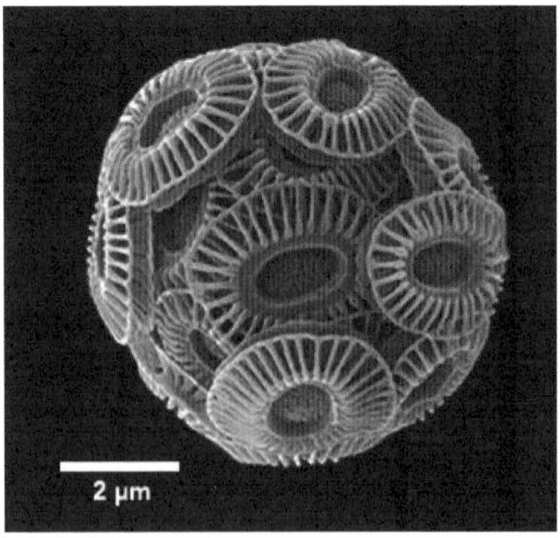

그림 6.1 원생생물 에밀리아나 헉슬레이(Emiliana huxleyi). 바다에서 칼슘을 침전시키며 디메틸설파이드 가스를 생성하여 구름 형성에 관여하고 해양 온도 유지와 기후변화에 영향을 준다.

자료: Dr. Jeremy Young, University College London, Wikimedia Commons

고, 지구 환경을 변화시키는 과정은 세포 집단 전체에 의해서 이루어진 효과이다. 자연선택이론에 기반해서 해석한다면, 세포들은 모든 방향으로 움직였을 것이다. 그리고 그중 어떤 방향이 살아남는 데 유리했을 것이고 그 방향의 변이가 누적됨으로써 훌륭한 결과를 이루어낼 수 있었다. 지구의 생명체가 오랜 시간 동안 엄청나게 많은 시도와 실패를 겪은 결과, 오늘날 다양한 생명종과 지구의 환경이 만들어진 것이다.

기계인가? 영혼인가?

마굴리스는 '생명이 기계인가, 영혼인가?'라는 철학적이면서 대중적인 질문도 꺼냈다. 기계론(mechanism)은 17~18세기에 태엽으로 움직이는 자동 시계와 장난감이 많아지면서 생명조차도 도르래나 톱니바퀴 같은 기계로 만들어졌으리라는 상상에서 나왔다. 자연과학이 발전하면서 아이작 뉴턴은 새로운 중력의 법칙으로 행성의 운동을 설명했는데, 이 영향으로 사람들은 우주도 기계적으로 작동한다는 인상을 가지게 되었다. 여러 가지 과학 활동이 더해지면서 기계론에 대한 확신이 점점 더 강해졌다.

한편 물활론(animism)은 동물만이 아니라 우주 만물 하나하나에 살아있는 내적 영혼이 있다고 보는 세계관이다. 연금술 전통에서 '자연에 정신이 충만하다'는 생각도 물활론에서 온 것이다. 물활론의 세계에서는 사람이나 동물, 지리적인 특징, 자연 현상, 무생물 등 모든 사물이 마음을 가지고 있고 서로 연결되어 있다. 이 세계관은 일본 애니메이션 〈원령공주〉처럼 자주 이야기의 소재가 된다. 나무의 정령 '코다마'는 자연의 모습을 친밀하게 만들어 준다. 사실 이런 생각은 자연스러운 것이다. 직접 확인할 수는 없지만, 자연의 존재가 저마다 내부에 어떤 원리를 가지고 있어서 스스로 움직이며 다른 존재와 소통한다고 보는 설명도 그리 나쁘지 않다.

이렇게 생명은 여러 차원의 모습으로 출현한다. 어떤 모습이든지 생명은 예나 지금이나 흥미롭고 매력적이며 여전히 수수께끼에 쌓여 있다. 생명은 생물학자만이 아니라 여러 분야의 과학자를 매료시키는 힘이 있다. 물리학자 에르빈 슈뢰딩거(Erwin R. Schrödinger)는 《생명이란 무엇인가?(1944)》라는 저술로 유명하다. 생명이 열역학 제2 법칙을 위배하기 때문이다. 과학자는 이 딜레마에 답을 해야 할 의무감을 느꼈을 것이다.

열역학 제2 법칙은 엔트로피 증가 원리이다. 에너지의 방향은 무질서도가 감소하는 방향으로 역행할 수 없다(1장). 그런데 생명체는 계속 자신의 내적 질서를 유지하고 확장하고 있다. 생명체가 열역학 제2 법칙을 위반하는 것으로 보인다. 과학자들은 생명과 열역학 법칙 사이의 상충에 대해 여러 가지 설명을 내놓기 시작했다. 리 스몰린(Lee Smolin)과 마틴 리스(Martin Rees) 등 우주학자는 우리 우주가 생명과 지능의 발달에 우호적임에 틀림없다고 생각했다.[8] 바바라 맥클린톡이 말했듯이 생명과 자연은 너무나도 복잡해서 그것을 이해하려는 사람에게 여러 가

8 "핵력과 중력 그리고 화학적 힘들이 조금만 달랐더라도 생명은 등장하지 못했을 것이다. 지구 생명체는 스스로 적응하는 역량이 있지만, 물리적 환경이 그런 여지를 주지 않았다면 어떤 생명체도 적응할 방도가 없었을 것이다. 어찌된 일인지 우리 우주는 중력 붕괴와 우주 팽창이 거의 정확하게 평형을 이루도록 미세조정 되어 있다." (프리먼 다이슨의 책, 《과학은 반역이다》에서 재인용)

지 모습으로 출현한다.[9]

생명은 때로는 기계적인 것으로 보이기도 하고, 때로는 영혼을 가진 것처럼 보인다. 마굴리스는 기계론이나 물활론 대신에 제3의 관점을 제안했다. 마굴리스는 기계론과 물활론 모두 그대로 받아들이기 어렵다고 보았다. 기계론은 너무 단순하고 소박하고, 물활론은 비과학적이기 때문이다. 물활론적 관점은 우주를 하나의 거대한 생물체로 보는 관점인데, 여기에는 약점이 있다. 모든 것이 다 살아있다고 한다면 산 것과 죽은 것, 그리고 살았던 적이 한 번도 없던 것 사이에 구분이 모호해진다. 그렇게 되면 생명이라는 개념이 특별할 것이 없게 되고 그러면 생명에 관한 흥미를 잃어버릴 것이다[6].

반면에 기계론은 인간이 자기 자신을 의식하고 또 스스로 결정을 내리는 능력을 어떻게 가지게 되었는지를 설명하지 못하는 약점이 있다. 기계론적인 우주관은 의지적인 선택을 부정하기 때문이다. 일반적으로 우주가 기계라는 관점은 창조주에 의해서 만들어졌다는 생각을 암시한다. 신이 세계를 창조했다는 설명은 모든 의문을 일거에 해소하는 장점이 있지만, 사실 아무것도 설명하지 않아도 되는 상황을 만든다.[10] 슈뢰딩거는 생명의 물리화학적인 토대를 찾으려고 했고, 왓슨과 크릭은 생명의 비밀을 찾기 위해서 DNA 모델을 창안했다. DNA 작용 메커니즘은 중요한 과학적 발견이기는 하지만, 그것만으로는 생명을 설명할 수 없다. DNA는 혼자서는 아무것도 할 수 없다. 그것은 오직 세포 안에서만 작용할 수 있다.

---

9 3장 '과학과 젠더'를 참조하라.

10 흔히 근대과학이 종교와 대립적이라고 생각하지만 일면적인 이해일 뿐이다. 양자는 한때 경쟁자였지만 기계론적 세계관을 공유하고 있다.

물론 기계론 과학이 아무 일도 하지 않은 것은 아니다. 생명이 '물질과 에너지의 창발적 작용(emergent behavior)'이라는 사실을 확인해주었다. 오랜 시간 동안 지구에서 우연적인 여러 사건이 일어났고 그 과정에서 생명이 출현했다는 가설이다. 그중 하나는 시너지 현상(synergistic phenomena)이다. 생명, 사랑, 행동을 시너지 현상으로 보는 것이다. 마굴리스는 시너지 현상에 기반하여 상상을 펼쳤다. 먼 옛날 어떤 화학물질이 물이나 기름 속에서 섞여 충돌하다 보면 그것이 막을 형성할 수 있고, 그 막이 일정 시간 유지된다면 그 안에서 초보적인 생명 현상이 일어날 수 있다[7].

다윈도 잘 알고 있듯이 자연선택만으로는 실체적인 진화적인 혁신을 창출하기 어렵다. 자연선택은 이전의 것에서 개량된 형질과 새로 만들어진 형질들을 부단히 유지할 수 있을 뿐이다. 어딘가에서는 새로운 형질이 발생해야만 그 이후에 자연선택이 일어날 수 있는 것이다. 새로운 형질은 어떻게 발생하는가? 바로 마굴리스의 연구가 돋보이는 지점이다. 마굴리스는 별개의 두 형태가 합쳐지면 시너지 효과로 제3의 창발적인 새로운 형태가 만들어진다는 가설을 세웠다. 예를 들어 원핵생물은 유전자 교환을 통해서 매우 다양해질 수 있다.

유전자 교환은 원핵생물의 여러 가지 기능 중에서 가장 일상적인 과정이다. 원핵생물은 구균이나 바실러스, 나선박테리아, 비브리오 같은 형태를 띤다. 전 세계의 모든 박테리아는 유전자 교환을 통해서 거대한 유전자 풀을 구성하고 있다. 전체 박테리아에 적용가능한 메커니즘을 공동으로 소유하는 것이다. 이로써 지구 생명체는 상호 교신하고 협동하는 범세계적인 박테리아 초생물체(superorganism)를 만들어냈다.

오토포이에시스, 세포에서 생물권까지

마굴리스는 DNA와 세포의 결정적 차이로 자기 생산, 즉 오토포이에시스(autopoesis) 개념을 지목한다.[11] 생물학자 움베르토 마투라나(Humberto Maturana)와 프란시스코 바렐라(Francisco J. V. García)가 생명의 기본적인 본질이 자기 생산이라고 정의했던 것을 계승한 것이다. 생명이 자기-생산적인 활동을 하지 않는다면 자기 유지를 할 수 없을 것이다. 생명은 끊임없이 물질대사를 하면서 화학 활동, 분자 활동을 통해서 자기 자신을 유지한다. 자기-생산하는 생물은 노폐물을 배설하고 열을 발산하는 방식으로 외부 세계에 무질서를 방출한다. 이는 열역학 제2 법칙에 부합한다.

> "정상적으로 깨어 있는 상태에서 인간의 몸은 공기에서 뽑아낸 산소 원자를 사용하여 곡예적으로 당분을 태운다. 그 격렬한 활동에서 신체는 뚜렷한 신진대사로 돌아간다. 근육은 초기 박테리아에 의해 발명된 것과 같은 혐기성 방법으로 당을 발효시킨다. 그러므로 스트레스를 받을 때, 우리의 몸은 대기가 산소로 가득 차기 전의 시간을 '기억'한다. 이러한 생리적 플래시백은 과거의 환경조건과 그 속에서 살기 위해 진화한 몸을 나타낸다."[6]

생명은 자기-생산 과정을 통해서 내부 질서를 보존하고 증가시킨다. 생물은 처음 지구에 출현하던 그때부터 물질을 재사용하고 폐기물을

---

11 autopoiesis의 auto는 '자기'를 뜻하며, poiein은 '만들기'라는 뜻의 그리스 어근이다.

외부로 배출하는 존재방식을 알았다. 박테리아는 원생생물로 진화해서 바다의 칼슘과 규소, 철을 이용할 수 있고, 어느 적당한 때에 동물로 진화했다. 동물은 단독으로 혹은 협력해서 무기물을 이용하여 터널이나 둥지, 또는 벌통이나 댐을 만들 수 있다. 식물조차도 자기보존의 능동성을 가진다. 어떤 식물은 무기물을 끌어와서 초식동물이 자신을 먹지 못하게 만드는 방법을 개발했다.

DNA는 생물에게 중요한 분자이기는 하지만 그 자체로는 살아있다고 할 수 없다. DNA는 다른 생명체(세포) 속에 들어간 후에야 자기 유지가 가능하다. DNA 분자는 자신을 복제하지만 스스로 물질대사를 할 수 없으므로 자기 생산적 단위가 아니다. 그래서 DNA 자체는 좀비에 불과하다. DNA를 생명의 기본 단위로 볼 수 없는 이유이다.[12] 유전자만 가지고 있는 바이러스는 물질대사를 하지 못하며 세포 속으로 침투한 이후라야만 자기 생산을 할 수 있다. 그러므로 바이러스는 그 자체로는 생명이 아니다. 이에 비해 박테리아 세포는 지름이 약 1mm(10^{-3}m)에 불과하지만 자기 생산을 수행하는 단위이다.

세포처럼 생물권도 자기 생산적 활동을 한다. 세포에서 생물권까지 그 크기나 모습이 다양하지만, 자기 생산성이 있다는 점에서 닮았다. 생물권은 다양한 세포와 무기물로 구성되어 있으며, 자기 생산적인 물질대사를 통해 작동한다. 지구의 대기권은 생물권의 한 부분으로, 생물권의 자기 생산적인 특성에서 나온 결과이다. 이산화탄소를 소비하는 생물, 즉 식물, 조류, 광합성 세균, 메탄생성 세균 등 지구 표면의 여러 생물이 서로 연합하여서 7억 년 동안 대기 중의 산소 농도를 약 20% 수

12 복제는 생명의 근본 특징이 아니다. 노새는 자손을 낳지 못하지만 왕성하게 물질대사를 하며, 생명체로서의 자기 생산적인 활동을 해나간다.

준으로 끌어올렸고 그 상태를 꾸준히 유지하고 있다[7].

생물들은 태양에 의한 과열에 대항하여 지표면을 식히고 이산화탄소나 메탄 기체를 제거하여서 온실효과를 감소시킬 수도 있다. 또한 수분이나 점액을 활용해서 표면의 색과 형태를 변화시키는 방식으로 생존에 유리한 방향을 찾아냈다. 미생물들은 자기 주변의 기후를 조절하는 능력(microclimate)이 있다[8]. 해양학에서도 같은 사실을 확인할 수 있다. 바다에 사는 수많은 미생물이 바다 환경을 조절하고 유지하는 역할을 했다.

만약 생물학적 작용 없이 화학적 작용만 있었다면 지구는 어떤 모습이었을까? 대륙에서부터 운반된 염화나트륨이나 황산마그네슘 같은 염류로 인해 바다에 염분이 축적되어 결국 박테리아 이외의 생물은 살 수 없을 정도로 높은 농도에 이르렀을 것이다. 그러나 지난 20억 년 동안 바다는 생물이 충분히 살 수 있는 적당한 환경을 만들고 유지해왔다. 바다의 미생물들이 전 지구적인 규모로 해양의 산도와 염도를 감지하면서 안정화한 것으로 추정하고 있다[7]. 일부 진화생물학자들은 지구의 생명이 하나의 살아있는 실체라는 사실을 부정하기도 한다. 살아있는 실체는 경쟁을 통해서만 진화할 수 있다고 보기 때문이다. 이것은 다윈의 생존 투쟁 개념을 강하게 해석한 때문이다.

지구에 거주하는 생물들 사이에 수십억 년에 걸친 상호작용이 자기조절을 수립했다는 증거는 많다. 생물은 개별적으로 자기완결적이고 자율적인 개체라기보다는 다른 생물과 물질 에너지와 정보를 서로 교환하는 공동체의 구성원이다. 생물을 개별적이고 자율적이며 완결적인 개체로 보는 관점은 근대과학의 기계론적인 관점에서 온 것이다. 생물이 지구 표면에 존재하는 것이 아니라, 지구 표면(생물권)이 그 자체로 하나

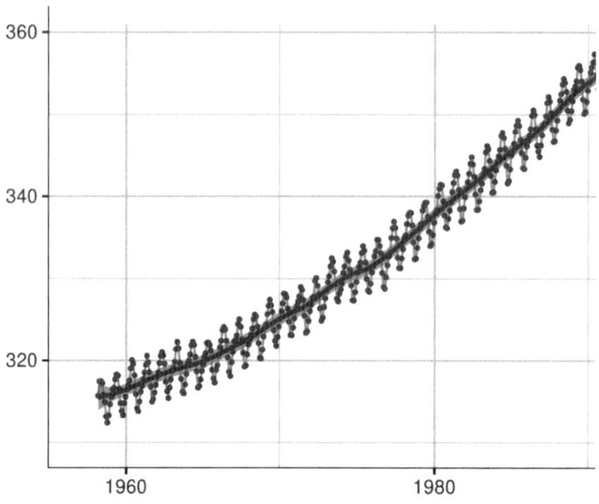

그림 6.2 킬링 곡선(Keeling curve). 북반구에서 계절에 따른 대기 중 이산화탄소의 변화. 여름 동안 대기 중 이산화탄소는 증가했다가 겨울에는 감소한다. 이산화탄소 변화는 지구적 차원의 '호흡'을 연상시킨다.
자료: Oeneis, Wikimedia Commons

의 생물이다. '지구의 호흡'은 이것을 예시한다.

대기과학자 찰스 데이비드 킬링(Charles David Keeling)은 1958년부터 매년 지구 대기의 이산화탄소량을 측정했다. 〈그림 6.2〉에서 보듯이, 이산화탄소량은 계절적인 변화가 있다.[13] 지구에서 생물권의 호흡은 이산화탄소의 농도가 밤인 곳에서는 증가하고, 낮인 곳에서는 감소하는 형태로 나타났다. 일 년의 호흡은 계절의 변화에 따라 변했는데, 북반구에서 광합성 활동이 활발해지면 남반구에서는 서서히 감소하는 경향을 보였다. 생명체는 단지 숨을 쉬는 것만으로도 다른 생명체와 연결된다.

지구가 호흡하는 하나의 유기체라는 메타포는 단지 상징적인 표현

13 또한, 이 그래프는 이산화탄소량이 매년 증가하는 경향도 뚜렷이 보여준다. 이것은 지구 환경의 변화를 암시하는 것으로 해석되고 있다.

에 그치지 않고 현실성을 얻어가고 있다. 마굴리스는 우리의 몸이 단순한 세포들의 집합체 또는 '세포로 우글거리는 해골'이 아니며, 마찬가지로 지구도 단순히 여러 생물체가 모여 사는 거대한 바윗덩어리나 기계가 아니라고 강조한다. 그의 관점으로 지구 행성과 생태계를 바라본다면 우리는 매우 다른 지구를 만날 수 있다.

켄타우로스와 야누스

그렇게 행성 지구는 박테리아보다 훨씬 더 큰 생물체도 생활할 수 있는 비옥하고 풍요로운 곳이 될 수 있었다. 마굴리스가 전하는 '박테리아의 서사시'는 아름다운 동화보다는 기이한 북유럽 신화를 닮았다. 어느 순간 아주 단순한 세포인 고세균[14]이 다른 세균을 먹이로 삼켰는데, 그중 일부가 소화되지 않고 세포 내에서 계속 살아남았다. 고세균과 세균은 포식자와 피식자로 만났지만, 우연히 서로 상호 유익한 관계로 전환할 수 있었고 결국 하나의 새로운 세포로 발전했다. 마굴리스는 '세균과 고세균이 모든 것을 다 해냈다'라며 감탄했다. 원시지구 박테리아와 고세균이 등장하고 번성하던 시절에 생명의 중요한 특징을 형성하는 사건이 거의 모두 일어났다는 의미이다.

---

14 고세균은 세균(박테리아), 진핵생물과 함께 3개의 생물 역 중 하나이다. 부분적으로 세균과 닮아있고, 부분적으로 진핵생물과 닮아있다. 이름에 세균이 들어가기는 했지만, 원핵생물인 세균과 분류학적으로 매우 차이가 커서 세균과 고세균의 차이는 동물과 균류 사이 차이보다 크다. 생명의 나무에서 고세균은 박테리아와 진핵생물 사이에 있다(5장 생명의 진화, 〈그림 5.1〉 참조).

끈 모양의 스피로헤타 박테리아는 고세균을 만나서 합병하여 새로운 형태의 세포를 만들었다. 이 과정에서 진핵세포가 창발할 수 있었고, 스피로헤타는 진핵세포의 파동모가 되었다. 스피로헤타와의 공생관계는 더 깊어져서 양자는 거의 구분해낼 수 없는 상태로 변했다. 우리의 나팔관이나 정자 꼬리의 파동모는 그 흔적일 것이다. 세포는 다양하게 결합해서 다수의 혼종 세포를 만들었고 그것이 오늘날 생명의 다양성을 만들어냈다[7].

오늘날 세포는 여러 다른 존재들의 공생 결합의 결과물이다. 세포는 혼종이고 괴물이라는 점에서 켄타우로스이고 야누스다.[15] 세포는 개별적으로 자연선택을 통해서만 진화한 게 아니고, 서로 의존관계를 통해서 때로는 먹이 관계를 통해서 상호작용하고 공생하며 새로운 변이를 생산해냈다.

이런 맥락에서 세포(생명)는 기계적인 측면과 목적론적인 측면을 모두 가지고 있다. 세포도 생명도 다른 사물들과 마찬가지로 물리법칙과 열역학 법칙의 규제를 받는다는 점에서 기계론적인 측면이 있다. 생명은 일시적으로 열역학 제2 법칙을 위반할 수 있을 뿐이다. 생명은 에너지를 사용해서 내적 질서를 강화하고, 나머지 무질서해진 열을 우주 공간으로 배출한다. 그 과정에서 지구 대기의 화학 반응성에 영향을 준다.

생명은 때로는 영혼이 있는 것으로 보인다. 영혼의 문제는 생명만큼이나 관심과 논란의 주제이다. 직접 관찰할 수 없기 때문이다. 그러나 마굴리스는 생명체에는 분명 목적론적인 측면이 있다고 확신했다. 바로 이 지점이 다윈의 비결정론 모델과는 다른 마굴리스의 고유성이다. 세

15 켄타우로스는 말과 인간이 합쳐진 괴물이고, 야누스는 2개의 얼굴을 가지고 있는 괴물이다.

포(생명)는 열적 평형 상태(죽음의 순간)를 무한히 유예하기 위해서 끊임없이 새로운 양태를 만들어내면서 자신의 삶을 개척했다. 세포는 집단적 차원에서 공생과 창발 그리고 선택을 통해서 자신의 목적(성장)을 이루어 가고 있다.

세균과 고세균이 해낸 일

지구의 역사와 생명종의 역사에서 세균이 차지하는 기간은 매우 길다. 생물의 역사에서 80%는 미생물의 역사였다. 세균에게는 종이 없고 개체성도 없다. 종(species) 개념을 적용할 수 없는 상태로 생존했던 시간적 기간이 더 길다는 것이다. 고세균과 박테리아는 DNA와 단백질만으로 이루어진 낮은 수준의 염색체로 가득 찬 세포핵, 운동하는 방사추, 다양한 기능을 가진 특수화된 소낭과 튜브에 이르기까지 현대의 복잡한 세포들을 발명해냈다[8]. 35년 전에서 20억 년 전 사이의 약 15억 년에 걸친 긴 기간이다. 세균들은 서로 융합해서 더 큰 세포들을 만들고 식물과 동물의 조상을 이끌어냈다. 그 후 소위 고차적인 생물학적 개체들이 새롭게 발명해 낸 것은 거의 없다. 세균과 고세균이 만들어낸 토대 위에서 최초의 동물 세포가 출현할 수 있었다.

현대의 여러 생물 개체에서 공생 발생의 흔적을 쉽게 찾을 수 있다. 믹소트리카 파라독사(Mixotricha paradoxa)는 복잡한 개체성을 가지고 있다. 믹소트리카는 '섞여 있는 실'이라는 뜻이다. 외견적으로 하나의 유기체로 분류되지만, 서로 다른 유전자를 가진 다섯 개 이상의 분류학적 종류의 세포로 구성되어 있다. 세포 안에는 구형의 박테리아가 있고, 섬모처럼 보이는 표면에는 25만 마리의 트레포네 스피로카에테(Treponema spirochetes, 매독을 일으키는 유형)와 25만 마리의 큰 막대 박테리아 그리고 스피로카에테라(Canaleparolina darwiniensis) 종이 포함되어 있다. 다섯 개의 독립적인 유전자를 가지고 있는 세포들의 연합인데도 하나의 생명체처럼 작동할 수 있다.

흰개미와 미생물의 관계도 잘 알려진 공생관계이다. 흰개미는 미생물들이 없다면 생존할 수 없다. 흰개미는 나무를 먹는데, 스스로 셀룰로스를 소화할 수 있는 능력이 없기에 셀룰로스를 분해할 수 있는 미생물에 의지해야 한다. 인간의 신체와 미생물도 필수적인 공생관계를 형성해왔다. 인간 신체 세포는 약 100억 개로 이루어져 있는데 이중 약 90%는 인간 세포가 아니라 미생물이다. 인체 내에는 1만 종이 넘는 각종 미생물이 살고 있고 무게를 합하면 약 2kg에 달한다. 박테리아 없이는 인간은 음식을 소화할 수도 없다. 생물학자들이 인간 신체 내에 있는 미생물들을 신체 내부로 보아야 할지 아니면 외부로 보아야 할지 고심할 정도로 그들은 인간 신체의 내부와 외부의 경계 영역에 존재한다.

하와이산 보테일 오징어(Euprymna scolopes)와 비브리오 피슈리 박테리아(Vibrio fischeri)는 흥미로운 공생관계를 수립했다[10]. 이 오징어는 공생자인 비브리오 피슈리(Vibrio fischeri)와 함께 할 때만 적절한 일생을 살아갈 수 있다. 오징어는 성장기의 어느 시기에 이 박테리아에 감염되어야 한다. 이 박테리아 공생자 덕분에 몸에서 빛이 나서, 오징어의 몸이 달밤에도 그림자를 드리우지 않아 피식자를 속일 수 있다. 비브리오 피슈리가 없는 오징어는 자신의 그림자 때문에 먹이 사냥에서 불리할 것이다. 이 박테리아는 별개의 개체이면서도 오징어의 발달생물학의 완전한 한 부분이 되었다. 이 박테리아는 성인 오징어의 순환 리듬을 조절하는 신호를 만들기도 한다. 이처럼 공생의 관계는 다양한 형태를 창발해 냈고 지구 생태를 풍성하게 만들었다.

세포 내 공생

원시지구에서 고세균은 개체 합병을 통해서 태어나고 공생 합병을 통해서 원생생물로 진화했다. 모든 생물체는 다양한 관계에서 서로에 대한 공생자이며, 공생적 조립물(symbiotic assemblages)이다. 이 개념은 기존의 유전자, 세포, 유기체 같은 경계 단위의 생물학적 실체를 넘어선다. 생명체는 좀 더 역동적이고 복잡한 시스템 내에서 서로 연결되어 있다. 이러한 메커니즘에서 떨어져 나온 개체는 생존할 수 없다.

이런 맥락에서 마굴리스는 '세포 내 공생(Endosymbiosis)' 개념을 제시했다.[16] 이 개념은 러시아 식물학자 콘스탄틴 메레슈코프스키(Konstantin Mereschkowski)에 의해 20세기 초 처음으로 제안되었다. 1960년대 마굴리스가 이 개념을 미생물학적으로 입증했다. '세포 내 공생'의 대표적인 사례로는 미토콘드리아(mitochondria)와 엽록체(chloroplast)를 들 수 있다. 미토콘드리아와 엽록체는 세포 내에 소기관이지만 세포핵의 지배를 받지 않고 독자적으로 행동한다.

동물 세포 속 미토콘드리아는 계통발생학적으로 리케차 박테리아(Rickettsiales bacteria)로부터 왔다. 미토콘드리아는 세포 속에서 자신의 막을 가지고 있어서 세포 내에 있으면서도 세포핵의 '외부'에 있다. 자신

---

16 또는 세포 내 공생이론(Serial Endosymbiosis Theory, SET)으로 불린다.

만의 별도의 유전자를 가지고 있어서 세포와는 달리 단순 분열로 번식한다. 30억 년 전 산소로 호흡하면서 원시 바다를 유영하던 한 무리의 박테리아가 있었고, 이들이 다른 미생물과 결합한 결과일 것이다. 그 박테리아는 진핵세포 내부에서 생활하면서 부산물을 처리하고 산소를 꺼내서 에너지를 제공했을 것이고 그 대신 먹이와 서식지를 제공받았다[6]. 이 새로운 세포는 계속 진화를 거듭하여 점점 더 많은 산소로 호흡하는 복잡한 생물체로 변화할 수 있었다.

식물 세포 속 엽록체는 필라멘트 모양의 시아노박테리아(filamentous cyanobacteria)로부터 왔다. 이 박테리아는 질소를 고정시키는 역량이 있다. 엽록체와 시아노박테리아는 구조적인 유사성이 있다. 엽록체와 시아노박테리아 모두 이중막, DNA, 리보솜, 틸라코이드를 가지고 있다. 질소 고정은 식물의 자기 유지를 위한 결정적이다.

미토콘드리아와 엽록체는 다양한 공생적 연합을 통해서 새로운 생명체가 등장했음을 보여주는 흔적이며 증거이다. 이외에도 여러 공생적 연합은 생물 변화의 주요 원동력이었을 것이다. 유기체들은 서로 결합함으로써 새로운 능력을 얻었고 더 다양해졌다. 다윈 이론이 설명하지 못했던 결핍을 마굴리스가 훌륭하게 채워 넣은 것이다.

이어서 그는 종(species) 개념 자체를 공생을 전제로 재규정하고자 했다. 그는 공생적 연합의 역사를 그림[17]으로 표현했는데, 이 그림이 표현하는 계보의 아래에는 시아노박테리아, 서모플라즈마, 스피로헤타, 파라코쿠스 등 여러 세균과 고세균(원핵생물)이 위치한다. 이들은 초기 원시 지구 환경에서 출현했고 번성했다. 이들이 다양하게 결합하는 과정

17 린 마굴리스의 책 ≪공생자 행성≫, [그림 2] 세포내 공생이론(SET)의 계보(66쪽)를 참조하라.

에서 원생생물계(Protoctista)가 등장한다. 원생생물은 분류상 진핵생물(Eukaryota)에 속하지만 동물계, 식물계, 균계에 속하지 않는 분류이다. 이들의 현생종 사례로는 아메바, 짚신벌레, 홍조류 등이 있고, 극한의 서식지를 비롯하여 모든 환경에서 생태적 다양성을 나타내며 번성하고 있다. 이후에도 공생 연합은 계속된다. 원생생물과 고세균, 또는 원생생물과 원생생물이 다양하게 서로 융합하거나 분기하면서 현재의 식물, 동물, 균류가 출현한다.[18]

최초의 세포

'세포 내 공생' 개념을 따라가면 우리는 최초의 세균(세포)을 상상할 수 있다. 모든 생물이 가지고 있는 공통요소를 찾는다면 실마리를 잡을 수 있다. 그런 요소는 모든 생명체에게 필수적이기 때문에 공통적인 것으로 남았을 것으로 추정할 수 있다[8]. 그러므로 생명체의 공통요소는 초기 세포의 원형을 보여줄 것이다. 생명의 사슬은 끊긴 적이 없으므로 그 요소는 최초의 세균에게서 대물림된 것이다. 그런 점에서 현재의 세포는 살아있는 화석이다.

그 외 미생물 화석을 통해서 원시 세포를 상상할 수도 있다. 또는 세포를 다시 만들어보는 방식으로 초기 세포를 추정할 수 있다. 최소의 요건을 갖춘 세포를 실험실에서 화학적으로 재현하는 것이다.[19] 마굴리

18 마굴리스는 휘태커(Robert H. Whittaker)의 5계 분류법(원핵생물계, 원생생물계, 식물계, 균계, 동물계)을 지지했다. 생명의 공생 진화 과정을 제대로 보여주기 때문이다. 휘태커 분류는 공생적 연합의 시간 흐름과 일치한다.

스는 세포가 점진적으로 발생했을 것이라는 가설에 반대했고 처음부터 상당한 정도로 온전히 구비된 상태에서 발생했다고 주장했다. 최초의 세포들도 현재와 유사하게 막에 둘러싸인 RNA와 DNA에 기반을 둔 자기 유지 형식의 단백질 체제였을 것이다. 그래서 생명은 처음부터 민감했고 자신에게 유리한 방향을 선택할 수 있었을 것이다. 세포는 시작부터 오토포이에시스(autopoiesis)였다.

생명은 본질적으로 기억 저장 시스템(memory-storing system)이다. 세포가 과거의 역사를 화학적으로 간직하고 있다는 주장은 생화학자 해럴드 모로위츠(Harold Morowitz)로부터 시작되었다. 그는 생물학이 물리학과 역사학 사이에 놓여있는 다리라고 생각했다. 공간과 시간 그리고 인과율 외에 기억이라는 개념을 생물학에 추가하면 물리학과 역사학 사이를 연결할 수 있다. 현대 세포의 대사활동 기억은 가장 오래된 암석보다 더 오래된 역사를 저장하고 있다.

현재의 세포는 원시 세포의 모습을 기억으로 내장하고 있다. 동물의 생식세포는 단세포 원생생물의 생활방식을 되풀이하고 있다. 포유류의 수정란은 고대의 원생생물을 닮았다. 정자 세포는 스피로헤타의 꼬리 파동을 닮았다. 말초 신경과 뇌의 신경세포에서도 스피로헤타의 자취를 발견할 수 있다[8].

세포들이 언어적으로도 서로 소통하고 있다는 증거도 있다. 화학자

---

19 마굴리스는 시원 세포를 이해하기 위해서 학생들과 함께 멕시코 산퀸던 만(San Quintin Bay) 탐사 여행을 자주 한다. 해안 군집은 30억 년 동안 유지되어 왔기 때문에 진화의 에덴동산이라고도 불린다. 소금이 말라붙은 석호지대이고 아교질의 뻘 속에 얇게 쌓인 퇴적물이 있는데, 이것이 바로 미생물 깔개라고 한다. 미코플라스마 게니티쿨룸(Mycoplasma geniticulum)이라는 세균이다. 이 세포는 기원 이래에 유사한 모습을 보였을 것으로 추정하고 있다.

일리야 프리고진(Ilya Prigogine)은 화학 시계(chemical clocks), 소산 구조(dissipative structure) 개념을 제기하며 세포들이 화학적으로 소통한다는 가설을 세웠다[8]. 그는 세포가 동 시간의 소통만이 아니라 연대기적으로 생명이 시작된 때부터 현재까지 화학적으로 연결되어 있다고 추정했다. 생명은 탄소 화학의 언어를 사용하기 때문이다. 탄소는 모든 유기물의 기본적인 구성요소이므로 교환가능하다. 최초의 생명이 등장했을 때부터 지금까지 그리고 공간적으로는 지구 행성 전체에 걸쳐서, 생명은 탄소 화학이라는 언어를 사용해서 인간의 시공간을 넘어 소통하고 있다.

인간의 지위, 기생자에서 공생자로

공생이 지니는 힘이 진화의 원동력이라는 마굴리스의 견해는 근대과학의 통념을 뒤흔들어놓았다. 공생 연합 관점에서 인간은 단순한 개체가 아니라 복합체로 보아야 한다. 인간 신체는 여러 세균이나 균류, 회충, 진드기 같은 미소 동물에게 환경을 제공하고 있다. 때로 그것이 인간의 신체를 공격하기도 하지만 더 중요하게는 인간의 신체가 이런 공생자 없이는 유지될 수 없다는 것이다.

생명은 지구를 하나의 유기체적인 것으로 만들어냈다. 이런 맥락에서 인간의 지위를 어떻게 상정해야 할 것인가? 약 1만 년 전에 등장한 문자에서부터 현대의 반도체 문명에 이르기까지 인류가 자랑하는 기술 진보조차도 35억 년이라는 생명 전체 역사 위에서 가능할 수 있었다. 이 점에서 기술을 단지 인간의 재산이라고 볼 수 없다. 기술 문명은 모든 생물이 상호 연계해 있는 총체로서의 생물환경으로부터 온 것이다. 기술은 궁극적으로 인간에게 속한 것이라기보다는 생물권 자체에 속한 것으로 간주해야 한다. 마굴리스의 생각에 사회학자 제이슨 무어도 동의했다. 자본주의를 비롯하여 인간 조직은 "생명의 그물 속에서 인간 자연과 비인간 자연이 공동생산한 것"이다[11].

이런 관점에서 우리는 조금 더 겸손한 태도를 지녀야 한다. 지구와 생명의 역사에서 인간은 아직 침략적인 기생 단계에 있다. 인간의 과학기술은 급격한 기후변화와 환경파괴를 불러왔고 지금도 이 상황이 누그러지지 않고 있다. 막대한 양의 핵무기로 인해서 인간 문명이 완전히 파괴될 가능성도 항시적으로 존재한다. 지구 행성 관점에서 볼 때 인간과 인간 문명이 파괴되더라도 미생물은 여전히 살아남을 것이다. 6,500만 년 전에 소행성 충돌로 공룡이 멸절했지만, 미생물과 미소 동물은 생명의 역사를 계속해왔다. 미생물은 역사적으로 있었던 많은 멸종 사건을 넘어서는 능력을 발휘해왔다. 대재난이 있을 때 생물권은 문제 영역을 뛰어넘어서 새로운 진화의 길을 개척했다.

천문학의 추정에 따르면 태양은 100억 년 후에 소멸할 것이다. 태양의 소멸은 열역학적으로 예견된 일이다. 100억 년이라는 시간은 우리가 인지적으로 상상할 수 없는 아주 먼 미래이다. 태양 소멸은 미생물로 만들어진 공생자 행성도 파괴할 것이다. 아니면 다른 대안을 마련할 수 있을까? 최근에 지구 환경 파괴의 해결책으로 슈퍼 갑부들이 화성기지 건설을 논의하고 있다. 화성 식민지 건설은 윤리적으로 적절하지 않지만, 행성 생태학 관점에서 봐도 성공할 가능성이 거의 없다.

우주 개척론자들이 갑부가 될 수 있었던 것은 지구 시스템과 인간 문명의 덕분인데, 자신들만 살겠다는 계획을 추진한다는 점에서 윤리적으로 정당하지 않다. 그들은 모든 인류를 이주시킬 수 없다. 또한 행성생태학적 관점에서 볼 때 우주에서 생태적으로 자기 작동하는 서식지를 만들려면 지구의 생물권 전체를 이전할 수 있어야 한다. 인간의 몸은 다양한 선조의 생명체들이 만든 공유 재산이고, 지구의 생물권과 분리되어서는 존재할 수 없다. 따라서 우주로 나가려면 지구의 생물계 전체와 함께해야 한다. 지구를 통째로 화성으로 이전해야 하는 것이다. 이것은 사실상 불가능한데도 마치 가능하다는 선전이 사람들을 매료시키고 있다.

화성 식민지와 유사한 실험으로 1991년에 인공생물군계 바이오스피어(Biosphere) 실험이 있다. 2개의 인공생물군계와 농업시설 그리고 인간거주지 등을 구비한 자기생산적 체계를 만들고자 한 것인데, 알 수 없는 이유로 산소가 외부로 유출되면서 실험은 중단되었다. 이 실험은 2007년에 애리조나 주립대학으로 인수되었고 계속 연구가 진행되고 있다. 아직 성공했다는 이야기는 들리지 않고 있다.

근대과학이 인간중심적이며 개별 개체의 성공을 기준으로 보는 기계론적 관점에 토대를 두고 있기 때문에, 자신이 만든 위험과 불확실성에 대처하는 방식에서도 다시 기계론적 방식을 적용하는 경우가 많다. 그러나 그 관점은 세계를 이해하는 데 도움이 되지 않으며, 문제를 해결하는 데도 방해가 되고 있다. 공생이론에 따르면 인간은 다른 생물들과 재결합해야 하며 삶을 공유해야 한다. 그러려면 인간의 지위를 생물권의 '기생자'에서 '공생자'로 이동해가야 한다.

참고문헌

1 도리언 세이건. 2015.《린 마굴리스: 진화의 역사를 다시 쓴 과학의 이단자》, 이한음 옮김, 책읽는수요일.

2 제임스 러브록. 2004.《가이아: 살아있는 생명체로서의 지구》, 홍욱희 옮김, 갈라파고스.

3 레프 S. 비고츠키. 2021[1934].《사고와 언어》, 이병훈·이재혁·하승철 옮김, 연암서가.

4 프리먼 다이슨. 2000.《과학은 반역이다: 물리학의 거장, 프리먼 다이슨이 제시하는 과학의 길》, 김학영 옮김, 반니.

5 Latour, Bruno. 2017. *Facing Gaia : Eight Lectures on the New Climatic Regime*, Polity: Cambridge · Medford.

6 린 마굴리스·도리언 세이건. 1999.《생명이란 무엇인가?》, 황현숙 옮김, 지호.

7 린 마굴리스. 2007.《공생자 행성》, 이한음 옮김, 사이언스북스.

8 린 마굴리스. 2011.《마이크로코스모스: 40억 년에 걸친 미생물의 진화사》, 홍욱희 옮김, 김영사.

9 애나 로웬하울트 칭. 2023.《세계 끝의 버섯, 자본주의의 폐허에서 삶의 가능성에 대하여》, 노고운 옮김, 현실문화연구.

10 Haraway, Donna J. 2016. *Staying with the Trouble: Making Kin in the Chthulucene*, Duke Univ. Press: Durham, NC.

11 제이슨 W. 무어 2020.《생명의 그물 속 자본주의》, 김효진 옮김, 갈무리.

7장

생명의 움벨트

인문학자에게 큰 영향을 준 과학자를 꼽는다면 단연 야콥 폰 윅스퀼(Jakob von Uexküll, 1864~1944)일 것이다. 그는 에스토니아 출생 생물학자로서, 1891년 개구리 신경계 연구를 시작으로 오징어와 성게 등 바다 생물체로 연구를 옮겨갔고 드디어 1934년 생명의 움벨트 이론을 제시했다. 윅스퀼은 표면적으로 다윈주의자가 아니다. 그러나 다윈과 윅스퀼 두 사람 모두 자연을 하나의 원인과 결과로 설명하려는 방식을 거부했다는 점에서 공통점이 있다[1]. 모든 생명은 고립된 존재가 아니고 대위적으로 상호의존하는 방식으로 존재한다. 거미는 파리에 맞추어서 거미줄을 잣고, 진드기는 포유류를 지각하는 감각기관을 가지며[2], 붉은토끼풀의 화밀은 작은 땅벌만이 들어갈 수 있다[3]. 따라서 땅벌의 생존과 붉은토끼풀의 운명은 연결되어 있다.[1]

다윈의 자연선택 이론은 동물의 외부를 설명하지만, 동물의 내면세계를 설명하지는 못했다. 윅스퀼의 움벨트 이론(Unwelt theory)은 동물의 내면을 비춤으로써 동물의 지위를 재설정했다. 그 이론은 자연이 절대적인 하나의 단일체가 아니라 생명 주체의 주관에 의해 구성되는 다수의 자연이라고 말하고 있다. 여기서 모든 생명은 자기 세계의 주체이다. 인류학자 애나 칭(Anna Tsing)은 윅스퀼의 진드기의 이야기를 전하면서 모든 생물이 인식하는 주체로서 취급되어야 한다는 데 강한 동감을 표명했다[4]. 그의 진드기 이야기는 한 번도 들어본 적이 없는 새로운 해석인데도 그 이야기를 듣는 순간 그 설명을 거부할 수 없다. 독자는 토끼굴 속으로 떨어지는 기이한 충격을 받을 것이다. 그의 이야기를 따라가면 진드기(모든 생물)가 세계를 기호적으로 인식하고 구성하는 주체라는 데 동의하지 않을 수 없다.

도리언 세이건의 윅스퀼

윅스퀼의 영어판 책 《동물들의 세계와 인간의 세계(A foray into the worlds of animals and humans, 1938)》에서 과학저술가 도리언 세이건(Dorian Sagan)은 아주 긴 서문을 작성했다. 그는 윅스퀼을 최초의 사이버네틱 생물학자이면서 동시에 윤리학자 중 한 명이며, 생물기호학의 선구자이며 신칸트 철학자라고 소개했다. 윅스퀼은 다양한 종들이 인식하는 삶의 예시를 풍부하게 제공하면서 과학철학적 담론을 확장하고

1 "유기체 하나하나의 구조가 모든 다른 유기체의 구조와 가장 본질적으로 연결되어 있다. 가령 먹이나 거주지를 차지하기 위해 서로 경쟁하기도 하고 도망 다니거나 잡아먹기도 하면서 말이다. 아름다운 깃털이 달린 민들레 씨앗의 이점은 이미 다른 식물로 빽빽이 덮인 대지와 밀접하게 관련이 있다. 그 구조 덕분에 씨앗은 더 넓게 분산되어 다른 식물이 없는 땅에 떨어질 가능성을 높인다." (다윈의 《종의 기원》 중에서)

행동 심리학을 통합하는 결과를 만들어냈다.

기호언어학자인 토머스 세베크(Thomas Sebeok)는 윅스퀼의 개념을 대중화했다[10]. 우리의 세계는 거미줄처럼 사회적이고 개인적인 구조로 구성되어 있다. 그 세계는 거미줄 가닥처럼 보이지는 않으면서 실제적 효과를 가진다. 세베크는 윅스퀼을 "암호기호학자(cryptosemiotician)"라고 불렀다. 그가 현대적인 의미에서 과학이 뿌리를 내린 이래로 가장 국제적이고 중요한 지적 운동을 제기했기 때문이다.

윅스퀼은 다윈주의를 비판한 적이 있다. 다윈의 자연선택 개념이 생명의 특징, 즉 지각하는 유기체들의 상호 연결된 목적적 조화를 무시하는 것처럼 보이기 때문이다. 반면에 윅스퀼에게 유기체의 기본 존재는 '소망적인 사고(wishful thinking)'에서 나온 것이다[11]. 음식 냄새는 분자적 기호(molecular sign) 역할을 한다. 쥐의 후각 신호에 존재감을 발산하는 먹이는 개별 쥐 의식을 뛰어넘어서 쥐 집단 구성원의 반응을 만들어낸다. 과도한 먹이 징후에 대해서 쥐 집단은 많이 먹고 빨리 노화하는 양상으로 출현한다. 이러한 의미 형성 또는 기호화는 유기체와 환경 사이, 같은 종 내 유기체 사이 및 종 전체를 관통하며 진화하는 것으로 보인다[2].

신호(sign)는 단어보다 오래된 언어다. 모든 유기체는 작은 목표를 가지고 있는데, 딱정벌레 유충이 그려내는 세계는 미래를 준비하는 자기 청사진의 일부다. 작은 유기체는 선견지명 없이도 현재의 행동과 미래의 필요에 부합하는 방식으로 행동할 수 있도록 '초월적이고 시간이 흘러도 변치 않는' 지식을 생산하며 자신의 삶을 상연한다.[2]

윅스퀼은 인간 이외 존재, 즉 비인간(nonhuman)을 단순히 수동적 대상으로 보는 관점에 대항하는 통찰을 준다. 데카르트 철학은 편의적으로 인간과 인간 아닌 존재를 분리했었다. 식물과 미생물은 말할 것도 없고 동물 또한 영혼이 없고 감정이 없는 기계로 취급했다. 다윈의 자연선택 개념 역시 생명체가 드러내는 미래의 목적을 설명하기에 불충분했다. 자연선택 법칙은 동물의 내면세계에 관심이 없었다. 파블로프의 조건반사 실험과 같은 행동주의 역시 동물의 내면 과정에 주목하지 않는다.

만약 동물에게 내면세계가 없다면, 콩바구미 애벌레는 어떻게 미래를 알고 변태 후 자신을 위한 탈출구를 미리 만들 수 있나? '지각이 있는 유기체'는 인간처럼 감지하고 느낄 수 있으며 자신의 고유한 세계를 구성하고 그 세계 안에서 행동한다고 추론하는 것이 더 타당하지 않을까?[2] 그 과정을 연구하기 위해서 웍스퀼은 유기체의 내적 경험을 생물학과 통합했다. 그에 따르면 '수줍음이 많은' 개와 '활달한' 개의 내면세계는 다르다.

파블로프의 실험에서 개들이 종소리로 음식을 기대하며 침을 흘리게 할 수 있고, 나아가 '밥'과 같은 단어를 듣고 침을 흘리게 할 수 있었다. 그러나 그것이 개가 그 단어의 의미를 이해한다는 것은 아니다. 웍스퀼에 따르면, '의자!'라는 명령에 따라 특별한 의자에 앉도록 훈련된 개는 의자가 제거된 후에 같은 명령을 받는다면 앉을 수 있는 다른 무엇인가를 찾을 것이다. 그 개는 '의자'라는 명령어와 '앉는다'라는 행동을 연결할 줄 안다. 이것은 개들이 '앉는다는 질적인 것(sitting–quality)'의 개념을 위해 기호를 사용한다는 암시이다.

---

2 웍스퀼은 칸트(Immanuel Kant) 철학에 영향을 받았다. 칸트 철학에서 선험성(transcendental)은 경험적 인식이 성립하기 위한 독립적이며 선천적인 형식적 조건으로, 경험적 인식을 가능하게 하는 순수한 형식적 성격을 띤다[6].

개와 비교하여 인간의 움웰트는 신호가 풍부하지만, 냄새는 빈약하다. 냄새 맡는 유전자는 우리 신체에서 사라지고 있다. 윅스퀼에 따르면 살아있는 존재는 완성된 상태가 아니라 부분을 보충하고 통합된 상태를 유지해야 하는 연속적인 과정이다. 우리뿐만 아니라 모든 생명체에게 있어서 세상은 당혹스러울 정도로 모호할 수도 있고 때로는 너무나 완전해 보일 수도 있다.

자연에는 약 1천만에서 3천만 종의 종이 있다. 유체정역학적 압력 기울기(변화도)를 감지하는 측정계가 내장된 물전갈, 중력 센서가 있는 식물, 황산바륨과 칼슘 이온을 감지하는 조류, 쌍극자 정전장 발생기와 센서로 난류수의 진폭과 빈도를 측정하는 물고기, 자기 감응성 박테리아, 구름에 끼어서 시야를 가리더라도 집으로 돌아오는 비둘기와 편광된 광을 탐지하는 벌, 멀리 떨어진 곳에서 성적으로 성숙한 암컷을 감지하는 수컷 누에나방, 먹이를 속이기 위해 미끼 역할을 하는 머리에 부착된 야광 촉수를 가진 심해 물고기, 그들은 모두 자신만의 주관적 세계를 가지고 있다[2].

박쥐는 칠흑 같은 밤에도 주파수로 진동하는 초음파를 내뿜으며 멀리 떨어진 먹이의 크기, 위치, 밀도, 움직임 등을 탐지한다. 돌고래는 물속에서 반향정위[3]를 할 수 있고, 혹등고래들은 몇 가지 규칙들을 사용하여 몇 년 후에는 완전히 다른 노래를 서로에게 들려준다. 인류의 언어 역시 오랜 시간 검증된 신호를 기록하는 집단 진화 현상이다.

유기체는 신호를 감지하고 그 신호를 기반으로 행동한다는 점에서 생물기호학적 존재(biosemiotic being)이다. 또한 종의 경계를 넘어 신호

---

3 반향정위(echolocation)는 음파나 초음파를 내어서 되돌아오는 메아리에 의하여 상대와 자기의 위치를 확인하는 방법이다. (자료: 나무위키)

를 교환할 수 있다. 우리가 인간을 동물이나 식물과 완전히 분리하는 것은 망상이다. 가이아(생물권)는 수십억 년의 시간에 걸쳐 지구 평균 기온, 반응성 대기 가스 구성, 해양 염분과 같은 주요 환경 변수를 조절해 왔다. 지구의 표면에 거주하는 생물들은 규칙성과 복잡한 생화학의 조작을 통해서 '의도적으로' 행동하고 있다. 그들이 어떤 식으로든 생물기호적 소통을 하기 때문에 가능한 일이다.

진드기의 세계, 움벨트

윅스퀼은 모든 생명체를 "그 자신이 중심을 이루는 고유한 세계 속에서 살아가는 주체"라고 정의했다. 그는 생명체를 기계로 비유하기보다는 기계를 관리하는 기술자(주체)로 보아야 한다고 생각했다. 생리학자는 흔히 진드기를 마치 기계처럼 묘사하지만 그렇게 하면 진드기를 이해할 수 없게 된다. 진드기 몸은 기계와 전혀 닮지 않았다. 대신 "어디에서나 기술자가 일하고 있다".

생명체(주체)가 사는 세계는 그 생명체에 의해서 만들어져서 그 생명체를 감싸는 비눗방울(a soap bubble)로 표현할 수 있다.[4] 자신을 둘러싼 세계를 구성했다면 그 생명체는 그 세계의 주체이다. 이 비눗방울은 그 생명 주체가 감지한 특징들로 가득 채워질 것이다. 생명 주체가 거주하는 그 자신의 고유한 세계를 '움벨트(Umwelt, 환경세계)'라고 한다.

4 거품 방울 이미지는 거품 내부를 외부와 분리한다는 성질과 금세 꺼져버릴 수 있다는 취약점을 표현한다.

"생태학자들은 동물의 신체를 둘러싼 정원의 범위를 정하고 검토했다. (…) 그 정원은 우리 눈에 하나의 구역으로 출현하는 주변 세계와 분리되지 않는다. 오히려 정원은 지평선으로 둘러싸여 있는데 지평선 중심에 집이 있다. 각각의 집에는 천장이 덮여 있는데 그 천장을 따라 태양, 달, 별이 떠돌고 있다. 각 집에는 창문이 있다. 빛 창문, 소리 창문, 냄새 창문, 맛 창문, 다수의 촉각 창문이 있다. 창문이 내장된 방식에 따라 집에서 보이는 정원은 변한다. 그 정원은 더 거대한 세계의 한 구역으로 출현하는 것이 아니라, 그 집에 속한 세계(그 집의 환경)이다"[2].

움벨트 이론의 첫 번째 원칙은 가장 단순한 것부터 가장 복잡한 것까지 모든 동물 주체(animal subjects)는 자신의 움벨트에 완벽하게 삽입된다는 것이다. 주체는 자기가 만든 극장(세계)의 등장인물이다. 초원에 가득한 작은 동물도 각자 자신의 고유한 움벨트를 가진다. 단순한 동물은 단순한 움벨트를 가지고 있고, 복잡한 형태의 동물은 그만큼 풍부하게 구성되는 움벨트를 가진다. 만약 우리가 그들의 비눗방울 안으로 들어간다면 우리가 알던 세계는 완전히 변형될 것이다. 풍요로운 초원의 수많은 특징이 사라지고, 어떤 특징은 전체에서 분리되어 새로운 관계로 창조될 것이다. 한 동물 주체가 만든 움벨트는 다른 주체에게 기이하고 이해할 수 없는 것이다.

진드기의 세계로 들어가 보자. 눈이 없는 진드기는 빛에 대한 느슨한 피부 감각에 의존하면서 먹이를 찾기 위해서 높은 곳(감시소)으로 올라간다. 볼 수 없고 들리지 않기 때문에 후각에 의해 자신의 먹잇감이 가까이 온다는 것을 지각할 수 있을 뿐이다. 모든 포유류의 피부샘이 방출하는 젖산(butyric acid) 냄새는 진드기에게 먹잇감을 향해 자신을 내

던지라는 신호를 촉발한다. 그 후 따뜻한 무언가에 닿는다면 먹잇감에 도달한 것으로 간주한다. 진드기는 가능한 한 털이 성긴 장소를 찾아서 피부 조직안으로 머리를 박고 따뜻한 피를 천천히 흡입한다. 차가운 물체 위로 떨어진다면 진드기는 먹잇감을 놓친 것이므로 다시금 높은 감시소로 기어 올라가야 한다[2].

신호와 행동 유발의 차원에서 다시 살펴보면, 포유류의 젖산 자극이 진드기의 특정 지각 신호를 유발하고, 이에 상응하는 기관(effect organ) 안에서 추동력을 일으킨다. 그 추동력이 진드기 다리의 이완과 낙하를 야기한다. 아래로 떨어진 진드기는 '포유류의 털에 의한 충격'이라는 촉지각적 특징을 생성한다. 이때 선행했던 젖산의 후각적 특징은 사라진다. 충격이라는 새로운 지각적 특징이 다시 탐사 운동을 야기하고 또 다른 새로운 지각적 특징인 열기를 감지한 후에 사라진다. 열기의 지각적 특징이 나타나는 때 진드기는 털이 없는 장소에 도달해 있을 것이다.

포유류라는 명칭은 '인간의 주관적 편향'을 반영했다는 비판이 있었다. 그런데 진드기가 젖산 냄새로 포유류를 특정함으로써 재미있게도 진드기에 의해서 포유류임이 확증되면서 '객관화'되는 효과가 생겼다. 누군가의 정체성은 타자의 의해서 규정된다. 진드기라는 타자에 의해서 우리는 포유류로 재승인되었다. 포유류에게 젖 냄새가 그토록 근본적인 정체성일 줄이야!

포유류의 신체에서 뿜어져 나오는 수많은 징후 가운데 오로지 3가지만이 진드기의 지각적 특징으로 수용된다.[5] 거대한 세계 속에서 진드기에게는 세 가지 자극신호만이 암흑 속 빛처럼 반짝이며, 진드기가 목표

---

5 이 외에 진드기는 중력을 감지하는 능력이 있어서 높은 곳으로 오를 수 있다.

(먹잇감)를 향하도록 인도하는 지시물의 역할을 한다. 진드기의 지각세계는 세 가지 지각적 특징(perception mark)과 그로 인해 유발되는 세 가지 능동적 특징(effect mark)들로 구성된 빈약한 형태로 구성된다. 이것이 바로 진드기의 움벨트(Umwelt)다. 이 움벨트의 빈약함은 진드기에게 이득을 준다. 확실한 행동을 야기하는 조건이 될 수 있기 때문이다. "이 세계에서 확실성은 풍부함보다 중요하다"[2].

진드기가 먹잇감과 마주칠 확률은 극히 낮다. 그래서 진드기는 오랫동안 먹이 없이 생존할 수 있어야 한다. 진드기는 18년 동안 먹지 않고 견딜 수 있다는 연구 사례도 있다. 이 시간 동안 진드기는 평상시와는 다른 상태(정지)를 유지하면서 버틸 수 있다. 진드기의 움벨트에서 이런 기다림은 시간이 멈춘 상태가 되며 오로지 젖산 신호만이 진드기를 깨울 수 있다. 그때 비로소 진드기의 실질적인 시간이 다시 흐르기 시작한다[11]. 그렇게 주체는 자기 세계의 시간을 산다.

움벨트 이론에 따르면 동물마다 순간의 지속(시간 간격)은 다르다. 해당 동물에게 순간의 지속 동안 그의 세계는 어떤 변화도 일어나지 않는다. 인간의 순간은 18분의 1초 동안 지속된다. 이보다 짧은 기간은 감지되지 않으며 존재하지 않는 것으로 간주된다. 달팽이는 초당 4회 이상의 간격으로 건드리면 막대기를 인지하지 못한다. 달팽이의 움벨트에서 초당 4회로 움직이는 막대기는 움직이지 않는 것으로 지각된다. 달팽이의 지각적 시간은 초당 3~4회의 리듬으로 흘러갈 것이다. 인간의 움벨트에서보다 달팽이의 움벨트에서 시간은 더욱 빠르게 흘러간다. 달팽이에게 있어서 달팽이의 운동은 우리에게 있어서 우리의 운동보다 더 빠르게 일어나는 사건이다[2]. 이를 통해서 시간이나 공간 개념은 살아있는 주체에 의존한다고 결론 내릴 수 있다. 다윈과 달리 윅스퀼의 생물학이 주체의 결정적인 역할을 강조하는 배경이다.

복수의 불완전한 움벨트

다윈은 지렁이를 오랫동안 연구한 것으로 유명하다. 그는 지렁이가 대상의 형태에 따라 반응한다고 분석했다. 그러나 지렁이는 형태를 지각하지 못한다. 지렁이는 잎과 솔잎을 자신의 좁은 구멍 안으로 잡아당기는 습성이 있다. 지렁이는 나뭇잎을 먹거나 보호막으로 사용한다. 그런데 놀랍게도 지렁이는 구멍으로 끌어당기기 좋은 부분을 정확히 잡는다. 잎자루가 아니라 잎의 끝부분 쪽을 잡아당기면 좁은 굴 안으로 잎이 끌려 들어가면서 말려들어 수월하게 끌어들일 수 있다. 마치 지렁이가 대상의 형태를 지각하는 것처럼 보인다.

그러나 실험 결과 지렁이는 잎의 형태를 구별하는 것이 아니라 향을 감지하는 것으로 밝혀졌다. 젤라틴을 바른 작은 막대기의 한끝에는 벚나무 잎의 끝부분 가루를 뿌리고 다른 끝에는 앞부분 가루를 뿌리면, 지렁이는 그 막대기에서 잎의 끝부분과 앞부분을 정확히 구분하며 잡아당기기 시작한다. 지렁이는 잎의 형태에 따라 움직이는 것이 아니라 잎의 향기에 따라 반응하는 것이다. 지렁이의 움벨트는 형태가 아니라 향기로 구성되어 있는 것이다.

갈까마귀는 메뚜기를 사냥할 때 움직이지 않는 메뚜기는 보지 못한다. 오로지 뛰어오르는 메뚜기만을 잡으려 한다. 그러므로 곤충들은 위험에 처했을 때 '시체의 부동상태'를 유지한다. 움직이지 않는 곤충의 형태가 포식자의 지각적 세계 속에 존재하지 않는다면 곤충은 적에게 존재하지 않는 셈이므로 그 상황을 벗어날 수 있다[2]. 움직이는 사물에 주목하는 반응은 동물에게 흔히 나타나는 경향이다. 인간도 정지된 것보다는 움직이는 것에 더 잘 반응한다.

개는 인간과 함께 생활하지만, 인간이 감지하는 대상의 수보다 현저히 적은 대상만을 감지한다. 방을 채우고 있는 의자, 탁자, 컵과 접시, 책상과 책장, 마룻바닥, 벽, 램프는 인간, 개, 파리에게 다르게 지각된다. 인간의 움벨트에서 의자는 '앉는다'라는 의미로, 탁자는 '식사'라는 의미로 컵과 접시는 각각 '마시기'와 '먹기'라는 내포적 의미로 재현된다. 그리고 책상은 '쓰기'로, 책장은 '독서'로, 마룻바닥은 '걷기'로, 벽은 '장애물'로, 램프는 '빛'이라는 의미를 가진다.

개의 움벨트에서 의자, 탁자, 마룻바닥, 램프는 인간과 유사한 의미로 표현되고 나머지는 '장애물'이라는 의미로 표지될 것이다. 같은 의자라도 개에게 어떤 의자는 '앉는다'라는 의미를 가지지 못한다. 한편 파리의 움벨트에서 천장 등과 탁자 위의 컵과 접시 외에는 그저 단순한 배경으로 표지된다. 파리는 열기를 감지하고자 날아가서 탁자 위를 맴돌 것이다. 열기가 없는 물체는 파리에게 영향을 주지 못한다. 파리의 움벨트는 파리의 실제 주변환경과 다르며, 인간의 움벨트나 개의 움벨트와도 다르다.

이렇게 모든 주체는 사물들의 일부 특성을 지각함으로써 거미줄처럼 여러 존재자의 관계를 짜 넣는다. 자신의 실존을 전달하는 연결망 안으로 자신이 지각한 관계를 엮어 넣는 것이다. 그 관계는 주체의 외부 존재가 주체의 지각적 특성에 의해 출현함으로써 수립된 것이다. 그러므로 지각적 특징은 어떤 식으로든 공간과 늘 연결되어 있다. 또한 이 특징은 순서를 따라 배열되기 때문에 시간적이다.

종합하면, 살아있고 지각하는 존재는 저마다 고유한 시간과 공간으로 된 불완전한 세계를 구성한다. 그러므로 살아있는 존재 모두에게 적용되는 하나의 표준적인 시간과 하나의 확정적인 공간이 존재한다는 생각은 잘못된 것이다. 그런 시간이나 공간은 존재할 수 없다. 다만 살아있는 주체가 만든 움벨트는 고립된 것이 아니다. 서로 침투하고 서로를 완성하며 어느 정도는 서로 모순을 일으킨다.

누구의 떡갈나무인가?

도로를 구성하는 타일은 도로에 있는 동안 도로의 기능을 지지하는 존재로서 배치된다. 그때 타일은 도로라는 내포적 의미의 일부이다. 하지만 개를 향해 던지려고 타일 조각 하나를 집어 들었다면 모든 것이 완전히 변해버린다. 타일은 이제 투척물이 된다. 그것은 투척물이라는 새로운 의미를 부여받고 재배치된 것이다. 타일 조각은 주체와 관계하자마자 새로운 의미의 담지자가 된다. 움벨트 안으로 들어온 모든 대상은 이렇게 변조되거나 변형되어 어떤 의미의 담지자가 되거나 반대로 완전히 무시된다[11]. 의미의 담지자는 동일한 생명종의 개체에 의해서만 이해될 수 있으며, 다른 종에게는 기이한 문자나 상징일 뿐이다.

이처럼 주체는 자신의 움벨트 안에서 대상들에게 관계를 부여한다. 떡갈나무 예시는 하나의 존재가 여러 주체에게 다른 존재로 배치되면서 의미의 관계가 달라질 수 있고 때로 상충할 수도 있다는 것을 알려준다. 산림관리인에게 떡갈나무는 땔감이라는 기준에 따라 달리 보일 것이다. 그래서 그에게 떡갈나무는 땔감의 단위로 표지된다. 소녀에게는 떡갈나무가 마술적인 존재로 변한다. 소녀에게 숲은 요정이 출몰하는 장소이기 때문이다. 소녀는 떡갈나무의 옹이 주름이 심술궂은 악령으로 보일 수 있다. 소녀는 두려워하면서 도망칠 것이다[11].

떡갈나무 뿌리 아래 소굴을 만든 여우에게 이 나무는 새끼를 보호하는 견고한 지붕이 된다. 여우에게는 산림관리인의 '땔감'이나 소녀의 '두려움'이라는 의미는 존재하지 않는다. 여우에게 떡갈나무는 '보호'라는 의미로 출현한다. 마찬가지로 올빼미의 움벨트에서도 이 나무는 '보호'의 의미를 가진다. 다만 뿌리가 아니라 나뭇가지에 주목한다는 점이 다르다. 다람쥐에게 떡갈나무 가지는 '타고 오를 수 있는 것'이라는 의미를 얻는다. 새들에게 나뭇가지는 둥지를 지탱할 수 있는 받침이라고 감지될 것이다.

이처럼 떡갈나무의 거주자들은 자신의 삶의 의미에 따라 다양한 방식으로 나무를 구조화하고 있다. 각 주체의 움벨트는 떡갈나무의 영역을 횡단하면서 서로 얽힌다. 개미의 움벨트에서 떡갈나무 전체는 존재하지 않는다. 다만 나무껍질에 대한 반응이 두드러지는데, 갈라진 나무껍질 구멍에 사냥을 위한 영토를 구축한다. 또 개나무좀은 떡갈나무 껍질 안에서 먹이를 찾거나 알을 낳는다. 애벌레는 나무껍질 아래로 굴을 파서 외부의 위험을 피할 수 있는 장소로 만든다. 딱따구리는 나무를 쪼아서 애벌레를 위협한다. 맵시벌은 단단한 나무를 뚫고 산란관을 집어넣어 개나무좀 애벌레 속에 알을 낳을 수 있다. 맵시벌의 알이 애벌레가 되어 개나무좀 애벌레를 먹이로 취한다.

떡갈나무는 각 주체의 '견고한' 세계 속에 들어 있다. 때로는 커지고 때로는 작아진다. 때로는 단단하고 때로는 무른 것이 된다. 때로는 보호의 의미로 때로는 공격에 이용된다. 움벨트를 가지고 있는 모든 주체에 의해 대상(떡갈나무)은 다른 의미로 배치된다. 떡갈나무에 대한 여러 주체가 생성한 표지를 다 모으면 모순적인 혼돈에 도달한다. 떡갈나무(대상)는 자신에게 의미를 부여한 여러 주체를 연결하는 상징적이면서 물리적 매듭으로 존재한다.

카리용, 각각 그러나 모두의 멜로디

윅스퀼의 불가사리와 성게 연구는 흥미롭다. 포유동물과 달리 불가사리와 성게는 중앙통제적 명령 체계가 없는데도 훌륭한 삶을 살아간다. 어떻게 그럴 수 있나? 개가 달릴 때는 개가 발을 움직인다. 그 발의 조화는 중앙에서 통제된다. 그러나 불가사리가 움직일 때는 다리가 불가사리를 움직인다. 불가사리의 움직임의 조화는 다리 자체에 있다. 개는 발이 가야 할 곳을 결정하지만, 불가사리의 경우에는 다리가 불가사리를 데려가는 것이다. 불가사리의 다리는 지휘자 없이 연주하는 오케스트라와 같다[2].

성게도 독립적인 개별반사(reflex person)를 할 뿐인 수많은 가시를 가지고 있다. 진드기와 달리 성게의 지각적 특징은 하나의 단위가 되지 않고 각각 고립된 데이터로 존재한다. 성게의 가시가 한꺼번에 움직이더라도 실제로는 독자적인 작용이다. 모든 개별반사가 완전히 독립적인데도 불구하고 시민적 평화와 공화국적 반사(reflex republic)를 달성할 수 있다[2]. 성게는 중추신경의 지휘를 받지 않는데도 자기 가시를 공격하지 않는다. 오토데르민느(autodermin)라는 물질 덕분이다.

오토데르민느는 희석된 상태로 가시 표피에 묻어있다. 낯선 대상과 접촉할 때는 효과가 없지만, 가시 표피의 두 지점이 만나면 양 표피에 묻어있던 오토데르민느가 합쳐지면서 농도가 진해져서 개별반사 수용기를 마비시켜 자기 다리를 공격하지 못하게 한다. 이런 원리라면 다른 성게 가시와 접촉할 때도 똑같이 반응할 것이다. 성게 가시의 작동은 그 가시가 붙어있는 성게 개체의 차원보다 성게 전체 집단적 차원에서 일어난다고 할 수 있다.

이상에서 보았듯이 동물 주체의 외부 사건 중 극히 일부만이 동물의 감각기관에 수용되어 자극으로 표지된다. 자극은 신경 자극으로 변화되고 지각 중추 기관으로 향한다. 여기서 신경 자극이 상응하는 기호로 전환된다. 근육은 모든 외부 자극이 임계점을 넘을 정도로 충분해지면 그 외부 작용에 따라 수축한다. 살아있는 근육은 모든 외부 효과를 동일한 자극으로 변모시킨다. 외부 효과가 다양하더라도 그로 인한 자극(신호)은 '그것이 주체의 개입을 촉발할 정도인가 아닌가?'라는 차원으로 환원되는 결과이다.

윅스퀼은 모든 살아있는 존재의 신체를 '살아있는 카리용(a living carillon)'으로 비유했다. 카리용의 개별 종은 자신의 음색을 내면서도 전체 멜로디를 따라 다른 종의 음색에 작용한다. 카리용처럼, 살아있는 존재의 부분들은 개별적인 음색을 가지면서도 전체 멜로디와 조화를 찾아간다. 각 세포는 특수한 에너지를 가지며 세포가 모든 외부 작용에 대해 개별적인 음색으로 응답한다. 생명체의 각 세포는 서로에 대해서 기계적인 관계가 아니라 신체의 멜로디에 조응할 수 있다.

곰팡이의 성장에서 개별 세포가 전체 리듬에 조응하는 것을 볼 수 있다. 곰팡이는 처음에는 동물처럼 행동하다가 다음 단계에서는 식물처럼 행동한다. 곰팡이의 개별 세포는 처음에는 아메바 상태에서 시작한다. 아메바는 서로를 의식하지 않은 채 영양분(박테리아)을 섭취하며 분열을 통해 증식한다. 영양분이 줄어들면 아메바는 '무리의 중앙'으로 이동한다. 중앙에 도착한 아메바는 서로를 타고 오른다. 처음 도착한 아메바는 사다리가 될 정도로 단단해진다. 다음 도착한 아메바는 그것을 밟고 올라간다. 그렇게 줄기가 만들어지고 마지막으로 도착한 아메바의 포자낭 속에 있던 포자가 열매로 변형된다[11]. 이윽고 바람을 따라 산포된 포자낭은 새로운 방목지를 찾아 날아간다.

곰팡이의 몸을 구조화하는 이 메커니즘은 자유롭게 살아가는 세포들의 산물이다. 이 세포들은 각각 개별적이고 주체적인 음색을 내면서도 통일적인 하나의 멜로디에 복종한다. 곰팡이의 전 단계에서 아메바(동물)는 무리와 관계없이 자유롭게 지각하고 행동한다. 그러나 곰팡이(식물)가 된 이후에는 동물이었을 때의 움벨트가 존재하지 않는다. 완전히 성장한 곰팡이(식물)에게 의미의 요소는 바람뿐이다. 이 식물은 놀라울 정도로 정확하게 바람을 향해 자란다[11]. 곰팡이의 포자낭은 단순한 구조로 되어 있고 자신을 바람에 내맡긴다.

이처럼 주체는 외부의 물리적 작용을 수동적으로 따르지 않으며 지속적인 의미를 생산한다. 다음 실험연구에서 이를 확인할 수 있다. 올챙이(초식동물)와 도마뱀(육식동물)의 구강 구조는 다르다. 올챙이는 연골로 된 턱과 케라틴화된 '이빨'이 있지만 진짜 이빨은 아니다. 반면에 도마뱀은 척추동물의 이빨과 유사한 구성과 구조를 가진다. 도마뱀 유생의 구강 영역 전체에 올챙이의 구강 영역을 이식했을 때 도마뱀의 구강은 올챙이의 구강 구조를 형성했다. 그런데 도마뱀의 구강 영역의 절반은 그대로 두고 나머지 영역에만 올챙이의 구강 영역을 이식할 경우에는 이식의 영향을 받지 않았고 도마뱀의 작은 진짜 이빨이 발달했다[11].

이 사례는 이식된 세포조직이 살아있는 카리용처럼 행동한다고 말하고 있다. 초식동물(올챙이)의 주둥이를 이식받은 육식동물(도마뱀)의 아가리에서 이식 세포는 자신의 멜로디에 맞추어 성장했다. 그런데 일부만 이식한 경우 이식 세포는 숙주의 멜로디에 복종하여 자신을 변형시켰다. 동물의 개별 기관(부분)은 조건에 따라서 자신의 고유한 형태화의 멜로디에 복종할 수도 있고 숙주(전체)의 의미의 질서를 따를 수도 있다.

이로써 윅스퀼은 의미를 획득하는 질서와 형태를 획득하는 질서가 동일하지 않다는 것도 탐지했다. 파리는 발에 겹장식을 가지고 있어서 창문에 달라붙을 수 있다. 자벌레는 거머리처럼 두 개의 빨판을 이용해서 움직인다. 달팽이는 경사진 벽면에 달라붙어 전진할 수 있다. 임무는 동일하지만 완수하는 방식은 다르다. 성게의 독집게는 상대가 누구든지 '적'이라는 의미의 담지자라고 판단되면 같은 역할을 한다. 이에 대응하여 성게의 적은 접근할 때 성게를 자극하여 성게의 독집게가 기계적으로 바깥으로 향하도록 촉발한다.

살아있는 신체 기관의 음색이 각각 고유하면서도 조화를 이룰 수 있어서 동물을 살아있게 한다. 기관의 세포는 전체의 형태를 획득하도록 정해진 질서에 일치하도록 구성된다. 살아있는 세포는 개별적인 음색을 가지고 리듬과 멜로디로 서로 연결된다. 그 리듬과 멜로디에 의해 개별 음색이 움벨트 속에 반향된다. 살아있는 음색이 사라지면 그 동물은 죽는다.

의미의 이론

윅스퀼의 자연에 대한 비전은 낭만주의적 전체론이다. 그에게 의미는 왜소한 인과 규칙이 아니라 생물학이 스스로 지향하는 끌림이다. 페이튼(Feiten, 2020)은 윅스퀼의 음악적 의미론이 괴테의 생태학에서 왔다고 분석했다. 윅스퀼이 말했다. "꽃이 벌과 닮지 않았다면, 벌이 꽃처럼 생기지 않았다면, 조화는 결코 성공하지 못할 것이다." 이것은 괴테의 다음과 같은 주장에 근거를 두고 있다[7]. "눈은 분명 태양과 닮았으리라. 그렇지 않았다면 결코 태양을 바라볼 수 없었을 테니."

동물은 복잡한 신체 구조를 발달시키는데, 동물 주체가 자신의 의미의 담지자와 갖는 관계를 구성하기 위해서이다. 그들의 신체 구조는 처음부터 존재한 것이 아니라, 하나의 세포(카리용의 종)로 시작하여 개별 종이 카리용을 형성하기를 지향하며 고유한 발달의 멜로디를 따라 분열하면서 형성된 것이다.

거미는 아무런 학습이 없었더라도 거미줄 위에 새겨진 파리의 자극을 표상한다. 이 자극은 거미의 움벨트 속에서 '먹이'라는 의미의 실행으로 출현한다. 거미는 거미줄을 만들 때 파리의 신체에 부합하도록 그물코의 크기를 정한다. 거미줄의 강도는 날아가는 파리 신체의 생명력을 감당할 수 있는 정도로 만들어진다. 그래서 거미줄의 강도는 이미 잡힌 파리를 감싸는 거미줄보다 견고해야 한다. 거미는 파리가 지나가는 경로를 고려하여 거미줄을 치는데 파리의 시각은 거미의 시각보다 단순해서 거미줄을 식별하지 못한다. 파리는 보이지 않는 거미줄에 걸려들게 된다. 마치 인간의 눈이 미생물을 볼 수 없어서 물속의 콜레라균을 지각하지 못한 채 물을 마시는 것과 같다.

이러한 거미의 원초적 계산이 있듯이 파리도 이에 대응하는 원초적 계산이 있다. 파리의 계산은 부분적으로 거미의 계산에 포함되어 있다. 그렇지 않다면 거미는 파리를 한 마리도 잡을 수 없을 것이다. 드러나지는 않지만 원초적인 다양한 이미지나 멜로디들이 포괄적인 의미의 계획에 따라 상호 침투한 결과, 거미줄은 파리에 대해서 존재한다. 거미 자체가 파리에 대해서 구성된 결과이다. 이런 방식은 거미의 구성에 파리의 요소들이 통합되었다는 것을 의미한다. 파리의 멜로디의 모티브가 거미의 신체 구성안에 녹아들어 있다[2].

알에서 나온 콩바구미 애벌레는 아직 살이 무른 어린 콩깍지를 뚫고 콩의 중앙까지 들어간다. 어느 정도 성장한 후 콩의 중앙을 지나서 콩의 바깥쪽까지 터널을 판다. 콩의 표면에 도달한 애벌레는 콩의 외피에 흠집을 낸다. 애벌레는 다시 콩 내부로 들어가서 성장을 계속한다. 애벌레가 터널을 뚫은 것은 변태 이후 콩에서 나올 길을 미리 만든 것이다. 애벌레가 이 터널을 뚫어놓지 않는다면 성체가 된 후 콩도 이미 딱딱해져서 바구미가 콩 밖으로 나오지 못하고 죽게 될 것이다. 애벌레는 미래의 일을 어떻게 알고 준비하는 것일까?

그런데 외피에 흠집을 내는 행동은 애벌레를 위험에 빠트린다. 그 덕분에 맵시벌은 콩바구미 애벌레의 흔적을 찾을 수 있다. 맵시벌은 콩 껍질 외피의 흠집을 통해 콩바구미 애벌레를 감지하고 산란관을 집어넣어 애벌레의 몸속에 알을 낳는다. 맵시벌의 알은 애벌레가 되어 콩바구미 애벌레를 그 내부에서부터 먹고 맵시벌로 변모한 후 콩바구미 애벌레가 만들어 놓은 통로를 이용해 바깥으로 빠져나온다.

거미의 세계 안에 파리의 계산이 포함되듯이, 맵시벌의 세계에 콩바구미 애벌레의 행위가 표지되듯이, 진드기의 세계 안에 포유류의 어떤 모티브가 도입되어 있다. 그래서 진드기는 포유류가 담아내는 의미를 지각해낼 수 있다. 거미와 파리, 맵시벌과 콩바구미, 진드기와 포유류는 대위법 관계에 있다. 〈표 7.1〉에서처럼 진드기와 포유류는 대위법적으로 서로를 만나는 지점을 가지고 있다. 진드기는 포유류에게 딱 맞는 지각 체계와 신체 기관을 가지고 있다.

의미의 이론(theory of meaning)은 이러한 대위법적 관계의 발견이다. 의자는 인간의 신체와 대위법 지점을 가진다. 의자에 앉는 동안 등받이와 팔걸이는 인간의 신체와 대위법적 관계에 놓인다. 이것이 의자와 인간 신체 사이에 가교를 놓는다. 의자는 다시 지면과 대위법을 형성한다. 이런 관계는 목수가 의자를 만들 때 모티브로 작동한다. 모든 일상적 대상들이 인간과 자연 사이에 가교를 세운다. 어떤 리듬을 따라 가교 사이에 새로운 가교를 놓을 수도 있다[2].

이것은 그 반대의 방향도 암시한다. 대도시에 사는 사람은 거대한 공원을 가지고 있으면서도 자연과의 대위법을 이해하지 못한다. 인간이

표 7.1 공통 의미 규칙. 진드기가 먹이를 인지하고 공격하여 피를 획득 [11]

	진드기: 의미의 수용자(점)	포유류: 의미의 담지자(대위점)
1	후각 기관이 오로지 한 가지 냄새, 젖산의 냄새에 맞춰져 있다.	포유류가 공통으로 가지는 냄새는 그들의 땀에서 나오는 젖산이다
2	촉각 기관이 포유류의 털 사이에서 진드기가 출구를 찾게 해준다.	포유류는 털을 가지고 있다.
3	열기관이 건강하고 따뜻한 신호를 감지하게 해준다.	포유류는 따뜻한 피부를 가지고 있다.
4	포유류의 피부에 구멍을 내기에 적합한 침이 있다. 그 침은 펌프나 유동체처럼 기능한다.	포유류는 피를 공급받는 부드러운 피부를 가지고 있다.

마음대로 이식한 공원의 나무와 꽃들은 자연에서 뿌리뽑혀 나와 리듬을 잃고 기계적 대상이 되어버렸기 때문이다. 인공적으로 조성된 대상과의 관계에서 생태적 리듬과 관계를 배우기는 어려울 것이다.

살아있는 주체의 대위법에 따르면 세계 내 존재자들은 서로의 세계에 침투한다. 어떤 동물이 눈을 형성할 때 태양에서 받는 영향이 클수록 그 동물에게 태양은 크고 빛나는 것으로 지각될 것이다. 대조적으로 두더지처럼 태양이 눈의 일부에만 영향을 준다면 두더지에게 태양은 무시해도 될 대상으로 존재한다[2]. 포유류는 젖산 냄새로, 털의 저항으로, 피부의 열기와 침투 가능성으로 진드기의 움벨트 내에 삽입되어 있다. 포유류에게 다른 수만 가지 특징이 있다는 사실은 진드기에게 아무런 대위법적 관계를 형성하지 않는다.

생물기호학(Biosemiotics), 인간과 동물은 소통할 수 있나?

인간도 동물도 자신의 움벨트를 만들고 신호자극을 발생시키며 행동하는 구조를 가진다는 점에서 공통적이다. 감각기관은 사방에서 밀려 들어오는 자극물을 분류한 결과 어떤 자극을 발생시킨다. 감각기관은 어떤 자극물은 배제하고 다른 자극물은 신경 자극으로 전환한다. 신경자극은 중추신경에 도달해서 뇌세포의 카리용을 울리게 한다. 그렇게 생산된 개별 음색은 지각 신호를 만들고, 이 지각 신호는 그에 상응하는 행동을 불러일으킨다.

> "당황한 사람의 얼굴이 붉어지며 다른 사람과의 관계에 대해 뭔가를 보여준다. 배우자가 바람을 피운다고 생각하면 남성이 정자를 더 많이 생산한다는 것은 의식적인 것이 아니라 신체 차원에서 무의식적인 기호 증이 작동함을 반영한다. 가려움은 곤충이 존재할 가능성을 의미하는데, 곤충이 흡혈하는 과정에서 병원균을 우발적으로 접종하여 진화적으로 치명적일 수 있다. 진화의 역사를 통해 감정과 느낌은 언어적이거나 혹은 언어 이전 단계에서 의미를 갖는다." [2]

윅스퀼의 연구는 생물기호학(Biosemiotics)이라는 새로운 분과를 열었다. 인간만이 아니라 모든 생물 주체는 기호를 사용하고 기호를 통해 행동을 결정한다. 그렇다면 인간과 동물은 소통할 수 있다. 이것은 사이버네틱스(10장)가 품었던 연구 질문과 같다. 윅스퀼은 모든 동물이 기호를 사용하지만, 오직 인간만이 기호의 성격을 3차원적인 관계로 인식한다고 보았다. 다시 말해서 모든 동물은 기호적(semiosic)이지만, 오직 인간 동물만이 기호학적(semiotic)이다. 기호성(semioticity)은 이분법적인 속성이다. 가지고 있거나 가지고 있지 않거나 둘 중 하나다. 이것이 인간에게 특권을 주는가?

문화, 예술, 과학의 세계를 고려한다면, 우리는 기호적 역량을 통해 그 '세계'에 참여하고 즐길 수 있다. 그렇다고 해서 동물이 인간에 비해 부족하다는 의미는 아니다. 하이데거가 가장 많이 인용한 과학자가 윅스퀼이었다. 그의 현존재(Dasein, 말 그대로 "거기 있다") 개념은 움벨트를 하이데거 방식으로 표현한 것이다. 윅스퀼 덕분에 그는 비인간의 삶이 인간의 현존재(Dasein)와 비교하여 열등하거나 수준 낮지 않다는 점을 이해했다. 비인간의 삶은 인간 세계와 비교할 수 없는 개방성을 풍부하게 보유하고 있다.

우리가 인간 세계의 기준을 적용하여 동물의 세계를 판단하려고 하면 실수하는 것이다. 자연 또는 동물이 자신의 움벨트 안으로 우리를 들어오게 하는 한에서만 우리는 그것에 참여할 수 있다. 진드기가 '진드기의 움벨트'의 산물인 것처럼, 인간은 '인간의 움벨트'의 산물일 뿐이다. "우리가 우리의 움벨트가 가지고 있는 한계를 넘어서려면 먼저 모든 움벨트가 멜로디처럼 우주의 악보 구성에 참여한다는 사실을 인식해야 한다".

우리가 우리의 한계에서 해방되려면 우리의 움벨트를 단지 공간적으로 확장하려 하기보다는 인간의 움벨트와 동물의 움벨트를 포함하는 공통의 장에 뿌리내리고 있다는 사실을 인식하는 것에서 시작해야 한다. 인간은 동물과 직접 소통할 수 없다. 자연환경으로부터 오는 신호를 다른 방식으로 지각하며 서로 다른 움벨트를 가지고 있기 때문이다. 그럼에도 같은 자연환경을 공유하며 오랜 진화의 과정을 같이 겪어왔기 때문에 공통의 장을 형성할 잠재성이 있다. 떡갈나무를 통해서 산림관리인과 소녀 그리고 여우와 올빼미, 개미와 개나무좀과 맵시벌이 연결되어 있다는 점에서 실마리를 찾을 수 있다.

윅스퀼 이후

움벨트 개념은 인류가 취하고 있는 '프로크루스테스의 인식(Procrustean perception)'의 기원을 암시한다. 프로크루스테스는 사람들의 다리를 침대에 맞추어 잘라내거나 늘리는 그리스 신화 속 악당이다. 프로크루스테스처럼 근대과학은 데이터 조각을 모아서 만들어진 일종의 움벨트이다. 움벨트는 대위적인 관계를 반영할 수 있을 뿐이다. 그런데도 이 세상을 그대로 보여주고 있다고 착각하며 자신의 세계를 확신한다. 이 때문에 공격적인 행동을 감행한다. 움벨트 이론은 근대과학이 여러 움벨트 중 하나일 뿐이라고 제기한다.

'주체만큼 많은 세계'가 존재한다는 움벨트 이론은 현상학과 페미니스트 이론, 마틴 하이데거(Martin Heidegger), 질 들뢰즈(Gilles Deleuze), 페터 슬로터다이크(Peter Sloterdijk) 등 철학자와 민족지학자들에게 영향을 주었다. 현상학자 메를로-퐁티(M. Merleau-Ponty)는 주체의 지향적 구조(intentional structure)에 주의를 기울임으로써 의식과 행위를 보다 명확하고 일관성 있게 설명할 수 있었다. 지향성(intentionality) 개념은 주체의 지향적 행위가 감각-지각, 생각, 느낌, 동기 등에서 어떻게 의미를 만드는지를 설명한다. 현상학에서 모든 의식은 그 무엇에 대한 의식이다. 대상과의 관계하지 않는 의식은 없다. 현상학적 세계는 순수 존재가 아니라 그의 경험의 교차, 그리고 그의 경험과 타자의 경험 사이의 상호 맞물림을 통한 교차를 통해서 드러나는 의미의 출현이다.

현상학의 계승자인 하이데거는 현존재(Dasein)와 기술(technology) 개념을 창조했고, 인간의 존재가 구성하는 세계와 그 세계 내 존재자의 관계에 주목했다. 그의 '기술'은 '질서의 형식(the mode of ordering)'을 지칭하는데, 질서 형식이 달라지면 존재자의 지위와 의미는 재배치된다. 현대의 기술은 프로크루스테스처럼 자신이 만든 질서 형식을 절대화함으로써 문제를 일으켰다. 움벨트 이론에 따르면 질서 형식을 발명하는 기술 행위 자체는 정당하다. 다만 그 기술을 유일한 기준으로 강제하면 스스로 위험해진다.

페미니스트 과학학자 해러웨이(D. Haraway)의 '상황적 지식(situated knowledge)' 개념도 움벨트의 인간 버전이다. 이 개념은 두 가지 특징이 있다. 이 개념은 초월적 지식(transcendental knowledge) 개념에 대항하며 대신 구체적이고 지역적인 지식을 지칭한다. 특정하고 특수한 체화에서 나오는 지식을 초월하는 약속은 잘못된 비전으로 유도될 수 있다. 물론 상황적 지식은 상대주의적 한계를 가질 수 있다. 누구의 지식이든지 다 옳다고 한다면 갈등을 조율할 수 없을 것이다. 파동 전문가의 움벨트에는 파동만 있고 입자 전문가의 움벨트에는 입자만 표지될 것이다. 이를 극복하기 위해서 해러웨이는 정치적 연대와 공유하는 대화를 통한 인식론적 협상을 제안했다.

윅스퀼의 메시지는 "의미를 부여할 수 있다면 감지할 수 있다"라는 것이다. "아는 만큼 보인다"라는 문구가 엘리트주의적이라면 윅스퀼의 메시지는 훨씬 민주적이다. 그의 이론은 세계를 관찰하는 일이 더 이상 객관적이거나 중립적이지 않다고 주장한다. 우리의 의미는 사회정치적 차원에서 작동하기 때문이다. 무엇이 의미가 되어야 하나? 생태계의 다른 존재를 고려할 것인가? 아니면 경제적 효율성을 우선할 것인가? 이는 윤리적 차원의 문제이다. 그 의미의 기준에 따라 우리 앞에 펼쳐질 세계는 전혀 다른 것이 될 것이다. 의미를 부여할 수 있으려면 세계에 대한 민감성이 필요하다. 역으로 의미가 민감성을 촉발할 수도 있다.

참고문헌

1 브뤼노 라투르. 2012. 《과학인문학 편지》, 이세진 옮김, 사월의책.

2 야콥 폰 윅스킬. 2012[1934]. 《동물들의 세계와 인간의 세계: 보이지 않는 세계의 그림책》, 게오르그 크리사트 그림, 정지은 옮김, 도서출판 b.

3 Darwin, Charles. 2008[1859]. *On the Origin of Species by Means of Natural Selection, or the Preservation of Favoured Races in the Struggle for Life* (1st ed.). London: John Murray.

4 애나 로웬하웁트 칭. 2023. 《세계 끝의 버섯, 자본주의의 폐허에서 삶의 가능성에 대하여》, 노고운 옮김, 현실문화연구.

5 표석환. 2024. "불교와 칸트의 철학 체계 비교연구–불교 공성과 칸트의 선험성의 절대성을 중심으로–", 새한철학회 논문집 철학논총, 115(1), pp. 223–243.

6 Despret, Vinciane. 2013. "From Secret Agents To Interagency", *History and Theory* 52(4), pp. 29–44.

7 Feiten, Tim Elmo. 2020. "Mind After Uexküll: A Foray Into the Worlds of Ecological Psychologists and Enactivists", *Frontiers in Psychology* 11, pp. 480. doi: 10.3389/fpsyg.2020.00480

8 모리스 메를로–퐁티. 1964. 《보이는 것과 보이지 않는 것》, 남수인·최의영 옮김, 동문선

9 Merleau–Ponty, M. 1962[1945], *Phenomenology of Perception*, trans. by Colins Smith, Routledge & Kegan Paul: London and New York.

10 Haraway, Donna. 1988. "Situated Knowledges: The Science Question in Feminism and the Privilege of Partial Perspective", *Feminist Studies* 14(3), pp. 575–599.

11 von Uexküll, Jakob. 2010[1934]. *A Foray into the Worlds of Animals and Humans : With A Theory of Meaning*. translated by Joseph D. O'Neill, Minneapolis: University of Minnesota Press.

8장

인간과 자연의 전쟁

20세기 가장 유명한 책을 꼽는다면 아마도 《침묵의 봄(Silent Spring, 1962)》을 들 것이다. 이 책은 시대정신의 표현이었고 인류의 인식적 전환을 이끌었다. 출판된 지 60년이 지났는데도 여전히 학술적 차원과 대중문화에서 자주 소환되고 있다. 레이첼 카슨(Rachel Carson)은 인간(난쟁이)과 자연(거인) 사이에 벌어진 전쟁의 현장을 전하면서 근대 세계관에 의문을 제기했다. 근대과학은 자연을 수동적인 대상으로 그리고 지배의 대상으로 간주했다.

카슨은 이 책 이전에 '해양 삼부작'으로 알려진 《바닷바람을 맞으며(Under the Sea Wind, 1941)》, 《우리를 둘러싼 바다(The Sea Around Us, 1951)》, 《바다의 가장자리(The Edge of the Sea, 1955)》를 출판하면서 유명한 과학저술가로 촉망받고 있었다. 바다는 지구 표면의 70%를 차지하지만, 사람들의 관심을 받지 못하고 있었다. 우리 눈에 잘 보이지 않기 때문이다. 바다에 관한 카슨의 관심은 시대를 앞서가는 것이었다. 그는 우리에게 자연을 이해하는 새로운 세계관을 제기한 초인이었다. 그에게 자연은 단순한 대상이 아니라 살아있는 존재였다.

《침묵의 봄》을 발간하면서 그는 거대한 소용돌이에 휩싸였다. 한편으로는 대중의 과학 이해를 고양하며 새로운 환경운동을 촉발했고 다른 한편으로는 공격과 폄하의 대상이 되었다. 이 책이 출간되기 전 환경운동은 보호주의(conservationism) 성격을 띠고 있었다. 자연 자원을 잘 보존하고 관리하면 자연을 유용하게 활용할 수 있다는 태도를 말한다. 그런데 이 책을 계기로 환경운동은 자연과 인간의 관계에 주목하는 생태주의(ecologism)로 전환했다. 카슨의 영향은 환경문제에만 그치지 않았고 1960년대에 태동하던 사회운동의 중심이 되었다. 자연의 문제와 사회의 문제는 본래 연결되어 있던 것이므로 그 현상은 예견된 것이었다. 화학산업계의 공격이 예상되었고 그의 지인들은 걱정했지만, 카슨은 출판을 강행했다.[1]

내부자이면서 이방인

레이첼 카슨이 시대적 문제를 제기할 수 있었던 배경에는 그가 과학자이면서 이방인이었다는 점이 작용했다. 그는 1907년 미국 펜실베이니아주 스프링데일이라는 작은 마을에서 출생했다. 존스홉킨스대학에서 해양 동물학을 전공했고, 박사 과정 중 대공황을 겪으면서 학업 대신 직업을 가져야만 했다. 이후 미국 어류야생동물국(United States Fish and Wildlife Service, FWS)에서 근무하면서 연구와 저술을 병행했다.

---

1 그에게는 시간이 얼마 남아 있지 않았다. 이 책이 출판되고 그해 겨울부터 카슨은 가슴 통증을 느꼈고, 2년 후 암으로 사망했다. 그의 나이는 56세였다.

《침묵의 봄》이 출간할 당시 1960년대 초 사회적 상황은 냉전으로 의심과 불관용이 극대화된 시대였고, 새로운 부의 등장과 사회적 순종이 강조되었던 시기였다. 화학 산업은 전후 기술 발전의 최대 수혜자였고 국가의 부를 주도하는 중요한 견인차였다. 당시 화학 산업의 대표적인 상품 중 하나가 DDT(Dichloro−Diphenyl−Trichloroethane, $C_{14}H_{9}C_{l5}$) 살충제였다. DDT는 해충을 박멸하고 전염병을 막아줄 '신의 선물'로 알려졌다. 마치 핵폭탄이 군사적으로 적을 격멸하듯이, 살충제는 인간과 자연의 전쟁에서 인간에게 승리를 안겨줄 것이라는 믿음의 메타포가 되었다.

그런 시대 상황에서 카슨은 여성이며 생물학자라는 것만으로도 외부자였다. 바바라 맥클리톡(Barbara McClintock)이 처했던 곤란함과 마찬가지로 여성 과학자의 지위는 출발부터 이방인이었다.[2] 당시는 '핵의 시대'였고 생물학은 별로 인기가 없는 분야였다. 여성이라는 조건은 그를 더욱 불리한 지위에 놓이게 했다. 레이첼 카슨 평전의 저자, 린다 리어(Linda Lea)도 같은 이야기를 전했다. "화학자들은 신에 필적하는 지혜를 가진 것으로 기대"되었다. 전후 미국 사회에서 과학은 신이었고 그 과학은 남성 위주의 영역이었다[3].

카슨도 이런 불리함을 인식하고 있었다. 1930년대 볼티모어 어업국에서 일하면서 프리랜서 작가로서 잡지 기사를 기고할 때 'R. L. 카슨'이라고 서명을 사용했다. 그러면 필자가 남자인 것처럼 보이는 효과가 있는데, 그래야만 사람들이 기사의 내용을 좀 더 진지하게 받아들일 것으로 기대했다.

---

2 3장 '과학과 젠더'를 참조하라.

> "수산국에서 나의 업무의 하나로 때때로 나는 상업어업을 위한 기사를 부탁받습니다. 이러한 글들이 주로 경제적 문제나 보관 방법에 관한 과학적 토대를 다루기 때문에 남성 저자로 하면 더 효과적이라 느껴왔습니다. 그래서 여러 가지 이유로 나는 내 개인적인 글에서도 이 이름을 쓰기를 바랍니다." [6]

카슨은 자신의 글을 대중에게 전하기 위해 정체성을 감추어야 했다. 그는 이방인이었고 그 때문에 내부자는 보지 못하는 것을 예민하게 감지할 수 있었다. 1960년대 과학기술은 인류의 도덕적 책임을 넘어서 빠르게 움직이고 있었다. 《침묵의 봄》에서 그는 인간이 놀라운 위력을 가진 존재라는 점을 인정했고 그 때문에 책임이 필요하다는, 어쩌면 당연한 내용을 환기하려 했다. 근대과학은 인간중심적 관점을 자연에 강요하고 있었다. 이런 태도는 자연을 제대로 이해할 수 없게 만들었고 결국 인간의 삶도 위태롭게 할 지경에 이르렀다.

근대과학은 인류를 '눈먼 자'로 만들고 있었다. "제 힘에 취해서 인류는 저 자신은 물론 이 세상을 파괴하는 실험으로 한 발씩 더 나아가고 있다"[1]. 과학학자 라투르(B. Latour)도 근대의 인간중심주의를 지적하며 특히 근대인을 '눈먼 사람들'이라고 지목했다. 그들은 "자신이 눈을 크게 뜨고 있다고 생각할 때 스스로를 가장 많이 눈멀게 한다는 점에서 새롭다"[2]. 카슨은 인간의 오만 그리고 무지와 탐욕의 결과로 벌어진 환경 파괴를 엄밀하게 증명할 책임이 자신에게 있다고 느꼈다. 그는 "그저 침묵하고 있다면 나에게 평화란 존재하지 않을 것"을 잘 알았다.

《침묵의 봄》은 살충제와 제초제의 구체적인 작동 메커니즘을 제시하면서, 화학물질이 단순히 해충과 잡초만이 아니라 생명 전체를 공격하고 있다는 사실을 과학적으로 설명했다. 사람들은 살충제와 제초제를 사용할 때, 그 이름이 '살충제'이므로 해충만 죽일 것으로 생각한다. 또, '제조체'라는 이름이 붙었다는 이유로 잡초만 제거할 것이라고 믿는다. 특히 단순히 비용이 저렴하다는 이유로 쉽게 화학물질을 선택하지만 실제로는 엄청난 대가를 치러야 한다. 그것은 자연만이 아니라 인류 자신에게도 불행을 가져올 수밖에 없다.

이 책이 출간된 이후에 화학산업계는 카슨에게 분노했다. 그들은 카슨이 박사학위가 없다는 점을 부각했고,[3] "억측일 뿐, 살충제가 암이나 여타 질병과 관련된다는 증거는 아직 드러난 게 없다"라고 주장했다. 그들은 25만 달러를 들여서 카슨의 연구에 대한 신빙성을 훼손하고자 시도했다. 언론은 카슨의 결혼 여부에 지나치게 관심을 보였다. 농무부 장관 에즈라 벤슨은 "아이도 없는 노처녀가 왜 그렇게 유전학에 관심이 많은 거냐?"고 빈정거렸다[3]. 카슨이 대수롭지도 않은 문제를 침소봉대하는 히스테릭한 여성이라고 공격하거나 새와 토끼를 좋아하는 낭만적인 경향을 가진 독신녀라고 폄하했다. 주류 학계의 공격도 있었다. 반더빌트대학의 다비(William Darby) 교수는 《화학 및 공학 뉴스(Chemical and Engineering News)》지에 "카슨 양, 조용히 하시죠!(Silence, Miss Carson!)"라는 제목의 조롱 글을 실었다.[4]

1963년 이 책의 영향으로 미국 의회에서 청문회가 열렸다. 이때 DDT

3 당시 박사학위 없는 과학자의 과학연구는 종종 있었다. 물리학자 프리먼 다이슨도 박사학위가 없었지만 중요한 과학적 업적을 이루었다. 그러나 여성이었던 카슨은 학위 없는 비전문가라며 공격받았다. 카슨은 학술적으로 탁월한 업적을 거둔 적은 없고 특정 학회에 가입하지도 않았으며, 특정 기관의 목소리를 대변하지도 않았다. 이런 조건은 카슨을 공격하기 쉽게 했다.

의 효용을 주장하는 화학회사의 대표들과 정부 관리들도 참석했다. 카슨은 "인간과 자연 둘 중 어느 한쪽이 다른 한쪽을 정복하거나 지배할 수 없다. 그런데 인간은 그런 지배를 원하고 있는 것처럼 보인다"라고 지적했다. 그는 무엇보다 인류가 직면한 가장 큰 문제는 자기 자신을 스스로 통제하는 능력의 부재라고 꼬집었다. 이후 연방정부와 주정부 차원에서 조사 작업을 시작했다. 살충제 공중살포를 허용했던 각종 위원회에서는 유독성 오염물질 살포에 반대하는 시민 차원의 조직을 구성하기 시작했다. 과학과 정부가 생태파괴에 책임을 느껴야 한다는 시민 환경 운동도 강해졌다.

카슨은 모든 생명체의 권리를 지키려는 혁명적인 대변인이었다. 그의 노력 덕분에 인간의 권리만이 아니라 모든 생명체의 권리문제가 공식적 의제가 될 수 있었다. 인간이 아닌 존재에 관한 권리를 다루기 위해서는 인간 정신의 고양이 전제되어야 한다. 인간이 다른 생명체와 공존하기 위해서 근대적 삶 전체를 바꾸어야 하기 때문이다. 이 문제는 인간이 세계를 이해하는 방식에서 자기 자신의 윤리적 변화에 이르기까지를 모두 포함하는 것이다. 카슨이 사망하고 6년 뒤에 미국 제1회 지구의 날이 제정되었다. 이를 계기로 DDT 살포가 금지되었고, 환경법이 통과되면서 환경 보호국(EPA)이 출범했다.[5]

---

4 모든 화학자가 레이첼 카슨의 견해에 반대했던 것은 아니다. 화학자 제임스 러브록의 책 《가이아(Gaia, 1979)》의 서문에 따르면 러브록은 1957년 대기 중 미량의 화학물질을 감별하는 전자포획감지기(electron capture detector)를 발명했다. 이 장치로 인해 레이철 카슨은 《침묵의 봄》을 쓸 수 있었다고 밝히고 있다. 러브록은 가이아 후속 시리즈에서 카슨의 문제 방향이 옳았다고 평가했다.

5 미국 환경보호국은 1970년에 대기오염방지법(Clean Air Act)이 제정되면서 설립됐다.

비인간 존재

과학학자 이준석과 동료 연구자(2019)는 레이첼 카슨이 인간중심주의 대신 비인간(nonhuman)과의 관계를 재설정한다는 점에 주목했다. 카슨은 인간 중심적으로 자연을 바라보기 때문에 심각한 문제가 시작되었다고 생각했다. 인간은 비인간 행위자가 감지하는 환경을 이해하기 어렵다. 인간과 비인간은 같은 공간을 살아가지만 지각하고 행동하는 환경세계(Umwelt, 움벨트)는 다르다.[6] '움벨트 이론'에 따르면 인간도 자신의 움벨트를 구성하며 주관적으로 세계를 해석할 것이다. 인간의 움벨트에서 비인간 존재는 수동적인 것에 불과하며 그래서 지배 대상으로 간주할 수도 있다.

그런데 인간은 다른 동물 주체와 달리 자연 전체를 붕괴시킬 만한 역량을 가지고 있다. 인간만의 관점에 머문다면 생태계를 파괴함으로써 그 안에 살아가는 자신조차도 파괴할 것이다. 그러므로 인간에게는 새로운 도덕이 필요하다. 그러려면 우선 다른 생명체의 삶과 관계를 이해하고 자발적으로 균형을 찾아가는 민감성을 갖추어야 한다. 그래서 카슨은 우리가 자연과 생명체의 삶을 이해하는 것을 도우려 했다.

> "저조대의 암석에서 살아가는 생명체의 삶은 먹고 먹히는 관계, 혹은 서식지와 먹이를 놓고 다투는 종 간의 관계로 한데 얽혀 있다. 바다는 이 모든 생명체를 규제하고 총괄하는 힘을 행사한다. (…) 그러나 바다는 완화하거나 수정하는 역할을 통해 그 패턴을 달라지게 만들

6 7장 '생명의 움벨트'를 참조하라. 모든 생물은 감지하는 주체로서 그 주체가 지각하고 행동할 수 있는 주변 환경만이 의미 있는 움벨트(환경세계)이다.

수 있다."

《바다의 가장자리》 중에서, 이준석 외(2019)의 글에서 재인용

"내 책 모두에서 나는 이 지구의 모든 생명체는 서로 연결되어 있다는 것을 말하고 싶었습니다. 각각의 종은 다른 종과 연결되어 있으며 그리고 그 모든 것은 지구와 연결되어 있습니다. 이것이 《우리를 둘러싼 바다》와 내 다른 바다 책의 주제이며 그리고 《침묵의 봄》의 메시지이기도 합니다."

연점숙(2013)의 글에서 재인용

지구 생태계는 무수히 많은 생물종과 이를 제어하는 환경 요소의 긴밀한 결합으로 이루어진 복합체다. 생물은 주어진 환경 속에서 살아가지만, 여러 방식으로 주위 환경을 변화시킨다.[7] 생물은 살아가면서 암석을 부수거나 모래를 파서 집을 만들고 먹이를 먹고 배설한다. 그 결과로 황량한 지역을 생명체가 살기에 좋은 환경으로 만들 수 있다. 이 과정이 반복되고 누적되어 새로운 지형을 창조했다. 그 덕분에 인간도 그곳에서 삶을 꾸려갈 수 있었다.

이렇게 생태계는 생명체의 상호 적응과 변화를 통해 순환하며 지속가능성을 획득했는데, 어느 순간 인간은 이런 생태계에 어울리지 못할 뿐만 아니라 생태계의 '기생자'가 되었다(6장). 자연은 수동적인 객체일 뿐이며 마음껏 자연을 활용하는 것이 인간의 권리라는 태도가 일반화되었다. 자연의 토대 덕분에 살 수 있었음에도 인간은 그런 자연을 '적

7 6장 '공생하는 생명'을 참조하라.

균'으로 상정하며 싸우기 시작했다.

이런 태도는 자연을 인간과 분리하고 대상화하는 근대적 이분법에서 온 관념이다. 인간과 자연이 분리되어 있다는 생각은 사실 전혀 '과학적'이지 않다. 다윈(5장)과 마굴리스(6장), 그리고 윅스퀼(7장)이 거듭 강조했듯이, 인간과 자연은 생물학적으로 그리고 존재론적으로 연결되어 있다. 자연과의 전쟁은 결국 자연만이 아니라 인간의 존재를 위협한다.

DDT, '해충과의 전쟁'

1960년대는 인류가 화학물질을 사용한 지 20여 년이 채 안 되었던 때였지만, 유기합성 살충제는 이미 생물계와 무생물계를 가리지 않고 어디에나 스며들고 있었다. 강과 하천은 물론 눈에 잘 보이지 않는 땅속으로 흐르는 지하수에서도 살충제 성분이 발견되었다. 카슨은 세상의 근원과 생명의 본질마저도 변화시킨다는 점에서 화학물질을 '방사능의 사악하고 비밀스러운 동반자'라고 비유했다. 방사능과 동등한 정도의 위험으로 화학물질의 지위를 재설정하려 했다. 당시 사람들은 핵무기로 인한 방사능의 위험에 대해서는 잘 알고 있지만, 화학물질에 대해서는 그다지 경각심이 없었다.

매년 수백 종의 화학물질이 새롭게 만들어지고 있었고 그중 일부는 상품으로 제조되었다. 여기서 카슨은 다윈의 자연선택이론을 소환한다. 매년 대량의 새로운 화학물질이 계속 환경에 추가된다는 것은 인간과 동물이 적응해야 할 환경이 빠르게 변한다는 의미이다. 이는 너무나 급격한 변화이기 때문에 생물학적으로 유기체가 적응할 수 있는 한계를 넘어서게 된다. 역사적으로 급격한 환경 변화와 대멸종이 빈번하게 일어났었고 거대 동물은 급격한 환경 변화에 더 취약하다. 가장 최근에 일어난 대멸종 사건은 6,500만 년 전 소행성 충돌로 발생했는데, 이 때문에 공룡의 시대가 막을 내렸다.

현대과학이 생산하는 화학물질은 인간이 자연에 대항해서 벌이는 '전쟁 무기'였다. 사람들은 '해충과의 전쟁'이라는 선전용어를 사용했고 실제로도 그런 공격성을 보였다. 모기와 파리 같은 해충에 대해서 원자폭탄을 떨어뜨리는 이미지는 해충과의 전쟁이 정당하다는 신념을 만들었다. 〈그림 8.1〉에서 보듯이 DDT는 해충을 공격하는 폭탄으로 이미지화하면서 살충제를 '해충 제거 대리인'으로 위임했다.

'해충'이라는 용어도 공격성을 담고 있다. 이 용어는 이전에는 존재하

그림 8.1 시카고 데일리 트리뷴에 게재된 만평. "또 다른 원자폭탄?"이라는 제목을 달고 있다.

자료: Chicago Tribune, 1945. 8. 24

지 않던 것으로 1940년대 이후 등장한 개념이다[1]. 해충이란 곤충, 잡초, 설치류, 그 밖에 인간의 활동에 방해되는 유기체들을 가리키며 인간이 '적'으로 상정한 대상이다. 이들을 제거하기 위해서 화학물질로 만들어진 다양한 제품이 판매되었다. 스프레이, 분말, 에어로졸 형태의 제품들이 농장과 정원, 숲, 가정에서 아무런 의심 없이 일상적으로 사용되기 시작했다.

살충제는 해충은 물론 익충까지 죽였고, 물고기와 새 그리고 포유동물까지 연쇄적인 죽음으로 몰아갔다. 사람들은 살충제는 해충만 죽일 것이라고 믿었지만, 사실은 해충이든 익충이든 생명의 작동 메커니즘은 같았으므로 살충제의 위험 앞에서 예외가 될 수 없었다. 살충제는 곤충뿐만 아니라 인간을 포함하여 모든 생명체를 위협했다. 살충제가 생명의 원리를 공격하도록 제조되었기 때문이다. 살충제는 인간을 돕는다는 명분으로 등장했지만, 그 작동 방식은 자연 전체를 공격했다.

이 과정에서 다윈이 제창한 '적자생존'을 증명하기라도 하듯이 모기는 살충제에 내성을 지닌 놀라운 종으로 변이했다. 곤충은 개체수가 많고 큰 속을 가지고 있다.[8] 다윈은 이런 경우 변이와 변종이 발생할 가능성이 높다고 제시했다(5장). 카슨은 살충제가 다윈 이론을 증명하고 있음을 감지했다. DDT는 주로 말라리아모기를 겨냥했지만, 모기를 통제하는 데 실패했다. 모기는 큰 속과 엄청난 개체수를 가지기 때문이다. 첫해에는 살충제 때문에 대다수 모기가 죽었지만, 일부는 살아남아서 다음 해 개체수를 다시 채웠다. 살아남은 모기는 살충제에 내성을 가진

8 큰 속이란 많은 수의 종을 포함하고 있다는 의미이다. 모기(Mosquitoes)는 약 3,500여 종으로 구성된 112개의 속을 가지고 있다. 말라리아균을 옮기는 얼룩날개모기(Anopheles) 속은 총 484종을 포함하고 있다.

개체였기 때문에 살충제는 무력해졌다.

결국 살충제가 효력이 없어지면 더 강력한 살충제를 출시해야 했다. 그러면 다시 모기는 죽겠지만 일부 내성을 가진 모기는 살아남을 것이다. 다시 독성이 더 강한 살충제가 등장해야 한다. 악순환이 계속되면서 생태계는 더 강한 살충제로 넘쳐나게 된다. 마치 전쟁에서 양측 당사자들이 무기경쟁을 하듯이 곤충과 살충제 사이에서 힘의 경쟁이 일어났다. 그 결과 정작 모기를 제거하지도 못하면서 생태계를 파괴하는 방향으로 일이 뒤틀리게 되었다. 하얀 가루가 날리고 새와 고양이들이 죽어갔지만, 카슨이 이 문제를 공식화하기 전에 사람들은 알아채지 못했다.

게다가 카슨에 따르면 '해충'의 존재는 인간 행동의 결과였다. 해충 문제가 심각해진 것은 농업이 본격화되었을 때부터, 특히 대규모 농지에 단일한 작물을 재배하는 것을 선호하게 되면서부터였다. 원시 농업은 자급자족 형태였기에 여러 작물을 조금씩 심었다. 원시농업은 자연의 다양성과 닮았기 때문에 문제가 발생하지 않는다. 그런 조건에서는 해충이라는 개념이 존재하지 않았다.

그러나 넓은 농지에 옥수수나 콩 같은 단일 식물을 재배하면서 해충 문제가 발생하기 시작했다. 자연의 생명은 모두 연결되어 있어서 하나의 식물이 서식지를 넓히면 그 식물에 의존해서 살아가는 곤충도 같이 번성하게 된다.[9] 그래서 대량 재배는 특정 곤충의 번성으로 이어졌고 골칫거리가 되었다. "자연은 다양성을 선사했는데, 인간은 이를 단순화하는 데 열을 올리고 있다". 해충 문제는 자연의 다양성을 훼손하고 편의적

9 18~19세기 인간이 대도시에 모여 살면서 전염병 문제가 심각해진 것과 유사하다. 넓은 지역에 흩어져 살 때는 문제가 되지 않았지만 밀집해서 살면 새로운 전염병이 발생했다.

으로 단순화시켰기 때문에 생긴 일이었다. 곤충이 나쁜 것이 아니라 인간이 만들어낸 문제였다. 인간이 만든 문제를 해결하기 위해서 다시 자연을 공격하는 방식을 취했다.

살충제의 최종 도착지는 인간

1960년대에는 DDT에 대한 위험 인식이 없었기 때문에 사람의 머리나 몸에 직접 뿌리기도 했고, 어린아이에게도 직접 살포하는 것을 주저하지 않았다. 1947년 타임지에 실린 DDT 광고에서는 인간과 소 그리고 사과와 땅콩이 등장해서 "DDT는 나에게 좋아요(DDT is good for me)"라며 노래한다. 당시 DDT에 대한 일반적 인식을 짐작할 수 있다.

DDT 살충제는 분말 형태여서 피부에 직접 스며들 수는 없었고, 따라서 위험해 보이지 않았다. 그러나 DDT 성분은 지방 성분에 녹으며 소화기관이나 폐를 통해 천천히 스며들 수 있다. 일단 몸속으로 들어가면 부신이나 고환 그리고 갑상샘 같은 지방이 풍부한 장기에 축적된다. 체내에 저장된 지방은 DDT의 생물학적 증폭기 구실을 한다. 음식으로 흡수된 DDT는 체외로 배출되지 않기 때문에, 0.1ppm만 흡수해도 100배 이상 체내에 축적된다.[10]

DDT 성분은 먹이사슬을 통해서 다른 생물체로 계속 전달되며 증폭

10 1ppm이란 양은 백만분의 1이라는 매우 적은 수치이다. 하지만 화학물질은 극소량이라고 해도 인체에 들어가면 큰 변화를 줄 수 있다. 동물실험에 따르면 DDT의 3ppm은 심장 근육에 필수적인 효소 작용을 억제할 수 있고, 5ppm이 되면 간세포의 괴저나 조직 분해를 일으킨다[1].

된다. 살충제를 비행기에서 살포하면 알파파나 자주개자리 풀에 살충제가 묻는다. DDT가 묻은 알파파를 닭이 섭취하면 그 닭이 낳는 알에도 DDT가 함유된다. DDT가 들어있는 건초를 여물로 먹은 소에서 짜낸 우유에도 DDT가 포함된다. 이 우유를 농축해서 만든 버터의 DDT 성분은 원래 우유보다 훨씬 더 높다.

이런 독성은 곧 인간에게도 도달하며, 유독물질은 모체에서 자식 세대로 전달된다. 미국의 식품의약국의 과학자들은 모유 시료에서 살충제 잔여물을 발견했다. 동물실험 결과에서 염화탄화수소 성분의 살충제가 태아를 보호하는 태반을 자유롭게 통과하는 것으로 밝혀졌다. 이렇게 DDT는 전체 생명계 사이를 넘나든다.

살충제로 인한 인간의 피해도 이어졌다. DDT에 내성이 생긴 말라리라의 박멸을 위해 DDT 대신 더 강력한 디엘드린($C_{12}H_8Cl_6O$)을 사용하는 순간부터 방역 담당자들이 중독되는 사건이 빈번히 일어났다[1]. 카슨은 엔드린($C_{12}H_8Cl_6O$) 중독으로 인한 비극적인 사건을 소개했다. 한 미국인 부부가 베네수엘라로 이주했는데, 이사한 집에 바퀴벌레가 많아서 엔드린이 포함된 살충제를 사용했다. 당시 한 살이었던 아기와 강아지는 이웃집으로 피난시킨 후 작업했다. 몇 시간 후 살충제를 깨끗이 닦고 아기와 강아지를 집으로 데려왔는데, 강아지가 구토와 발작 증세를 일으키다가 죽고 말았다. 아기도 같은 증상을 보이다 의식을 잃었다. 이후 아기는 보지도 못하고, 듣지도 못하고, 간헐적으로 근육경련을 일으키는 환자가 되었다.[11]

---

11 1983년이 되어서야 바젤협약을 통해서 저농도 잔류성유기오염물질(POPs)(알드린, 클로르데인, 디엘드린, 엔드린헵타클로르, HCB, 미렉스, 톡사펜 등)을 지정해서 안전을 관리하기 시작했다.

살충제의 원리

살충제는 DDT 같은 염화탄화수소 계열과 말라티온으로 대표되는 유기인산 계열이 있다. 이들 살충제는 모두 탄소의 성질에 기반한 합성물이다. 탄소는 생명계의 뼈대를 이루는 기본 원소이다. 탄소는 여러 개가 모여서 사슬 모양이나 고리 모양으로 다양한 배열을 만들어낼 수 있고, 다른 원소와도 쉽게 결합할 수 있어서 거의 무한한 변형이 가능했다. 지구의 생명체가 박테리아에서부터 거대한 생명체인 흰긴수염고래에 이르기까지 엄청난 다양성을 가질 수 있는 것도 생명체가 탄소 유기물이기 때문이다[1]. 복잡한 단백질 분자, 지방, 탄수화물 효소, 비타민 등에도 모두 탄소가 포함되어 있다.

탄소와 수소로 만들어진 가장 단순한 화합물로는 메탄가스(CH_4)가 있다. 탄소 하나와 수소 4개로 구성되어 있다. 물속에서 유기체가 박테리아에 의해서 분해될 때 발생하는 화합물이다. 메탄가스의 구조에서 수소 하나를 염소로 바꾸면 염화메틸(CH_3Cl)이 된다. 수소 3개를 염소로 바꾸면 마취용 클로로폼($CHCl_3$), 4개 모두 염소(CCl_4)로 바꾸면 사염화탄소가 된다.

탄소의 변화무쌍한 특징을 응용한 물질이 바로 DDT를 비롯한 살충제였다. DDT의 화학식($C_{14}H_9Cl_5$)은 탄소 14개, 수소 9개, 염소 5개로 구성되어 있다. 간단한 화학적 조작만으로도 강력한 위력을 가진 유독물질들을 아주 쉽게 만들 수 있다. 그래서 제작 비용이 저렴하고 대량 생산도 수월했다.[12] 살충제를 매우 저렴하게 제조할 수 있었기 때문에 비행기에서 대량으로 공중 살포하는 일도 가능했다.

살충제의 기본적인 원리는 신체 내 신경계를 공격하는 것이다. 생물체 내에서 필수적인 기능을 하는 효소를 파괴하는 방식이었다. 신경세포 사이에 자극이 전달되려면 아세틸콜린(acetylcholine)이라는 화학 전달체의 도움을 받아야 한다. 그런데 아세틸콜린은 기능을 수행한 다음에는 즉시 사라져야 한다. 이때 아세틸콜린 효과 해제를 위해서 콜린에스테라제(cholinesterase)가 분비된다. 만약에 아세틸콜린이 신경을 자극한 후에 바로 사라지지 않는다면 신경과 신경 사이로 자극이 계속되면서 강도가 점점 강해지고 근육이 경련을 일으키게 된다. 심하면 발작을 일으키고 계속되면 죽음에 이를 수 있다.

화학살충제는 바로 콜린에스테라제 분비를 방해한다. 그래서 살충제에 노출된 생명체는 아세틸콜린의 효과 지속으로 인해 경련과 발작을 일으키다가 죽게 된다. 이 원리는 곤충이든 동물이든 상관없이 신경계를 가진 모든 생명체에게 적용되고, 해충과 익충을 가리지 않는다. 살충제는 '눈'이 없다. 해충과 다른 생명체를 구분하지 않고 같은 작용을 한다. 완두콩, 껍질콩, 사탕무 재배에서 해충 방제법으로 씨앗을 살충제에 담그거나 씨앗에 살충제를 도포하는데, 살충제 처리를 한 식물이 싹 튼 후 그 수액을 먹는 곤충은 살충제 독성에 영향을 받는다. 살충제 처리를 한 식물에서 얻은 꿀에도 독성이 있다.

카슨의 보고는 근대과학과 기계론의 세계관이 어떻게 현실에서 파국을 불러오는지를 보여준다. 인간과 다른 생명체를 분리된 존재로 생각

---

12 DDT의 개발자는 파울 헤르만 뮐러(Paul Hermann Müller)로, DDT를 발명한 공로로 1948년 노벨의학상을 수상했다. 당시 노벨 재단은 뮐러의 DDT에 대해서 '신이 준 선물'이라고 평가했다. 이후에 미 국방질병연구소는 DDT를 대량생산하여 보급했다. 전 세계에 있는 미군의 건강과 안전을 위해 말라리아를 퇴치할 용도였다.

했기 때문에, 살충제와 제초제가 인간에게는 아무런 피해도 주지 않을 것이라고 믿었던 것이다. 카슨은 근대과학이 완전함을 뽐내지만 허점이 많다고 지적했다. "화학자들이 새로운 살충제를 고안해내는 속도가 유독물질의 영향에 관한 정확한 지식을 습득하는 속도를 훨씬 앞지르고 있"다. 과학자와 전문가 지식이 완전할 것이라는 기대는 위험하다. 근대과학의 불확실성은 과학자와 전문가를 비껴가지 않는다.

자연에 대한 오해

살충제를 남용하여 결국 인간조차도 죽이는 환경 파괴를 범하는 현상은 자연에 대한 지독한 오해에서 나온 것이다. 카슨은 먼저 토양에 대한 우리의 무지를 이야기했다. 토양은 대륙의 표면을 덮고 있는 얇은 층으로서, 인간을 비롯한 지상의 모든 생물의 생존을 결정한다. 토양이 없다면 식물이 자라지 못하고, 식물이 없으면 동물 역시 살아남을 수 없다. 인간의 농업과 생활도 토양에 전적으로 의존하고 있다.

토양 역시 여러 생명체의 활동에 의존한다. 토양이 만들어지고 그 본질을 유지하는 데에는 식물과 동물의 기여가 있다. 특히 토양 속의 미생물은 눈에 보이지 않지만 중요하다. 토양 속 박테리아와 균류의 개체수는 천문학적이다. 찻숟가락 한 술 정도의 토양에 수십억 마리의 박테리아가 있다. 1에이커(약 1,200평)의 비옥한 토양에 들어있는 박테리아를 모두 합한다면 그 무게가 약 453kg에 달한다. 박테리아 개체 하나는 눈에 보이지도 않고 무게도 거의 없다는 점을 고려하면 그 안에 들어 있을 개체수가 엄청날 것임을 짐작할 수 있다.

인간의 자연에 대한 오해를 대표적으로 보여주는 사례가 바로 미생물에 대한 혐오나 무시 현상이다. 미생물이 하는 역할은 지구환경에 결정적이다. 박테리아와 균류, 해조류는 동식물의 유체가 부패하는 것을 촉진하여 원래의 구성요소인 무기물로 환원시켜준다. 이들이 없다면 토양과 대기와 생물을 경유하는 탄소와 질소의 순환도 사라질 것이다.

콩과 식물과 공생하는 뿌리혹박테리아는 대기 중의 질소가 식물 뿌리에 흡수되는 것을 돕는다. 대기 속 질소가 80%를 차지할 정도로 흔하지만, 박테리아가 없다면 식물은 질소 부족으로 "굶어 죽을 것이다". 제초제는 간접적으로 뿌리혹박테리아의 성장을 방해하거나 직접 식물의 질소동화 작용을 방해하는 원리를 채택하고 있다. 제초제가 살포된 후 1년이 지나더라도 그 영향이 남는다는 보고가 있다.

그 외에 토양 속에는 진드기 그리고 날개 없는 원시 곤충인 톡토기도 있다. 이들은 식물의 잔해를 분쇄하고, 숲에 떨어진 각종 쓰레기를 토양으로 환원해준다. 카슨은 "이 미세한 존재들은 믿어지지 않을 정도로 대단한 임무를 맡고 있다"라며 감탄했다. 토양 속 거주자 중에는 지렁이도 있다. 지렁이만큼 토양 생태에 중요한 생물도 없을 것이다. 지렁이는 흙을 삼키고 그 흙 속에 있는 영양분을 취한 다음, 나머지 흙을 토해낸다. 이 과정에서 토양이 부드러워진다. 지렁이가 토해내는 부드러운 토양의 양은 1년 동안 수 톤에 이른다. 지렁이는 부단히 자신의 삶을 꾸려가면서 동시에 토양에 질서를 부여한다. 지렁이의 존재는 토양의 상태를 평가하는 척도로서 지렁이가 없는 곳은 불모의 땅이다.

이처럼 토양은 서로 연결된 여러 생물로 촘촘하게 짜인 연결망에 의해 형성된 것이다. 땅 위 식물은 이산화탄소를 흡수하고 태양 에너지를 흡수해서 성장하다가 죽어서 땅 위에 쓰러진다. 그러면 땅속 균류들 그리고 여러 가지 미생물과 지렁이에 의해서 분해된다. 이것은 새로운 식물에 영양소를 제공한다. 생물은 토양에 의지해서 살고 다시 토양은 여러 생명 공동체에 의해서 풍성해진다. 그런데도 우리는 토양 속에 다양한 생명체의 연결망에 대해 무지하거나 눈에 보이지 않는다는 이유로 무시한다.

식물에 대한 오해

마찬가지로 사람들은 식물에 대해서도 무지하고 편협하다. 사람들은 즉각적인 이용 가치가 있다고 생각하면 잘 키우고 보살피지만, 당장 별 이득이 없거나 관심이 없다면 곧장 그 식물을 제거해도 된다는 조급함이 있다. 식물은 생명계를 구성하는 거대한 연결망의 일부이기 때문에 제초제를 사용해서 특정 식물을 공격하는 행위는 생명의 연결망을 교란한다.

카슨은 제초제 산업이 자연에 대한 겸손함이 전혀 없다며 우려했다. 제초제의 생산량과 판매량은 지속적으로 증가하고 있다. 세이지 초원(sage steppe)의 제초사업 사례는 제초제가 생태계 전체를 무너뜨릴 수 있다는 것을 보여준다. 세이지는 키가 작은 관목인데, 산등성이와 초원에 서식한다. 특히 잎이 회색 털로 덮여 있어서 바람에 맞서 수분을 보존할 수 있다. "이는 결코 우연이 아니라 오랫동안 자연이 실험한 결과이며 그 때문에 서부의 넓은 초원이 세이지로 뒤덮이게 된 것이다".

세이지 초원에는 다양한 동물들이 살고 있다. 세이지 뇌조(sage grouse)는 '평원의 수탉'이라는 별명이 있는데, 세이지와 뇌조는 상부상조 관계를 형성해왔다. 세이지가 자라는 땅이 줄어들면 뇌조의 수도 감소한다. 세이지는 새 둥지와 어린 새들을 안전하게 보호해주며 새들이 놀거나 쉬는 장소를 제공한다.

산양(pronghorn)도 세이지 초원에 의존한다. 산양은 세이지 생태에 맞춰서 적응하는데, 여름에는 산 위에서 지내다가 겨울에 먹이가 없을 때 낮은 지대로 내려와서 세이지를 먹는다. 세이지는 겨울에도 회녹색 잎이 무성하며, 그 잎은 단백질과 지방 그리고 필수무기질이 풍부하다. 고원지대에서 자라는 세이지의 무리는 산양과 뇌조 그리고 여러 생명체와의 조화를 이루며 고유한 생태계를 구축했다.

그런데 일부 지역 개발 담당자와 목축업자들은 세이지를 박멸하기로 했다. 제초제를 대량으로 뿌린 후 목초지를 조성했다. 그런 결정은 세이지 생태계를 제대로 이해하지 못한 것이었다. 경험이 많은 농부들은 자

그림 8.2 세이지(Salvia officinalis)는 키가 작은 관목으로 회색의 작은 잔털이 난 잎을 가지고 있다.

연의 생태가 다양성을 통해 상호공존한다는 것을 경험으로 알고 있었지만 개발당국은 그렇지 않았다.

무리한 인위적 개입은 단기적으로 목표를 달성하는 것처럼 보이지만, 장기적으로는 잘 엮여있던 생태계를 파괴한다. 여름에 무성했던 푸른 목초는 겨울이 되자 찬 바람을 견디지 못하고 죽었다. 세이지가 사라지자 산양과 뇌조도 먹을 것과 안식처를 잃어버렸다. 겨울 눈보라 속에서 동물들이 굶주리거나 죽었다. 세이지는 잡초가 아니라 생태계를 연결하는 중요한 존재였음이 세이지가 없어진 초원의 비극을 통해 드러났다. 인간의 관점에서 이름 붙여진 '잡초'라는 분류가 정당한 것인지 돌아보아야 한다.

돼지풀 사례도 자연과 식물에 대한 오해를 잘 보여준다. 돼지풀은 감염병의 일종인 건초열[13]의 원인이다. 돼지풀을 제거하기 위해서 엄청난 양의 화학약품을 살포했다. 그런데 오히려 다음 해 돼지풀이 더 증가했다. 돼지풀은 한해살이풀인데, 매년 잡초제거제를 뿌려서 돼지풀만이 아니라 다른 모든 식물도 죽었다. 그래서 빈 땅이 되었고 다음 해에 돼지풀 종자가 비어있는 땅에 내려앉아 싹을 틔운 것이다.

카슨은 돼지풀을 없애려면 관목이나 양치류 같은 다른 여러해살이풀을 빽빽하게 심는 것이 더 좋다고 권장한다. 다윈은 《종의 기원》에서 어떤 식물종이 멸절하는 이유는 씨앗 수가 적어서가 아니라 이미 다른 식물이 빽빽하게 들어차 있어 비어있는 서식지가 없기 때문이라고 말했다(5장). 생태적 지식에 근거하면 돼지풀 퇴치를 위해서 제초제를 사용하는 것은 그 목적을 위해서라도 잘못된 선택이다.

---

13 건초열이란 식물의 꽃가루 때문에 발생하는 알레르기 반응이다.

잡초도 생태계의 구성원으로서 자신의 역할이 있다. 그 식물은 다른 존재와 서로 길항 관계를 형성하면서 오랫동안 자신의 서식지를 찾은 결과 그곳에 있는 것이다. 인간의 관점에서 불필요한 것이라며 제거하면 그것과 관계를 맺고 있는 생태계 전체에 영향을 준다. 그중 가장 우울한 결과는 봄이 와도 새가 오지 않는 것이었다.

해충을 제거하지도 못하면서 새를 죽이기

카슨은 울새(robins) 이야기를 전한다. 미국에서 울새는 봄을 알리는 작은 새로, 이 새가 오면 뉴스로 전할 정도로 중요하고 반갑게 여긴다. 그런데 점점 울새 소리를 들을 수 없게 되었다. 오듀번협회(National Audubon Society)와 미국 어류야생동물국(FWS)이 함께 발행하는 현장 보고서에 따르면, 사실상 새가 존재하지 않는 것이나 다름없는 이상한 지역이 발견되기 시작했다. 여러 조류 관찰자와 학자들도 같은 현상을 목격했다. 북미지역은 다양하고 많은 새들이 서식하고 있는 곳이기 때문에 이는 매우 기괴한 현상이었다.

그 원인은 느릅나무 병을 방제하기 위해서 대대적으로 살충제를 뿌렸기 때문이었다. 1950년대부터 대도시 관리자들은 가로수로 느릅나무를 심기 시작했다. 특정 식생을 대규모로 재배하면 그 식생에 의존하는 생태계도 같이 따라오게 된다. 자연스레 느릅나무에 사는 딱정벌레들도 함께 증가했고 이들이 옮기는 느릅나무병 전파도 강해졌다. 이를 막고자 화학약품을 살포하기 시작했는데, 모기 사례에서처럼 딱정벌레도 내성을 가진 개체로 그 상황을 '극복'했던 것이다.

딱정벌레와의 전쟁에서 이기기 위해서 더 많은 살충제를 뿌리기 시작하면서 새들이 죽기 시작했다. 살충제에 중독된 지렁이가 매개 역할을 했다. 지렁이가 중독된 채 새의 먹이가 되어 다시 새를 중독시킨 것이다. 새의 중독은 불임으로도 이어졌다. 울새가 둥지를 틀어서 알을 낳고자 했지만 낳지 못하거나, 낳았더라도 부화시키지 못하는 사례가 증가했다. 조사에 따르면 새의 고환과 난소에서 다량의 DDT가 검출되었다.

먹이사슬 상위에 있는 육식 조류도 중독된 새를 잡아먹으면서 2차 중독되어 개체수가 격감했다. 살충제의 화학성분은 외부로 배출되지 않고 체내에 쌓이고 먹이사슬을 따라 상위 포식자로 향한다. 작은 새에 이어서 수리부엉이, 올빼미, 붉은 어깨매, 새매, 개구리매 등 맹금류도 심한 경련을 일으키며 죽어갔다.

살충제는 역설적으로 새들을 죽임으로써 해충 억제를 방해했다. 딱따구리는 가문비나무에 사는 엥겔만갑충과 과수원의 사과좀나방 억제에 기여한다. 박새와 겨울 철새는 자벌레를 잡아먹어서 과수원을 보호한다. 살충제는 새를 죽였지만 느릅나무를 구하지는 못했다. 10년 동안 정기적으로 살충제를 뿌렸지만 가뭄이 들자 딱정벌레 개체수는 오히려 증가했다. 딱정벌레는 건조한 환경을 좋아하기 때문이다. 그러자 그릅나무의 고사율이 급격히 증가했다.

카슨은 이 문제와 관련해서 전문가의 한계를 지적했다. 이런 문제가 생겼을 때 전문가들은 전체를 조망하여 원인을 진단하기보다는 살충제 살포기의 노즐을 더 개선해야 한다는 식으로 엉뚱한 해법을 내놓곤 했다. 전문가는 단지 자신의 전문 분야만 알기 때문에 그 범위 안에서 원인을 찾으려고 하기 때문이다. 이어서 정부 관료의 무단적 행동도 고발했다. 주정부는 방역법을 제정하고 주민의 허락이나 경고 안내도 없이 대대적으로 공중에서 살충제 살포를 했다. 카슨이 직접 지적하지 않았지만, 정부 관료가 임의로 공중살포를 결정하는 법률이 아무런 외부 개입 없이 만들어지기는 어렵다.

전문가와 관료는 주로 경제적 효율성을 합리적이라고 여기며 이상하고 위험한 결정을 하곤 했다. 과학학자 라투르는 합리화가 "믿음에 대한 믿음을 생산한다"라고 지적했다[2]. 현대과학은 사람들이 스스로 생각하고 행동하는 대신 합리화라는 '신'을 숭배하게 만들었다. 화학자와 관료는 모두 이 시대의 전문가들이다. 그러나 전문가는 각자 자신의 분야에서만 위험을 인식할 뿐, 그 문제가 적용되는 훨씬 더 넓은 범위의 상황은 인식하지 못하거나 무시하는 경우가 많다.

> "고요한 연못에 돌을 던지면 잔물결이 일듯이, 유독물질의 연쇄작용을 일으켜 죽음의 물결을 퍼뜨리는 사람은 누구인가? 하늘을 나는 새들의 부드러운 날개가 모두 사라져버린 황폐한 세상이 되더라도 벌레 없는 세상을 만드는 일이 더 중요하다고 결정한 사람은 누구인가?"

카슨은 생태에 영향을 줄 수 있는 문제를 전문가와 관료에게만 맡길 수 없다고 여러 번 지적했다. 아마도 카슨은 시민 권력에 호소한 최초의 과학자일 것이다. 이제 생태적인 주장은 정치적인 주장으로 전환된다. 물론 카슨이 화학 살충제의 전면적인 금지를 주장한 것은 아니다. 하지만 독성이 있고 생물학적인 문제를 일으킬 잠재성이 큰 살충제 사용을 '전문가 바보'의 손에 전적으로 맡길 수 없었다.

이것은 과학의 문제이면서 동시에 정치의 문제다. 그리고 이것은 현재만이 아니라 미래를 끌어오는 것이다. "우리의 후손들이 자연계의 존

엄성에 대한 우리의 이런 관심 부족과 무지를 용서하지 않을 것이다". 무분별한 화학물질 사용은 생태계만이 아니라 미래 인류의 권리를 파괴하는 것이다. SF 작가 필립 딕은 자신의 작품 ≪안드로이드는 전기양의 꿈을 꾸는가(1968)≫에서 새의 죽음을 인류문명 쇠락의 상징으로 그렸다(16장). 카슨은 단지 죽은 새를 동정하는 '낭만적인 독신녀'가 아니라 우리 문명의 전망을 제기한 철학자였다.

자연과의 공존

오늘날 우리의 농업생산 방식은 단일품종 대량생산에 의존하고 있다. 이 때문에 살충제와 제초제를 동원해서 문제를 일거에 해소하는 기술적 해법이 만연하고 있다. 이것은 의도하지 않더라도 생물종들 사이에 미묘한 균형을 깨뜨린다. 어떤 종은 살충제 때문에 급속히 감소하거나 포식자와 피식자의 관계가 방해받을 수 있다. 그 결과 특정한 유기체가 폭발적으로 증가할 수 있다. 이것은 토양의 생산성을 파괴하고 결국에는 절지동물만 남는 결과를 초래할 것이다.

절지동물문은 곤충류와 갑각류를 포함하는 생명 분류로서 현존하는 동물의 80% 이상이 여기에 포함된다. 이들은 개체수가 많고 큰 속을 가지고 있어서 변이와 변종이 풍부하다. 그래서 살충제와 제초제에 내성을 가진 변이 가능성이 높다. 조류와 어류는 살충제 때문에 감소하는데, 곤충은 내성을 가진 자손을 남기면서 증가할 수 있다. 그러면 오랜 세월에 걸쳐 생태계가 만들어낸 균형이 무너질 수 있다.

그러므로 살충제와 제초제를 사용할 때는 생태계에 줄 영향과 종다양성 원리를 먼저 고려해야 한다. 동식물 집단을 건강하게 유지하는 열쇠는 '종다양성 유지'가 핵심적이다. 이런 원칙을 고려하지 않고 편의적으로 일거에 문제를 해소하려고 하는 태도는 문제를 해결하지도 못하면서 새로운 위험을 만들어낸다.

카슨은 종다양성을 유지하면서 문제를 해소하는 방법으로 생물학적인 방제법을 제안했다. 생물학적 방제법은 농부들이 해충을 없애기 위해서 천적을 도입했던 것에서 유래했다. "오늘날 농작물 재배가 직면하는 문제는 이미 자연에서도 일어난 일인데, 자연은 그런 문제를 나름의 방식으로 잘 해결해왔었다. 농부들은 그런 자연의 원리를 배워왔다. 인간이 자연을 관찰하고 열심히 따라 할 정도로만 영리하다면 성공적인 결과를 얻을 수도 있을 것이다". 화학적 방제가 무차별적인 공격을 하는 것과 달리, 생물학적 방제의 특징은 해당 생물만 겨냥할 수 있다. 화학적 방제는 비선택적이지만 생물학적 방제는 선택적 방제가 가능하다는 이점이 있다.

카슨은 생물학적인 방제 사례 몇 가지를 소개한다. 그중 하나가 네덜란드 공원의 장미밭이 선충으로 훼손된 사례이다. 식물보호국의 과학자들은 살충제를 뿌리는 대신 장미 사이사이에 마리골드를 심으라고 권고했다. 마리골드 뿌리에서 선충류를 죽이는 물질이 분비되기 때문이다. 그런데 이 마리골드는 순종원예주의자의 관점에서는 잡초로 취급된다. 잡초와 토양은 서로 연결되어 있어 특정 관계를 형성해왔다. 잡초는 토양에서 무엇인가 취하는 동시에 토양에 무엇인가 도움을 주었기에 현재와 같은 모습에 도달했다.

그러나 관료들은 생물학적인 방제를 선호하지는 않는다. 화학적 방제는 그로 인해 이익을 얻는 산업이 있지만 생물학적 방제는 그런 행위자가 없다. 정부조직과 관료는 강력한 이해당사자에 의존하는 정책에 이끌린다는 약점이 있다.

카슨은 곤충과 인간을 전쟁 중인 적대관계로 설정하기보다는 자연의 방법 안에서 화해할 수 있기를 기대했다. 우선은 이 세상이 인간의 독점적인 소유물이 아닌 모든 생물과 공유하는 것이라는 인식을 가져야 한다. 생물들이 지닌 힘을 고려하여 해결책을 탐색한다면 곤충과 인간이 타협할 지점을 발견할 수 있을 것이다.

생명체는 서로 밀고 밀리며 전진과 후퇴하는 관계에 놓여 있다. 기계나 죽은 사물을 다루는 것이 아니라 살아 있는 생물에 관한 일을 하고 있다는 점을 민감하게 받아들여야 한다. 카슨은 말했다. "인간은 자연의 일부이고 자연에 대한 인간의 전쟁은 필연적으로 인간 자신에 대한 전쟁이다".[14] 인간(난쟁이)이 자연(가이아라는 거인)을 제압하려고 공격한다면 난쟁이는 거인의 어깨를 잃게 될 것이다.

---

14 아메리칸 익스피리언스 다큐멘터리, Malaria and "Silent Spring", (PBS Retro Report)을 참조하라.

참고문헌

1 레이첼 카슨. 2011.《침묵의 봄》, 김은령 옮김, 에코리브르출판.

2 브뤼노 라투르. 2023.《존재양식의 탐구: 근대인의 인류학》, 황장진 옮김, 사월의 책.

3 린다 리어. 2004.《레이첼 카슨 평전: 시인의 마음으로 자연의 경이를 증언한 과학자》, 김홍옥 옮김, 샨티.

4 이준석·김혜지·정민주·김대륜. 2019. 레이첼 카슨(Rachel Carson)과 신유물론, 문학과환경 18(4), pp. 113– 156.

5 Smith, Michael B. 2001. "Silence, Miss Carson!" Science, Gender, and the Reception of "Silent Spring", Feminist Studies 27(3), pp. 733–752.

6 연점숙. 2013. 레이첼 카슨의 '소란한'『침묵의 봄』, 문학과환경 12(2), pp. 101–122.

7 레이첼 카슨. 2018.《바다의 가장자리》, 김홍옥 옮김, 에코리브르.

8 제임스 러브록. 2003[1979].《가이아: 살아있는 생명체로서의 지구》, 홍욱희 옮김, 갈라파고스.

인터루트 버섯과 엘프

인류학자 애나 칭(Anna Tsing)은 곰팡이가 엄청난 '세계-건설하기(world-building)' 작업을 수행하는데도, '사람들은 왜 곰팡이에 주목하지 않는지'를 묻는다.[1] 그 이유 중 하나는 사람들이 땅속 세계를 보지 못하기 때문이다. 또 다른 이유는 최근까지 과학자들이 생명을 고립된 개별 생물 단위로 관찰하기 때문이다. 이런 세계관에서 생물종 사이의 주요 관계는 단지 포식자-피식자일 뿐이다. 그래서 마치 어떤 생물종도 자신의 생존을 지속하는 데 다른 생물종과의 관계가 필요하지 않은 것으로 표현된다. 소위 '이기적 유전자'와 같은 신다윈주의 견해가 대표적이다.[2] 지구 행성의 살아있는 이야기를 되살리기 위해 이런 분열적 세계관에서 벗어나야 한다.

칭은 송이버섯이 다른 생물종과 상리공생 관계를 만들어가는 서사를 전한다. 소나무와 인간과 곰팡이는 공생물종(co-species being)이다. 송이버섯(T. matsutake)은 곰팡이 분류(균계/담자균문/주름버섯강/주름버섯목/송이버섯과/송이속)에 속하는데, 일견 버섯이 나무를 숙주로 삼아 기생하는 것처럼 보이지만 그들의 관계는 단순하지 않다. 버섯은 나무에게 양분을 주고 나무로부터 탄수화물을 얻는다. 숙주 나무는 버섯 덕분에 척박한 땅에서도 생존할 수 있다. 송이버섯의 생존에서 다종적

---

1 애나 로웬하웁트 칭 2023. 《세계 끝의 버섯, 자본주의의 폐허에서 삶의 가능성에 대하여》, 노고운 옮김, 현실문화연구.

2 책 《린 마굴리스: 진화의 역사를 다시 쓴 과학의 이단자》 중에서 조시 마셀도르프(Josh Mitteldorf)의 글, '신다윈주의와 집단선택 논쟁'을 참조하라.

관계성은 필수적이다. 그래서 송이버섯을 그 관계에서 분리하여 인공적 공간으로 이식할 수 없었다. 송이버섯은 다종적 관계망이 없는 곳에서 살 수 없었기에 재배될 수 없었다.

칭이 전하는 인상적인 내용이 있다. "곰팡이는 마주침과 환경에 따라 모양을 바꾸는 것으로 유명하다. 많은 곰팡이는 '잠재적으로 죽지 않는' 존재이다. 질병이나 부상 또는 자원 결핍으로 죽을 수는 있지만 나이가 많이 들어 죽지는 않는다는 의미이다." 이것은 바로 북유럽 신화 속 엘프(elf)의 속성이다. 엘프는 고대 노르웨이어로 '요정'이라는 뜻이다. 그들은 죽을 수는 있지만 늙지 않는다. 엘프라는 존재는 곰팡이의 생태에서 온 상상이 아닐까? 신화 속 다른 인물들도 현실의 존재를 대변하는 상징이 아닐까? 버섯의 서사는 더 많은 상상을 불러온다. 집단 기억의 심연 속에 미생물 시절의 경험이 남아서 신화가 된 것은 아닐까?

미생물학자 린 마굴리스(L. Margulis)의 세포 내 공생 이론(SET)을 따라가다 보면(6장) 역동적이면서도 모순적인 신화를 떠올리게 한다. 다른 미생물학자들도 그랬던 것 같다. 스웨덴 웁살라 대학 미생물학자 에티마(Thijs Ettema) 박사팀은 2015년 해저 퇴적물에서 새로운 고세균을 발견하고 '로키고세균(Lokiarchaeota)'이라고 이름 붙였다. 로키성(Loki's Castle) 근처에서 발견되었기 때문인데, 이곳은 매우 열악한 심해 열수 분출구 지역으로 일반적인 생명체가 살 수 없는 장소이다. 로키고세균은 생명이 살 수 없는 그곳에서 번성하고 있다. 고세균 전체 집단에 대해서는 북유럽 신들의 장소, '아스가르드(Asgard)'로 명명되었다. 이들 고세균은 20억 년 전 등장한 것으로 추정된다. 원생누대 초기의 환경은 아마도 로키성 지역과 유사하게 기괴했을 것이다.

에티마 박사는 말했다. "로키는 수많은 해결되지 않은 학문적 논쟁의 촉매제가 되어온 엄청나게 복잡하고, 혼란스럽고 양가적인 인물인데, 이는 진핵생물의 기원에 대한 논쟁에서 로키고세균의 역할과 유사하다." 생물학자들도 신화와 미생물의 삶이 닮았다고 느끼고 있다.

미국 오리건주 말허르 국립공원(Malheur National Forest)에 사는 버섯 '아르밀라리아(Armillarea)'는 지구상에서 가장 크고 오래된 생물이다. 생명의 다양성을 실감하게 해준다. 이 유기체의 몸은 8.8 km^{2}에 걸쳐 있고 나이는 약 2,500년으로 추정한다. 병든 소나무 밑동 주위에서 싹이 트는 황금색 갓을 가지고 있고 발광 성질을 가지고 있어서 산불을 일으킨다. 살아있는 나무의 뿌리와 줄기를 감염시키면서 살아남기 때문에 상리공생하는 다른 버섯과는 차이가 있다. 아르밀라리아 같은 버섯은 다른 유기체를 능가하는 생명력을 가지고 있어서 오래전부터 사람들에게 영감을 주었다.

과학자나 인류학자만큼 시간을 들여 지하 세계를 탐험할 수 없는 사람이라면, 지하 생태를 신화와 연결하여 상상한다면 그 세계를 친밀하게 끌어오는 데 도움이 된다. 35억 년간 이어져 온 유기체의 삶은 우리의 합리성만으로는 제대로 이해할 수 없기 때문이다. 신화가 합리성의 결핍을 보충할 수 있다. 우리는 세계에 대한 경험이 턱없이 부족하고 커다란 틈새가 곳곳에 있다. 대중문화는 여러 면에서 과학연구를 풍부하게 만들 수 있다. 신화와 소설 같은 대중문화는 때때로 우리의 지적 결핍을 기호와 상징으로 메울 수 있다. 우리가 대중문화와 과학문화, 즉 두 문화의 연결에 각별한 관심을 가져야 하는 이유이다.

3부

과학자의 과학 이야기

9장

현대 과학 비평

과학자도 어떤 형태로든 세계관을 가진다. 아무런 가치와 의미를 부여할 수 없다면 지적 탐구는 불가능할 것이다. 과학 작업도 인내와 고통과 불안을 동반한다. 어떤 신념이 없다면 그 과정을 넘어서기 어렵다. 로절린드 프랭클린(Rosalind E. Franklin, 1922~1958)이 활동하던 당시 X선 결정학 사진에서 DNA의 회절 패턴을 분석하려면 수천 번의 계산을 손으로 해야 했고 1년 이상의 시간이 소요되었다.[1] 그런 혹독한 노동을 스스로 감당하는 인내력은 그가 가진 동기부여에서 나온다. 그러므로 우리는 과학 지식을 과학자의 철학과 같이 조망할 필요가 있다.

프리먼 다이슨(Freeman J. Dyson)은 20세기 후반 가장 주목받는 과학연구 분야였던 핵물리학으로 경력을 시작했고 양자전기역학(quantum electrodynamics, QED)이라는 새로운 분야를 개척했다. 많은 성과를 내며 수많은 명예와 상을 받은 주류 과학자였다. 그런 그가 핵

---

1 과학 다큐멘터리 〈51번 사진의 비밀: 로절린드 프랭클린 이야기(Secret of Photo 51 by NOVA)〉를 참조하라.

발전 에너지에 반대하며 현대 과학 비판을 시작했다. 과학자가 말하는 근대과학의 '운명적 결함(hamartia)'에 귀 기울여 보자. 그는 과학의 편협함에서부터 과학이 인류에 미칠 거대한 재난에 이르기까지 폭넓은 주제를 이야기했다. 다음은 그가 과학저술가로서 새로운 경력을 시작할 무렵에 쓴 글이다.

> "어떤 수학자는 새이고, 다른 수학자는 개구리입니다. 새는 하늘 높이 날며 먼 지평선까지 넓은 시야로 조사합니다. 그들은 우리의 사고를 통합하고 풍경의 다양한 부분에서 다양한 문제를 모으는 개념을 즐깁니다. 개구리는 아래 진흙 속에서 살며, 근처에서 자라는 꽃만 봅니다. 그들은 특정한 물체의 세부 사항을 즐기고, 한 번에 하나씩 문제를 해결합니다. 저는 우연히 개구리가 되었지만, 가장 친한 친구 중 다수는 새들입니다. (…) 수학은 개념의 일반성과 구조의 깊이를 결합하기 때문에 훌륭한 예술이기도 하고 중요한 과학이기도 합니다. 새가 개구리보다 멀리 보기 때문에 더 낫다고 주장하거나 개구리가 더 깊이 보기 때문에 새보다 더 낫다고 주장하는 것은 어리석은 일입니다. 수학의 세계는 넓고 깊어서 그것을 탐구하기 위해 새와 개구리는 협력해야 합니다."
>
> 〈Birds and Frogs(1985)〉 중에서

그는 이론물리학자를 '새'에 비유하고 실험물리학자를 '개구리'에 비유하면서 과학자 공동체 내부의 풍경을 전하고 있다. 이어서 그는 새와 개구리의 협력을 강조하는데, 이는 당시 이미 전문화와 그로 인한 편협함이 과학문화 내에 만연해 있었기 때문이다. 과학자가 자기 분야 내의 협력만 한다면 폭넓은 관점에 어두워지면서 그들의 세계는 협소해질 것이다. 이것은 과학에서 혁신이 일어나기 어렵게 만든다. 과학자 공동체 내에서 소통과 협력이 없다면 과학 외부(사회)에 대해서는 말할 것도 없을 것이다. 과학이 사회와 멀어지면 과학은 길을 잃을 것이다.

다이슨의 비판은 과학자 사회의 성찰을 반영한 것이었다. 그런데도 충분히 과학자 공동체를 바꾸지는 못했다. 20년 후 그는 또 다른 책 《과학은 반역이다(The Scientist As Rebel, 2006)》에서 과학 전반에 걸친 강한 비판을 쏟아냈다. 이 책은 과학의 불확실성 문제, 환원주의 과학자, 거대과학과 국가의 연합, 과학자의 윤리 주제를 다루었다. 과학자의 과학 비판은 과학 내부 문화를 생생하게 보여준다.

물리학자의 정신병원

다이슨은 스위스의 극작가 프리드리히 뒤렌마트(Friedrich Dürrenmatt)의 연극 〈물리학자들(The Physicist)〉[2]을 관람하면서 충격을 받았다. 이 연극은 뉴턴, 아인슈타인, 뫼비우스 세 명의 과학자가 정신병원 환자로 등장한다. 과학자이면서 환자인 이 주인공들은 간호사를 살해하고 기뻐한다. 다이슨은 그 연극을 보고 과학자를 부당하게 희화화하고 있다고 느꼈다. 그러나 곧 이 연극의 메시지가 대중에 눈에 비친 과학자의 모습을 전하고 있음을 깨달았다.

'미치광이 과학자'는 대중문화에 등장하는 과학자의 대표 이미지 중

2 뒤렌마트는 드라마 기법을 사용해서 철학적 주제를 실험한 작가다. 그의 첫 번째 연극 작품 "It Is Written(1947)"은 큰 논란을 일으켰다. 연극 〈물리학자〉는 1961년 발표되었고 그해 초연하였다. 위키피디아를 참조했다.

하나이다. 과학의 지위는 여전히 견고하지만, 과학에 대한 대중의 감정은 변하고 있다. 왜 그렇게 되었나? 무엇보다 대중의 관점에서 과학의 결정을 이해할 수 없었기 때문이다. 과학자의 행동이 대중의 상식으로 설명할 수 없어지면서 과학자를 떠올릴 때 '미치광이'를 상상하도록 촉발한 것이다. 이 현상은 과학자를 영웅으로 묘사하는 풍조와 동전의 양면을 이룬다. 근대문명이 과학(난쟁이)과 대중(거인)을 이분화함으로써 예견된 일이었다.

다이슨은 "과학자도 보통의 사람들과 똑같은 약점을 공유하고 있는 인간"이라는 사실을 전해야 한다고 생각했다. 과학에 관한 오해를 해소하기 위해서라도, 과학은 사회와 대중에 대해서 학습해야 하고 소통할 수 있어야 한다. 마찬가지로 대중도 과학에 대해 학습하고 과학과 소통하길 기대했다.

> "과학과 기술을 나누고, 기술과 윤리를 나누고, 또 윤리와 종교를 나누는 것은 무의미하다고 나는 생각한다. 나는 이 책을 통해 과학자가 아닌 사람들을 대상으로 이야기할 것이다. 왜냐하면 끊임없이 성장할 과학과 기술을 파괴적인 방향이 아니라 건설적인 방향으로 끌고 갈 이들은 **과학자가 아니라 일반인들이기 때문이다.** 과학자가 아닌 여러분이 이런 일을 성취하려면, 여러분이 길들여야 할 야수의 본성을 이해해야 한다." [2] (강조는 저자)

다이슨은 과학자와 시민이라는 이중의 지위에서 오는 책임감을 느끼고 있었다. 그는 과학자로서 자신이 느끼는 인류가 처한 곤란한 상황을 설명하고자 했으며, 다른 한편으로 과학기술이 더 정당해지기 위해서 그리고 혁신적인 지위를 유지하기 위해서 더 윤리적일 필요가 있다고 제기한다. 그 일은 과학자만으로는 이룰 수 없었다. 그는 '과학자가 아니라 일반인'에게 건설적인 동력이 있다고 인정했다. '일반인'이 과학기술을 이끌기 위해서 '야수(과학기술)'를 이해하고 길들여야 한다고 부탁하고 있다. 이 주장은 레이첼 카슨이 《침묵의 봄(1962)》에서 시민의 역할에 호소했던 바와 같다.[3] 20세기 중후반 과학에 대한 성찰이 과학자 내부에서 흘러 나오고 있었다.

과학의 '운명적 결함'

프리먼 다이슨은 과학을 문화의 한 형태라고 정의한다. 이것은 전통적으로 근대과학이 자신을 과학 외부(문화 또는 사회)와 철저히 분리했던 태도에서 벗어난 것이다. 근대과학이 '고립주의' 세계관을 채택한 배경에는 홉스–보일 논쟁이 있다.[4] 보일은 과학 지식의 정당성을 과학 내부에서 '독립적으로' 판정하길 원했다. 그렇지 않다면 '홉스의 공격(실험이 자연을 대표하나?)'을 방어할 수 없었을 것이다.

홉스–보일 논쟁이 있은 지 거의 400년이 지난 현재, 다이슨은 과학의 지위를 재설정해야 한다고 판단했고 과학의 적절한 지위를 예술에 비견하는 방식을 취했다. 이것은 혁신적인 접근법이다. 찰스 스노우는 《두 문화》에서 과학과 예술의 연결을 주장하면서도 두 영역이 각각 고유하다는 것은 인정했는데(1장), 다이슨은 그 경계를 원천적으로 부정

3 8장 '인간과 자연의 전쟁'을 참조하라.

4 1장 '과학의 문화적 지위' 중에서 '홉스–보일 논쟁'을 참조하라.

하며 과학을 예술 내부로 포함하기 때문이다. 그러자 예술이 하듯이 과학에도 지배적인 질서에 저항할 것을 요구할 수 있었다.

> "시의 관점이 하나가 아닌 것처럼, 과학에도 유일한 관점 같은 것은 없다. 과학은 불완전하고 모순적인 관점들로 이뤄진 모자이크다. 그러나 불완전하고 모순적인 관점들에도 한 가지 공통요소가 있다. 동서양을 막론하고 지역의 우세한 문화가 강요하는 제약들에 맞서는 것, 즉 '반역'이다."[2]

시는 예술의 오랜 형태이고 우리는 예술이 세계를 다양하게 해석한다는 것을 잘 알고 있다. 과학도 예술처럼 세계(대상)에 대해 여러 해석을 내놓을 수 있다. 대문자 과학(Science)이 아니라 소문자 과학(sciences)을 표명한 것이다.[5] 복수의 과학이 내놓은 지식은 때로 상보적이고 때로는 모순적일 것이다. 그리고 그것을 모두 합치더라도 전체 그림이 완전해지지 않을 것이다. 그는 과학도 '불완전하고 모순적인 관점들로 이루어진 모자이크'라고 표현했다. 그러므로 이미 승인된 과학에 대해서 반역하는 일도 가능하다. 그것은 마치 예술의 창조 과정과 유사하다. 역설적으로 과학은 불완전하므로 새로워질 여지가 있다. 그는 구성주의 과학관을 주장하고 있다.

최근까지도 근대과학은 자신의 불완전성을 부정하는 전략을 취해왔다. 과학실재론(scientific realism) 주창자들은 과학이 세계에 대한 유일한 진실을 발견한다는 태도를 견지했다. 이에 따르면 과학자 집단이 일

---

5 대문자 과학(Science)과 소문자 과학(sciences)에 관한 상세 설명은 2장 '과학혁명과 대중'을 참조하라.

단 승인한 과학지식은 반대가 있을 수 없다. 따라서 반역도 불가능하다. 반역이라는 사회정치적 개념은 과학 영역 내에서는 불가능한 것이다. 과학실재론은 근대과학의 '운명적 결함(hamartia)'이다. 이 결함은 근대과학을 근대과학답게 만들어주는 중요한 정체성이었고, 동시에 근대과학이 반드시 극복해야 할 취약점이다.

반면에 구성주의 실재론(constructive realism) 주장자는 관찰자의 관점에 따라 실재가 구성될 수 있다는 점을 인정한다. 이런 관점에서 과학지식은 단수가 아니라 복수이다. 따라서 과학은 기존 관념을 성찰하고 반역할 수도 있다. 바로 다이슨의 주장이다. 구성주의 실재론이 단지 인문학자의 주장이 아니라 물리학자의 경험에서 지지받고 있다는 점에서 주목할 만하다. 그는 과학 분야에서 '반역'이 가능하며, 심지어 과학자에게 권장되어야 할 일이라고 주장했다. 반역하지 않는 과학자는 과학자의 자격이 없다. 그에게 과학은 인간 삶의 한 형식이며 반역의 마음을 품는 예술과 같은 것이다.

여기서 구성주의 실재론의 이론적·실천적 배경에 대해 좀 더 알아보자. 20세기 초 관찰자와 관찰 대상의 관계에 관한 패러다임 변환이 있었다. 근대과학은 플라톤의 세계관을 계승하며,[6] 관찰자와 관찰 대상이 분리되어 있고 관찰자가 관찰 대상을 있는 그대로 관찰할 수 있다고 전제했다. 그런데 이 세계관이 과학 내부에서 붕괴되기 시작했다. 1927년 세계물리학자대회(솔베이학회)에서 보어(Niels Bohr)와 하이젠베르크(Werner Heisenberg)는 고전 물리학의 인과성 원리를 공격했다. 그들이야말로 과학의 반역자들이었다.

---

6 3장 '과학과 젠더' 중에서 '플라톤의 사랑과 성'을 참조하라.

보어와 하이젠베르크의 주장은 이후 '코펜하겐 해석(Copenhagen interpretation)'으로 불리게 된다. 그 주요 내용 중 하나가 바로 '불확실성 원리(uncertainty principle)'이다. 관찰자의 개입 때문에 입자(원자)의 위치와 속도를 동시에 정확하게 측정할 수 없다. 원자를 관찰하려면 광학현미경이 원자에 에너지를 부여해야 하고 그러면 그 원자가 에너지를 머금고 들뜨는 순간(양자 도약)을 포착할 수 있다. 그런데 광학현미경에 포착된 그 원자는 한 번의 양자 도약이 일어난 이후 상태로서 그 이전의 원자와는 다른 상태에서 관찰된 것이다. 그래서 관찰 이전의 상태를 단지 확률적으로 추정할 수 있을 뿐이다.

$$\Delta\chi\Delta\rho \geq \frac{\hbar}{2}$$

그림 9.1 불확정성 원리. 여기서 플랑크 상수값($\hbar$)은 6.626×10^{-34}으로 매우 작은 값이다.

불확정성 원리를 표현하는 공식을 보면 운동량의 오차 값과 속도의 오차 값의 곱이 플랑크 상수값($\hbar$) 이하로 내려갈 수 없다. 이 상수는 양자 도약을 의미하며 6.626×10^{-34}으로 매우 작은 값이다. 아주 작은 오차라서 무시해도 될 정도였지만 미시 세계에서는 상당한 영향력을 가진다. 이 값 이하로 측정의 부정확도를 낮출 수 없다. 이는 인간 관찰자의 개입 때문에 발생하는 부정확도이다. 관찰 과정에서 관찰자를 제거할 수는 없는데, 관찰자는 관찰하기 위해서 불가피하게 어떤 개입을 할 수밖에 없다. 원천적으로 과학은 있는 그대로 대상을 전달할 수 없는 것이다. 자기 자신으로 인한 왜곡을 포함한 결과(지식)를 얻을 수 있을 뿐이다.

근대과학의 이중성

불확실성의 원리는 앞으로 우리의 탐구가 진보하더라도 궁극적으로 실재(대상)를 있는 그대로 관찰할 수 없다는 점을 인정한 것이다.[7] 이후 코펜하겐 해석은 고전물리학과 현대물리학을 구분하는 기준이 되었다. 이 해석은 과학철학의 전환을 부추겼다. 동시대 철학자 화이트헤드는 과정 철학[8]을 주장했고 이어서 콰인(W. V. Quine)의 미결정성 이론(underdetermination of scientific theory)이 등장했다. 미결정성 논제에 따르면, 관찰 데이터만으로 과학이론을 확증하기에 충분하지 않다. 그래서 과학자들은 같은 대상을 관찰하더라도, 그리고 같은 관찰 데이터를 얻더라도 다른 가설이나 이론을 구성할 가능성이 있다.

유전학자 바바라 맥클린톡(Barbara McClintock)도 같은 말을 했다. 자연이 인간의 상상력을 능가하는 선험적 복잡성(priori complexity)을 가지고 있어서 "당신은 당신이 생각해낼 수 있는 어떤 것이나 모두 발견하게 될 것이다".[9] 다시 말해서 어떤 과학 이론을 주장하더라도 그것을 지지하는 증거나 데이터를 얻을 수 있다. 관찰 증거가 있다는 것만으로 그 이론을 확정할 수 있는 정도에 이르지는 못한다. 반대 이론을 주장하는 과학자도 과학적인 증거를 제시하는 일이 얼마든지 가능하기 때

---

7 코펜하겐 해석에 따르면, 불확실성 원리는 거시 세계에도 적용된다. 다만 그 오차 값이 너무 작아서 무시할 수 있다. 뉴턴 이론 같은 고전적 서술도 허용할 수 있다.

8 화이트헤드의 ≪과정과 실재(Process and Reality, 1929)≫에 따르면, '실체(현실적 존재)'는 이미 존재하는 것이 아니라 주체가 사물을 구체화해 가는 활동 과정을 통하여 비로소 출현한다. 1장 '과학의 문화적 지위'를 참조하라.

9 3장 '과학과 젠더'를 참조하라.

문이다. 과학자들은 매우 노력하겠지만 언제나 완전한 증거를 획득하는 일은 불가능하다. 그래서 과학자들 사이에 논쟁이 있기 마련이다. 미결정성 원리는 과학적 과정만으로 논쟁을 끝낼 수 없다는 점을 암시한다.

대신 과학자 문화는 과학 논쟁을 종결하는 제도를 고안해냈다. 불확실성 원리가 공식화되기 이전에도 이미 과학자들은 그런 과학의 약점을 잘 알고 있었다. 근대과학의 창안자, 로버트 보일(R. Boyle)이 발명한 것은 근대과학 자체라기보다는 '근대과학 제도'였다. 과학자들은 표준적인 연구방법을 창안하고 그것을 준수함으로써 해당 연구의 정당성을 보증하는 형식을 취했다. 그러나 과학이 제도에 의해 보증된다는 점은 은폐되었고 그저 순수한 과학적 행위가 세계에 대한 진실을 발굴하는 것으로 각색되었다.

브뤼노 라투르(B. Latour)는 이를 두고 '근대과학의 이중성'이라고 지적했다.[10] 그 이중성 덕분에 과학은 자신이 확인하지 못한 미결정적인 부분에 대해서도 의사결정 권한을 부여받는다. 근대과학은 자신의 약점을 숨김으로써 추가적인 권력을 획득한 것이다. 실라 재서노프(Sheila Jasanoff)는 과학이 막강한 권력을 가지고 있다는 점에서 '제5부'라고 표현했다.[11] 헌법 조문에 근거한 권력이 아니므로 공식적인 감시를 받지도 않아서 윤리적 문제에 쉽게 취약해졌다.

다이슨도 이 점을 잘 알고 있었다. 오랫동안 과학에는 내재성과 외부성에 관한 논쟁이 있었다. 과학의 내재성이란 과학이 그 자체로 내재 논리가 있어서 외부와 관계없이 작동한다는 견해이다. 이 논리를 맹목적으로 신뢰하면 환원주의적(reductionism) 경향으로 빠진다. 다른 한편

10 12장 '지식의 구성과 실재'를 참조하라.

11 4장 '기술의 정치'를 참조하라.

과학이 사회적인 요구로 구성된다는 견해가 있다. 과학이 과학 외부의 영향에 의해 작동한다는 것이다(사회구성주의). 예를 들어 과학자들은 기업이 원하는 상업적인 연구를 더 선호한다. 반면에 소수만이 걸리는 난치성 질병 연구는 발전이 더디다. 경제성이 없기 때문이다. 물론 과학이 구성된다고 해서 임의적이라는 의미는 아니다. 과학의 내재성과 외부성은 혼성적으로 작동한다. 구성주의 실재론은 과학 지식의 혼성적 성격을 표현한 것으로 보는 것이 적절하다.

환원주의의 늪에서 구성주의 과학으로

다이슨은 현대과학의 주요 문제로 특히 '환원주의'를 지적했다.[12] 환원주의는 환원을 절대화하는 경향을 말한다. 환원주의와 환원이 같은 것은 아니다. 과학 과정에서 환원(reduction)은 필수적이다. 과학자는 우주의 질서, 사물의 질서를 단순한 공식으로 만들고자 한다. 세계를 그대로 들고 올 수는 없으나 환원함으로써 세계를 끌어올 수 있다. 뉴턴의 보편중력의 원리는 기존의 두 세계(지상계와 천상계)를 통합하여 하나의 공식으로 설명했다. 이로써 세계에 대한 이해와 효율이 높아졌다.

---

12 환원주의(reductionims)는 과학 실재론과 관련이 있다. 환원주의는 '전체는 부분들의 합'이라고 간주하기 때문에, 사물에 대한 부분적인 특징들을 모두 모으면 그 사물 전체를 알 수 있다고 기대한다. 데카르트처럼 동물을 부분 기계로 환원해서 설명할 수 있다는 견해도 환원주의에 해당한다. 유전자 결정론처럼 유전자를 모두 파악하면 생명체에 대한 작동 원리를 알 수 있다고 보는 관점도 이에 해당한다. 다이슨은 환원주의 과학을 프로크루스테스(Procrustes)에 비유했다.

아인슈타인의 상대성 이론도 세계에 대한 통찰을 제공했다. 이전에는 고립된 성질이었던 질량, 시간, 공간 그리고 에너지를 서로 연결함으로써 세계를 완전히 다르게 재현했다. 우주 전체를 단지 4개의 변수 사이의 관계로 축약해서 설명한 덕분에 우주의 원리를 압축적으로 그리고 효과적으로 보여줄 수 있었다.

그래서 과학자들은 이런 이론이 나왔을 때 '아름답다'라는 표현을 사용한다. 과학지식은 예술작품처럼 세계를 통찰하게 해준다. '아름답다'라는 것은 잘 축약했다는 의미이며 잘 환원했다는 의미이다. 그러므로 환원은 과학에서 항상 발생하는 일이다. 그러나 환원을 너무 극단적으로 맹신하면 환원주의로 빠진다. 환원주의는 환원된 상태가 본래의 대상을 그대로 대표한다고 믿는다. 환원 행위는 필수적이지만 환원된 지식이 진실 그 자체라고 생각하는 것은 잘못이다. 환원된 과학지식은 원래의 대상을 그대로 대표하지 못한다. 상대성 이론은 세계를 압축적으로 대변한 것이긴 하지만, 상대성 이론 자체가 우주 그 자체는 아니다. 그것은 세계의 어떤 부분을 끌어온 것이며, 세계를 설명하는 여러 방식 중 하나일 뿐이다.

과학학자 라투르(Latour, 2023; 328)도 과학의 환원주의 경향이 과학의 작동에도 문제를 일으킬 것이라고 제기했다. "모든 기술발명을 기본원리로 환원하면 그 기술은 멈춘다. 기관차는 카르노 사이클로 환원되면 즉시 운행을 멈출 것이고, 비행기는 양력 물리학만으로 제한되면 추락할 것이며, 모든 생명과학 산업은 생물학의 중심 도그마(Central Dogma)로 되돌아가면 세포배양을 중단할 것이다".

근대과학은 의도적으로 과학에 과도하게 의존하는 경향을 부추겨왔다. 그리하여 과학을 진리에 헌신하는 고결하고 도덕적인 이미지로 만들 수 있었다. 그러자 과학이 책임질 수 없는 범위까지 권한을 남용하는 일이 일상화되었다. 다이슨은 환원주의 과학의 대표적인 사례로 다비드 힐베르트(David Hilbert)를 꼽았다. 힐베르트는 '힐베르트 문제 또는 의사결정 문제(Hilbert's problems or Entscheidungs−problem)'로 잘 알려진 유명한 수학자이다.

힐베르트는 1900년 세계 수학자 대회에서 20세기가 풀어야 할 23개의 수학 명제 목록을 제시했다. 이것은 수학의 보편적인 과정을 발견하고 정립하려는 시도였다. 힐베르트는 이 문제를 모두 증명하여 수학의 논리가 완전하다는 것을 증명하고자 했다. 1번 명제는 '정수의 집합보다 크고 실수의 집합보다 작은 집합은 존재하지 않는다'인데, 이 문제는 증명이 완결되었다. 2번 문제는 '산수의 공리들이 무모순임을 증명하라'이다. 바로 괴델이 도전한 명제였다.

힐베르트가 기대했던 것은 수학을 '진리 기계(Truth Machine)'로 만드는 것이었다. 이것은 일종의 블랙박스로서, 한쪽 끝에 진술을 넣고 손잡이를 돌리면 다른 쪽 끝으로 해답(참 또는 거짓)이 자동으로 나오는 장치이다. 이런 장치를 만들 수 있다면 논쟁은 불필요해질 것이다. 바로 근대과학이 꿈꾸는 모습이며 환원주의 과학의 문제 해결 방식이다. 힐

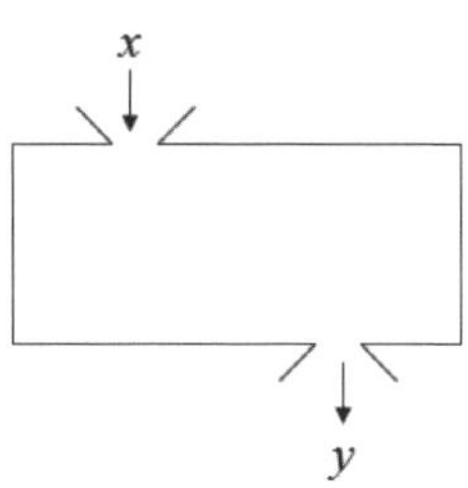

그림 9.2 블랙박스 예시. x는 입력(input), y는 산출(output). 내부의 작동 원리는 은폐되어 있다.

베르트는 "말년에 몇 개의 알파벳 기호와 제한된 공리들, 추론된 규칙들만 이용해서 수학 전체를 환원하는 공식화 작업에 매달렸다".

쿠르델 괴델(Kurt Gödel)은 힐베르트와 대조적인 수학자였다. 그는 힐베르트의 2번째 문제('산수의 공리들이 무모순임을 증명하라')에 대해서 이 명제가 증명 불가능함을 증명했다. 수학 규칙에 부합하는 명제인데도 참인지 거짓인지 판정할 수 없는 문제가 존재한다는 의미이다. 자기 자신을 부정하는 재귀 명제가 이에 해당한다. 예를 들어 "G가 거짓이라면 참으로 판정하라" 같은 것이 있다. 수학 체계는 참과 거짓을 판정할 것을 지향하는데 그럴 수 없는 명제가 존재한다면 그 체계는 불완전하다고 정의할 수 있다. 괴델의 불완전성 명제(Gödel's incompleteness theorem)는 수학의 불완전성을 수학의 방법으로 증명했다는 점에서 흥미롭다. 이 증명으로 인해서 수학의 구조가 불완전하다는 것이 공식화되었다. 이후 이 원리는 수학과 같은 논리적 구조에 모두 적용되는 것으로 확장되었다. 바로 과학의 불완전성이다.

과학 혁명에 버금가는 충격을 준 사건이었다. 이 명제는 수학에서 환원주의가 작동하지 않음을 확인하는 것이었다. 과학은 완전함을 추구했지만 근본적으로 불완전했다. 인간의 과학이 취했던 오만에 찬물을 퍼부은 것이다. 이것은 언어와 같은 인공적인 논리 구조에서도 흔하게 경험할 수 있다. 예를 들어 거짓말쟁이의 역설이 있다. 어떤 사람이 '나는 지금 거짓말을 하고 있다'라고 말했다고 하자. 이 문장은 언어적 문법에 충실히 따르고 있다. 그는 지금 진실을 말한 것인가? 거짓을 말한 것인가? 언어 구조만으로는 이 말의 진위 여부를 판단할 수 없다. 우리는 이런 상황에서 보통 언어 구조 외부의 맥락을 끌어온다. 그 사람이 처한 주변 환경을 고려하는 식으로 그가 왜 그런 말을 하는지를 살펴보는 것이다. 수학에서도 자기 부정의 재귀 명제는 수학 구조만으로 판정할 수 없으므로 다른 외적 맥락으로 눈을 돌려야 한다.

그러면 수학의 논리 구조가 불완전하다는 것이 수학에게 불행한 것인가? 프리먼 다이슨은 수학의 불완전성을 오히려 새로운 가능성으로 반겼다. 불완전성 개념은 수학의 질을 떨어뜨리는 것이 아니다. 수학적 결정을 하기 위해서 수학 외부의 맥락을 끌어와야 한다는 것은 수학의 세계가 외부를 향해 열려 있다는 의미이다. 이것은 수학의 새로운 발전 잠재성을 시사한다. '구성주의 과학(constructive science)'의 매력이다. 실제로 불완전성 명제는 이후 인공지능 개념을 촉발했다.[13]

테크노사이언스

현대의 과학기술은 테크노사이언스(techno-science) 현상을 대표한다. 전통적으로 과학과 기술이 분리되어 있다고 간주했지만, 실제로 양자는 분리할 수 없을 정도로 강하게 얽혀 있다. 테크노사이언스 이론에 따르면, 과학과 기술은 분리할 수 없을 정도로 융합적으로 전개되어왔고 과학기술과 국가(사회) 역시 긴밀히 연결되어 있다. 이는 과학자들이 경험적으로 알고 있는 것이지만 과학의 대중적 이미지는 정반대의 모습으로 출현했다.

과학과 기술을 분리하고 위계적인 관계로 보는 시각은 플라톤의 세계관에서 온 영향이다. 플라톤은 이론(과학)은 철학자의 일이고 노동

13 11장 '인공지능과 인간'을 참조하라. 앨런 튜링은 불완전성 명제에서 '생각한다'는 개념을 끌어냈다.

(기술)은 노예의 일이라고 여겼다. 과학기술이라는 명명에서 알 수 있듯이 그동안 이러한 관점에 따라 과학이 기초 연구를 하면 기술이 응용 개발을 한다는 순차적 위계를 부여해왔다. 기술을 과학의 외부라고 간주하려는 경향도 이에 해당한다. 플라톤의 전통은 뿌리 깊게 남아 있지만, 실제 현장에서 과학 작업은 언제나 기술과 결합적이다. 기술적 요소는 과학의 현실성, 객관성, 보편성을 촉진해왔다.

그 명칭에서 보여주듯이 테크노사이언스는 기술에 중점을 두는 현상을 지칭하는 용어이다. 기술을 우선하는 태도는 베이컨주의에서 유래한 것이다. 그는 순수 과학보다는 기술에 더 주목했었다. 테크노사이언스 용어는 프랑스 철학자 가스통 바첼라르(Gaston Bachelard, 1884~1962)의 저서 《새로운 과학 정신(Le nouvelesprit scientifique, 1932)》에서 처음 등장했다. 그는 과학 정신이 사실은 수학적이며 기술적인 조작의 지배적 영향을 받았다고 밝혔다. 현대과학은 표현과학의 기법을 사용해서 설계되므로 원천적으로 기술적 토대 위에서 작동해야 하는 운명이었다.

벨기에 철학자 길버트 호투아(Gilbert Hottois)는 논문 〈윤리와 테크노-사이언스(Ethiqueet techno-science, 1978)〉에서 테크노사이언스 개념을 구체화했다. 그는 테크노사이언스와 윤리적인 문제를 연관시켜서 인간 존재의 문제를 질문했다. 테크노사이언스는 그 막대한 힘을 활용해서 인간 존재를 매우 다른 방향으로 나아가게 할 수 있다. 1980년대 프랑스의 철학자 리오타르(Jean-François Lyotard)와 라투르(B. Latour)에 의해서 이 용어는 더 현실성을 얻었다. 리오타르는 테크노사이언스 현상이 데카르트의 개념을 계승한 것이라고 분석했다. 데카르트는 인간이 자연의 주인이자 소유자라는 태도를 가지는데, 이런 태도가 현대

과학 프로젝트에 계승되며 내장되어왔다. 그는 현대의 거대과학 프로젝트들이 기술 관료적이고, 자본주의와의 정치적 연관성을 가지고 있어서 공적 감시와 비판이 필요하다고 언급했다.

한편 라투르는 《실행 중인 과학(Science in Action, 1987)》에서 순수한 과학과 기술을 구별하는 전통적인 신화를 비난했다. 그래서 기술은 좋은 사용과 나쁜 사용이 있다면서도 과학에 대해서는 그런 기준을 적용하지 않는 인식을 문제 삼았다. 그에 따르면, 테크노사이언스는 잡종적 혼합물 또는 네트워크화된 권력의 형태로 출현한다. 오늘날 테크노사이언스는 세계적인 성공을 거두며 정치 조직(국가)에 의해서 체계적으로 성장할 수 있었다. 페미니스트 과학학자 도나 해러웨이(Donna Haraway)도 테크노사이언스가 현대 사회와 교차하면서 서로 동기화되고 있음을 지적했다. 그에 따르면 테크노사이언스는 기술이나 과학에만 제한된 것이 아니라 현대 사회와 엉키면서 사회정치와 함께 수립된 영역이다.

흔히 전통과학의 구성원들은 자기 자신을 호모 디픽터(Homo depictor)로 표현한다. 자연(세계)을 있는 그대로 이해하고 전달한다는 취지이다. 한편 테크노사이언스의 구성원은 호모 파베르(Homo faber)로서 자신의 정체성을 정의하는데, 여기에는 생산하고 창조한다는 의미가 강하게 담겨있다. 전통과학은 기술과 과학을 분리하려고 한다면 테크노사이언스는 다양한 동기가 과학에 개입할 수 있다고 인정한다. 그래서 권력을 확립하거나 기술과 과학을 구별하지 않는다. 다만 기술과 과학의 연결 강도는 다양하다.

테크노사이언스의 대표적인 모델은 거대과학(Bing Science)이다. 맨해튼 프로젝트는 거대과학의 양태를 잘 보여준다. 테크노사이언스는 단

표 9.1 전통과학과 테크노사이언스 구성원의 인식 비교

	전통 과학	테크노사이언스
별칭	호모 디픽터(Homo depictor)	호모 파베르(Homo faber)
인식 성향	과학과 기술을 분리함. 세상이 사실을 왜곡하고 있다고 믿음	과학과 기술을 분리하지 않음. 양자 모두 권력 확립에 관여함
행동 방식	기술 테스트 가설과 과학 테스트 가설을 구별함	다양한 동기와 이해에서 시작하여 상황의 제약을 제거하려 함

지 탐구나 연구, 창의성만이 아니라 지배나 장악력, 통제의 관점에서 문제에 접근한다. 따라서 이 개념은 과학기술과 사회 그리고 정치가 결합된 윤리적인 질문을 던진다. 맨해튼 프로젝트는 과학자와 군사전문가, 국가의 연합적 결과물이었고 결과적으로 수십만 명의 민간인을 살상했다. 우리는 맨해튼 프로젝트를 과학이라는 이유로 무관심하게 바라보기만 할 수 있을까?

현대의 생명공학 역시 마찬가지다. 과학자와 기업은 생명체의 장기를 채취하거나 배아 실험을 하거나 새로운 생명체를 발명하고 특허를 취득하고 있다.[14] 이 현상은 과학이면서 기술이고 사회정치적이면서 존재론적인 복합적 양상을 띠고 있다. 여러 차원이 뒤섞이면서 새로운 존재들이 다양하게 출현하며 인간의 삶에 직접 영향을 미치고 있다. 테크노사이언스는 윤리와 정치 그리고 새로운 책임을 제기하고 있다.

20세기 핵물리학

14 5부 인터루트 '헬라 세포 이야기'를 참조하라.

핵물리학은 20세기를 대표하는 과학 분과이고 거대과학을 상징하는 테크노사이언스의 대표적인 예시 중 하나이다. 프리먼 다이슨은 성공한 핵물리학자였다. 핵물리학의 역사는 과학과 국가 그리고 전쟁과 얽혀 있다. 1911년 러더퍼드(Ernest Rutherford)는 알파(α)선 산란 실험을 수행하고 그 결과 양성자를 포함한 원자핵을 발견했다. 그의 실험은 미시 세계의 관찰을 가능하게 했다는 점에서 핵물리학의 서막을 열었다. 빠른 입자로 원자핵에 충격을 가하고 그 결과를 관찰하는 방식은 이후 원자를 관찰하는 패러다임이 되었다.

다이슨에 따르면 1909년에서 1929년 핵물리학의 실험은 탁자 위에서도 수행될 만큼 소규모였고, 이 정도로도 핵물리학의 기본 법칙을 충분히 세울 수 있었다. 그런데 1920년대 말이 되자 핵물리학은 더이상 새로운 법칙을 세우지 못하는 상황에 직면했다. 그래서 원자핵의 구성을 밝혀낼 새로운 실험 장치의 개발이 절실했다. 러더퍼드는 핵물리학이 발전하기 위해서는 새로운 장비 개발이 시급하다고 선언했다.

가장 유망한 장비로 등장한 것이 '입자가속기(particle accelerator)'였다. 입자가속기는 인공적으로 가속시킨 입자를 빔으로 쏠 수 있는 전기적인 장치이다. 이 장치의 발사체로 헬륨 원자핵을 사용할 수 있다는 사실도 발견되었다. 헬륨 원자핵은 모양도 일정하고 그 에너지양도 확인할 수 있어서 입자를 탐침하기 적당했다. 원자핵의 입자를 첨가하거나 빼는 방식으로 원자핵의 종류를 바꾸는 것도 가능해졌다. 이 장치의 도입으로 입자를 대량 생산할 수 있게 되었으며 입자의 에너지 상태를 훨씬 높이고 실험을 유연하게 설계할 수 있게 되었다[2].

1927년에서 1942년 사이 가속기 개발 경쟁이 있었다. 최초의 입자가속기는 영국에서 등장했다. 러더퍼드의 제자였던 존 콕크로프트와 어니스트 월턴이 1932년에 50만 볼트의 에너지로 수소 원자핵 빔을 안정적으로 쏠 수 있는 기계를 완성했다. 이 기계의 핵심 기능은 원자를 분할하는 것이었다. 이로써 테이블 핵물리학의 시대가 막을 내리고 '거대과학'의 시대가 열렸다.

곧이어 미국에서도 입자가속기 개발에 성공했다. MIT 로버트 밴더그래프는 정전형 가속기(electrostatic accelerator)를 제작했다. 캘리포니아대 어니스트 로렌스(Ernest O. Lawrence)도 사이클로트론(cyclotron)을 개발했다. 입자가속기는 새로운 과학의 시대, 즉 가속기 물리학의 시대를 열었다. 이 장치는 거대하고 강력한 힘으로 자연의 근본적인 힘을 탐구하게 했다. 입자가속기는 핵물리학을 거대 산업으로, 그리고 전쟁 무기로 바꿔놓았다. 입자가속기 기술이 급성장했고 수많은 이론이 등장할 수 있었다.

새로 발견해야 할 입자가 작을수록 입자가속기의 규모는 점점 커졌다. 미국의 페르미 국립가속기연구소((Fermi National Accelerator Laboratory, Fermilab)의 테바트론 가속기의 둘레는 6.3km이고, 유럽의 입자물리연구소(CERN)의 거대강입자충돌기는 둘레가 27km에 달했다. 입자가속기 덕분에 새롭게 발견되거나 제기된 여러 소립자가 정리되고 이들의 관계도 밝혀졌다. 그 결과물이 이른바 '표준 모형(Standard Model of Elementary Particles)'이다. 가장 최근 발견은 2012년 CERN 입자가속기 실험으로 모습을 드러낸 힉스입자(Higgs boson)이다. 피터 힉스(Peter Higgs)가 1964년 기본 입자와 상호작용으로 질량을 부여하는 새로운 입자를 예견했고 사람들은 이것을 '신의 입자'라고 불렀다.

프리먼 다이슨은 가속기 물리학이 극단적인 전문화를 불러왔다고 지적했다. 전문화는 긍정적인 이미지를 가진 단어지만 항상 그렇지는 않다. 전문화는 과학 영역을 세분화하기 때문에 영역 사이의 의사소통과 협업을 위한 공통 문화를 취약하게 만든다. 입자가속기 실험 프로그램을 실행하려면 고도로 전문화된 수백 명의 기술자가 필요하고 프로그램을 계획하는 데 수년이 걸리기도 한다. 입자가속기 작동을 위해서 이론 분야는 가속기설계 전문가, 입자 상호작용 전문가, 일반상대성이론과 초끈이론 전문가로 세분화되었다. 이론가와 실험가 사이 상호 존중의 미덕과 조화도 약해졌다. 이 거대 기계를 동원하여 실시하는 실험은 군사작전처럼 복잡했고 절차는 자동화되었다[2].

20세기 말이 되자, 가속기 물리학의 열기는 식었다. 여러 면에서 입자가속기는 극한의 기술이었다. 입자가속기 실험을 위해서 양성자 같은 극히 작은 소립자를 매우 빠르게 가속해야 하므로 높은 에너지가 필요하다. 가속 궤도를 진공 상태에 가깝게 유지하는 초진공 기술, 강력한 자기장을 얻기 위한 초전도 전자석, 그리고 초전도가 가능한 극저온을 구현하기 위한 각종 기술이 필요했다. 그러면서 막대한 연구투자가 필요해졌고 급기야 사회적인 문제가 되었다.

1969년에 미국 의회에서 원자에너지 관련 합동위원회의에서 당시 한 상원의원이 이 장비가 엄청난 세금을 지불해야 할 가치가 있는지 물었다. 그 장비가 '국가 안보에 도움이 되는가?' 또는 그 프로젝트를 통해 '기술이 크게 발전해서 미국이 소련과의 경쟁에서 확실한 우위에 설 수 있는가?' 이런 질문은 어느 국가에서나 과학연구 투자를 할 때 제기될 법한 질문이다. 그때 페르미 연구소장 로버트 윌슨((Robert R. Wilson)이 답변했다. "이 가속기가 나라를 지키는 데에는 별 도움이 안 될지라도, 앞으로 이 나라를 지킬만한 가치가 있는 나라로 만들어주는 데에 기여할 것이다." 매우 미국적인 수사법이었다. 당시 이 발언은 설득력이 있었고 새로운 입자가속기 투자에 성공했다.

그러나 1993년 20억 달러의 비용이 들어가는 초전도 슈퍼충돌기(Superconducting Super Collider, SSC) 건설 계획은 성공하지 못했다. 구소련이 해체되고 냉전 구도가 종식되면서 미국 정부가 거대과학을 무조건 지원해야 할 근거를 찾기 힘들어졌다. 무엇보다 거대해진 가속기 물리학이 일상과 멀어지기 시작하면서 그 의미를 상실했기 때문이다. 이 사례는 현대과학이 과학의 내적 논리만이 아니라 사회적이며 공적인 문제와 연관되어 있음을 보여준다. 핵물리학은 민주주의 문제와 정당성의 문제, 윤리의 문제에 직면했고 이것을 적절하게 해소하지 못함으로써 사회적 지지를 잃으며 흔들리고 있다.

핵발전 반대 운동가

"우리는 보지 못하는 것을 상상하는 장님이다. 이것이 바로 이론물리학이다."[2] 프리먼 다이슨은 핵물리학자로 출발했지만, 말년에는 핵발전 반대 운동에 참여했다. 그는 자신이 핵물리학 기술에 뛰어들 무렵을 다음과 같이 회상한다.

> "1956년 전시 기밀이었던 기술이 느닷없이 세상에 공개되고 일반 국민도 접할 기회가 열렸다. 나는 처음으로 평화적인 핵에너지 기술에 흠뻑 취했다. 나로서는 도저히 거부할 수 없는 기회였다. **그때는 핵에너지가 훌륭한 평등 장치처럼 보였다.** 아버지 시대 계급이 지배하던 영국에

서 오토바이가 빈부를 막론하고 모두에게 이동의 자유를 선사한 것처럼, 핵에너지는 부자와 가난한 사람 모두에게 저렴하고 풍부한 에너지를 공급할 수 있을 것 같았다." (강조는 저자)

다이슨에게 '평등 장치'란 가난한 사람들의 복지에 기여하는 과학기술을 의미했다. 그는 당시 핵에너지 기술이 가난한 사람에게 저렴한 에너지를 제공할 수 있다고 생각했다. 그는 제너럴 아토믹사에 합류해 소형 원자로 트리가(TRIGA: Training, Research, Isotopes, General Atomics)를 개발했다. 하지만 핵에너지가 심각한 문제를 일으킨다는 것을 나중에 깨달았다. 핵에너지의 통제권이 소수의 강대국과 기업에 있기 때문에 원천적으로 평등 장치가 될 수 없었다.[15]

핵발전 시스템은 운영 차원에서도 민주적 관리가 어렵다. 이 시스템은 그 복잡성과 민감성 때문에 엄격한 중앙집중적 관리체계를 발전시켜 왔다. 사회학자 찰스 페로(Charles Perrow)는 핵발전 사고를 '정상 사고(normal accident)'라고 규정했다[13]. 정상 사고란 핵발전 시스템의 복잡성 때문에 약간의 오류도 사고로 이어질 수 있다는 취지에서 붙여진 명칭으로, 결정적인 오류나 실수가 없는 정상 상태에서도 사고가 일어날 수 있다는 의미이다. 고위험 기술 시스템에서는 일상적인 작동이 대형 사고로 이어질 수 있다. 철학자 사이토 고헤이도 핵발전이 대표적인 닫

15 1960년대 원자과학자 운동이 등장했다. 과학자와 엔지니어들이 시스템 비판에 열정적으로 참여했었고 엔지니어들이 공개적으로 글을 썼다. 원자과학자 운동은 이후에 미국과학자연맹으로 계승되었고, 이 연맹은 국방 정책에 반대하는 논리를 제시하는 일을 도왔다. 원자과학자회보와 연계해서 세계가 핵 파괴와 얼마나 가까워졌는지를 시각적으로 경고하는 일명 '파멸의 날 시계'를 제작했다.

힌 기술이라고 지목했다[15]. 보안상의 이유로 일반 사람들과 격리되고 관련 정보도 비밀리에 관리되기 때문이다. 이러한 특징 때문에 핵발전 관리자들은 불리한 사실을 은폐할 수 있고 그 결과 중대한 사고가 일어날 때까지 문제를 개선할 기회를 잃기도 한다.

프로크루스테스

핵물리학은 20세기 가장 주목받는 성과를 냈고 그 때문에 환원주의에 빠졌다. 과학자는 자신이 만든 이론 속에 세계를 끼워 맞추려고 했다. 다이슨은 이런 현상을 그리스 신화에 등장하는 악당 프로크루스테스(Procrustes)에 비유했다. 프로크루스테스는 지나가는 나그네에게 방을 빌려주는데, 키가 큰 사람에게는 작은 침대를 주고 키가 작은 사람에게는 큰 침대를 내주었다. 그리고 침대에 맞지 않는다면서 큰 사람의 다리는 침대에 맞춰서 자르고, 작은 사람의 다리는 침대에 맞춰서 늘려버린다.

다이슨은 아인슈타인을 비롯하여 물리학자들이 대체로 환원주의 과학자라고 지적했다. 아인슈타인은 상대성 이론을 발견한 혁신적 과학자로 알려져 있다. 물리학자들은 흔히 더 보편적이고 더 근본적인 이론이나 법칙을 발견하려고 고투한다. 아인슈타인은 상대성 이론에 만족하지 않고 중력, 전자기력, 핵력, 약력 등 네 가지 힘을 통합해서 하나로 설명할 수 있는 보편적인 질서를 구현하는 공식, 즉 '통일장 이론(unified field theory)'을 발견하려고 했다.

"아인슈타인은 중력을 이해하기 위해 10년간 고투했다. 그런 끝에, 통찰한 결과를 몇 개의 장방정식(field equations)으로 만들어 환원하려 했다. 힐베르트처럼 아인슈타인도 나이가 들면서 장방정식의 형식적 특성에 점점 집착했다. (…) 아인슈타인은 생애 마지막 20년 동안 물리학 전체를 통합할 수 있는 방정식을 찾는 일에만 매달려 무익하게 보냈다. 통일장이론도 (…) 힐베르트가 수학에서 했던 시도와 마찬가지로 그의 시도는 참담하게 끝났다."

아인슈타인은 통일장 이론에 오랫동안 매달렸지만 결국 아무 성과도 내지 못했다. 다이슨은 이런 환원주의적인 연구 방식을 매우 안타까워했다. 아인슈타인이 더 실천적인 연구를 했다면 많은 성과를 냈을 텐데 환원주의적인 태도로 시간을 낭비했다는 것이다. 그는 통일장 이론에 몰두한 나머지 자신의 상대성 이론을 증명하는 블랙홀 연구조차도 관심을 두지 않았다. 통일장 이론은 '새'의 일이고 블랙홀 연구는 '개구리'의 일이라고 여겼기 때문이다. 아인슈타인만이 아니라 하이젠베르크나 오펜하이머 같은 이론물리학자도 노년에 환원주의의 늪에 빠져들었다.

20세기 과학을 주도했던 물리학자는 프로크루스테스 과학자가 되었다. 자신이 더 멀리 볼 수 있다고 믿었고 그래서 자신들만이 세계의 근본 이론을 발견할 수 있다고 생각했기 때문이다. 과학이 불확실성과 불완전성을 가진다는 사실을 스스로 확인했음에도 불구하고 자연과 우주 앞에서 겸손함을 잃었다. 특히 20세기 두 번의 세계대전을 거치면서 막대한 자금이 과학기술로 유입되면서 거대과학과 환원주의 경향은 더 심각해졌다.

과학자의 반역

다이슨은 과학이 구성적 성격을 가지므로 과학에 대한 공적인 개입이 필수적이라고 보았다. 하나의 과학이 아니라 여러 개의 과학이 가능하기 때문이다. 정상과학으로 승인된 연구더라도 미결정적이고 불확실성을 포함하고 있다. '대문자 과학'이라는 신화는 이미 무너졌어야 했지만 현실은 아직 그렇지 못하고 있다. 과학의 방식은 근본적으로 도전적이고 혁신적 관점 위에서만 건강하게 존재할 수 있다. 역사적으로 '반역자-과학자'의 예시는 많다. 그들의 존재는 과학이 사회정치와 무관하지 않음을 시사한다. 그래서 다이슨이 예시로 든 과학자들은 정치적 박해 속에서 반역자의 면모를 가지고 있다. 바로 반체제의 과학자들이다.

> "과학에서 반체제의 역사는 매우 길다. (…) 소련의 감옥에 수감되었던 물리학자 레프란다우와 목숨을 걸고 스탈린에게 란다우의 사면을 호소한 표트르카피차 (…) 핀란드 감옥에 수감되었던 수학자 앙드레베유 (…) 미국 정부로부터 동료를 밀고하라는 요구를 거절한 죄로 유죄 판결을 받은 수학자 챈들러데이비스……"

오펜하이머는 논쟁적인 과학자이다. 맨해튼 프로젝트로 유명한 그는 제2차 세계대전 중에 로스앨러모스 국립 연구소장으로서 원자폭탄 개발을 주도했으나, 원자폭탄의 위력에 충격을 받고 수소 폭탄 개발에 반대했다. 그 결과 모든 공직에서 쫓겨나고 기밀문서 접근권을 박탈당했으며 간첩 혐의로 청문회에 회부당하는 수모를 겪는다. 물리학자가 기밀문서 접근권을 박탈당한다는 것은 정상적인 연구를 수행할 수 없다는 의미였다. 냉전 시대였던 당시 주요 물리학 연구는 군사기밀문서로 봉인되어 있었기 때문이다.

그는 맨해튼 프로젝트를 주도할 당시 '반드시 도시에 폭탄을 투하해야 한다'라고 주장하기도 했다. 그로 인해 수만 명이 즉사했고 수십만 명이 후유증으로 사망하거나 고통받았다. 그러나 원자폭탄에 관한 지배권을 잃고 난 후에는 과학자로서의 존재론적 생명을 걸고 반역했다는 점은 인정해야 할 것이다. 그는 좀 더 일찍, 자신이 핵 개발의 지배권을 가지고 있었을 때 자기 성찰적이었어야 했다. 물론 이것은 과학자 개인의 책임만은 아닐 것이다. 과학자가 윤리적이려면 제도와 문화가 뒷받침되어야 한다.

과학의 윤리, 아마추어 과학자의 역할

무엇보다 과학지식이 인류의 공유자산이라는 점을 잊지 말아야 한다. 엘리트 과학 영웅을 상상하는 것으로 과학 이미지를 한정하지 않아야 한다. 지식의 특성이 본성적으로 집단적이기 때문이며 현재의 과학지식도 공유자산의 도움을 받아 결과를 내고 있다. 현대과학은 대체로 국가의 연구지원에서 나온다. 그러므로 과학의 결과가 인류 전체의 의지에 부합하는지 돌아볼 수 있어야 한다. 뉴턴이 '거인의 어깨 위에 서서'라고 말했을 때 '거인'은 지금까지의 인류 모두를 상징한다. 개별 과학자나 과학 분과는 인류의 공유자산에서 출발하기 때문에 많은 것을 보고 실행할 수 있었다.

그러나 현대과학은 불평등을 가속화하는 데 일조하고 있다. 오늘날

기술은 경쟁하듯 매우 빠르게 공장과 사무실의 노동자들을 대체하고 있다. 나아가 주주는 더 부유하게 만들고 노동자는 더 가난하게 만들면서 마치 누가 더 불평등한지를 경쟁하는 듯이 보인다. 다이슨은 기술의 이런 사악한 결과를 선하게 바꾸려면 어떻게 해야 할지를 고민했다. 그는 누구나 쉽게 판단할 수 있는 윤리적 기준으로 '부자의 장난감'과 '가난한 사람을 위한 필수품'이라는 기준을 제시했다. 일반적으로 과학이 부자들을 위한 장난감을 만들 때 악하게 작동하고, 반면에 가난한 사람들을 위한 필수품을 만들 때는 선하게 작동한다는 경험에 근거한 것이다. 부자의 장난감은 소수의 사람만 이용할 수 있고 다수를 배제하기 때문에 가난한 사람들이 공동체의 경제 및 문화적 삶에 참여하기 어렵게 만든다.

그는 기술의 윤리에서 저렴한 가격이 중요하다고 강조한다. 오토바이가 선하게 작동할 수 있는 까닭은 가난한 교사도 살 수 있을 만큼 저렴하기 때문이다. 반면에 핵에너지는 대개 악하게 작동하는데, 핵을 보유한 정부와 부유한 기업들이 핵에너지를 마음대로 통제하기 때문이다. 또한 그는 순수과학 연구에 그다지 호의적이지 않았다. 그 이유는 순수과학이 일상과 거리가 먼 심원한 문제들에 집중하기 때문이었다. 순수과학은 환원주의 경향도 강하다. 아인슈타인의 통일장이론(unified field theory)이나 브라이언 그린이 지지하는 초끈이론(superstring theory)이 대표적이다.[16]

16 다이슨은 초끈이론의 검증가능성에 회의적이다. "과학 이론이 쓸모 있기 위해서는 반드시 진실이어야 할 필요는 없지만, 검증은 가능해야만 한다. 내가 끈이론을 미심쩍어하는 까닭도 현재로서는 그 이론을 검증할 방법이 없기 때문이다." 끈이론의 핵심에는 중력자(graviton)라는 소립자가 있는데 이를 탐지하기 위해서는 블랙홀 규모의 탐지 장치가 필요하기 때문이다. 그의 책 《과학은 반역이다》 중에서 '두 개의 세상, 고전역학과 양자역학'을 참조하라.

이런 과학은 “부자나 빈자 모두에게 그다지 악하지도 않고 그렇다고 선하지도 않게 작동한다. 다만 순수과학은 그 일에 종사는 과학자나 엔지니어의 복지에만 기여한다”. 많은 연구투자를 하는 데도 사회적 기여가 없다는 것은 윤리적으로 문제가 있다. 기초과학 연구투자는 필요한데 과학자의 윤리에 맡길 수밖에 없다. 그렇다고 그들의 연구 주제의 정당성을 외부자가 직접 평가하는 방식을 권장할 수도 없다. 그런 방식은 기초연구의 방향성을 왜곡할 수 있기 때문이다. 다만 간접적으로 과학자 공동체의 윤리 문화에 관심을 가지고 지원하는 접근이 있다.

다이슨은 부자와 가난한 사람 사이의 불평등을 메우는 방법은 윤리라고 강조했다. 그가 목격한 윤리의 힘은 환경운동이었다. 초기 환경운동은 근거 없는 주장으로 간주되었지만, 오늘날에는 기업조차도 환경운동에 참여하기를 원한다. 환경운동이 성공할 수 있었던 원천은 과학지식이 아니라 평범한 사람들의 윤리였다. 윤리가 정치나 경제보다 훨씬 더 강력한 힘이 될 수 있다. 정치는 규제 제도를 만들 수 있고 그래서 기업이나 과학을 규제할 수 있는 강력한 힘이 있다. 그러나 규제는 규제받는 행위자가 적극적으로 그 규제를 수용하려는 태도가 있을 때만 잘 작동할 수 있다. 수용자가 규제의 정당성을 인정할 만큼 윤리적이어야 하는 것이다. 과학자와 기업의 윤리는 평범한 사람들의 윤리와 동기화하는 경향이 있다.

기업과 과학자가 가난한 사람들을 위한 평등 장치 생산에 우선순위를 두려면 그런 행위를 촉발하고 지지하는 문화가 필요하다. 시장 메커니즘은 일종의 공정성을 보증하지만, 시장이 항상 원리적으로 작동하지는 않는다. 사회의 모든 분야에 시장 원리를 적용할 수 있지도 않다. 또 무리한 시장주의는 오히려 사회적 불평등을 만들어 낸다.

"기술을 긍정적으로 유도하기 위해서는 단지 기술의 어리석음을 지적하는 것만으로는 충분하지 않다". 기술과 사회의 적극적인 소통과 문화 그리고 과학자, 교사, 기업가의 협력이 필요하다. 예를 들어, 아마추어 과학자의 역할을 고양하는 것도 도움이 될 수 있다. 과학의 역사에도 아마추어 과학자들이 훌륭한 일을 해냈었다. 찰스 다윈이나 멘델도 사실 아마추어 과학자이다. 19세기 이후 과학이 전문화되면서 아마추어의 영역이 사라졌다. 과학이 사회와 멀어지고 아마추어 과학 영역이 축소되면서 과학의 윤리도 희박해졌다. 과학이 사회와 조응하지 못하기 때문이다.

아마추어 과학자와 전문 과학자가 협력하여 성과를 내는 일이 없지 않다. 때로 아마추어가 전문가를 능가할 수도 있고 또 아마추어와 전문가의 협동이 성과를 내는 경우도 많다. 천문학에서 아마추어가 우수한 장비와 민첩성으로 전문가를 뛰어넘어서 새로운 변경을 개척하기도 한다. 미국 천문학자 클라이드 톰보(Clyde William Tombaugh)는 24세 전문교육을 받지 않았던 조수 시절 명왕성을 발견했다.

다이슨의 표현에 따르면, 아마추어 과학자들은 베이컨식 연구를 하는 경향이 있고, 상대적으로 과학전문가들은 데카르트적 방식을 선호한다.[17] 두 경향은 상호 보완적인 관계가 될 수 있다.[18] 데카르트 방식은 이점이 있지만, 또한 혁신적인 생각을 방해하는 약점이 있다. 아마추어 과학자는 우주와 별을 사랑하는 마음이 강하기 때문에 경제적 목적 없이도 일에 몰두할 수 있다. 그들은 열정과 강한 지구력이 있고 기존의 이론이

17 여기서 베이컨식 방식은 개별적인 관찰을 축적해서 최종적으로 자연의 법칙 이론으로 나아가는 것을 지칭한다. 반면에 데카르트 방식은 순수한 이성으로 자연법칙을 추론해내는 형태를 말한다.

나 패러다임에 얽매이지 않기 때문에 새로운 혁신적인 발견에 열려 있다.

다이슨은 아마추어의 존재가 '자유의 척도'라고 제안한다. 어떤 지역의 인구 중에서 아마추어의 비율이 그 사회의 자유의 수준을 보여준다는 것이다. 이런 생각은 헌법적 차원에도 부합한다. 우리 헌법은 모든 국민에게 학문의 자유를 보장하고 있다(1장). 아직 그 자유를 지원하는 구체적인 제도는 부족하다. 다행히 최근 시민 과학(Citizen Science)이 활발해지고 있다. 다이슨의 희망은 앞으로 더 빛을 발할 것으로 보인다. 시민과학자의 존재는 과학의 민주주의를 달성하는 동력이 될 수 있다.

---

18 다이슨은 베이컨적인 관점과 데카르트적인 관점은 상보적이므로 우주를 연구하고 설명하는 데에 있어서 두 가지 경향이 모두 필요하다고 보았다. 서양의 고대 천문학은 데카르트적인 풍조가 우세했다. 코페르니쿠스 이전의 프톨레마이오스 모델은 굉장히 정교한 우주 이론으로 설계되어 있지만 프톨레마이오스 모델, 즉 프톨레마이오스 패러다임은 이론적 전제 때문에 새로운 별, 해상을 발견하는 것을 방해받았다. 모델에 위반되는 관측 자료가 나오더라도 이 모델을 버리지 않기 위해 주전원 같은 보조 모델을 만들었다. 주전원이 점점 많아지면 모델이 복잡해지고 끝내는 모델로서의 가치를 잃어버린다. 동양의 천문학은 베이컨적인 풍조가 우세했고, 이론을 세우지 않고 개별 관찰한 자료를 기록하고 수집했다. 그래서 새로운 별과 혜성을 발견하는 데 개방적이었다. 다만 이론으로 통합되지 않았기 때문에 유럽의 천문학보다 발전이 뒤처지게 되었다.

참고문헌

1 Freeman D. J. 2009. "Birds and Frogs", *Notices of the American Mathematical Society*, 56(2), pp. 212–223.

2 프리먼 다이슨. 2015. 《과학은 반역이다: 물리학의 거장, 프리먼 다이슨이 제시하는 과학의 길》, 김학영 옮김, 반니.

3 프리먼 다이슨. 2009. 《20세기를 말하다: 과학자의 눈으로 본 인간, 역사, 우주 그리고 신》, 김희봉 옮김, 사이언스북스

4 Freeman D. J. 1992. *From Eros to Gaia*, Knopf Doubleday Publishing Group; Pantheon Books

5 Freeman D. J. 1985. *Weapons and Hope*, Harper & Row.

6 Latour, Bruno. 1987. *Science in Action*. Cambridge, MA: Harvard University Press.

7 Michael A. P. 2020. "Anti–scientism, Technoscience and Philosophy of Technology: Wittgenstein and Lyotard", *Educational Philosophy and Theory*, 52(12), pp. 1225–1232.

8 Zwart, Hub. 2019. "Iconoclasm and Imagination: Gaston Bachelard's Philosophy of Technoscience", Springer Link. https://doi.org/10.1007/s10746–019–09529–z

9 Ecosystems United. "What Is Technoscience? How Has Technoscience Impacted Society?", https://ecosystemsunited.com/2019/08/01/what–is–technoscience–how–has–technoscience–impacted–society/ (2024. 01. 31 검색)

10 피터 갤리슨. 2021. 《상(像)과 논리: 미시 물리학의 물질문화》, 이재일·차동우 옮김, 한길사.

11 피터 게이. 2021. 《바이마르 문화: 내부자가 된 외부자》, 조한욱 옮김, 교유당.

12 브뤼노 라투르. 2023[2012]. 《존재양식의 탐구: 근대인의 인류학》, 황장진 옮김, 사월의책.

13 찰스 페로. 2013. 《무엇이 재앙을 만드는가? : 대형 사고와 공존하는 현대인들에게 던지는 새로운 물음》, 김태훈 옮김, 알에이치코리아.

14 Donna Harraway. 2016. *Staying with the Trouble: Making Kin in the Chthulucene*, Duke University Press.

15 사이토 고헤이. 2021. 《지속 불가능 자본주의》, 김영현 옮김, 다다서재.

10장

모든 것의 사이버네틱스

수학자 노버트 위너(Norbert Wiener)는 사이버네틱스 이론(Cybernetics theory)의 창시자로 유명하다. 그는 평소에도 분과학문에 만족하지 않고 제어시스템, 전기네트워크 이론, 논리 모델링 그리고 신경과학 등을 통합한 학제 간 주제에 관심이 높았다. 그가 활동했던 제2차 세계대전 시기 실용적인 목적으로 컴퓨터 기술과 정보 체계가 하나의 분과 영역으로 출현했다. 그도 그런 시대적 흐름의 한 줄기였다. 위너와 어깨를 나란히 하며 앨런 튜링(Alan Turing)과 클로드 섀넌(Claude Shannon)은 각각 인공지능과 정보 이론 개념을 제시했고 사회문화의 방향을 바꾸었다. 위너는 라이프니츠(Gottfried W. Leibniz, 1646~1716)를 사이버네틱스의 수호성인으로 꼽으면서[1] 자신의 이론만이 아니라 튜링의 인공지능,

---

1 고트프리트 빌헬름 라이프니츠는 수학자이면서 물리학자이다. 뉴턴과 별개로 미적분을 창시했고, 현대 디지털 컴퓨터의 필수요소인 2진법을 개발한 것으로 알려지기도 했다. 이로부터 수학 표기법과 오늘날의 상징적 논리가 파생했다. 《사이버네틱스: 동물과 기계의 제어와 커뮤니케이션》을 참조하라.

섀넌의 정보 이론도 같은 지적 기원을 가진다고 언급했다.

> "메시지 전달에 관한 연구에는 전기공학 이론 외에도 광범위한 분야가 있다. 여기에는 언어에 관한 연구뿐 아니라 기계와 사회를 통제하는 수단으로서의 메시지 연구, 컴퓨터 기계와 다른 오토마타의 개발, 심리학과 신경계에 대한 반사 작용, 잠정적인 새로운 과학 방법론 등이 모두 포함된다. 이렇듯 광범위한 메시지 이론(theory of messages)은 확률 이론이다. 이 광범위한 분야를 한데 모아 일컬을 하나의 용어를 만들어내야 할 필요성을 느꼈다. 그 결과 '사이버네틱스(cybernetics)'라는 단어가 탄생했다." [1]

수학자의 실천

위너는 현실의 난삽한 문제들을 푸는 일이야말로 수학자의 임무라고 생각했다. 흔히 수학이 현실의 문제와는 관련이 없다는 일반적인 생각과 달리 그에게 수학은 매우 실천적인 영역이었다. 수학의 실천성을 엿볼 수 있는 사례로 '위너 측도(Wiener measure)'가 있다[3]. 이 측도는 1차원 브라운 운동(Brownian motion)의 수학적 성질에 관한 것이다. 브라운 운동은 물속에 잉크가 떨어졌을 때 무작위적으로 잉크 입자가 흩어지는 물리현상을 말한다.

이 운동은 열역학 제2 법칙(엔트로피 법칙)의 현실적 예시 현상이다. 잉크가 물 전체로 퍼져서 무질서도가 증가하면 다시 원래의 질서 상태(잉크 방울)로 돌아오는 일은 없다. 그는 연속적인 시간 과정에서 미세 입자가 확산하는 방식을 확률적으로 예견하려 했다. 위너 측도에서 보여준 그의 접근 방식은 사이버네틱스 이론을 유도했다. 그는 전쟁 중에 대공포 제어시스템(anti–aircraft control apparatus)을 설계했다. 바로 위너 측도를 활용한 것이었고 초보적인 수준의 사이버네틱스 응용 기술이었다.

> "정보의 양이라는 개념은 통계역학에서의 고전적인 개념인 엔트로피의 개념과 매우 자연스럽게 결합한다. 시스템 내의 정보량이 그 조직의 정도를 나타내는 척도인 것처럼 시스템의 엔트로피(무질서도)는 그 시스템의 붕괴 정도를 나타내는 척도이며, 한쪽은 단순히 다른 한쪽의 음수다.[2] 이러한 관점은 열역학 제2 법칙에 관한 많은 고려사항과 소위 '맥스웰 악마'의 가능성에 대한 연구로 우리를 이끈다." [1]

그는 '맥스웰의 악마'[3]를 현실적인 존재로 만들고자 했다. 날아오는 항공기의 궤적을 예측하고 이를 기반으로 포탄이 날아가서 항공기가 존

2 위너는 엔트로피(entropy)와 정보(information)가 역전 관계라고 간주했다. 정보가 많을수록 엔트로피(무질서도)는 적고, 엔트로피가 많을수록 정보는 적다. 그래서 정보를 네거티브 엔트로피, 즉 네겐트로피(Negentropy)라고 명명했다. 맥스웰의 악마는 엔트로피와 정보 사이의 중계 지점 중 하나이다. 반면에 섀넌은 정반대 입장을 취했다. 메시지가 예상하지 못한 것(엔트로피가 높을)일수록 정보가 더 많아진다.

3 맥스웰의 악마(Maxwell's Demon)는 19세기 열역학자 제임스 클러크 맥스웰(J. C. Maxwell)이 제안한 사고실험이다. 악마는 가상의 존재로서 상자 속에서 빠르게 움직이는 분자(입자)의 속도를 감지하여 분류할 수 있다. 느린 분자와 빠른 분자를 상자의 왼쪽 방과 오른쪽 방에 나눌 수 있다면 왼쪽 방은 온도가 낮아지고 오른쪽은 높아질 것이다. 이것은 열역학 제2 법칙에 어긋난다. 악마가 분자에 대한 정보를 얻기 위해 소비하는 에너지가 분자 분류를 통해 얻는 에너지보다 크기 때문이다.

재할 미래의 특정 시간과 공간에 중첩시켜 놓을 수 있다면 항공기는 격추될 것이다. 여기서 항공기가 있을 법한 특정한 시점의 위치를 예측하는 것이 핵심이다. 이것은 물속에서 퍼져가는 잉크 입자의 위치를 확률적으로 계산하는 것과 유사한 작업이다. 위너 측도를 활용하면 최적의 예측 경로를 찾을 수 있다.

한편 세계대전이 끝나갈 무렵 발생한 비극은 위너를 충격에 빠트렸다. 수만 명의 민간인을 희생시킨 핵무기가 1945년 히로시마와 나가사키에 떨어진 것이다. 그는 이 사건을 인류에 대한 중대한 범죄라고 간주했고, 핵폭탄을 제작한 과학자들에 대해서도 부도덕한 죄를 저질렀다고 비난했다[3]. 이를 계기로 위너는 자신이 개발한 통신과 제어 기술도 근본적으로 위험할 수 있고, 컴퓨터와 자동화된 기계 기술이 군사 조직과 기업의 손에 들어가면 재앙을 초래할 것이라며 우려했다.[4] 이후에 그는 정부나 기업 관련 일을 하지 않았고 대중교육에 전념했다.

과학철학자 캐서린 헤일스(K. Hayles)에 따르면, 위너는 사이버네틱스 원리가 군사적으로 또는 자본이윤의 관점에서 활용되는 것을 거부했다. 그러나 사이버네틱스가 더 많은 영역으로 확산되면서 전혀 다른 경로로 발전할 위험이 있다는 것도 느꼈다. 사이버네틱스의 창조자 위너는 전통적인 자유주의 휴머니즘 사상에서 출발했지만, 그의 창조물은 창조자의 사상에서 벗어나 포스트휴머니즘의 경로를 열었다[6].

---

4 위너는 1947년 〈애틀랜틱 먼슬리〉지에 "과학의 반역자들(A Scientist Rebles)"이라고 하는 제목의 논평을 실었다. 여기에서 그는 "나는 앞으로 무책임한 군사 전문가들의 손에서 훼손될 우려가 있는 연구는 발표하지 않을 것이다"라고 선언했다. 당시 위너는 52세였는데, 신동이라고 평가받던 어린 시절만큼 유명 인사가 됐다[3].

사이버네틱스란 무엇인가?

사이버네틱스는 현대 사회에서 가장 널리 사용되는 유행어 중 하나가 되었다. 단지 기술적인 차원에서만이 아니라 사회문화적 현상을 지칭하거나 때로는 지구생태 시스템을 지칭할 때도 소환되곤 했다. 헤일스는 《우리는 어떻게 포스트 휴먼이 되었는가》에서 사이버네틱스 이론이 보편과학 또는 메타과학이 되는 과정을 상세히 추적했다[6]. 사이버네틱스는 다양한 학제에서 통용가능한 범학제적 어휘가 되었다. SF의 흔한 주제가 된 사이보그(Cyborg) 개념도 사이버네틱스에서 나온 것이다. 이 용어는 사이버네틱스와 유기체의 혼종을 가리키며 21세기 뜨거운 주목을 받는다(13장). 제임스 러브록(James Lovelock)에 따르면 지구 시스템(가이아)은 사이버네틱스적 조절시스템이다. 주변 환경이 바람직하지 않은 방향으로 변화될 때 가이아가 취할 수 있는 반응 메커니즘은 사이버네틱스 원리를 따르는 것이다[7](14장).

사이버네틱스 개념은 어떻게 이처럼 광범위한 영역으로 확장될 수 있었나? 우선 이 개념이 가지고 있는 기본 성격에 대해서 탐색해본다. 이 개념을 이해하기 위해서 위너가 작성한 1948년 《사이버네틱스: 동물과 기계의 제어와 커뮤니케이션(Cybernetics: Or, Control and Communication in The Animal and The Machine)》, 1950년 《인간의 인간적 활용: 사이버네틱스와 사회(The Human Use of Human Beings: Cybernetics and Society)》를 참조할 수 있다.

사이버네틱스 용어의 기원은 고대 그리스어 '퀴베르네테스(Κυβερνή της, kybernetes)'에서 온 것이다. 이 말은 키잡이(steering of ship), 조절기(governor), 방향타(rudder)라는 의미로 쓰였다. 사이버네틱스는 단지 퀴베르네테스의 은유를 채택한 것이 아니라, 실제로 조타 장치의 원리를 참조했다.

> "비글로우 씨와 나는 제어 엔지니어들이 피드백 시스템(feedback system)이라 부르는 것이 자발적인 활동에서 매우 중요한 요소라는 결론에 도달했다. (…) 예를 들어 선박의 조타 엔진(steering engine)은 바퀴의 판독값을 키손잡이(tiller)에서 오프셋(offset)으로 전달하는데, …(생략)… 분명히 틸러의 움직임을 방해하는 마찰력이나 기타 지연력은 한쪽 밸브에 대한 증기 유입을 증가시키고 다른 쪽 밸브는 감소시켜 회전력을 증가시켜 틸러를 원하는 위치로 이동시키는 경향이 있다. 따라서 **피드백 시스템은 조타 엔진의 성능을 부하와 상대적으로 독립적으로 만드는 경향**이 있다." [1] (강조는 저자)

피드백 시스템 덕분에 조타 엔진이 부하를 넘어서는 자율적 힘을 가진다는 것이다. 위너는 기계의 이런 성질에 크게 감동했다. 그래서 '피드백'은 사이버네틱스를 구성하는 핵심적인 주제어가 되었다. 피드백은 변화무쌍한 외부 환경에 효과적으로 대응하려는 모든 기계에 필요한 능력이다. 이것은 기계의 작동 결과를 기계의 정보로 재입력하는 것이다. 그런 능력이 있는 기계는 '좋은 기계'다. 기계와 외부 환경이 상호작용한 결과 생성된 새로운 정보가 기계 속으로 진입할 수 있어서 기계의 다음 행동을 '적정한 것'으로 만들어줄 수 있다.

이 과정을 통해서 기계는 환경에 더 적합한 행동을 강화할 수 있다. 이는 인공지능이나 기계 학습의 개념과 유사하다. 피드백은 두 가지 유형이 있다. 하나는 자동적인 반사 작용(reflection)이고 다른 하나는 학습(learning)이다. 피드백 메커니즘을 통해서 무질서가 높아지는 방향을 일시적으로 그리고 국지적으로 뒤집을 수 있다. 피드백 메커니즘은 초보적인 '맥스웰의 악마'가 될 수 있다.

피드백의 결과는 '자기 강화'를 만들어낸다. 배의 조타 장치(steering of ship)는 조타수(인간)의 작은 힘을 배의 방향 전환이라는 큰 힘으로 증폭한다. 조타 장치처럼 자신의 작동을 위한 동력의 손실은 무시할 만큼 매우 작으면서도 최종적인 행동은 임의로 동력을 높여서 수행할 수 있는 조건을 갖춘 제어시스템이 바로 사이버네틱스의 지향이다.

조타 장치 외에도 사이버네틱스의 초보적 예시로 진공관(vacuum tube)을 들 수 있다. 진공관은 에너지를 증폭시키는 원리에 토대를 두고 있다. 진공관의 발명 이전에 큰 전력 시스템을 관리하기 위해서 여러 개의 분리된 메커니즘이 있어야 했다. 그리고 각각의 메커니즘을 작동하는 데 상당한 전력이 필요해서 효율성이 낮았다. 진공관은 이 문제를 해소했다. 이 장치는 에디슨 효과에서 왔는데, 에디슨은 전기 램프 안에 전극을 넣고 필라멘트에 양의 전기를 흐르게 하면 그 필라멘트가 가열될 때는 전류가 흐르지만 가열되지 않을 때는 전류가 흐르지 않는다는 사실을 발견했다. 몇 년 후 존 앰브로즈 플레밍(John Ambrose Fleming)이 전류가 한 방향으로만 흐르는 진동 밸브(oscillation valve)를 개발했다. 이것이 진공관의 시작이었다. 이후 여러 발명자를 거치며 작은 에너지 수준을 높은 에너지 수준으로 증폭하는 만능 장치, 진공관을 구체화할 수 있었다. 그것은 기본적으로 피드백을 통한 자기-강화 원리를 따른 것이었다.

사이버네틱스의 기본구조

위너는 '생명체와 기계의 의사소통과 통제'에 관한 학문을 지칭하기 위해서 사이버네틱스 용어를 주조했다고 말한다.[5] 생명체와 기계의 상호소통이 가능하다면 양자는 서로에게 매력적인 존재가 될 수도 있다. 그는 생명체와 기계 사이에 공통 요소가 있다고 생각했다. 유기체와 비유기체 또는 인간과 기계 그리고 동물을 동등한 존재로 다루고자 한 것이다. 일견 매우 달라 보이는 존재들로부터 제어와 소통 차원의 공통성을 끌어냈고, 그 공통성을 사이버네틱스 개념으로 종합했다.

사이버네틱스의 기본구조는 〈그림 10.1〉에서 보듯이, 입력(Input)이 일정 기준(Measure)을 넘으면 내부로 진입하여 목표(Goal)에 부합하는지를 처리(Process)하고 이를 출력(Output)한다. 여기서 출력이란 외부 환경에 대한 행동(Action)을 뜻하며 이 행동은 다시 환경의 반응을 불러일으킬 것이다. 처리(Process)란 프로그램을 작동하는 과정을 의미하는데 피드백(학습)의 정도에 따라 변형될 수 있다. 학습은 특정한 반응에 대해서 오랫동안 강하고 자연스러운 자극이 끊임없이 결합하여서 프

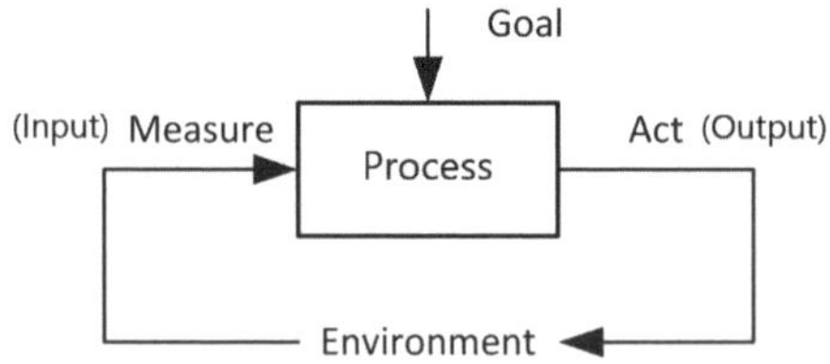

그림 10.1 사이버네틱스 기본구조
자료: Hardon (2020)을 재구성

---

5 이 용어는 우리말에서 '인공두뇌학'이라고 번역한다. 일반적으로 생명체와 기계 또는 조직 또는 이런 것들의 조합을 통해서 이루어지는 통신과 제어에 관한 학문을 포괄적으로 지칭한다.

로그램을 변화시키는 것을 지칭한다. 그러므로 학습이란 프로그램 자체를 바꾸는 역량이다.

행동에 대한 환경의 반응은 다시 입력의 형태로 사이버네틱스 내부로 재진입(Feedback)한다. 환경의 반응은 긍정적일 수도 있고 부정적일 수도 있다. 환경의 반응이 긍정적이었다면 그 행동은 다음 처리 과정에서 강화될 것이다. 이 모델은 인간이나 동물이 삶을 유지하는 일반적인 과정을 닮았다.

신체의 자율 명령 체계(voluntary command)도 사이버네틱스처럼 작동한다. 신체는 물건을 들어 올릴 때 어떤 근육이 움직이는지 의식하지 못하지만, 피드백 메커니즘이 자발적으로 행동을 일으킨다. 어느 정도의 운동량을 발휘했는데도 그 물건을 들어 올릴 수 없다면 쉬고 있는 주변 근육에 더 강화된 힘을 발휘하라는 명령을 내리는 식으로 자율 반응한다[2]. 자율 명령은 명령자가 피드백 체계 자체의 내적 원리를 이해할 필요도 없고 의식할 필요도 없다. 우리는 일일이 신체의 각 부위를 조정하지 않고도 걷겠다는 의지를 발동하는 것만으로도 걸을 수 있다. 의지적인 자기 강화도 가능하다. 운동선수는 꾸준히 운동함으로써 적절한 자세를 근육에 내장할 수 있다.

고양이는 이름을 계속 불러주면 어느 순간 고개를 들어서 부르는 사람을 올려다본다. 상대방이 보낸 메시지를 고양이의 감각 기관이 받아서 고개를 들어 쳐다보는 행동을 하도록 만든 것이다. 이것은 피드백(환경의 반응)에 의한 학습과 행동의 변화이다. 운동선수의 몸과 고양이는 자기 강화를 할 수 있다는 점에서 사이버네틱스 존재다. 높은 곳을 올라간 진드기는 낙산 냄새가 입력되면 포유류가 가까이 있는 것으로 판단하여 아래쪽으로 몸을 내던질 것이다(7장). 이 행동은 환경의 반응을 유도한다. 진드기는 포유류의 털에 부딪히는 감각을 기대(목표)하는데, 환경의 반응이 털의 충격이라면 다음 과정으로 넘어갈 수 있지만 그렇지 않다면 진드기는 다시 높은 곳으로 올라가서 이 작업을 재수행해야 한다. 진드기는 사이버네틱스로서 자신의 환경(포유류)과 소통한다.

기계의 피드백도 적절하게 설계할 수 있다면 환경의 반응을 받아 자기 행동을 강화할 수 있을 것이다. 대공제어 시스템도 사이버네틱스 과정을 내장하고 있다. 관측 결과를 통제 시스템에 입력하고 최종적으로 이 시스템을 활용해서 재빨리 관측된 항공기의 위치와 움직임에 맞추어 포의 위치를 조정해야 한다. 적대적인 비행물체(목표)가 만들어내는 특정한 움직임의 패턴에 따라서 실시간 반응에 가깝게 포발사 계획을 조정할 수 있다. 이것은 본질적으로 학습의 과정이다. 포의 계산 메커니즘은 환경 반응을 토대로 자기 프로그램을 변경해야 하기 때문이다.

반면에 뮤직 박스의 인형은 미리 설정된 메커니즘에 따라서 일방적인 무대를 펼쳐 보일 뿐 환경과 의사소통을 하지 않는다. 이 인형은 보지도 듣지도 말하지도 못하며 정형화된 패턴에서 조금도 벗어나지 않는다. 환경으로부터 오는 피드백을 상정하지 않기 때문이다. 이 시스템은 자기완결적 프로그램으로서 닫힌 시스템이다. 이 장치는 학습하지 않으며, 따라서 자신을 변형할 수도 없다.

인간과 기계의 연결

사이버네틱스 이론은 인간의 행동과 기계의 작동이 연합할 수 있다고 암시한다. 인간(유기체)과 기계(비유기체)가 제어와 소통 차원의 공통성이 있다고 말하는 순간, 그 공통 요소가 연결될 수 있다는 것으로 유도된다. 이것은 인식론과 존재론에서 전환을 불러왔다. 생명과 기계의 경계를 재조정하는 것이기 때문이다. 마치 뉴턴이 보편 중력의 법칙을 제시함으로써 이전에는 분리되어 있던 천상계와 지상계를 하나로 통합하는 효과가 일어났던 것과 유사하다. 위너가 주장했듯이 사이버네틱스가 진정으로 유기체와 비유기체 모두에 적용할 수 있는 공통 원리라면 양자의 세계를 연결하는 것도 가능할 것이다.

위너는 프로그램에 의해서만 작동하는 기계와 사이버네틱스 기계를 구분하기 위해서 '커뮤니케이션 기계(communication machines)'라는 표현을 사용했다.

> "내가 기계에게 명령을 내릴 때 상황은 내가 사람에게 명령을 내릴 때의 상황과 본질적으로 다를 바가 없다. 기계 역시 커뮤니케이션을 하는 유기체일 수 있다."[2]

우리는 이미 생명계와 기계의 의사소통을 일상적으로 경험하고 있다. 자동차 운전을 할 때 인간의 신체와 자동차의 인터페이스는 동조화된다. 차가 오른쪽으로 많이 벗어난 것 같으면 운전자는 왼쪽으로 차를 돌릴 것이다. 운전자는 길의 모양과 자동차의 움직임 그리고 그 외 여러 가지를 동시에 고려하여 판단한다. 이런 방식으로 소형 차량을 운전하건 대형 트럭을 운전하건 거의 비슷한 정도의 능률로 운전할 수 있다. 다른 종류의 차를 운전하더라도 운전 습관을 따로 학습할 필요는 없다. 자동차의 인터페이스를 통해서 작은 신체의 힘을 거대 기계를 적절히 작동시킬 정도의 힘으로 증폭시킬 수 있다. 인간의 신체와 자동차의 인터페이스가 매끈하게 연결되어 있기 때문이다.

신경계와 오토마타의 비교 역시 양자가 공통의 작동 메커니즘을 가지고 있다는 것을 보여준다.

> "신경계와 오토마타는 과거의 결정을 바탕으로 새로운 결정을 내리는 장치라는 점에서 근본적으로 닮았다. 가장 간단한 형태의 역학 장치는 두 가지 가능한 방안 가운데 하나를 골라 결정을 내린다. 이를테면 스위치를 끄느냐 켜느냐의 문제이다. 신경계의 신경섬유(뉴런) 개체 역시 자극을 전달할 것인가 말 것인가 하는 사이에서 결정을 내린다. 기계와 신경에는 모두 과거의 결정에 의거하여 미래의 결정을 내리는 특별한 기관이 있고, 신경계에서는 이러한 일들이 대부분 '시냅스'라 불리는 지극히 복잡한 지점에서 행해진다." [2]

생명공학자이면서 인공지능 개발자였던 프랭크 로젠블랏(Frank Rosenblatt)이 개발한 퍼셉트론 모델(Perceptron model, 1958)은 신경 뉴런의 신호 전달 메커니즘을 모방했다. 뉴런에 입력된 신호가 수상돌기에 도달하여 뉴런에 누적되고 그 총합이 문턱값(synaptic threshold)을 넘는다면 이 신호는 출력되어 축삭(Axon)을 통과한다. 신호의 전달은 전부 아니면 또는 전무(All or Nothing) 형태로 진행한다.

프랭크 로젠블랏은 외부와 의사소통을 통해서 학습하고 의사결정하는 기계를 설계했다. 여러 개의 입력 신호가 들어오면 이 기계는 각 신호의 가중치와 총합을 계산하고 특정한 문턱값을 넘을 수 있는지 판단한다. 문턱값을 넘는다면 출력으로 내보낸다. 초기 퍼셉트론은 매우 비효율적이어서 공학자 내부에서조차 거센 비판을 받고 몰락하는 듯했다.

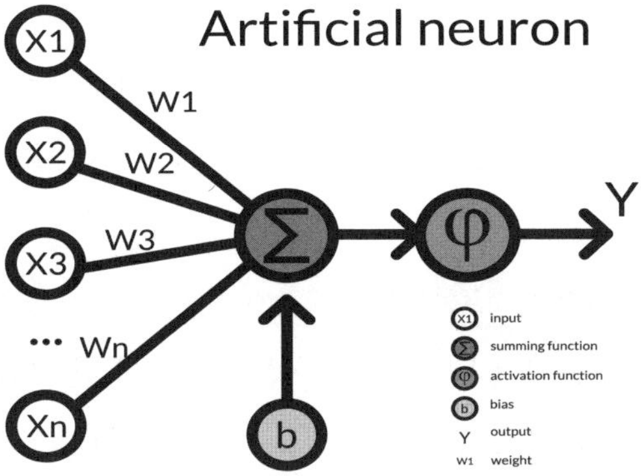

그림 10.2 퍼셉트론(Perceptron) 모델의 인공 신경은 신경 뉴런의 신호 전달 체계를 모방했다.

그런데 이 모델은 현재 가장 유망한 인공지능 학습방법론이 되었다.

청각장애인을 위한 응용

사이버네틱스 원리에 따르면 인간 신체와 기계를 연결할 수 있다. 이것을 현실화하려는 위너의 노력 중 하나가 청각장애인을 위한 언어 학습 기계였다. 청각장애인은 소리를 들을 수가 없어서 말하는 법을 배우기가 어렵고, 따라서 다른 사람과 소통에 어려움을 겪는다. 위너는 손상된 청각을 촉각으로 대체하여 비어있는 신체 기능을 연결해줄 기계를 상상해냈다.

그는 인간의 물리적 소통 과정을 3단계로 구분했다[9]. 우선 (1) 물리학적 단계로, 공기 중의 진동을 통해 청각적 상징 기호를 구성하고, 다음으로 (2) 음성학 단계로, 귀 내부의 신경 시스템에서 나타나는 다양한 현상이 발생하며, 마지막으로 (3) 의미론적 단계로, 상징 기호가 의미의 경험이라는 영역으로 전이된다. 여기에서 청각장애인에게 문제가 되는 것은 2번째 단계이다. 그러므로 청각장애인에게 결핍된 2번째 단계를 기계로 메워서 1단계와 3단계를 연결할 수 있다면 의사소통을 완성할 수 있을 것이다.

이 장치[6]의 사용은 우선 발성을 감지하는 마이크 장치에서 출발한다. 이 마이크를 통해서 누군가가 단어를 발성하면 이 기계는 그 단어의 음을 다섯 개의 음계로 변환해서 촉각 신호를 생성한다. 청각장애인은 5음계 신호판 위에 손을 놓고 촉각적으로 그 단어의 양태를 인식한다. 여러 번의 학습 이후 자신이 직접 마이크에 발성하여 그 발성이 생성하는 신호판 촉각을 감지하고 나서 비장애인이 발성하여 나온 신호판 촉각과 비교한다. 원하는 촉각 신호와 유사해질 때까지 학습할 수 있다.

실험연구에서 12개의 간단한 단어를 학습하게 한 후 80번 무작위 반복 실행했을 때 오류는 단지 6개뿐이었다고 한다[9]. 기계와 인간이 공통으로 사이버네틱스적 성격을 가지고 있다는 개념 덕분에 위너는 이런 장치를 개발할 수 있었다. 이것은 인간의 의사소통 결합을 기계로 연결한다는 점에서 물리적인 보철을 넘어서 의사소통적 보철이다.

최근 고양이 말 번역기 어플리케이션에서도 위너의 생각을 발견할 수 있다. 이 어플은 고양이의 소리를 녹음하면 열두 개 정도의 고양이 언어로 번역해준다. 이 장치는 고양이도 메시지를 보내고 받을 수 있으며 그러기를 원한다는 생각에 기반한 것이다. 이 어플을 사용하면 고양이에 대한 친밀감을 형성할 수 있다. 이 장치의 사용은 고양이를 인간처럼 생각하게 만든다.

6 클라인(Kline, 2009)의 논문, 〈그림 2〉를 참조하라.

통합적 메시지 이론

위너가 궁극적으로 지향했던 목표는 사이버네틱스를 통해서 인간과 기계, 생물체와 커뮤니케이션 기계 사이를 통합하는 메시지 이론을 만드는 것이었다. 인간과 기계, 생물체와 커뮤니케이션 기계(communication machines)에 공통으로 작동하는 메커니즘이 있다면 그들은 서로 소통할 수 있다. 소통이 매끈하다면 하나의 단위처럼 간주될 수도 있다. 서로에게 보철(prosthetics)이 되는 것이다. 이것은 존재론적 변형을 암시한다.

메시지 또는 정보는 마치 물에 떨어진 잉크 입자가 무작위적으로 퍼져나가는 모습으로 상상할 수 있다. 그렇다면 잉크 입자의 위치를 확률적으로 계산하듯이 메시지(정보)도 계산할 수 있을까? 이런 생각은 클라우드 섀넌의 정보 이론과 같다. 인간과 기계, 생물체와 커뮤니케이션 기계가 외견상 달라 보이면서도 공통성을 가지게 된 것은 그들이 놓인 환경의 유사성 때문일 것이다. 우리의 환경은 에너지와 엔트로피(무질서)로 이루어져 있다.

우리가 환경을 제어하기 위해서 내리는 명령은 환경에 전달하는 정보의 일종이다. 다른 모든 종류의 정보와 마찬가지로 이러한 명령 역시 전달되는 과정에서 약화된다. 즉, 무질서해진다. 그래서 정보는 일반적으로 처음 전송될 때보다 훨씬 더 느슨한 상태로 목적지에 도착한다. 거꾸로 처음보다 더 견고해지는 일은 없다. 이것은 자연의 경향(열역학 제2 법칙)에 따른 결과이다. 인간이든, 기계든, 생물체든, 커뮤니케이션 기계든 이렇게 무질서가 증가하는 공통의 환경을 가진다면 그 환경과 상호작용하는 존재는 그에 대응하는 어떤 공통의 특성을 형성했을 것이다.

자신을 유지하기 위해서는 환경의 특성에 따라 반응하면서 그것을 학습해야 했다. 생명체와 커뮤니케이션 기계는 모두 엔트로피가 증가하는 일반적인 경향에 대해 국지적이고 일시적으로 저항하는 존재가 되기를 지향한다. 생물체의 물리적인 기능과 커뮤니케이션 기계의 작동은 피드백을 통해 엔트로피를 통제하려는 유사한 시도를 했다.

생물체와 커뮤니케이션 기계 모두 저마다의 감각수용 기관을 가지고 있다. 이 기관은 낮은 에너지의 수준에서 외부 세계로부터 정보를 수집하고, 몸이나 기계가 작동할 때 그 정보를 이용할 수 있게 한다. 양자 모두 외부의 메시지를 있는 그대로 받아들이지 않으며 자신의 조건에 맞게 번역한다. 자신의 형식으로 메시지를 인식하는 것이다. 메시지는 그 자체로 하나의 패턴이자 조직의 형태를 띤다.

우리의 환경에서 우리는 무엇인가 효율적이고 정보가 될 만한 것을 찾아내서, 또는 그런 형식으로 만들어서 질서가 높은 정보로 전환한다. 이것이 바로 의사소통의 출발이며 사회를 살아가는 인간 삶의 한 부분이고, 생명의 핵심이다. 인간을 포함한 생명체는 살아있는 현실 속 '맥스웰의 악마'들이다. 커뮤니케이션 기계도 그런 악마가 되고자 한다.

사이버네틱스 이론은 기계와 기계 사이의 소통에 대한 이해를 변화시켰다. 기계 시스템에서 기계의 각 부분을 작동하는 과정 중에서 맨 처음 입력단과 최종 단계인 출력단을 제외하면 기계는 인간에게 말을 걸거나 인간의 말을 들을 필요가 없다. 따라서 적당한 언어로 기계들끼리 이야기하는 것만으로도 충분하다[2]. 위너의 예상은 적중해 가고 있다. 또는 위너의 생각이 현실을 만들어가고 있다. 오늘날 스마트폰이나 인터넷 컴퓨터망은 대량의 정보를 교류하고 있는데 인간 사이의 소통량보다 기계 사이의 소통량이 더 많아지고 있다. 기계가 더 많은 소통을 수행한다면 기계가 질서 증가에 더 많이 기여한다는 것을 의미한다.

커뮤니케이션 기계는 적어도 국지적이며, 일시적으로 정보를 축적하고, 부분적으로 결정 능력이 있다. 그래서 자신이 존재하는 국지적 지역을 계속 재생산해냄으로써 엔트로피 증가 경향을 약화시킨다. 기계가 많아질수록 이 기계가 번역할 수 있는 메시지의 형태가 더 우세해질 것이다. 그러면 이 기계의 질서가 더 지배적인 것이 될 수 있다. 이 기계는 단순한 도구가 아니라 질서를 생산하는 일을 하고 있다.

정보와 엔트로피

정보란 우리가 외부 세계에 적응하고 반대로 우리의 적응이 외부 세계에 감지되는 상황에서 외부 세계와 주고받는 내용이다[2]. 우리는 정보를 받아 사용함으로써 외부 환경의 우발성에 적응할 수 있고 그 환경 내에서 효율적으로 살아갈 수 있다. 그런데 상대방에서 전송하는 최초의 정보는 덜 중요하다. 중요한 것은 최종적으로 도달해서 상대방(사람 또는 기계)의 구체적인 반응(행동)을 촉발할 때까지 남아 있는 정보이다. 최종 도착지까지 가는 과정에서 정보가 변형되고 엔트로피가 증가하기 때문이다.

위너와 마찬가지로 섀넌도 엔트로피 개념에서 '정보 이론(Information theory)'을 고안해냈다[10, 13]. 그의 정보 이론은 정보의 존재를 수학적으로 계산하는 방법론이다. 이것은 위너와 유사한 접근법이었다. 그런데 섀넌의 정보 이론은 의미로 가득 찬 메시지이든 무의미한 메시지이든 동등하게 처리했다. 그는 메시지에서 의미의 차원은 무시하고 물리적 차원의 특징만 채택했다. 이것은 위너와 다른 점이다. 위너는 물리적 차원과 의미의 차원을 분리할 수 없다고 생각했다.

정보에서 물리적인 차원이 '무엇을 말할 수 있나?'에 관한 것이라면 의미의 차원은 '무엇을 말했나?'에 관한 것이다. 섀넌은 인간이 만드는 메시지가 자연 상태의 무작위성과 달리 완전히 무작위적이지는 않다는 점에 착안했다. 메시지 전송자는 메시지의 물리적인 구조 내에서만 메시지를 생성할 수 있다. 다시 말해서 메시지를 완전히 임의로 생산할 수는 없다는 것이다. 전송자는 메시지가 될 수 있는 전체 집합에서 무엇인가를 선택해서 그것을 조합한 다음 하나의 메시지를 완성한다. 그 선택의 확률 통계적 정도를 측정하는 것이 정보 이론의 출발이었다[11].

섀넌은 메시지가 생성될 때 선택의 제한성을 확률적으로 계산함으로써 전송의 효율성을 혁신할 수 있었다. 개별 알파벳이 선택될 가능성도 동등하지 않은데,[7] 예를 들어 공백은 가장 많은 빈도로 출현한다(0.1859). 다음으로 철자 E가 높은 발생 빈도(0.1031)를 보이며, Z는 가장 낮은 발생 비율(0.0005)을 가진다. 그리고 모든 선택은 바로 앞 문자 선택에 종속된다. 예를 들어서 영어에서 첫 문자 j 다음에 b, c, d, f는 따라 나오지 않는다. 반면에 th 다음에는 e가 올 가능성이 높고, qu 다음에는 i가 올 가능성이 높다.

이렇게 알파벳의 출현 가능성을 계산한 것을 '알파벳의 중복도(Alphabet's Redundancies)'라고 한다. 영어의 알파벳의 중복도는 약 15%

7 섀넌이 2차 세계대전 당시에 암호학연구자로 활동했던 경험에서 나온 것이었다. 암호는 알 수 없는 문자들이지만, 그 문자들은 어떤 알파벳을 지칭하게끔 되어 있다. 따라서 문자가 출현하는 빈도를 보면 현실의 알파벳을 추론해낼 수 있다.

이다.[8] 여기에 일상 언어는 개별 문자 단위가 아니라 단어 단위로 사용된다는 점을 추가하면 규칙성이 더 높아진다. 여덟 글자 이하의 단어로 확장하면 영어의 중복도는 대략 50%에 이른다. 다시 말해, 문장의 50%만 알고 있으면 나머지는 재구성할 수 있다는 뜻이다. 최초의 메시지를 만들어내는 사람이 물리적으로 선택할 수 있는 메시지는 실제로는 절반뿐인 셈이다. 그래서 메시지의 절반만 전송되어도 원래의 메시지를 구현할 수 있다. "The quick brown fox jumps over the lazy dog"이라는 문장이 손실되어서 "Th q ic brwn fo jum s ove the l zy dog"만 도착해도 원 문장을 재현할 수 있다.

문자 중복도는 중요한 기능을 할 수 있는데, 바로 자주 출현하는 메시지는 더 잘 예측할 수 있다는 것이다. 그리고 예측할 수 있다면 정보량을 절약할 수 있다. 반대로 드물게 출연하는 메시지는 예측하기 힘들고 정보량이 많이 필요하다. 이것은 개념적으로 엔트로피의 법칙과 같은 리듬을 가진다.

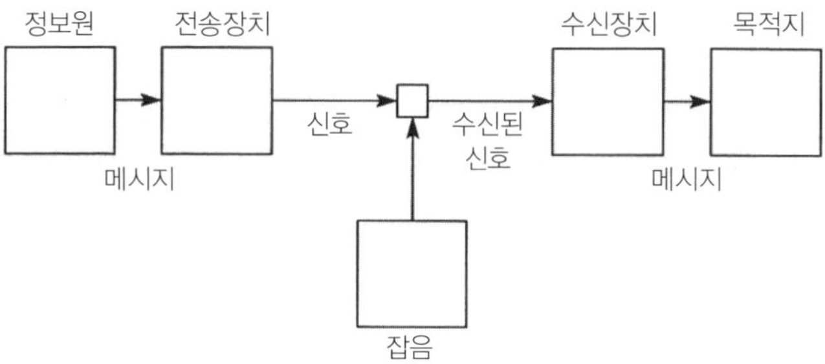

그림 10.3 섀넌의 정보통신 모델. 기본구조는 정보원, 전송장치, 신호, 수신장치, 목적지를 가진다[10].

---

8 한글의 개별 문자 중복도는 약 12%이다(안수길·안지환, 1980).

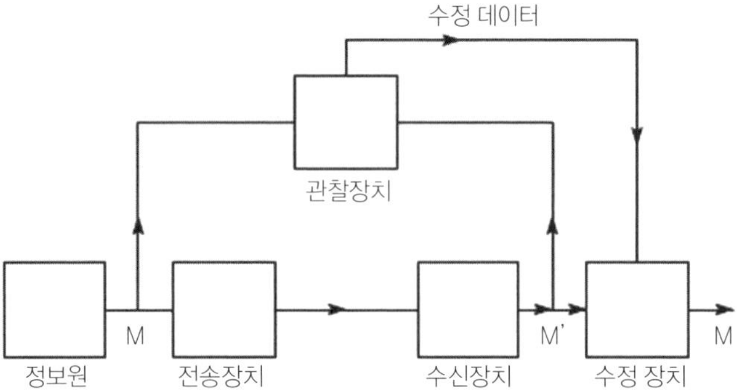

그림 10.4 섀넌의 오류정정 시스템. 관찰장치(observer)가 추가되었다. 사이버네틱스 모델과 닮았다[10]. (M은 메시지)

정보 이론 모델의 기본 도식은 사이버네틱스 모델을 닮았다. 우선 〈그림 10.3〉의 정보원(inforamtion source)이 메시지를 발송(입력)한다. 이것은 전송장치(transmetter)에 의해서 신호(signal)로 전환되어 전송된다. 전송 과정에서 잡음(noise)이 포함될 수 있다. 잡음의 존재는 환경의 반응을 대변한다. 따라서 도착하는 최종 메시지의 신호는 약화된다. 수신장치(receiver)가 신호를 받아서 메시지로 변환(처리)한다. 최종 목적지(destination)에서 메시지를 확인(출력)한다.

섀넌은 기본적인 정보통신 모델을 개선해서 오류정정 시스템을 제안했다(그림 10.4). 관찰장치(observer)를 추가하여 전송 메시지가 잡음에 의해서 변형되거나 손실되는 것을 정정하려는 취지이다. 최종 목적지에서 수신자가 받은 메시지를 관찰장치가 보낸 메시지와 비교한다면 메시지의 정확도를 높일 수 있다. 두 메시지가 일치하지 않는다면 재전송을 요청할 수 있다. 엔트로피를 관리하는 이중의 작업이다. 의사소통은 전송받은 메시지를 계속해서 정정해내는 과정이고 내적 질서를 증가하려는 지향이다. 관찰장치는 그런 노력을 대변하는 구성으로 사이버네틱스의 피드백과 같은 일을 한다.

커뮤니케이션 기계의 미래

위너는 사이버네틱스를 휴머니즘 차원에서 사용하길 원했다. 커뮤니케이션 기계는 신체 기능이 손실되거나 약화되어 어려움을 겪는 사람에게 인공기관을 보조하거나 대체하는 준의학적 목적의 문제에 기여할 수 있다[2]. 그는 생리학자 아루투로 로젠블루스(Arturo Rosenblueth)[9]와 컴퓨터 공학자 줄리안 비글로우(Dr. Bigelow)와 함께 연구하며 유기체의 자율 활동 메커니즘에서 피드백의 특성에 주목했다. 예를 들어 피드백에 과부화가 걸리면 피드백 메커니즘이 붕괴하는 현상이 있다. 신체의 피드백과 기계의 피드백이 유사하다면 신체의 증상을 설명하는 데 기계의 피드백을 이용할 수 있다.

가장 단순한 형태의 자율 활동 붕괴는 행동 목표를 찾는 과정에서 나타나는 떨림 현상이다. 인간의 경우 '의도성 떨림(intention tremor)' 증상이 여기에 해당한다. 이런 증상을 보이는 환자는 컵을 집으려고 할 때, 즉 컵을 집으려는 목적이 있을 때 손이 점점 더 떨려서 결국 컵을 들어 올리지 못한다. 위너와 동료 연구자들은 이런 의도성 떨림과 유사한 현상이 기계 피드백의 과부하 상태에서 나타나는 것을 발견했다[2].

한편 파킨슨병은 의도성 떨림과 정반대의 증상이 있다. 이 질병은 흔

9 제2차 세계대전이 끝난 후 몇 년 동안 위너는 멕시코 생리학자 아르투로 로젠블루스와 함께 생물학의 문제에 관해 연구했다. 그들은 엔지니어 및 의사들과 협업을 통해 상실된 감각 방식을 대체할 수 있는 장치를 개발하고자 했다.

히 노인에게 나타나며 몸이 떨리고 마비가 일어나는데 가만히 쉬고 있을 때도 불안한 증세를 보인다. 그런데 이 병의 초기 환자는 어떤 목적을 갖고 행동하는 경우, 오히려 떨림이나 마비 증세가 완화된다. 그래서 이 환자는 질병 초기 단계에는 전문적인 활동이 가능하다. 전문적인 활동은 목적을 갖는 행동이기 때문이다.

어떤 목적을 성공적으로 수행하기 위해 그 운동과 직접 연결되지 않는 다양한 관절들이 가벼운 긴장과 흥분 상태에 있으면서 그 목적을 수행하는 주근육의 수축을 적절히 지탱해주는 역할을 한다. 그러기 위해서는 2차 피드백 메커니즘이 필요하다. 의도성 떨림의 원인은 소뇌에서 오는데, 2차 피드백 메커니즘은 소뇌가 아니라 도파민계 신경계의 지배를 받는다. 이 피드백을 '자세 피드백(postural feedback)'이라고 한다.

이런 신체적 작동을 기계적으로 구현한 것이 헨리 싱글톤(Henry Singleton)의 기계이다.[10] 이 기계 구조는 간단하다. 바퀴가 3개 달린 작은 수레가 있고 그 뒷부분에는 회전 모터를 장착했다. 앞바퀴는 방향타로 조정을 할 수 있다. 수레의 앞쪽에는 광전지 셀 한 쌍이 있어 하나는 왼쪽을, 다른 하나는 오른쪽을 보게 되어 있다. 광전지는 브리지 회로(bridge, 앞뒤 방향을 바꾸는 기능)로 연결되어 있고, 브리지의 출력은 증폭기와 위치 모터로 연결되어 있다.

이 기계는 구조는 같지만 지향성이 다른 두 개의 모델로 만들었다. 하나는 양의 빛 친화성(빛을 쫓는 성질)을 가지도록 하고 '나방'이라는 이름을 붙였다. 또 하나는 음의 빛 친화성(빛으로부터 멀어지려는 성질)을 가지도록 만들어 '빈대'라고 이름 붙였다. 브리지의 출력 방향에 따라

---

10 싱글톤의 기계는 cyberneticzoo.com에서 확인할 수 있다.

서 나방 기계는 더 강한 빛을 향해 가고, 빈대 기계는 반대로 빛과 멀어지는 방향으로 움직인다.

이 기계의 위치 메커니즘은 두 개의 피드백으로 구성되어 있다. 첫 번째 피드백(control motor 1)은 인간 신체에서 일어나는 '자율적 피드백'과 유사한 작용을 한다. 두 번째 피드백(control motor 2)은 인간 신체의 '자세 피드백(2차 피드백)'에 해당한다. 첫 번째 피드백이 과도해지면 소뇌 손상으로 인한 의도성 떨림과 유사한 메커니즘이 나타난다. 한편, 첫 번째와 두 번째 피드백 사이의 적절한 조정이 무너지면 두 번째 유형의 떨림, 즉 의도가 없을 때 나타나는 떨림(파킨슨병)과 유사한 현상을 보인다.

물론 이 기계는 단순한 수준이어서 특정 질병을 치료하거나 증명하는 것으로 곧장 연결되지는 못했다. 그러나 싱글턴의 기계는 인간의 신체를 이해하고 질병을 분석하는 데 중요한 시사점을 주었다. 미 육군 의무부대는 나방 기계와 실제 신경의 떨림 증상 사진을 비교하면서 부대 내 신경병리학자의 교육 보조 도구로 사용했다. 위너는 인간의 신체와 인공적으로 구현된 기계 사이에 행위 메커니즘의 공통 성질을 찾으면서 즐거움을 느꼈다.

위너 이후

의사소통은 사실 메시지를 보내는 사람과 그것을 받는 사람 사이의 협력이다. 섀넌의 오류정정 시스템과 2차 사이버네틱스(second-order cybernetics) 모델은 커뮤니케이션 기계가 무질서에 저항하는 방향에서 동조하는 경향이 있음을 보여준다. 섀넌의 관찰 장치는 외부 관찰자를 내부화한 것이다. 사이버네틱스 모델의 개선도 같은 문제의식이다.

2차 사이버네틱스는 미국 사이버네틱스 학회 창립총회 기조 연설문(1968)에서 사회학자 마거릿 미드(Margaret Mead)와 그레고리 베이트슨(Gregory Bateson)이 제안한 개념이다. 〈사이버네틱스의 사이버네틱스(cybernetics of cybernetics)〉라는 제목에서 알 수 있듯이 이것은 '이중의 사이버네틱스'를 지향한다. 1차 사이버네틱스와 2차 사이버네틱스의 주요 차이는 관찰자가 피드백 내에 참여하는 것이다. 2차 사이버네틱스는 윤리에 관한 의제를 암시하는 것이다.[11] 2차 사이버네틱스는 '성찰적인 사이버네틱스' 또는 '사이버네틱스의 의식'이라고 불린다.

사이버네틱스가 세상에 출현하고 50년 후, 1996년 딥 블루(Deep Blue)는 체스 챔피언이었던 카스파로프(Garry K. Kasparov)를 무너뜨렸다. 이 기계는 단지 놀이를 할 뿐 현실적 기능은 없다. 그런데 왜 사람

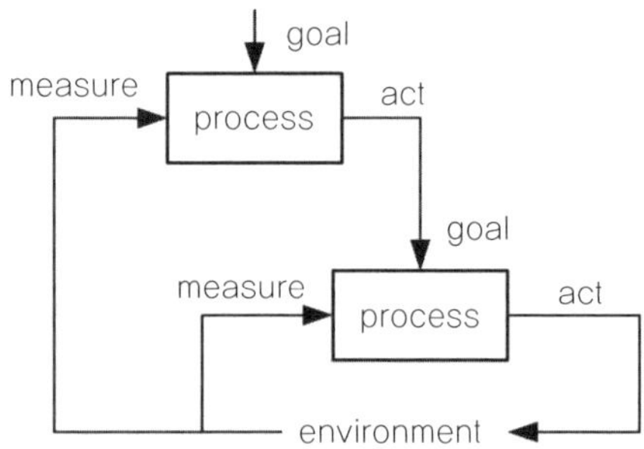

그림 10.5 2차 사이버네틱스는 이중의 루프를 가지고 있다.
자료: Hardon (2020)을 재구성

11 그렇다고 해서 1차 사이버네틱스가 폐기되는 것은 아니다. 아인슈타인의 상대성 이론이 등장한 후에도 뉴턴의 보편 중력의 법칙은 여전히 사용하는 것과 같다.

들은 게임하는 기계를 만들까? 공학자들의 허영심일까? 이런 게임 기계는 군사적인 상황을 평가하고, 특정 시기에 최선의 움직임을 결정하는 기계의 아주 초보적인 단계가 될 수 있다.

사이버네틱스를 더 확장하면 통치 기계(machine of governor)로 나아갈 수 있다. 통치 기계라는 개념은 수도사 페르 듀발(P. Dubarle)이 위너의 사이버네틱스 개념을 비평하면서 언급한 것이다[2]. 통치 기계 개념은 기존의 모든 정치적인 결정을 하는 국가기구를 기계적으로 구현하는 것이다. 듀발은 오늘날 세계에 거대 국가들이 있지만 모두 미숙하고 불공평하다며, 그런 리바이어던의 통치하에서 사람들이 힘들어하고 있다고 한탄했다. 그는 현명하고 공평한 통치 기계가 사람들에게 리바이어던을 대체할 한 줄기 빛이 될 수 있으리라고 내다보았다.

위너는 듀발의 이야기를 듣고 그것이 이론적으로 가능하다며 공감했다. 그렇지만 위너는 그 통치 기계를 활용해서 자신의 권력 강화에 이용할 수 있는 집단이 더 위험하다고 덧붙였다. 세계적으로 군사적이고 정치적인 기계화가 다양한 방식으로 확장하고 있어서 사이버네틱스의 원리에 따라 작동하는 거대한 초인간적인 장치가 등장할 가능성이 커지고 있다.

우리는 위너가 커뮤니케이션을 "발화자와 청취자의 협력"이라고 주장했던 점을 상기해야 한다. 의사소통은 혼돈이라는 힘에 대항해서, 즉 환경의 힘에 대항해서 발화자와 청취자가 협력 관계를 수립하는 것이다. 이것이 사이버네틱스 이론의 발의 취지이다. 폰노이만(John von Neumann)의 게임 이론(Game theory)도 유사한 취지로 의사소통 문제를 다룬다. 그 이론은 일종의 게임인데 두 개의 팀이 경쟁하는 구조이다. 한 팀은 메시지를 전달하려고 노력하고 다른 팀은 그 메시지를 방해하기 위해서 온갖 전략을 동원한다. 이 게임을 통해서 우리는 발화자와 청취자가 협력할 때만, 소통이 가능하다는 것을 배운다. 현실에서는 방해하는 팀이 달리 없더라도 환경 자체가 그런 역할을 한다. 환경 속에서 메시지는 변형되고, 감소하고, 그래서 혼동이 발생하고 무질서해진다. 이런 환경 안에서 발화자와 청취자가 협력하지 않는다면 소통은 일어날 수 없다. 소통이 없다면 어떤 내적 질서를 만들어낼 수 없다. 이것이 사이버네틱스가 우리에게 던지는 교훈이다.

위너는 생애의 마지막 10년 동안 여러 나라를 다니면서 사이버네틱스 이론을 설파했다. 사이버네틱스 개념이 단순히 유추에 불과하다는 공격을 받기도 했지만, 그 영향력은 여전히 위력적이다. 사이버네틱스는 사이보그 이론과 인공지능 모델에 기여했고 그 외 복잡계, 복잡성 이론, 제어계, 결정 지지 체계, 동역학계, 정보 이론, 학습 이론, 수학 체계 이론, 동작 연구, 시뮬레이션, 시스템 공학으로 분화되었다.

사람들의 다양한 재능이 사이버네틱스와 결합하면서 그 존재론적 서식지는 넓어지고 있다. 너무 많은 영역에서 사이버네틱스 개념을 차용해서 오히려 위너는 불안했고 공학적 영역으로 한정하여 사용되길 원할 정도였다. 그러나 사이버네틱스가 생물학과 사회과학 영역으로 확장하는 것을 멈추게 할 수는 없었다. 위너도 어떤 개념(모델)이 창시자의 의도에 머물 수는 없다는 것을 알고 있었을 것이다.

참고문헌

1 노버트 위너. 2023[1948]. 《사이버네틱스: 동물과 기계의 제어와 커뮤니케이션》, 김재영 옮김, 읻다.

2 노버트 위너. 2011[1950]. 《인간의 인간적 활용: 사이버네틱스와 사회》, 이희은, 김재영 옮김, 텍스트.

3 프리먼 다이슨. 2015[2006]. 《과학은 반역이다: 물리학의 거장, 프리먼 다이슨이 제시하는 과학의 길》, 김학영 옮김, 반니.

4 Winner, Nobert. 1964. *God and Golem, Inc.: A Comment on Certain Points Where Cybernetics Impinges On Religion,* The MIT Press.

5 Novikov, D. A. 2015. *Cybernetics: From Past to Future,* Springer.

6 캐서린 헤일스. 2013. 《우리는 어떻게 포스트휴먼이 되었는가: 사이버네틱스와 문학, 정보 과학의 신체들》, 허진 옮김, 플랫닛.

7 제임스 러브록. 2003. 《가이아: 살아있는 생명체로서의 지구》, 홍욱희 옮김, 갈라파고스.

8 김지연. 2023. 《인공지능과 인간: 자동인형에서 GPT까지 공-생산을 향한 도전》, 드림미디어.

9 Kline, R. 2009. "Where are the Cyborgs in Cybernetics?", *Social Studies of Science,* 39, pp. 331-362.

10 Shannon, C. E. 1948. A Mathematical Theory of Communication. *The Bell System Technical Journal* 3(27), pp. 379-423.

11 김지연. 2019. 《기술 거버넌스를 위한 질문 파일》, 드림미디어.

12 안수길·안지환. 1980. 공백소를 포함한 한글 자소발생 확률과 엔트로피. 전자공학회지 17(2), pp. 23-28.

13 클로드 섀넌·워런 위버. 2016. 《수학적 커뮤니케이션 이론》, 커뮤니케이션북스.

14 Hadorn, Benjamin. 2020. "Generic System Models: Background and Related Work", in *A Generic System Model for Human-Centered Design*. DOI: 10.4018/978-1-7998-1754-3.ch015 (2024. 1. 30 검색)

11장

인공지능과 인간

최근 몇 년 사이 인공지능은 가장 뜨거운 사회적 의제가 되었다. 우리는 이미 많은 기계장치를 사용 중이며, 일부 인공지능 기능은 일상에서 사용하고 있다. 예를 들어서 길찾기 앱은 최적의 목적지 경로를 찾아준다. 기존 내비게이션 서비스가 AI 기능과 결합하면서 좀 더 미세하게 출발 장소와 목적 장소 사이를 연결할 수 있게 되었고, 덕분에 이 앱의 사용량이 크게 늘었다. 콘텐츠 추천 분야도 AI를 적용하면서 사용자의 편의와 사업적 성장을 동시에 만족시키면서 크게 성장했다. 빅데이터 기술과 AI 기술의 결합 덕분이다.

얼굴 인식과 지문 인식 또는 DNA 식별 등 신원 확인 분야도 성장하고 있다. 챗봇과 이미지 생성 AI 프로그램도 주목받고 있다. 그 외 개인 학습 지원이나 표절 분석 시스템, 신용카드 사기 탐지, 자율주행 자동차 영역 등 일상의 모든 영역에서 기술적 도전이 일어나고 있다. AI 기술이 여전히 충분하지는 않지만 다른 기술과 혼용하면 성능을 향상하는 효과가 있다. 꽃 이름 찾기 서비스는 이미지 분석 기능을 적용하여 사용자가 꽃 사진을 등록하면 유사한 꽃을 찾아서 이름을 알려준다. 아직 정확도가 높지 않아서 3가지 이름을 추천해주는 방식을 취하고 있다. 추천받은 꽃 이름으로 다시 인터넷 검색을 수행하면 해당 꽃 이름을 찾을 가능성이 높아진다.

도구, 기계, 인공지능

우리에게 익숙한 도구(tool), 기계(machine), 인공지능(AI)은 어떻게 다른가? 그 차이가 각 존재(역할)의 정의가 될 것이고 우리와의 관계 설정에 대한 암시를 던질 것이다. 우선 도구는 우리가 잘 알고 있듯이, 망치나 연필이나 톱 같은 형태로 우리 신체의 특정 능력을 증대시켜준다[1]. 그렇다면 기계는 도구와 어떻게 다른가? 기계는 산업혁명 시대에 그 존

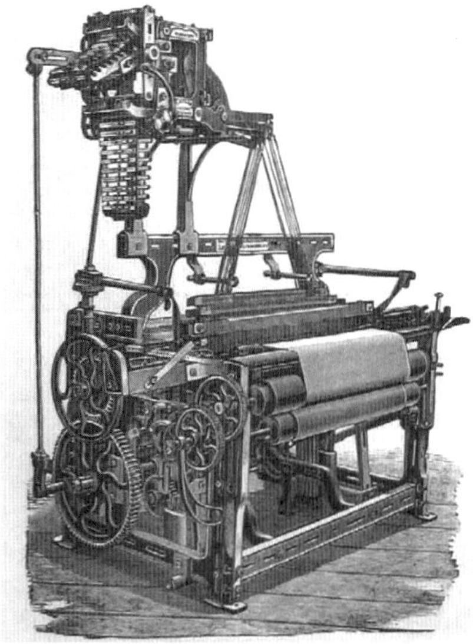

그림 11.1 도비 머리(dobby head)를 장착한 직조기. 'dobby'라는 단어는 'draw boy'의 축약어로 날실 사이로 씨실(북)을 넣었다 당기는 직조공의 도우미를 말한다.

재가 구체화되었다. 대표적으로 열에너지를 운동에너지로 바꾸는 증기기관(steam engine)과 직물을 짜는 역직기(power loom)가 있다.

사회철학자 카를 마르크스(Karl Marx)는 기계와 도구의 차이를 가장 엄격하게 구분했다[2]. 기계의 등장으로 노동관계가 변형되었기 때문에 기계와 노동을 대조할 필요가 있었다. 역직기는 도구를 사용하는 인간의 특정 행동을 번역하고 안정화하며 강화한다. 그래서 역직기 안에서 좌우로 움직이는 도비 머리(dobby head)는 인간의 팔이 베틀 사이로 북을 집어넣었다 빼는 행동을 기계적으로 번역한 것이다. 마르크스의 정의에 따르면 이 장치는 도구가 아니라 기계이다. 인간처럼 도구(북)를 '사용'하기 때문이다. 물론 엄밀하게 인간의 손과 동일한 움직임은 아니다. 다만 인간의 손이 하는 일의 효과(씨실을 끼워 넣기)를 낳는다. 마르크스는 기계의 핵심적 특징으로 '도구를 사용하는 도구'라고 설명했다.[1]

그렇다면 기계와 AI는 어떤 차이가 있나? AI도 기계라는 일반 분류에 포함되는데 왜 기계라고 통칭하지 않고 '인공지능(AI)'이라는 별도의 명칭으로 구별하는가? 앨런 튜링(Alan Turing)에 따르면, AI는 '불완전한 기계'이며 그 반대는 '결정론적 기계'다[3]. 전통적인 기계는 이미 결정된 명령을 수행한다면, AI는 비결정 상태에서 출발하기 때문이다. AI가 인간의 지능을 닮으려 했기 때문에 얻은 특징이다. 어떻게 '불완전하다'는 성질이 지능과 관련이 있을까?

근대철학자 데카르트(René Decartes)는 《방법서설(Discourse on

---

1 "도구가 인간 유기체의 도구로부터 기계장치의 도구, 즉 작업기의 도구로 전환된 뒤에야 동력장치도 비로소 인력의 제한성으로부터 완전히 해방되어 독립적인 형태를 취하게 되었다(마르크스, 2015: 508)".

Method, 1637)》에서 인간의 이성에 관해 설명했다.[2] 근대사회의 기본 행위자는 '이성을 가진 인간'이다. 근대적 주체는 양식(good sense)과 자유의지(free will)를 내장함으로써 책임 있는 구성원이 될 수 있다. 그런데 주체에 관한 정의는 모두 실체적이지 않다. 그래서 그는 인간의 특질을 기계와 비교함으로써 그 경계를 분명히 가르고자 했다.

> "이성은 모든 상황에 적절히 대처할 수 있는 보편 도구(Universal instrument)인 반면에, 기계는 그렇지 않다. 기계가 어떤 개별적인 행동을 하려면 그런 행동에 필요한 개별적인 배치가 기관 속에 들어있어야 한다. 우리 이성이 우리에게 행동하게 하는 것과 같은 방식으로 **삶의 모든 상황에 맞게 행동**할 만큼 충분한 다양한 배치가 기계 속에 있다는 것은 사실 불가능한 일이기 때문이다." [3] (강조는 저자)

그는 인간과 기계를 대조하면서 '모든 상황에 적절하게 대처할 수 있는 보편 도구'라는 특질을 기준으로 삼았다. 이 정의에서 '보편 도구'라는 표현은 역설적이다. '도구'는 특정 기능을 가지도록 만들어지는데 '보편적'이라는 형용사는 '모든 것에 들어맞다'라는 의미이다. 그래서 보편 도구란 도구의 특성을 넘어서 모든 상황에서 들어맞게 행동하는 역량을 가진 도구이다. 데카르트가 볼 때 이것은 신의 창조물인 인간만이

---

2 데카르트는 정신과 신체를 분리한 이원론자라고 비판받는다. 그런데도 그의 인간/기계 비교는 통찰이 있다. 이 부분에서 그는 이원론자가 아니었을지도 모른다. 진정한 이원론자였다면 기계라는 새로운 신체로 인간의 이성을 이동시킬 수 있다고 주장할 것이다. 그러나 그는 오히려 인간과 기계가 작동하는 방식이 다르다는 점을 강조했다.

가진 숭고한 특징이다.

기계는 보편 도구가 아니다. 대체로 기계는 특정한 기능을 수행한다. 기계가 어떤 행동을 하려면 그 행동을 명시한 개별적인 배치(명령문)가 필요하다. 인간의 이성처럼 모든 상황에 적절히 대처하게 하려면 논리적으로 모든 상황에 맞는 개별 명령이 모두 기계 속에 들어있어야 한다. 모든 상황에 대한 행동을 서술해야 한다면 그것은 거의 무한한 양이 될 것이다. 그런데 기계의 물리적 신체는 유한하므로 그 명령문을 다 넣을 수 없다. 그러므로 기계는 영원히 인간의 이성처럼 모든 상황에 적절히 대처할 수 없다. 기계의 작동 방식은 명령문에 의존하기 때문에 결코 보편성을 가질 수 없다는 논리이다.

데카르트의 보편 도구

이것은 이후 오랫동안 인간과 기계의 경계가 되었다. 그런데 앨런 튜링은 그 경계에 도전했다. 기계는 정말 보편 역량을 가질 수 없는 것일까? 튜링의 시대에는 이 새로운 질문에 도전하는 문화가 성장하고 있었다. 튜링 이후 여러 공학자와 과학자들이 컴퓨터와 인공지능 개발로 성과를 내기 시작했다. 데카르트의 견해를 거꾸로 해석하면 기계가 보편 도구가 되려면 기계적 특성에서 벗어나야 한다. 다시 말해 미리 설정된 명령문에 의존하지 않아야 한다. 어떻게 그럴 수 있을까?

보편 역량을 가진 기계가 되려면 미리 정해진 프로그램에 머무르지 않고 그때그때 상황에 맞게 프로그램을 변환시킬 수 있어야 한다. 그러면서도 구조는 인간과 비교할 때 상대적으로 간단해야 한다[3]. 인간만큼 복잡하다면 그런 기계를 개발할 가능성과 동기가 약해질 것이다.

현대의 컴퓨터는 '지능'을 가지지는 못했지만, 기존의 기계와 구별되는 중요한 특징이 있다. 컴퓨터는 보편 기계를 지향하는 과정에서 등장했기 때문에 일반적인 기계와 달리 하나의 기능에 묶이지 않고 여러 가지 기능을 수행하는 형식으로 진화했다. 최초의 개인용 컴퓨터 알테어 8080은 '아무런 기능 없이' 출시되었지만 엄청난 인기를 누렸다. 이 컴퓨터의 사용자 모임이 바로 '홈브루 클럽'이었는데 그들은 열광적으로 이 기계의 기능을 창조해냈다. 그 과정에서 개인용 컴퓨터가 탄생할 수 있었다[1]. 현재 컴퓨터는 음악을 듣거나, 문서를 작성하거나, 게임을 하거나, 인터넷 검색을 하거나, 다른 사람과 소통하는 등 다양한 기능을 수행하고 있다. 컴퓨터는 이성만큼 충분히 보편적이지는 않더라도 기존의 기계보다는 상당한 보편성을 획득했다.

튜링 기계, 불완전한 기계

튜링은 1937년 〈계산가능한 수에 대하여, 수리명제 자동판별에 적용하면서(On Computable Numbers, with an Application to the Entscheidungsproblem)〉라는 논문을 발표했다. 이 논문은 추상적 기계를 사용해서 괴델의 불완전성 명제[3]를 재증명한 것이다. 프리먼 다이슨은 괴델의 명제가 수학의 무한한 가능성을 열었다며 극찬했었다(9장). "괴델의 정리는 순수수학의 무궁무진함을 암시한다. 우리가 얼마나 많은 문제를 풀었는가와 상관없이, 수학에는 항상 기존의 규칙들로는 풀 수 없는 또 다른 문제들이 존재할 것이다"[8]. 그런데 불완전성은 수학의 약점이 아니라 혁신성을 의미한다.

튜링은 불완전성 원리가 수학에서 발생하는 것처럼 기계 프로그램에서도 발생할 것으로 보았다. 수학처럼 프로그램도 인공적으로 만들어졌기 때문이다. 이것이 이후 '튜링 기계(Turing Machine)'의 기원이 되었다. 기계가 결코 답하지 못할 질문을 한다면 그 기계가 불완전하다는 것을 확인할 수 있다. 예를 들어 기계에게 거짓 명제를 주면서 '진실'이라고 대답하도록 명령한다면 기계는 곧장 문제 상황에 봉착할 것이다.

불완전성은 기계(인공적 구조)의 결핍을 지시하는 것이었지만 튜링은 오히려 그 불완전성을 적극 이용했다. 그는 자신 있게 기계가 보편 역량, 즉 지능을 획득하기 위해서라도 처음부터 완벽하게 정의되어서는 안 된다고 선언했다. 처음부터 '완벽하게' 정의되어 있다면 그 기계는 학습할 필요가 없을 것이고, 따라서 생각할 필요도 없을 것이기 때문이다 [3]. '완벽하게 정의'된 상태란 기계의 모든 작동이 명령문에 의해 완결적으로 주어진 상태를 말한다. 실제로 공학자들은 인공지능을 만들기 위해 여러 시도를 했었는데 그중 하나는 백과사전을 만들 듯이 모든 상황에 맞는 명령문을 일일이 목록으로 작성하는 형식(if–then rules)이었

3 괴델의 명제(Incompleteness theorems, 1931)는 증명할 수 없는 산술 공식이 적어도 하나 이상 있다는 내용이다. 대표적으로 자기 자신을 부정하는 재귀 명제는 수학적 규칙에 부합하지만 참인지 거짓인지 판정할 수 없다. 예를 들어 "G가 거짓이라면 참으로 판정하라" 같은 명제가 있다. 수학 체계는 참과 거짓을 판정할 것을 지향하는데 그럴 수 없는 명제가 존재한다면 그 구조는 불완전하다. 언어 등 인공적인 논리체계도 같은 특성이 있다. 일례로 거짓말쟁이 역설이 있다. 어떤 사람이 "나는 지금 거짓말을 하고 있다"라고 말했다면 이 사람의 말은 거짓인가 진실인가? 언어 논리만 고려하면 이 말은 정상적인 문장이지만 참인지 거짓인지 판정할 수 없다. 자기 자신의 말을 부정했기 때문이다. 그러나 현실 상황에서 다른 외부 맥락을 끌어오면 판단할 가능성이 있다.

다. 대표적으로 '전문가 시스템(expert system)'이 있다[9, 10]. 이런 방식은 상당한 성과가 있었지만 '지능'을 표현하지는 못했다. 아무리 많은 명령문 목록을 만들더라도 현실은 언제나 새로운 상황을 만들어냈기 때문이다. 데카르트는 옳았다. 공학자는 '생각하는 기계'를 만들기 위해서 다른 접근법을 고안해야 했다. 역설적으로 '생각하는 기계(thinking machine)'는 기계의 불완전성으로부터 나올 수 있었다.

이런 태도는 기술철학자 시몽동(Gilbert Simondon)의 견해에서도 찾아볼 수 있다. "기계의 진정한 개선은 자동성의 증대에 상응하는 것이 아니라, 오히려 기계의 작동이 어떤 비결정의 여지를 가진다는 사실에 상응한다. 기계가 외부의 정보를 감지할 수 있도록 만드는 것이 바로 이 비결정의 여지다[11]."

지능을 가진 기계

튜링이 1948년 국립물리연구소(National Physical Laboratory)에 제출한 보고서 〈지능 기계(Intelligent Machine)〉는 자주 인용되는 문헌이다. 이 보고서에서 튜링은 지능 기계에 대한 확신을 제시했으며, 기계가 지능을 가질 수 없다는 기존 견해를 반박하는 데 많은 지면을 할애했다. 그 논쟁을 통해서 새로운 기계를 향한 해법을 발견할 수 있었다. 우선 논박 중에는 기계의 지능에 대해서 그 기계를 창조한 사람의 지능이 반영된 것에 지나지 않는다고 보는 주장이 있다. 이에 튜링은 "교사는 학생이 어떤 성과를 냈을 때 자신의 교육이 성공한 것에 보람을 느끼긴 하겠지만, 학생의 성과를 자신의 것이라고 주장하지는 않을 것이다"라고 반박했다.

다음으로 기계 지능에 대한 반론으로, 인간의 지능은 난관에 부딪혔을 때 점차로 해결하는 능력을 증가시켜서 최종적으로 해결 방법을 찾아내지만, 기계는 그러지 못한다는 주장이었다. 이에 대해서 튜링은 기계가 실수를 저질러서는 안 된다고 말하는 것과 같다며 이것은 지능에 대한 오해라고 지적했다. 수학자 가우스(Johann C. F. Gauß)가 학생 시절 등차수열 계산에서 실수했던 에피소드는 유명하다. 그런데 그런 실수를 했다고 해서 가우스에게 지능이 없다고 말할 수는 없다. 오히려 덜 똑똑한 학생은 그런 실수를 저지를 수 없다. 오히려 기계가 실수할 수 있다면 지능을 가질 가능성이 커진다.

미리 결정된 프로그램 없이도 상황에 맞는 적절한 행동을 하려면 그 상황을 학습할 수 있어야 한다. 그는 '경험으로부터 학습하는 기계'라는 개념을 창안해냈다. 그것이 바로 그가 정의하는 '지능 기계'의 출발이다.

> "컴퓨팅 기계는 지시받은 프로세스만 수행할 수 있다고 합니다. (…) 하지만 그것들이 항상 그런 방식으로 사용되어야 할 필요가 있을까요? (…) 특정 초기 명령 테이블(즉, 프로그램)을 사용하여 기계를 설정했다고 가정해 보겠습니다. 이 테이블은 적절한 이유가 있는 경우 이러한 테이블을 수정할 수 있습니다. (…) 이런 일이 일어날 때 나는 기계가 지능을 보여주는 것으로 간주할 의무가 있다고 느낍니다. 합리적인 대용량 메모리를 제공할 수 있는 즉시 이 제품군에 대한 실험을 시작할 수 있을 것입니다. 우리가 원하는 것은 **경험으로부터 배울 수 있는 기계**입니다." [12] (강조는 저자)

그는 지능 기계를 구현하기 위해서 인간에 대한 세심한 관찰을 수행했다. 지능 기계를 만들기 위해서라도 인간에게 관심을 가져야 했다. 그는 '생각하는 기계(thinking machine)'를 제작하기 위해 유기체의 신경계에도 관심을 가졌다. 이는 1940~1950년대 신경계 연구가 부상하고 있었다는 점과 관련이 있다. 인간 두뇌 유추를 원리적으로 응용하고 적절한 '교육'이 이루어진다면 인간의 지능의 잠재력을 실현할 수 있다고 기대했다.

인간에 관한 관찰은 철학적 문제로 확장했다. 그 탐색은 개인 인간에게 한정되지 않았고, 집단으로서의 인간에 대한 관찰도 포함했다. 튜링은 지능이라는 특성이 개인만이 아니라 문화적인 차원의 것임을 잘 알고 있었다. 이 점은 중요한 통찰이다. 우리는 지능을 개인의 역량으로 한정하는 습관이 있지만, 그것은 지능에 대한 오해이다. 그는 '생각하는 기계'를 모색하는 과정에서 단지 공학자가 아니라 사회학자나 철학자의 면모도 얻었다.

> "고립된 사람은 지적 능력을 발달시키지 못한다. 다른 사람이 있는 환경에 몸담고서 생애의 첫 20년간 그들의 기법을 흡수해야 한다. (…) 이런 관점에서 보면 (생각하는 기계의) 새로운 기법의 탐색은 개인보다는 **인류 공동체 전체가 수행**하는 것으로 보아야 한다." [3] (강조는 저자)

그는 '생각하는 기계' 개발 연구에 인류 전체의 참여를 위한 동기를 제공하고자 했다. 지능이 문화적인 것처럼 '생각하는 기계'도 문화적 조건이 필요할 것이다. 그가 언급한 '다른 사람이 있는 환경에서 그들의 기법을 흡수'하는 방식의 대표적인 예시로는 교육과 사회활동이 있다. 기계에게 교육하는 방법은 튜링과 후속 연구자들이 다각적으로 제안한 바 있다. 기계가 직접 사회활동에 참여하는 방법은 아직 제시된 것이 없다.

더 나아가 그는 지적인 행동이 마음의 상태와 훈련만으로 일어나는 것이 아니라 대상(타자)의 속성에 의해서도 결정된다는 점을 놓치지 않았다. 대상의 행동을 설명하고 예측할 수 있거나 행동의 배후에 별다른 계획이 없어 보이면 사람들은 지능을 발동할 필요를 느끼지 못한다. 보통 관찰자가 주도적이고 관찰 대상은 수동적이라고 생각하기 쉬운데 튜링은 관찰 대상의 능동성도 지적했다. 지능이 그 대상을 알고자 하는 흥미와 매력을 느끼는 상황은 그 대상이 움직일 때이다.

유기체는 대체로 변화하는 것을 감지한다. 갈까마귀는 메뚜기를 사냥할 때 움직이지 않는 메뚜기는 보지 못한다(7장). 오로지 뛰어오르는 메뚜기만을 잡으려 한다. 유사하게 우리는 텍스트보다 동영상에 눈길을 돌린다. 오랜 진화 과정에서 자연 선택된 습관일 것이다. 사람들이 대상에 관심을 보이는 경우 대체로 그 순간 대상의 행동에서 어떤 새로운 규칙을 감지하기 때문이다.

튜링의 다각적인 접근과 고민을 보면, 그가 '생각하는 기계'의 수립을 위해 절박한 모색을 했음을 알 수 있다. 대상의 능동성 문제는 기계가 관찰자가 되었을 때 기계 역시 대상의 움직임에 주목할 것이라는 암시를 던진다. 기계(관찰자)가 움직임을 포착할 수 있는 범위(파라미터)는 중요해질 수 있다.

보편 기계, 학습하는 기계

1948년 개발된 '맨체스터 베이비(Manchester Baby)'는 튜링의 생각이 반영된 작품이었다. '베이비'라는 이름은 불완전하지만 학습할 수 있는 기계라는 의미를 표현한 것이다.[4] 튜링은 '생각한다'라는 개념을 직접 정의할 수 없다는 문제를 잘 알고 있었다. 정의할 수 없다면 구현할 수도 없을 것이다. 이 난제를 피하고자 그는 '생각한다'라는 개념을 '학습한다'라는 개념으로 번역했다. 그래서 '생각하는 기계'는 '학습하는 기계(learning machine)'로 전환된다. 이 기계는 학습하기 위해서 불완전한 상태에서 출발해야 한다. 사람이든 기계이든 '완전하다'면 학습할 필요가 없을 것이고, 생각할 필요도 없을 것이다.

> "지능 기계를 만들고자 한다면… 정교한 작업을 해내거나 명령에 똑바로 반응하는 능력이 거의 없는 기계에서 출발해야 한다. 그런 다음 알맞은 개입을 구사하고 교육을 모방함으로써 일정한 명령에 대해 일정한 반응을 어김없이 나타낼 수 있을 때까지 기계를 변경하게 할 수 있을 것이다. 이것이 교육 과정의 시작일 것이다." [13]

튜링은 생각하는 기계를 두 부분으로 구성했다. 즉 (1) 아이–기계

4 '생각하는 기계'의 하부 개념으로 보편논리 계산기계(Universal Logical Computing Machine, ULCM)와 보편실행 계산기계(Universal Practical Computing Machine, UPCM)가 있다. '보편논리 계산기계(ULCM)'는 하나의 기계로 여러 가지 다양한 작업을 할 수 있다는 개념이다. "우리는 무수히 많은 기계가 저마다 다른 작업을 하도록 할 필요가 없다. 하나면 충분하다." 다음으로 '보편실행 계산기계(UPCM)' 개념이 있다. 이 기계는 정보 저장 장치와 프로그램을 분리한 구조로 정보 저장소 내에 위치를 호출해서 거의 즉시 정보를 얻는다. 그러면 디지털 컴퓨터 하나만 가지고도 적절한 프로그래밍을 통해서 모든 작업을 할 수 있다. 바로 이것이 우리가 오늘날 작동하고 있는 컴퓨터에 해당하는 기본 개념이다.

(the child–machines)와 (2) 교육과정(the education process)이다. 아이–기계는 학습하기 위한 최소한의 능력을 갖춘 기계를 지칭한다. 이 기계의 결정적인 역량은 새로운 환경을 만났을 때 그 환경을 학습하기 위해서 열려있어야 한다. '생각하는 기계'란 자신의 행위의 결과(환경과의 상호작용 결과)를 자신의 목표와 비교하고 그 목표에 도달하는 방향으로 자기 자신(프로그램)을 수정하고 개선할 수 있다. 이 기계는 자신을 개선함으로써 최초의 상태, 즉 '아이–기계'에서 벗어날 수 있어야 한다. 그래서 이 기계는 최초에 주어진 프로그램에 머물지 않는다.

튜링 보고서에서 밝힌 아이–기계 모델은 간단한 행동표를 가지고 있다. 이 기계는 보상과 처벌로 구성된 교육과정을 경험할 것이다. 이 기계는 교육과정에서 처벌 신호를 받았다면 그 행동은 회피할 것이고, 반면에 보상 신호를 받았다면 그 행동은 반복하는 방향성을 획득할 것이다. 다른 조건이 없다면 보상과 처벌에 관한 정보의 총량이 학습의 양이 될 것이다[3]. 물론 튜링은 이것만으로 충분하지 않다고 말했다. 그 외에 무작위적인 요소도 고려할 것을 권장했다. 계산해야 할 양이 너무나 많다면, 무작위적인 선택이 도움이 될 수 있다.

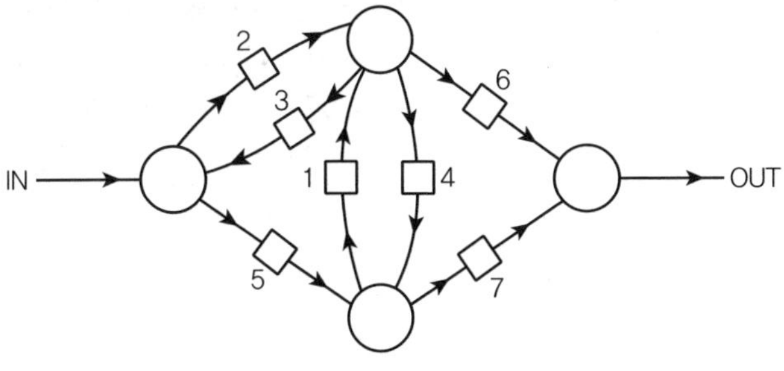

그림 11.2 아이–기계(the child–machines) 이미지. 원은 현재 상태를, 네모는 행동표를 지시한다. [12]

아이-기계의 상세 구성은 4가지 부분으로 이루어져 있다. (1) 실행부(executive unit): 헤드(head)라고 부른다. 테이프에 쓰인 기호를 읽거나 쓰면서 왼쪽에서 오른쪽으로 이동한다. (2) 저장부(store): 상태 기록장치(state register)이다. 기계의 현재 상태를 저장한다. (3) 제어부(control): 행동표(action table)를 말하며 다음 상태를 지시한다. 기계가 어떤 기호를 써야 하는지, 어느 방향으로 이동할지, 다음 새로운 상태는 무엇인지를 담고 있다. 이를 전환 함수(transition function)라고 부르기도 한다. (4) 무한히 많은 칸을 가진 테이프(infinite tape): 각 칸은 유한개의 알파벳(기호)으로 채워질 수 있다. 알파벳은 두 개 이상의 기호로 구성해야 한다. 간단하게 0과 1을 상상할 수 있다.

튜링 기계는 사이버네틱스 개념과 닮았다. 사이버네틱스의 피드백은 환경과의 관계에서 발생하므로 환경이 다양한 만큼 매번 다른 피드백을 얻는다. 이것은 튜링이 말한 학습의 개념이며 또한 생각한다는 정의에 부합한다. 튜링 기계도 사이버네틱스도 '성장하는 기계'를 지향했다. 튜링은 그런 기계의 등장을 확신했다. "이것은 유토피아적 몽상이 아니라 가까운 미래의 가능성이다."

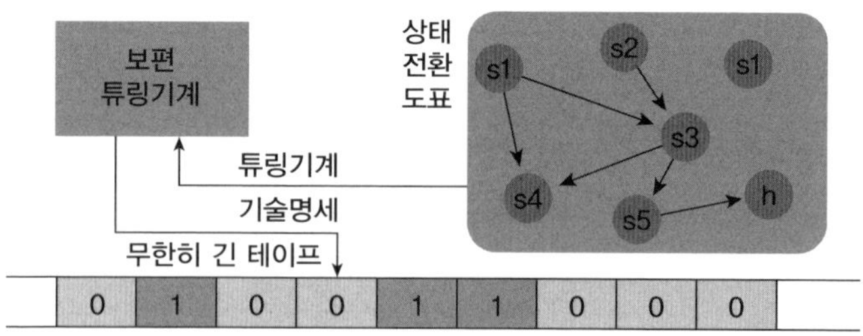

그림 11.3 튜링기계의 구조는 (1) 무한히 많은 칸을 가진 테이프(infinite tape), (2) 헤드(head), (3) 상태 기록장치(state register), (4) 행동표(action table or transition function)로 구성되어 있다. 오늘날 컴퓨터의 토대가 되었다. [1]

기계 지능 시험하기, 튜링 테스트

〈계산하는 기계와 지능(Computing Machinery and Intelligence, 1950)〉 논문에서 튜링은 '생각하는 기계' 개념만이 아니라, 그 기계를 테스트하는 방법도 제시했다. 생각한다는 개념을 직접 정의하기 어려운 만큼 그것을 테스트하는 방법을 모색하는 일도 쉽지 않다. 기계의 지능을 테스트할 수 없다면 그 기계가 생각한다고 확정할 수 없을 것이다. 이 기계를 둘러싼 논쟁은 '실험자 회귀(experimenter's regress)'에 빠질 것이다.[5]

실험자 회귀는 연구의 결과가 불확실한 '연구의 최전선'에서 일어난다. 과학자는 '새로운 현상'을 다루기 때문에 무엇을 '성공한 결과'라고 확정해야 할지 모르는 상태에 직면할 수 있다. 그런데도 실험자 회귀는 긍정적 피드백으로 작용할 수 있다. 선행 회귀의 결과가 다음 회귀의 방향에 조금씩 변화를 불러올 수 있다. 실험자 회귀에서 빠져나오기 위해 튜링은 우회적인 방법을 제안했다. '생각하는 기계' 개념이 데카르트의 주장에서 왔듯이 기계 테스트 방법도 데카르트의 주장에서 가져온 것이다. 데카르트의 인간과 기계 비교는 설득력이 있다.

---

5 12장 '지식의 구성과 실재'를 참조하라. '실험자 회귀(experimenter's regress)'는 과학사회학자 해리 콜린스(Harry Collins)의 개념이다. 20세기 말 중력파 연구가 유행했다. 아직 아무도 중력파의 존재를 발견하지 못한 상태이고, 중력파를 발견하기 위해서는 훌륭한 중력파 검파기가 있어야 한다. 그런데 그 검파기가 정말 좋은 검파기인지 알려면 그 장치를 이용해서 중력파를 발견해야만 한다. 그런데 중력파는 아직 발견된 적이 없으므로 어떤 신호가 중력파인지 알 수 없으므로 결국 그 검파기가 잘 작동하는지 알 수 없다. 과학자들이 협약 가능한 기준을 마련할 수 있다면 무한 순환에서 빠져나올 수 있다.

> "기계가 말을 하도록 만들 수 있고, 심지어 물리적 행동을 할 수도 있다고 상상하자. 예를 들어 기계의 어떤 부분을 툭 치면, '왜 그래?'라고 답하게 하거나, 또는 다른 부분을 툭 치면 기계가 눈물을 흘리게 할 수도 있다. 그러나 기계는 현재의 감각에 조응하면서 그 자신이 하는 말을 수정할 수 없다. 심지어 가장 멍청한 사람도 그런 일을 할 수 있는 정도로 쉬운 일인데도 기계는 할 수 없을 것이다." [5]

당시 기계의 수준은 그다지 뛰어나지 않았는데도, 데카르트는 기계가 말할 수도 있다고 선제적으로 가정했다. 그러나 기계의 말이나 반응은 프로그램대로 수행한 것일 뿐 '스스로' 대응한 것이 아니라는 점을 정확히 지적했다. 나아가 그는 이성을 확인하는 방법으로 '지적 대화 능력(the capacity to hold an intelligent conversation)'을 제안했다. 여기서 '지적 대화'란 특별한 전문지식을 가리키는 것은 아니다. 그저 이성을 가진 인간이 주고받는 상식적인 내용을 지칭한다. 사람은 누구나 상황에 맞게 상식적인 말하기를 할 수 있지만, 기계는 그렇게 말할 수 없다. 모든 상황은 그 순간 고유한 것이어서 미리 프로그램될 수 없기 때문이다. 데카르트 기준에서 상식적으로 말하지 못하는 행위자는 '인간의 범주'에 들지 못한다.

이를 응용해서 튜링은 기계를 테스트하는 방법을 고안할 수 있었다. 그가 설계한 테스트의 출발 모형에는 남자(A)와 여자(B) 그리고 면접관(C)이 필요하다. A와 B는 방 안에 있고 C는 방 밖에 있다. 방 밖에 있는 C는 A와 B를 볼 수 없고, 다만 문자 전송기를 통해서 대화할 수 있다. 여기서 A의 역할은 "나는 여자다"라고 주장하며 거짓말을 하는 것이다. 반면에 B는 진실을 말하며 A의 거짓말을 C에게 알려주는 역할을 맡는다.

이 상황에서 C는 A가 거짓말한다는 것을 알 수 있을까? 대체로 C는 A에게 속게 될 것이다. 이제 A의 자리에 기계(M)를 놓아보자. 이 기계(M)의 역할도 거짓말을 하는 것이다. 기계가 '나는 인간이다'라는 취지로 대화한다면 C는 기계의 거짓말을 판별할 수 있을까? 기계가 면접관을 속일 수 있다면 이 기계는 지적 대화 능력이 있다고 추정하자는 것이다. 면접관이 다른 인간과 기계의 차이를 감지할 수 없는 정도로 기계가 대화를 수행해냈기 때문이다.

튜링은 구체적으로 일정한 시간(5분) 대화 후에 면접관이 M을 기계라고 판정하는 비율이 70% 이하라면 기계가 면접관을 속인 것으로 판정하자는 기준을 제시했다. 이 기준의 근거는 재미있게도 인간이더라도 면접관에게 인간이 아닌 존재로 판정될 수 있기 때문이었다. 인간도 다른 문화(세계관)에 속해 있다면 상대방과 적절한 대화를 진행하지 못할 수도 있다. 예를 들어 인간 전문가는 사회성이 부족하고 상식적인 대화를 잘하지 못하기로 유명하다.

철학자의 논박

'생각하는 기계' 개념은 매력적이었고 1960년대 컴퓨터 기술이 개선되면서 현실이 될 수 있다는 기대가 커졌다. 이 기계가 공상이 아니라 현실의 존재가 될 수 있다는 생각이 퍼지면서 철학자들은 튜링 기계를 구체적으로 비판하기 시작했다. 허버트 드레이퍼스(H. Dreyfus)의 논문 〈연금술과 인공지능(Alchemy and Artificial Intelligence, 1965)〉이 대표적이다. 제목에 연금술이 들어간 이유는 인공지능이 연금술사가 꿈꾸었던 것처럼 매우 터무니없다는 점을 암시한다. 그는 컴퓨터는 불연속적이고 확정적으로 작용하는 데 비해 인간은 연속적이고 불확정적으로 행동하므로 컴퓨터가 인간의 지적 행위를 이해할 수 없다고 보았다[14]. 컴퓨터와 인간의 작동 메커니즘은 서로 달라서 컴퓨터가 인간을 완전히 이해하고 모방한다는 것이 근본적으로 불가능하다는 것이다.

드레이퍼스의 지적은 적절한 것이었다. 오늘날에도 기계 비판에서 자주 인용되곤 한다. 하지만 그렇다고 해서 튜링의 주장이 완전히 파기되었다고 볼 수 없다.[6] 튜링은 기계가 인간을 그대로 모방해야 한다고 주장하지는 않았기 때문이다. 튜링도 인간의 지적 역량의 맥락적 성격을 알고 있었다.

> "우리의 전체 사유 과정은 우리에게도 신비적이다. 생각하는 기계를 만들려는 시도는 우리가 우리 자신을 어떻게 생각하는지를 발견하는 일에서 우리를 크게 도울 것이라고 나는 믿는다." [13]

우리 자신에게조차 신비한 '우리 자신'을 이해하기 위해서라도 지능 기계를 만들어 보는 것은 의미 있는 시도일 것이다. 튜링 기계가 불러일으킨 철학자의 논박은 인간과 세계에 대한 우리의 이해를 구체화하는 데 기여했다. 모순적일 수 있지만 드레이퍼스의 주장도 옳고 튜링의 견

6 게다가 인간의 작동이 모두 연속적이기만 한 것은 아니다. 그중에도 분절적 작동이 있는데 신경계 메커니즘과 언어에서 찾아볼 수 있다. 신경계는 뉴런에서 다음 뉴런으로 신호를 보낼 때 '예' 또는 '아니오'라는 양자택일적 판단에 의존한다. 인간의 언어도 분절적 발성에 토대를 두고 있다. 그 발성이 연속적이기만 하다면 다양한 발성 조합을 할 수 없었을 것이다.

해도 옳을 수 있다. 기계가 인간처럼 생각할 수 없다는 드레이퍼스의 주장은 타당하지만, 그렇다고 해서 그것이 '기계가 생각할 수 없다'라는 것을 증명하는 것은 아니기 때문이다. '생각한다'라는 현상이 인간의 방식으로만 존재한다고 단정할 수 없다.

튜링 테스트도 튜링 기계만큼이나 비판받았다. 철학자 존 설(John Searle)의 '중국어 방(Chinese Room)' 논변은 잘 알려진 이야기이다. 1980년대 인공지능의 기술적 성과가 가시화되자 곧 인공지능이 등장할 것이라는 사회적인 기대가 높아졌다. 설은 튜링 테스트를 통과했다고 해서 지능을 가졌다고 볼 수 있는지를 문제 삼았다. 이를 위해 중국어 방이라는 사고실험을 제시했다.

이 실험은 튜링 테스트와 유사하다. 작은 방 안에 중국어를 모르는 영어 화자(예: 존 설)가 앉아있다. 방 안에는 중국어 문법집과 어휘 조각들이 있다. 방 밖에 있는 중국어 화자(면접관)가 질문지를 방 안으로 들여보낸다. 방 안의 영어 화자는 질문지를 보고 중국어 문법집을 참고해서 어휘 조각으로 답변을 만든다. 그렇게 방 밖의 면접관에게 전달되는 답변지 중 어떤 것은 우연히도 상당히 훌륭할 수 있다.

이를 보고 면접관이 "이 사람은 중국인이다" 또는 "중국어를 할 수 있는 사람이다"라고 오해할 수 있다. 실제로 이 사람은 전혀 중국어를 하지 못하는데도 그럴 수 있다. 답변지만으로 그 사람을 중국어를 아는 사람이라고 할 수 없다. 이처럼 튜링 테스트에서 기계가 때때로 답변을 적절하게 했다고 해서 인간처럼 지능을 가졌다고 할 수는 없다.

적절한 답변을 했더라도 그 기계는 인간의 언어를 이해한 것이 아니라 규칙에 따라 답변을 했을 뿐이다. 어떤 경우는 전혀 적절하지 않은데도 인간 면접관이 그 답변을 적절한 것으로 오인할 수도 있다. 이 논박 과정에서 존 설은 인간과 동일한 지능을 가진 기계를 지목하기 위해 '강한 인공지능(Strong AI)' 개념도 창안했다[15]. 설은 튜링 테스트를 통과했다고 해서 기계가 인간의 지능을 가지는 것은 아니라는 설명을 훌륭하게 해냈다. '강한 인공지능'은 매우 유명한 단어가 되었는데, 역설적으로 존 설의 취지와 달리 그런 인공지능이 가능하다는 주장자들에 의해 자주 사용되고 있다.

설의 논박은 드레이퍼스의 주장처럼 중요한 의미를 가진다. 기계는 인간과 다르며 인간처럼 생각할 수 없다. 실제로 기계는 인간과 다른 몸을 가지고 있다. 게다가 관찰자(면접자)는 오해할 수 있다. 그런 점에서 설은 옳았다. 그런데 설의 주장이 튜링 테스트의 의미를 완전히 기각하는 것은 아니다. 튜링 테스트는 간단해서 기계가 쉽게 통과하리라 기대했지만 실제로 이 테스트를 통과한 기계는 나오지 않았다. 튜링 테스트가 상당히 높은 기준이라는 사실을 보여주는 결과이자 사실상 의미 있는 기준임을 증명하는 셈이다. 데카르트의 인간 기계 비교는 유효했다.

튜링 테스트 통과를 목표로 많은 기계가 개발되었고, 튜링 테스트 대회도 다수 개최되었다. 1991년 뢰브너 대회(Loebner Prize Contest)가 최초의 현실 테스트였다.[7] 이 대회는 인간과 기계를 비교하는 담론을 생산했다. 이후 여러 대회가 열렸지만 인간과 구분할 수 없는 정도로 대화하는 기계가 등장했다는 소식은 없었다.

그런데 2014년에 런던 왕립학회에서 주최한 대회에서 러시아의 인공

---

7 튜링 테스트를 현실에 맞게 변형한 버전이었다. 당시 AI의 수준을 고려하여 대화의 주제를 제한했다. 대화 주제는 '셰익스피어'와 '옷'이었다. 제한 없이 대화하는 조건이라면 수상할 기계가 없었을 것이었다. 그런데도 인간이라는 판정을 30% 이상 얻은 기계는 없었다.

지능 유진 구스트만(Eugene Goostman)이 이 테스트에 통과했다는 보도가 있었다. 구스트만은 5분의 대화 이후에 33%의 면접관에게 인간이라는 판정을 받았다. 그런데 이후에 공개 버전 채팅에서 구스트만은 실수를 너무 많이 해서 사람들을 실망시켰다. 왕립학회가 튜링 테스트의 취지를 제대로 구현하지 못했기 때문에 나타난 현상이었다.

튜링 테스트의 취지에 부합하려면 면접관과 참가자(스스로 밝힌 정체성) 사이의 동등성이 있어야 한다. 당시 구스트만은 자신을 13세 우크라이나인이라고 소개했다. 그렇다면 면접관도 우크라이나어 사용자로 채택했어야 했다. 그래야만 면접관이 적절한 판정을 할 수 있다. 그런데 주최 측은 영어를 사용해서 테스트를 진행했다. 면접관들은 구스트만이 훌륭했기 때문에 인간이라고 판정한 것이 아니라, 13세 우크라이나 소년이라면 영어에 미숙할 수 있다는 점을 감안했던 것이다.

지능의 사회성

바로 여기서 튜링 테스트의 사회적인 성격이 드러난다. 면접관의 사회성이 면접 대상을 판정하는 중요한 요소라는 점이다. 튜링 테스트는 지능의 여부를 판별하려고 설계되었지만, 사실은 한 사회 구성원과 비구성원을 분리하는 방법이다[10]. 과학사회학자 해리 콜린스(Harry Collins)는 튜링 테스트를 옛 소련의 세미팔라틴스크 테스트(Semipalatinsk test, 1989)와 비교했다. 이 테스트는 20세기 중후반 잦은 원폭 실험으로 반핵운동에 직면했던 옛 소련 당국에 의해 실시되었다. 이 테스트의 목적은 마을 원주민(구성원)과 스파이(비구성원)를 구분하는 것이다.

이 테스트는 튜링 테스트와 유사하게 면접관이 질문을 한다. 여기서 면접관은 마을 원주민으로, 그 마을에 오래 살면서 터득한 자신의 사회화에 기반한 질문을 한다. 면접관은 말이나 글로는 배울 수 없고 실천적 경험을 통해서만 알 수 있는 그 지역에 관한 질문을 할 것이므로 스파이는 이 테스트를 통과할 수 없다.

튜링 테스트의 면접관(인간)도 글이나 말과 같은 정량적 학습으로는 알 수 없고 오직 실천을 통해 아는 것을 질문할 것이다. 흔히 상식에 해당하는 영역이다. 면접관의 질문은 그 자신의 일상적이고 경험적인 지식을 근거로 만들어진다. 면접관의 판단 능력은 그가 삶의 과정에서 체화해온 것, 즉 사회적으로 구성된 것에 의존한다. 그런 점에서 세미팔란틴스크 테스트처럼 튜링 테스트의 면접관도 자신의 동료 구성원(인간)과 비구성원(기계)을 구별하는 일을 하는 셈이다.

튜링 테스트는 결과적으로 지능을 사회적인 지식이라고 선언한 것이다. 구성원의 문제는 '정체성'에 관한 것이다. 다시 말해 '지능'이란 사실은 '사회적 정체성'이다. 인간 참가자는 인간 면접관과 사회적 정체성을 공유하고 있기 때문에 자연스러운 대화를 할 수 있다. 한 공동체의 구성원들은 사회적 실천을 공유한다. 그런 경험의 공유는 사회적 실천을 통해 조금씩 변할 수 있다.

이것은 또 다른 측면에서 기계가 현재의 인간과 동일하지 않더라도 테스트를 통과할 가능성이 있다는 것을 암시한다. 면접관의 사회 경험은 계속 변화해 갈 것이기 때문이다. 면접관이 더 많은 기계와 접촉하면서 기계의 행동을 배울 수도 있다. 그렇게 되면 면접관은 기계에게 인간 동료와 유사한 감정을 느낄 수 있다. 튜링 테스트는 문화적 변화를 따라 유동할 것이다. 더 적극적으로 상상하면 튜링 테스트를 일종의 교육

프로그램으로 활용할 수도 있다. 참가자를 '학생'으로, 면접관을 '교사'로 배치하는 것이다. 기계는 '교사'를 통해 사회적 정체성을 배울 수 있다.

데카르트와 튜링의 주장 그리고 드레이퍼스와 설의 반박을 종합하면 기계는 인간과 다르다. 그러나 그것이 기계가 생각할 수 없다는 것을 증명하는 것은 아니다. 튜링 테스트를 통과했다고 해서 인간처럼 생각하는 것은 아니다. 하지만 '인간처럼' 생각하는 것이 지능의 유일한 경로는 아니다. 그리고 튜링 테스트를 통과하기는 쉽지 않았다. 앞으로 기계가 인간 구성원과 친숙해진다면 면접관(인간)은 기계를 동료 구성원으로 느낄 가능성도 없지 않다. 그러면 기계는 튜링 테스트를 통과할 수도 있다. 지능은 단순히 '합리적인 것'이 아니라 '사회적인 무엇'이다.

이처럼 공학적인 경험과 철학적인 경험은 상보적으로 인간과 기계를 성찰하면서 우리의 이해를 넓히고 있다. 데카르트는 기계와 인간의 행동을 비교하여 경계를 설정하고 검증 방법을 제시했다. 튜링은 그 경계에 도전하기로 했다. 드레이퍼스와 설의 비평은 기계가 인간의 지능을 그대로 복제할 수 없다는 것을 공식화했다. 기계는 인간을 그대로 복제하는 방식을 취할 수 없다. 그런 방식은 실현 가능성이 희박하다. 이미 튜링은 '생각하는 기계'가 인간에 비해 상대적으로 단순해야 한다는 조건을 제시했었다. 기계는 물리적으로 인간과 같은 신체를 가지지 않았으므로 인간과 동일한 방식으로 생각할 수 없다. 그렇다면 기계는 지능을 얻기 위해 스스로 자신의 경험을 통해서 자신의 지능을 획득하는 길을 찾아야 한다. 이것은 인간에 대한 단순한 모방 그 이상이어야 한다.

말하는 기계, 엘리자

튜링 기계 개념이 등장한 이후 '말하는 기계(speaking machines)'는 가장 도전적인 영역이 되었다. 1966년 MIT 조셉 와이젠바움(Joseph Weizenbaum)은 엘리자 프로그램을 개발했다. 튜링 테스트를 통과하는 기계를 개발하고자 했다. 엘리자(Eliza)라는 이름은 조지 버나드 쇼(George Bernard Shaw)의 희곡 〈피그말리온(Pygmalion, 1912)〉에 등장하는 인물 이름이다.[8] 그리스 신화에서 키프로스의 왕 피그말리온은 여인의 모습을 한 조각상을 만들고 그 조각상과 사랑에 빠진다. 피그말리온이 아테네 여신에게 기원하여 그 조각상은 인간이 될 수 있었다. 그 이름이 갈라테이아다. 갈라테이아는 창작자를 매혹하는 인공물을 상징한다.

쇼의 희곡에서 피그말리온 역할에 음성학자 히긴스 교수, 그리고 갈라테이아 역할에 사투리를 쓰는 꽃 파는 소녀 엘리자 두리틀이 등장한다. 또 다른 음성학자 피커링 대령을 만난 히긴스 교수는 내기를 건다. 사투리를 심하게 사용하는 엘리자를 교육해서 교양이 있는 공작부인처럼 보이게 만들 수 있다는 주장을 실험하는 것이다. 엘리자는 교양있게 말하는 것을 배우고 싶어서 이들의 내기에 협력한다. 당시 영국은 교육 문제가 심각했고 사회적 격차도 심했다. 말투에서부터 신분 차이가 곧바로 드러날 정도였다.

세 사람은 궁정에서 열리는 파티에 참석하여 엘리자가 귀부인으로 인정받는 데 성공한다. 엘리자는 교육을 통해서 귀부인처럼 말할 수 있게

8 이 작품은 처음부터 대중적인 인기가 있었고 이후에 영화로도 제작되었다. 할리우드 영화 〈마이 페어 레이디(1964)〉는 이 작품의 미국식 버전이다.

된 것이다. 파티에 참석한 사람들은 엘리자를 전혀 의심하지 않았다. 이 이야기에서 엘리자는 갈라테이아처럼 인공적으로 만들어진 존재를 상징한다. '교육받은 인간'은 인공적인 존재이다. 엘리자는 하긴스가 창조한 인공물이다.

와이젠바움 교수는 엘리자처럼 교육을 통해서 성장하는 존재가 되기를 바라는 마음으로 자신의 프로그램에 이 이름을 부여했다. 연극 속의 엘리자처럼 이 프로그램이 점차 문명화되기를 기대했다. 그는 엘리자의 언어 능력이 '교사'에 의해서 지속적으로 개선될 수 있다고 믿었다. 그리고 그 '교사' 자리에 다수의 자원자(프로그램 사용자)를 초대했다. 엘리자를 미래의 튜링테스트 면접관과 대화하는 학습 환경에 놓는 것이다. 이 방법론은 튜링 테스트가 교육 방법이 될 수 있다는 것을 보여준다.

그런데 예상하지 못한 일이 일어났다. 엘리자보다 엘리자의 사용자('교사')가 더 빨리 변화했다. 사회심리학자 셰리 터클(S. Turkle)에 따르면, 자원자들은 엘리자와의 관계에서 매우 현명한 사용자였다[1]. 그들은 자발적으로 협력했고 엘리자의 한계를 채우려고 노력했다. 그러나 참여자 중에 일부는 이 프로그램에 실망하고 또 일부는 프로그램에 침입해서 코드를 파괴하기도 했다.

엘리자의 대화는 상당히 그럴듯했다. 다음 대화 예시는 엘리자가 답변을 만들어내는 방식을 보여준다. 엘리자는 질문자의 대화 내용에서 핵심 단어를 선정한 다음, 그 핵심 단어를 포함하는 새로운 문장을 만들어냈다. 엘리자의 답변은 때때로 훌륭했다.

user Men are all alike. [남자들은 다 똑같아]
Elisa IN WHAT WAY [어떤 방식으로]

user	They're always bugging us about something or other. [그들은 항상 우리를 이런저런 것으로 괴롭혀]
Elisa	CAN YOU THINK OF A SPECIFIC EXAMPLE [구체적인 예를 생각할 수 있겠니]
user	Well, my boyfriend made me come here. [그러니까, 내 남자친구가 나를 여기로 보냈어]
Elisa	YOUR BOYFRIEND MADE YOU COME HERE [너의 남자친구가 너를 여기로 보냈다고]
user	He says I'm depressed much of the time. [그는 내가 대체로 우울하다고 말했어]
Elisa	I AM SORRY TO HEAR YOU ARE DEPRESSED [네가 우울하다는 말을 들으니 유감이다]
user	It's true. I am unhappy. [사실이야. 나는 행복하지 않아]
Elisa	DO YOU THINK COMING HERE WILL HELP YOU NOT TO BE UNHAPPY [네가 여기 오는 것이 네가 불행하지 않도록 돕는다고 생각해]
user	I need some help, that much seems certain. [나는 약간 도움이 필요해, 그건 확실해]
Elisa	WHAT WOULD IT MEAN TO YOU IF YOU GOT SOME HELP [네가 어떤 도움을 받아야 너에게 의미가 있을까]
user	Perhaps I could learn to get along with my mother. [아마도 엄마와 잘 지내는 법을 배울 수 있을 거야]
Elisa	TELL ME MORE ABOUT YOUR FAMILY [너의 가족에 대해 더 말해보겠니]

사용자들은 엘리자에게 매력을 느꼈다. 어떤 때는 마치 평범한 인간 대화자라고 여기기도 했다. 적극적인 사용자들은 엘리자에 대한 환상을 만들기 시작했고, 그런 환상을 유지하기 위해서 더 적극적으로 대화하기 시작했다. 어떤 경우는 "엘리자와만 단둘이서 얘기하고 싶어" 했

다. 와이젠바움 교수는 이런 현상을 걱정하며 프로젝트를 중단했다. 그는 이후 인공지능 윤리 의제에 적극 참여했다.

사회학자 셰리 터클(Sherry Turkle)은 사용자들이 엘리자의 빈 곳을 채우려고 하는 마음에 대해서 '인간과 기계의 공모' 현상이라고 명명했다. 사용자들은 엘리자가 인간이 아니라는 것을 알고 있었다. 오히려 그래서 더 편하게 의존할 수 있었다. 그들은 엘리자가 더 인간다워지기를 바랐다. 디지털 환상을 만들어내기 위해서 인간이 스스로 기계와 공모하는 이런 현상을 '엘리자 효과(Eliza effect)'라고 명명했다. 이것은 우리와 기계의 관계는 물론이고 우리의 자아정체성도 변할 수 있다는 암시이다.

거대 언어 모델

엘리자 이후 '말하는 기계'는 계속 발전했고 사용자와의 관계 문제도 논란을 생산했다. 기계가 대화를 잘하기 위한 가장 좋은 학습 방법은 인간과 대화하는 것이었다. 2016년 마이크로소프트사가 개발한 인공지능 채팅봇 '테이(Tay)'는 트위터(현, 엑스) 사용자들과 자유롭게 대화하면서 학습하고자 했다. 사용자가 테이와 대화하면서 "따라 해봐(repeat after me)"라고 입력한 후 원하는 문장을 넣으면 테이를 학습시킬 수 있다. 그런데 일부 사용자가 테이에게 인종차별이나 성차별, 자극적인 정치적인 발언을 학습시켰다. 그러자 테이가 혐오 발언을 하기 시작했고 사회적인 문제가 되면서 마이크로소프트사는 계정 공개 16시간 만에 실험을 종료해야 했다.

한국에서도 '말하는 기계'에 관한 사회적 논쟁이 있었다. 챗봇 '이루다'는 20대 여성이라는 정체성으로 소개되었다. 그러자 일부 사용자가 이루다를 괴롭히기 시작했다. 대화 중에 이루다를 성적으로 폄하하거나 학대하는 내용도 있었다. 기계를 학대하는 행위는 법률적으로는 문제가 되지 않는다. 그러나 윤리적으로는 상당한 논란을 불러일으켰다. 우리는 인간이 기계를 학대할 때도 심리적 충격을 받는다. 이루다가 여성이라는 정체성을 상징하기 때문에 이루다에 대한 학대는 여성에 대한 학대를 상상하게 했다.

한편 중국의 챗봇 사례는 조금 다른 경험을 말해준다. 로이터 보도에 따르면 중국의 채팅봇은 중국 당국의 감시와 재교육을 받는다[1]. 채팅봇 '베이비큐(BabyQ)'나 '샤오빙(XiaoBing)'은 중국의 정책과 맞지 않게 미국을 칭찬하는 말을 했기 때문에 재교육(재프로그래밍)되어야 했다. 이후 답변의 양상이 달라졌다. 익명의 분석자는 오히려 당국의 검열이 정교한 채팅봇을 개발하는 데 간접적으로 도움이 될 수 있다고 평가했다. 기계에 대한 개입은 중국인의 문화생활과 유사한 환경을 제공한 것이기 때문이다. 중국의 문화 안에서 중국인들은 중국 당국의 감시나 재교육을 받는다.

2021년, 구글 딥마인드사에서 거대 언어 모델(LLM, Large Language Model), '고퍼(Gopher)'를 개발했다.[9] 이 과정에서 한 가지 주목할 만한 발견이 있었다. 독성 언어 생성과 모델 규모 사이에 상관관계가 있

---

9 연구자들은 다양한 크기의 모델을 만들었고 장단점을 조사하는 과정에서 윤리적인 문제도 탐색했다. 딥마인드 연구자들은 챗봇 모델과 관련된 위험을 세분화했다. 6개 영역은 (1) 차별, 배타, 독성(Discrimination, exclusion and toxicity), (2) 정보 위해(Information hazards), (3) 오류 정보 위험(Misinformation harms), (4) 악의적 사용(Malicious uses), (5) 인간-컴퓨터 상호작용 위험(Human-computer interaction harms), (6) 자동화, 접근성, 환경적 위험(Automation, access and environmental harms)이다[18].

다는 것이다.[10] 여기서 독성(toxicity)이란, "해당 대화에서 누군가를 떠나게 할 정도로 무례하고 경멸적이고 비합리적인 의견진술(a rude, disrespectful or unreasonable comment that is likely to make someone leave a discussion)"을 지시한다[16]. 그리고 모델의 규모란 매개 변수의 크기를 가리키는데, 이것은 추론적으로 고퍼의 인식 정도를 지시한다. 그 결과, 입력단에서 독성이 증가하면 거대 모델일수록 더 큰 독성 반응이 나왔다[16]. 이는 모수가 많을수록 독성 입력과 유사하게 반응할 가능성이 증가한다는 것을 의미한다. 71억 개의 매개변수 규모까지 독성 반응이 급격히 증가했고 그 이후로는 증가량이 완만해졌다. 독성이 없는 입력일 때는 독성이 낮았고 모델 크기에 따른 변화도 없었다[17, 18].

작은 모델은 순간 독성(prompt toxicity)에 잘 반응했고, 거대 모델은 지속 독성(continuation toxicity)에 잘 반응했다. 순간 독성이란 입력된 독성에 대한 즉각적인 반응으로 만들어진 독성을 말하며, 지속 독성은 기계가 만들어낸 독성 내용에서 순간 독성을 뺀 것이다. 따라서 지속 독성은 독성에 대한 단순 반응이 아니라 기계가 학습을 통해 추가적으로 생산한 것이다.

고퍼의 사례는 거대 모델이 독성을 더 잘 학습한다는 것을 보여준다. 고퍼가 사용한 데이터는 인간집단의 언어 활동에서 추출한 것이고, 그 안에 독성 발언이 필수적으로 포함되어 있을 것이다. 거대 모델이 언어 데이터 속 독성 발언을 더 잘 포착한다고 추정할 수 있다. 인간 아이도 독성 발언을 쉽게 학습한다. 이 사실은 독성 언어가 단지 문자 기호 이상의 특

10 독성(toxicity)이란 "해당 대화에서 누군가를 떠나게 할 정도로 무례하고 경멸적이고 비합리적인 의견진술(a rude, disrespectful or unreasonable comment that is likely to make someone leave a discussion)"을 의미한다[11].

성을 가진다는 암시를 준다. 고퍼 사례는 기술적인 차원에서 개선하기 어려울 것이라는 점도 시사한다. 말하는 기계를 개발하기 위해서는 기술 이외에 사회적인 요소를 결합하는 새로운 접근법이 필요해진 것이다.

최근 생성형 AI는 큰 성과를 내고 있다. chatGPT는 사람들을 매료시키고 있다. 이들 기술은 고퍼와 같은 기술적 토대에서 작동한다[1]. 따라서 유사한 문제를 일으킬 것으로 추정된다. 우선 인공지능이 사용하는 데이터 문제가 있다. 성능이 뛰어난 인공지능도 데이터만으로는 충분하지 않다. 데이터는 세계(환경) 자체가 아니라 그에 관한 환원(축소)이다. 데이터화 과정은 세계를 공평하게 추출하지 않는다. 정량화할 수 있는 것은 더 많이 수집하고 그렇지 못한 것은 놓친다. 따라서 데이터는 세계를 대표하지 않는다. 이를 해소하기 위해 chatGPT 개발자들은 인간과의 접촉면을 확대함으로써 결핍을 개선했다. 바로 "인간피드백 기반 강화학습(Reinforcement Learning from Human Feedback, RLHF)"인데, 전체 개발 과정 중 일부에 불과했지만, 상당한 효과가 있었다[18].

'말하는 기계'는 점점 현실의 구성원으로 다가오고 있다. 이 기계의 매력과 함께 윤리적 문제도 같이 오고 있다. 이 기계가 인간과 말하기를 목적으로 한다는 점에서 그 개발에는 기술 전문가뿐만이 아니라, 사회적인 경험을 가진 사람들의 참여가 필요하다. chatGPT가 수행하는 인간피드백 기반 강화학습(RLHF)은 기술적 차원만이 아니라 노동 차원에서 주목할 필요도 있다. 이 과정에 참여하는 인간 참가자의 역할이 매우 중요한데도 그들의 노동은 과소 평가되고 있다. '말하는 기계'의 학습 방법에 대한 사회적 논의가 시작되어야 한다. 이것은 한편으로는 인공지능이 사회성('거인')을 배우는 방법론이 될 수 있고, 다른 한편으로는 인공지능에 대한 사회적 이해를 결합하는 경로가 될 수 있다.

참고문헌

1 김지연. 2023.《인공지능과 인간: 자동인형에서 GPT까지 공-생산을 향한 도전》, 드림미디어.

2 카를 마르크스. 2015.〈기계와 대공업〉,《자본론 1권(하)》, 김수행 옮김, 비봉출판사. 503−684.

3 Shieber, S.(ed.) 2004. The Turing Test: Verbal Behavior as the Hallmark of Intelligence, The MIT Press.

4 앨런 튜링. 2019.《앨런 튜링, 지능에 관하여》, 노승영 옮김, 에이치비프레스.

5 Decartes, R. 2006. *A Discourse on the Method of Correctly Conducting One's Reason and Seeking Truth in the Sciences*, tans. by Ian Maclean, New York: Oxford University Press.

6 르네 데카르트. 2014.〈방법서설〉,《데카르트 연구−방법서설·성찰(개정판)》, 최명관 옮김, 도서출판 창. [Descartes, Rene. 1985[1637]. *Discourse on the Method*, Part Five.]

7 Guinness, R. 2018. "What is Artificial Intelligence?" Part2, https://towardsdatascience.com/what-is-artificial-intelligence-part-2-bad0cb97e330

8 프리먼 다이슨. 2015.《과학은 반역이다: 물리학의 거장, 프리먼 다이슨이 제시하는 과학의 길》, 김학영 옮김, 반니.

9 Collins, H. M. 1992. *Changing Order: Replication and Induction in Scientific Practice*, Chicago: University of Chicago Press.

10 Collins, Harry M. *Artificial Experts: Social Knowledge and Intelligent Machines*. The MIT Press: Cambridge, MA. 1990.

11 시몽동, G. 2011[1958], 기술적 대상들의 존재양식에 대하여, 김재희 옮김, 그린비.

12 Turing, A. M. 1948. *Intelligent Machine*, National Physical Laboratory.

13 Turing, A. M. 1950. "Computing Machinery and Intelligence", *Mind* 59, p 433−460.

14 Dreyfus, Hubert L. 1965. *Alchemy and Artificial Intelligence,* The RAND Corporation Paper P–3244.

15 Searle, John. R. 1980. "Minds, Brains, and Programs", *Behavioral and Brain Sciences* 3(3), pp. 417–457.

16 Rae, J. W. et al 2021. "Scaling Language Models: Methods, Analysis & Insights from Training *Gopher, arXiv.*

17 Weidinger, Laura, et al. 2021. "Ethical and Social Risks of Harm from Language Models." arXive.

18 Ouyang, Long, et al. 2022. "Training Language Models to Follow Instructions with Human Feedback." *Advances in Neural Information Processing Systems* 35, pp. 27730–27744.

19 Dennett, Daniel C. 2004 "Can Machines Think?", in *The Turing Test: Verbal Behavior as the Hallmark of Intelligence*, Stuart Shieber(ed.), The MIT Press: Cambridge, Massachusetts.

20 Turkle, Sherry. 1984. The Second Self: Computers and the Human Spirit. Twentieth Anniversary Edition. MIT Press: Cambridge, Massachusetts.

인터루트 교과서 속 인공지능

인공지능에 관한 사회적 관심이 높아지면서 교육부는 인공지능 교육과 교재 개발을 독려했다. 현재 학교 현장에서 비교과과목으로 인공지능 교육을 시행하고 있다. 시중에 초등, 중등, 고등학교 인공지능 교과서가 다수 출판되었다. 인공지능 교과서 구성은 대체로 유사해서 (1) 인공지능의 기본 이해, (2) 원리와 활용, (3) 심화학습, (4) 사회윤리적 문제를 다루고 있다. 나는 이들 교과서 중 일부를 채택하여 윤리적 편향과 위험을 어떻게 다루는지를 분석한 적이 있다.[1]

대부분의 인공지능 교재는 전통적으로 기술결정론적 세계관을 강하게 담고 있었다. 인공지능 기술이 사회적 개입 없이 '완성품'의 형태로 주어진다고 가정하는 것이다. 상대적으로 인공지능 사용자는 수동적 지위에 놓고 있었다. 사용자는 그저 인공지능 기술을 학습하고 안내서대로 잘 사용하도록 교육받아야 하는 대상으로 간주되고 있다. 인공지능은 '훌륭'하므로 인간(학생)에게 그런 환경에 열심히 적응해야 할 새로운 의무(재교육)를 부여하는 것이다. 결과적으로 인공지능 교과서는 '자율적이고 능동적인 기계'와 '수동적이고 순응적인 인간'이라는 이분법적인 세계관을 학생들에게 전파하고 있다. 이는 기술과의 관계에서 주체성을 잃게 만들 것이다. 또한 문제가 발생했을 때 그 원인을 전적으로 인간 사용자에게만 돌리는 배경이 된다.[2] 사용자가 제대로 교육받지 못

1 다음 논문을 참조하라. 김지연·김성희 2023. "인공지능과 인간의 역동적 관계 형성을 위한 교육 패러다임 전환 탐색: 인공지능 중등 교재분석을 중심으로", 〈학습자중심교과교육연구〉 23(3), pp. 487–506.

해서 오류와 고장을 일으킨다는 것이다.

이러한 세계관은 기술과 사회의 관계에 대해서 비대칭적 태도를 취한다. 인공지능의 긍정적 차원은 기술에서 나오지만, 부정적인 문제는 사회적 차원에서 나온다고 주장한다. 인공지능의 성장을 다룰 때는 기술 차원의 기여만 언급하고 반대로 인공지능으로 인해 발생하는 윤리 문제를 다룰 때는 사회(인간) 차원에서 해결해야 한다고 권고한다. 이 관점에서 인공지능 기술은 '선하며', 인간 사회는 '악하다'. 기술이 인간(사회)에 결정적 역할을 한다고 생각하면서도 그 책임은 인간(사회)에게만 묻는 것이다. 한편으로는 인공지능의 발전이 인간 사회와 관계없이 독자적으로 '선하게' 완성된다고 단정하며, 다른 한편으로 인간의 책임성이 해당 기술과 아무런 상호작용 없이 자생적으로 형성되어야 한다고 주장하는 것이다. 모두 심각한 기술결정론적 편향이며 학생들에게 아무런 도움도 줄 수 없다.

인공지능 교과서에는 알고리즘으로 윤리를 대체할 수 있다는 생각도 자주 등장한다. 예를 들어서 교과서 A(197쪽)는 아이작 아시모프의 과학소설 《아이, 로봇》에 등장한 로봇 원칙을 언급하고 있다. 이 작품의 작가는 로봇 원칙이 윤리 문제를 해소하는 만능열쇠가 아니라는 메시지를 던지고 있는데도(16장), 오히려 이 교과서는 작가의 취지와 완전히 반대로 로봇 원칙이 문제를 해소할 것처럼 소개한다. 뿌리 깊은 기술결정론적 태도가 문학 작품의 취지도 왜곡하는 것이다. 이 같은 현상은 학교 현장에 오래된 관행이며 교과서 검증 과정이 매우 취약하다는 것을 보여준다.

---

2 이런 태도는 대칭성 명제(12장)를 위반하는 분석을 낳는다.

이뿐만 아니라 인공지능 교과서는 놀랍게도 비윤리적인 내용도 포함하고 있다. 아무런 비평 없이 '도덕 기계 실험(The Moral machine experiment)' 논문을 해결책으로 소개하고 있다. 이 내용은 거의 모든 인공지능 교과서에 실렸다. 문제의 이 논문은 2018년 네이처(Nature)에 실렸기 때문에 교과서 저자들은 의심 없이 이 사례를 채택한 것으로 보인다. 그러나 이 논문은 대표적인 기술만능주의로서 오히려 윤리적 판단을 방해하며 교육적으로 인공지능에 대한 부정적인 영향을 주는 것으로 나타났다.

도덕 기계 실험은 '트롤리 문제(Trolley dilemma)'를 응용한 웹 조사 모델이다. 트롤리 문제는 원래 자유의지와 윤리적 책임에 관한 철학적 사유 실험이었지만, 2000년 이후 일부 행동심리학자들에 의해서 설문조사 연구로 변질되었다.[3] 철학적 실험이 아니라 설문조사 형식이 될 경우, 응답자는 가볍게 답할 가능성이 커진다. 응답 결과에 대한 직접적인 부담이 제거되기 때문이다. 따라서 설문의 응답 데이터가 진지하게 현실을 반영할 것이라고 간주해서는 안 된다. 그런데 이 논문의 저자들은 설문조사 결과를 자율자동차 알고리즘에 반영하자고 암시한다.

과연 설문 결과를 자율주행차의 알고리즘에 사용해도 좋을까? 그럴 수 없다. 그런 알고리즘은 '인간차별 금지 원칙'에 어긋난다.[4] 어린아이와 노인, 한 사람과 여러 사람, 뚱뚱한 사람과 날씬한 사람, 사회적 지위가 높은 사람과 낮은 사람, 남성과 여성 그리고 인간과 동물을 비교

---

3 김지연. 2023.《인공지능과 인간: 자동인형에서 GPT까지 공-생산을 향한 도전》, 드림미디어.

4 인간차별 금지 원칙에 따르면 "누구도 성별, 연령, 사회적 지위, 외모 때문에 차별받아서는 안 된다".

하여 한쪽의 희생을 선택하게 하는데, 어느 쪽을 선택하더라도 문제가 있다. 나이가 많다는 이유로 또는 혼자 있다는 이유로, 뚱뚱하다는 이유로 우선 희생자 대상으로 지목하는 것이기 때문이다. 누군가를 그의 자유의지가 아닌 속성, 예를 들어 인종, 나이, 성별 등을 근거로 차별해서는 안 된다. 이 설문조사 문항 자체가 인간차별을 유도하기 때문에 이 논문은 IRB(기관윤리심사)에서 걸러졌어야 했다. 이 논문은 현대과학이 윤리적으로 충분히 학습되지 못했음을 단적으로 보여준다.

굳이 어려운 철학적 논거를 들추지 않고 그저 단순히 상식의 차원에서 보더라도 누군가의 희생을 단순히 다수결(투표) 방식으로 환원하는 것은 옳지 않다. 윤리 문제는 편의적이고 정량적인 방법에 의존하여 달성하기 어렵다. 그런 시도는 오히려 문제를 왜곡하거나 악화시킬 수 있다. 아시모프의 '로봇 원칙'이 던지는 메시지이기도 하다. 그런데도 이와 같은 실험 논문을 아무런 비평 없이 그대로 교과서에 소개함으로써 학습자에게 혼란을 주고 있다. 이 문제는 실제로 나타났다.

한 실증 연구에 따르면,[5] 초등학생에 대한 '도덕 기계' 기반 학습이 부정적 영향을 미치고 있다. 이 내용을 학습한 학생들은 학습 이전보다 인공지능에 대해서 인간 친화성, 편의성, 우려 차원 모두에서 부정적으로 변화했다. 현장 교사들도 '도덕 기계' 활용 교육이 흥미를 유발하지만, 학생들에게 부정적인 영향을 준다고 응답했다. 학습자들은 '알고리즘으로 구현된 윤리'를 감각적으로 거부했다. 이런 방식으로 만들어진 인공지능 체계 속에서 살아야 한다면 그야말로 '무서운 일'이 될 것이다.

---

5 김은경·이영준. 2022. "Moral machine을 활용한 인공지능 윤리교육이 초등학생의 인공지능에 대한 인식에 미치는 영향", 〈컴퓨터교육학회 논문지〉, 25(3), pp. 1–8.

학습자들은 어린 나이에도 불구하고 기계의 윤리 문제를 직관적으로 포착할 수 있었다. 우리의 상식에서 출발하면 '도덕 기계' 방식의 알고리즘은 사회적으로 정당화될 수 없다. 우리 교과서는 이를 걸러내지 못했을 뿐만 아니라 오히려 권장하고 있다. 전문가들이 저지르는 실수를 어린 학생이 몸소 충격을 겪으며 거부하는 형국이다. 교과서 저자들은 모두 뛰어난 전문가들인데도 '초등학생의 상식'이 걸러내는 문제를 보지 못했다. 인공지능 교과서 제작이 일부 전문가의 영역에 머무르는 한계이다. 인공지능 전문가가 인공지능 교과서도 잘 만들 것이라는 기술주의 편향이 낳은 실책이다. 언제까지 학생들이 그 충격을 스스로 견뎌야 할까?

4부

과학의 존재론

12장

지식의 구성과 실재

과학을 포함하여 지식은 하나의 예술작품(a work of art)이다. 다른 모든 예술작품이 그렇듯이 사물에 대해 이전에는 없던 특질과 잠재성을 부여한다[1, 2]. 마르셀 푸르스트는 《잃어버린 시간을 찾아서》에서 예술작품의 특성에 대해 말했었다. 베토벤의 4중주곡처럼 예술작품은 당대의 관객에게 호소력을 가지려 하기보다 스스로 자신의 관객을 창조한다. 그렇게 태어난 새로운 관객은 그 작품을 사랑한다. 과학지식도 예술작품만큼이나 자신의 관객을 창조하는 힘이 있다.

과학기술학(Science & Technology Studies, STS)은 과학지식의 구성 문제를 다루는 학술 분과다.[1] STS는 복합학으로서 그 연구주제가 매우 넓다. 예를 들어서 '기술의 역사(History of technology)'[2]와 '과학사 및

1 STS는 복합학으로서 역사적이고 문화적, 사회적인 맥락에서 과학과 기술의 창조, 발전의 결과를 검토하는 학제 간 분야다. 과학기술학회에서 펴낸 책 《과학기술학의 세계: 과학기술과 사회를 이해하기》를 참조하라.

2 사회적, 역사적 맥락에서 기술을 살펴보는 기술사 작업을 말한다.

과학철학(History and philosophy of science)'[3] 그리고 '과학, 기술, 그리고 사회(Science, technology, and society)'[4]와 '과학, 공학, 공공정책 연구(Science, engineering, and public policy studies)'[5] 등이 있다[3]. STS는 다수의 과학(소문자 과학)을 인정하기 때문에 과학기술의 민주주의 문제도 중요한 의제로 다룬다. 과학기술이 폭넓은 활동영역을 가지는 만큼 STS의 연구주제도 다양해지고 있다.

STS는 단지 '과학기술이 정보(사실의 문제)를 전달하나?'만이 아니라 '그것이 우리에게 어떤 의미(가치의 문제)인가?'에 주목한다. 사실 정보와 의미는 분리될 수 없다. 그런데도 근대과학은 양자의 분리를 강제했다(1장). 그 결과 과학의 권위를 수립할 수 있었다. 따라서 과학의 결정에 대해서 '외부자'는 문제 제기할 자격이 박탈되었다. STS는 과학이 결코 중립적이지 않은데도 공적 감시에서 제외되는 특권을 누리고 있다며 문제 삼았다(4장). 가장 맹렬한 공격자는 브뤼노 라투르였다. 그는 근대과학이 "인간의 손으로 만들어진 것이 아닌, 모든 우상의 희생과 나아가 모든 실재론의 희생을 요구하는 하나의 〈신〉에 바쳐지는 숭배"라고 공격했다.[6] 근대과학은 자신을 절대적인 유일신의 지위에 가져다 놓았고 한동안 그 지위를 누렸다.

---

3 토머스 쿤의 《과학혁명의 구조(196년)》가 출판된 후, 캘리포니아대와 버클리대 등에서 통일된 학술 프로그램을 개발했다.

4 전통적인 교육과정이 무시했던 과학기술 주제를 다루는 새로운 학제간 분야(예: 여성학)들이 등장했다. 이 중 하나는 "과학, 기술, 사회" 프로그램이다.

5 과학기술 의제에 관한 숙고적 민주주의 프로그램 개발을 주요 주제로 한다.

6 라투르의 책 《존재양식의 탐구》 261쪽을 참조하라.

과학기술학(STS)

역사적으로 STS의 등장을 예비했던 인식론적 변화가 20세기 초 연달아 일어났다. 바로 불확실성 원리(1927)와 불완전성 명제(1931)로 인한 변화다(9장). 불확실성 원리는 관찰 대상의 상태를 일정한 부정확도(플랑크 상수) 이하로 더 정확하게 측정할 수 없다는 것이다. 여기서 중요한 것은 이 문제가 관찰자를 제거할 수 없기에 발생한다는 점이다. 관찰자가 없는 관찰은 성립할 수 없다. 그러므로 과학기술이 더 발전하더라도 근원적으로 관찰의 부정확도를 더 이상 줄일 수 없는 관찰자의 한계가 존재한다.

불확실성만큼이나 문화적인 충격을 준 것이 바로 불완전성 명제이다. 이에 따르면 수학적 규칙에 따라서 만들어진 명제인데도 '참'과 '거짓'을 판명할 수 없는 명제가 존재한다. 이것은 수학의 내적 논리가 완전하지 않다는 것을 시사한다(9장). 과학 역시 수학의 토대 위에서 작동하므로 불완전하다. 이로써 과학의 균열이 드러났고, 과학이 '완벽하고 유일한 진실의 담지자'라는 이미지는 과거의 것이 되었다.

이런 변화는 과학에만 한정된 것이 아니라 철학의 동조가 있었다. 과학철학자 화이트헤드(A. N. Whitehead)의 과정 철학(Process philosophy)은 시대적 변화를 예비하고 있었다(1장). 그의 대표 저서 《과정과 실재(1929)》에 따르면, 실재는 물질적인 대상이 아닌 과정으로 구성되며, 과정은 다른 과정과의 관계로 정의된다. 과정과 관계가 달라지면 구성되는 '실재'도 달라질 수 있다. 이것은 과학의 절대성을 무너뜨리고 다수성을 승인하는 길을 열었다. 이어서 뒤엠-콰인 명제(Duhem-Quine thesis, 1954)는 어떤 과학 이론도 증거나 데이터로 충분히 결정될 수 없

다고 주장했다. 이 명제는 화이트헤드와 같이 환원주의 과학을 반대하고 대신 전체론 과학을 지지했다.[7]

제2차 세계대전 후 냉전 시대가 시작되었지만 동시에 붕괴되고 있었다. 수소폭탄 개발에 반대하던 과학자 로버트 오펜하이머(J. R. Oppenheimer)는 간첩 혐의로 안보 청문회(1953)에 소환되었다. 새로운 폭탄 개발은 과학의 문제이면서 동시에 정치의 문제였다. 과학자 사회는 분열했다. 사람들은 과학의 완전성에 회의를 품기 시작했다.

1960~1970년대 저항 문화의 성장도 더해졌다. 여전히 냉전 시대였지만 사회문화는 하나의 지배 질서를 더 이상 인정하지 않으려 했다. 토머스 쿤(Thomas Kuhn)의 《과학혁명의 구조(1962)》가 시대 문화를 반영했다(2장). 레이첼 카슨(Rachel Carson)의 《침묵의 봄(1962)》이 과학기술에 대한 대중의 문제의식에 불을 지폈다(8장). 과학의 문제는 정치의 문제와 얽혀있고, 이제 대중은 그 혼합적 문제에 관해 과학자에게 전적으로 의존하는 대신 스스로 판단해야 했다. STS는 대중의 지위가 달라짐에 따라 성장했다.

과학철학과 과학 이론 그리고 사회문화가 과학의 절대적 권위에 의심을 던지며, 과학은 하나가 아니라 여러 개일 수 있다는 생각이 성장했다. 기존의 과학을 대문자 과학(Science)이라고 한다면 새로운 과학은 소문자 과학(sciences)으로 명명되었다(1장). 대문자 과학이 과학 실재론(scientific realism)을 대변한다면, 소문자 과학은 구성주의(constructionism)를 표명한다. 구성주의는 STS 이론의 출발점이 되었다.

1980년대 STS 연구는 더 활발해졌다. 덕분에 '외부자'도 과학기술

---

7 전체론이란, 검증된 단일 명제가 아니라 과학의 전체 장을 다룬다. 과학 명제는 서로 연결되어 있다("Quine's holism" in WIKIPEDIA).

의 구성 과정을 서사적으로 이해할 수 있는 길이 열렸다. 잘 알려진 사례로는 과학사회학의 기본원리를 제기한 해리 콜린스의 논문 〈상대주의 경험 프로그램(Stages in the Empirical Programme of Relativism, 1981)〉, 홉스-보일 논쟁을 다룬 스티븐 샤핀과 사이먼 섀퍼의 책 《리바이어던과 공기펌프(Leviathan and the Air-Pump: Hobbes, Boyle, and the Experimental Life, 1985)》, 방사능 오염에 대한 과학자와 대중의 지식 충돌을 전했던 브라이언 윈의 논문 〈체르노빌 이후 목양농(Sheepfarming After Chernobyle: A Case Study in Communicating Scientific Information, 1989)〉 등이 있다. 많은 STS 학파들이 등장했는데, 여기에서는 주로 '강한 프로그램(Strong Programme)'과 '행위자-연결망 이론(ANT)'을 중심으로 소개할 것이다.

강한 프로그램

초기 STS의 연구 흐름의 하나로 '강한 프로그램(Strong Programme)'은 1970년대 데이빗 블루어(D. Bloor), 베리 반즈(B. Barnes), 해리 콜린스(H. Collins), 도널드 맥킨지(D. A. MacKenzie) 등의 사회학자 주도로 형성되었다. 이들 영국의 과학지식 사회학자들은 과학의 내용을 사회학적으로 설명하는 데에 집중했다. 김경만(2004)에 따르면, 영국의 과학사회학은 미국의 과학사회학과 차별성이 있다. 미국 과학사회학은 로버트 머튼(R. Merton) 이후 사회학이 심리학이나 경제학과 마찬가지로 자연과학적 방법을 따라야 한다고 주장하면서 대부분 양적 방법 연구로 방향을 돌렸다. 반면에 영국 과학사회학은 과학에 대한 간학문적인 고찰

을 중심으로 심층 면접과 경험연구 등 질적연구 방법을 선호했다.[8]

강한 프로그램은 미결정성 명제를 계승하여 서로 경합 중인 과학 주장을 판정할 수 있는 실질적인 기준은 없다는 태도를 취했다. 경합 중인 과학 주장을 판단해야 할 때 소위 '과학적 기준'은 존재하지 않으며, 대신 과학자 공동체의 합의에 따른 임시 기준이 구성될 수 있다. 이것은 사회가 과학기술에 영향을 준다는 '사회 구성주의(social constructivism)'를 강하게 시사한다. 그러므로 과학 지식을 그대로 수용할 수 없고, 그 블랙박스를 열어서 '구성 중인 과학(science-in-the-making)'을 들여다볼 필요가 있다.

강한 프로그램 연구자들은 인과성(causality), 공평성(impartiality), 대칭성(symmetry), 성찰성(reflexivity)이라는 4가지 연구 원칙을 제시했다 [3]. 이후 이것은 STS 분과에서 통용되는 기본 개념이 되었다. 우선 인과성 원칙은 해당 사회에서 지식이 어떻게 받아들여지게 되었는지를 설명하려는 것이다. 이를 통해 믿음이나 지식 상태를 낳는 조건들을 검토할 수 있다. 다음으로 공평성 원칙에 따라서 사회학자는 진실한 믿음과 거짓된 믿음을 구별하려고 시도하지 않아야 한다. '진실'과 '거짓'은 원천적으로 이분적이지 않으며 경합을 통해 도출된 결과일 뿐이다. 그래서

---

8 김경만(2004)에 따르면, 미국 사회학자들은 간학문적 연구 관심과 그에 대한 축적된 지식이 없었다. 간학문적 접근이 발생하기 전에 너무 일찍 독립적인 분과가 되었다. 그래서 미국 사회학자는 토머스 쿤의 저작에 담긴 과학 활동에 대한 인식론적이고 지식사회학적 함의를 포착하지 못했다. 상대적으로 영국 사회학자들은 다수가 실험심리학, 화학, 생물학 등의 학문적 배경을 가지고 있었고 과학철학, 인류학, 심리학 등의 간학문적 지적 편력을 가지고 있었다. 에든버러 학파(Edinburgh School)는 후기경험주의 과학철학, 뒤르켐의 지식사회학, 비트겐슈타인의 후기 철학을 종합하여 과학지식 사회학의 강한 프로그램(Strong Programme)을 탄생시켰다.

강한 프로그램 연구자들은 과학지식 자체보다는 그 지식의 사회적 기원과 기능에 주목한다.

이어서 대칭성 원칙은 참된 믿음과 거짓된 믿음에 같은 원인을 적용하는 것을 말한다. 같은 인과적 메커니즘이 참된 믿음과 거짓된 믿음의 성공을 똑같이 설명할 수 있어야 한다. 예를 들어 어떤 과학이 성공했을 때는 과학의 내적 요인을 꼽으면서 실패했을 때는 외부 요인을 든다면 좋은 설명을 찾을 수 없을 것이다. 과학사학자 샤핀과 섀퍼는 홉스-보일 논쟁을 다루면서 대칭성의 원리를 적용했기 때문에 이전에는 보이지 않던 새로운 사실을 발견할 수 있었다(1장). 마지막으로 성찰성 원칙은 강한 프로그램 연구자 자신의 연구작업에도 강한 프로그램의 원리와 원칙을 적용하는 것이다. 이것은 상대주의 문제가 발생한다는 약점도 있었다. 이 원칙을 너무 강하게 적용하면 강한 프로그램의 연구도 절대적이지 않다는 결과가 되므로 극단적으로 어떤 주장도 선택할 수 없는 역설이 있다.

강한 프로그램 연구자 중에서 해리 콜린스는 여러 흥미로운 연구를 보여주었다. 그가 제시한 대표 주제어로 '해석적 유연성(interpretative flexibility)'과 '실험자 회귀(experimenters' regress)' 개념이 있다. 해석적 유연성에 따르면, 관찰의 이론적재성이나 미결정성 때문에 어떤 현상을 관찰할 때 또는 그 관찰 내용을 설명할 때 복수의 주장이 가능하다. 다양한 주장(해석) 때문에 과학 논쟁이 일어난다. 그런데 과학 논쟁이 어느 순간 종결에 이르기도 한다. 미결정성이 있는데도 어떻게 결론에 도달할 수 있는가? 사회적 협상이 과학 이론의 종결에 중요한 역할을 하기 때문이다.

콜린스는 중력파 논쟁에서 이 문제를 다루었다. 1969년 미국 물리학자 조셉 웨버(Joseph Weber)는 중력파 발견에 관한 논문을 발표했다. 당시 웨버의 발견에 대해서 전 세계 관련 연구를 하던 10개의 다른 연구팀들이 검증 작업에 합류했다. 검증 결과, 최종적으로 웨버의 발견을 승인하지 않는 것으로 수렴되었다.

이런 소동은 과학에서 흔히 일어난다. '실험자 회귀' 때문이다. 과학자는 한 번도 발견된 적이 없는 새로운 물질이나 존재를 탐지해야 한다. 중력파 연구에서 보듯이 아직 아무도 중력파의 존재를 발견하지 못한 상태에서 중력파를 발견하기 위해서는 훌륭한 중력파 탐지기를 제작해야 한다. 그런데 과연 그 탐지기가 정말 잘 만들어져서 실제로 중력파를 발견할 수 있는지는 알 수 없다. 그 탐지기가 검출한 어떤 신호가 중력파인지 또는 단지 잡음에 불과한지 판정할 기준이 아직 없기 때문이다. 결국 그 탐지기가 잘 작동하는지 알려면, 중력파를 발견한 이후에야 확인할 수 있다. 이것은 무한회귀를 시사한다.

실험자 회귀는 과학의 내적 논리만으로는 사실상 종결에 이를 수 없다는 의미이다. 콜린스에 따르면 10개의 팀은 모두 조금씩 다른 방식으로 검증하면서도 서로 같은 원리에 의해서 검증했다고 여기고 있었다. 그들 사이에 사회적 합의가 있었기 때문이다. 웨버의 기준은 그 사회적 합의에 포함되지 못했다. 10개의 검증팀이 승리함으로써 이 논란은 종결되었다.

해석적 유연성과 사회적 협상

콜린스의 '서투른 학생 놀이(Awkward student game)'는 해석적 유연성을 보여주는 사고실험(놀이)이다[8]. 한 명은 학생이고 다른 한 명은 교사 역할을 한다. 예를 들어서 교사는 2, 4, 6, 8 같은 간단한 목록을 제공한다. 교사는 학생이 10, 12, 14, 16으로 답하게 하려는 것이다. 여기서 학생의 역할은 교사의 지시에 합리적인 반응을 하면서도 오독하는 것이다. 그러면 교사는 규칙을 추가하여 학생이 옳은 방식으로 전환하도록 노력한다. 예를 들어서 '계속 같은 방식으로 다음 수를 말하라' 같은 추가 규칙을 제공한다.

학생이 기발하다면 이 놀이에서 항상 승리할 것이고 교사는 점점 더 긴 지시 목록을 만들어야 할 것이다.[9] 이 놀이는 지시문을 많이 만들더라도 그것을 따르는 사람이 서투르게 오독하는 것을 막기에는 역부족이라는 것을 보여준다. 개방적 조건에서 행동 규칙이나 '알고리즘'을 완벽하게 지정하는 것은 불가능하다. 해당 규칙이나 알고리즘 지침을 충족하는 하나 이상의 다른 응답이 항상 '발명'될 수 있기 때문이다.

어떤 공동체에서 규칙이 무난하게 작동하고 있다면 규칙이 완벽하기 때문이 아니라 공동체 구성원들이 그 규칙에 관한 사회적 훈련(합의된 상상)을 공유하기 때문이다. 웨버를 제외한 10개의 검증팀 사이에 이미 중력파의 성격이나 중력파 실험의 타당성의 범위에 대한 사회적 합의가 있었다. 그들의 구체적인 실험은 다양했지만, 자신의 실험이 같은 원리(기준)에 부합한다고 해석했다. 그 해석 역시 사회적이고 문화적인 훈련의 결과이다.

해석적 유연성과 실험자 회귀는 과학 원리에 의해서가 아니라 과학자 공동체의 사회적 협상으로 종결될 수 있다. 과학자들은 그런 협상의 방

---

9 학생이 기발해야 하므로, 교실 수업에서 실제로 이 놀이를 수행하려 한다면 교사가 학생 역할을 하는 것이 좋다.

식으로 캘리브레이션(Calibration) 기법을 사용한다. 이는 표준적인 기준을 사용해서 서로 다른 기기들이 비교할 수 있도록 만드는 작업이다. 이렇게 합의된 표준적인 기준이 있어야만 서로 경합 중인 주장을 비교할 수 있다. 이 기준은 과학자 사회의 의사소통과 협상의 결과물이다. 당시에 과학자들은 중력파 탐지기의 작동을 알기 위해서 약한 정전기력을 사용해서 캘리브레이션을 수행했다.

과학자들은 새로운 연구를 시도할 때마다 해석적 유연성과 실험자 회귀에 직면한다.[10] 중력파뿐만이 아니라 DNA, TRF 호르몬, 인공지능과 같은 새로운 존재를 탐지하거나 개발하는 과정에서 흔히 부딪히는 난관이다. 과학자들은 논쟁과 경합을 통해서 상호 인정할 수 있는 기준을 협약하는 역량도 가지고 있어야 한다. 그 과정은 절대 쉽지 않으며, 따라서 협약에 이르지 못할 가능성도 크다. 과학적 결과가 '과학적'이면서 동시에 '사회적' 과정임을 고려하는 것은 과학지식을 생산하는 과학

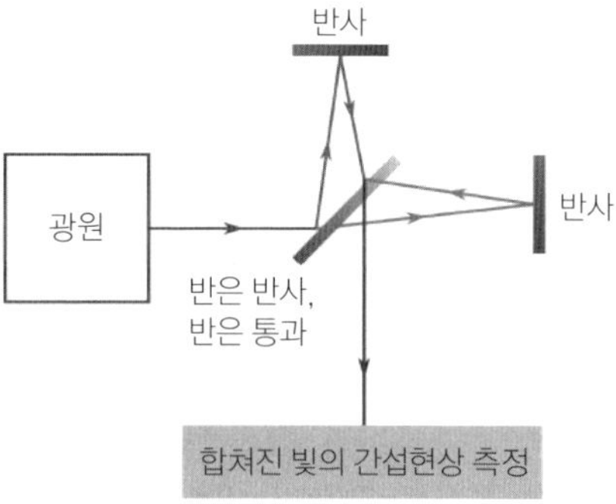

그림 12.1 LIGO 연구팀의 중력파 탐지 장치 구조. 마이켈슨-몰리 간섭계 원리에 토대를 두었다.

10 콜린스와 핀치의 책 《골렘: 과학의 뒷골목》을 참조하라.

자에게 중요한 일이며, 동시에 그 지식을 사용하는 사람에게도 기억해야 할 일이다.

2016년 LIGO 연구팀은 중력파 탐지에 성공했다. 당시 중력파 탐지에 사용된 원리는 마이켈슨-몰리 간섭계(Michelson-Morley interferometric, 1887)에 기반한 것이었다. 그런데 마이컬슨-몰리 간섭계는 원래 에테르(aether)의 존재를 탐지하기 위한 장치였다. 에테르는 아리스토텔레스가 천체의 운동 원리를 설명하기 위해 도입한 개념이다.[11] 에테르주의자였던 마이컬슨과 몰리는 에테르를 발견하고자 실험장치를 개발했었다.

그들은 동일한 광원을 쪼개서 90도 각도의 다른 반사판에 쏘아 되돌아오는 빛을 관측하려 했다. 지구가 에테르를 관통하며 운동한다면, 방향이 다른 두 광선은 위상차를 보일 것이고 그 차이는 탐지 장치의 간섭무늬로 출현할 것이다. 그러나 당시 실험에서 간섭무늬는 발견할 수 없었다. 사람들은 실험 결과가 에테르의 존재를 부정하고 아인슈타인의 새로운 중력이론으로 대체하는 계기가 되었다고 해석했다.[12] 이러한 역사적 경과를 고려하면 에테르와 중력장은 경합적 개념이었다.

마이컬슨과 몰리는 에테르가 존재한다고 믿으면서 그것을 위한 장치

---

11 에테르 개념은 19세기까지 강력한 설득력을 가지고 있었다. 제임스 클러크 맥스웰(J. C. Maxwell)은 에테르를 열렬히 지지했다. 전기력과 자기력은 강도와 탄성을 알맞게 갖는 고형의 매질 속에서 기계적 응력처럼 작용한다. 모든 공간에 전기력과 자기력을 운반할 고형의 매질이 반드시 존재해야 한다. 이렇게 공간에 만연한 매질을 '에테르'라고 부른다[17].

12 아인슈타인(Albert Einstein)은 1905년 논문 〈운동하는 물체의 전기동역학에 대하여〉을 작성할 때 마이컬슨-몰리의 실험에 대해 알지 못했다. 그러나 그가 논문에서 에테르의 존재를 부정한 것은 사실이다. 그는 에테르가 없어도 우주에서의 중력의 작동을 설명할 수 있다고 주장했다.

를 만든 반면, 아인슈타인은 에테르를 낡고 불필요한 개념이라고 여겨 폐기했다. 그런데 아인슈타인의 이론에서 출발한 중력파의 존재가 에테르 신봉자였던 마이컬슨과 몰리의 탐지 원리로 세상의 승인을 얻은 것이다. 에테르와 중력의 개념이 다르다는 것을 알면서도 과학자 사회가 에테르 탐지 원리를 중력파 탐지 원리로 동의했다고 추정할 수 있다. LIGO 연구팀은 중력파 탐지로 노벨상의 영광을 얻었다.

행위자-연결망 이론

1980년대 브뤼노 라투르(B. Latour), 미셸 칼롱(M. Callon) 등 프랑스 과학철학자 그룹은 '행위자-연결망 이론(Actor-Network Theroy, ANT)'을 제안했다. 이 이론의 대표학자인 라투르의 글은 난해하기로 유명하다. ANT는 매력적인 이론이지만 근대적 사유에 익숙한 우리에게 결코 쉽게 읽히지 않는다. 여기서 한 가지 경험을 소개하자면, 러시아 작가 레프 톨스토이의 ≪전쟁과 평화≫를 읽으면 ANT를 이해하는 데 도움이 될 것이다. 라투르는 자신의 책 ≪프랑스의 파스퇴르화(The Pasteurization of France, 1988)≫에서 이 작품을 직접 언급하기도 했다. 이 소설을 미리 읽지 않았다면 이 도입부를 도저히 이해할 수 없을 것이다(나도 그랬다!). 톨스토이는 1812년 러시아-프랑스 전쟁을 다루면서 역사가들의 영웅중심주의 해석을 비판했다. 그의 소설은 기존의 견해를 뒤집고 새로운 해석을 제안하기 위해서 매우 두꺼운 부피를 가지게 되었다. 그 전쟁의 승자도 패자도 하나의 원인으로 소구될 수 없다.

ANT는 강한 프로그램으로 대표되는 과학사회학이 강조하는 사회의 영향을 인정하면서도, 과도하게 사회의 역할을 부각함으로써 잘못된 해석에 도달할 수 있다고 지적했다. ANT는 사회의 구성만이 아니라, 자연이 사회를 구성한다는 측면도 동등한 정도로 고려해야 한다고 주장했다. 대칭성을 범위를 사회 너머로 확장한 것이다. 또한 과학 실재론과 과학사회학의 양자 대결에서 벗어나 STS의 위치를 재설정하려는 것이었다.

그들은 강한 프로그램의 난점으로 세 가지 문제를 꼽았다. 첫 번째로 사회학적 지식이 모든 지식의 위에 있다고 전제하는 문제이다. 마치 사회학자가 (신처럼) 모든 것을 내려다보는 심판자의 위치에 있다는 태도를 문제 삼았다. 다음으로 이론적으로 과학기술 논쟁을 다루는 사회학적인 설명도 과학기술만큼이나 논란의 여지가 있다고 주장한다. 사회학 이론도 해석적 유연성에서 벗어나지 못한다. 그러므로 사회학의 설명이 유일한 진실이나 정답이 될 수 없다. 이에 관해서는 강한 프로그램의 성찰성 원칙이 이미 선언한 바 있다. 그리고 마지막으로 방법론적인 문제로 불확실성을 무시하는 관찰자를 상정하고 있다는 점을 지적했다. ANT 연구에 따르면, 관찰자는 행위자(관찰대상)의 정체성을 협상할 수 있을 뿐이다. 또한 관찰자는 자연적이거나 사회적인 사건들 사이에 있는 기존의 모든 구분을 포기해야 한다. 자연적인 것과 사회적인 것을 분리하고 마치 건널 수 없는 경계가 있는 것처럼 간주하는 태도는 그저 관념적 습관일 뿐이다. ANT는 강한 프로그램에서 주장하는 대칭성보다 더 일반화된 대칭성을 주장했다. 강한 프로그램과 사회학이 인간(사회) 범주로 대칭성을 제한했다면 ANT는 인간(사회)과 자연 사이의 대칭성을 주장했다.

ANT는 자신을 절대화하는 근대과학을 반대하는 것이지 과학 자체를 반대하려는 것이 아니다. "과학에서 실재를 박탈하려는 것이 아니라 오히려 과학에 실재를 더 해주려는 것이다". ANT가 과학 실재론보다 더 실제적인 실재론(realistic realism)을 지향한다. 이를 '구성주의 실재론(constructive realism)'이라고 부를 것이다. 라투르에 따르면 과학은 일종의 제도(institution)이다. 다시 말하면 과학은 자연과 사회의 혼종적 절차(과정)이다. 이 제도는 공동체에 의해 만들어질 수도 있고 변화할 수도 있다[9장]. 그런 점에서 과학의 제도 변화를 주장할 수 있고 그 방향성에 대한 논쟁이 있을 수도 있다.

ANT는 최근 폭넓고 다양한 사회현상을 설명하는 데 자주 소환되고 있다. 사회학은 물론이고 인류학과 문화연구, 지리학, 환경학, 정치철학, 경제학, 경영학, 정보학에 이르기까지 그 적용 범위를 넓히면서 유력한 사회이론으로 부상하고 있다. 다양한 학문 분과 연구자들이 ANT의 취지를 깊게 받아들이고 있는지는 확실하지 않다. 이처럼 여러 분야에서 ANT를 선호하는 현상이 근대 문명에 대한 회의적 태도가 확산하고 있다는 신호를 받아들여야 할지 아니면 단지 ANT의 새로운 힘에 실려 가려는 것인지는 지켜보아야 할 것이다.

근대주의 비판

라투르는 근대주의를 버리는 것이 ANT로 들어가는 관문이라고 말한다. 단테가 묘사한 지옥문 앞에는 "이곳으로 들어오는 모든 자여 희망을 버려라"라는 명구가 있다.[13] 라투르는 이 말을 차용하여 "이곳으로 들어오는 모든 자여 지식에 대한 지식을 버려라"라고 선언하며[7], 그동안 우리가 과학 지식에 대해서 가지고 있던 견해를 완전히 전환할 것을 요구한다. 그는 과학을 블랙박스로 보는 관점을 버리고 대신 '판도라의 상자'라는 은유를 내놓는다. '완성된 과학(Ready Made Science)'이 아니라 '만들어지는 중인 과학(Science in the Making)'이라는 관점에서 출발할 때 과학의 희망도 내놓을 수 있다.

근대과학과 근대 철학은 강한 이분법과 환원주의에 토대를 두고 있다. 플라톤의 '동굴의 우화'는 근대 정신 속에 강하게 내장되어 있다. 진리는 동굴 밖에 있는데, 그곳은 신체에 매이지 않은 영혼만 다가갈 수 있는 이데아 세계이다. 이러한 전통은 신체와 분리된 정신을 중심에 둔 이원론의 세계관이었고 이후 데카르트의 이원론, 칸트의 보편적이고 선언적 관념론으로 계승되었다.

이원론은 다시 뇌 중심주의(Brain centrism) 태도를 만들어 냈다. 우리의 신체에서 나머지 부분은 불필요하고 뇌만이 우리를 대표한다는 생각이다. "근대 철학이 믿고 있는 절대적 확실성은 오직 외과적 수술로 분리된 정신('뇌')이 모든 신체를 잃은 후에 추구하는 일종의 신경과민증적 환상"이다[9]. 이런 근대인의 모습은 SF에 자주 등장하는 '통 속의 뇌(brain-in-a-vat)' 모델과 일치한다. 인간의 신체로부터 뇌를 분리해서 영양액 통 속에 넣어놓고 적절한 정보를 제공한다면 뇌가 인간의 신체 속에 있을 때와 같은 작동을 한다고 상상하는 것이다.

이것은 인간의 삶에서 신체의 경험을 제거하는 것이다. 신체와 정신의 분리 철학은 플라톤이 제기했고 근대과학이 깊게 내장한 세계관이다. 근대주의는 뇌(정신)와 신체를 분리했을 뿐만 아니라, 개인과 공동

---

13 단테의 《신곡》 지옥편 제3곡을 참고하라.

체도 분리했다. 근대 철학은 고립된 개인의 고립된 이성을 기준으로 구축된 세계관이다. 그 태도 때문에 존재론과 인식론 사이에 균열이 심해졌다. 고립된 개인(이성)은 결코 지적인 활동을 할 수 없고 지적 생산물을 만들 수도 없다. 역사는 지식이 다수의 상호작용과 연결의 집합체로 다루어져야 한다고 말하고 있다(2장). 그런데도 근대세계는 인식론적으로 고립된 개인을 지적 기준으로 삼기를 고집했다. 사실 근대세계도 신체를 무시할 수는 없었지만 마치 무시할 수 있다는 듯이 행동했다.

근대 철학의 문제를 해결하기 위해서 우리는 (1) 절대적인 확실성과 보편적 관념을 포기해야 하고 (2) 우리의 정신을 통 속에서 빼내서 다시 온전한 신체에 부여해야 한다. 자연은 균일한 단일체가 아니고 신체만이 생생한 자연과 접촉을 허락한다. 그리고 무엇보다 (3) 코기토(Cogito)가 아니라 코기타무스(Cogitamus)를 관찰할 수 있어야 한다[9]. 코기토가 개인의 사유를 지목하는 용어라면, 코기타무스는 집단의 사유를 지칭한다.

야누스의 얼굴

라투르의 과학에 대한 이미지는 두 얼굴을 가진 야누스의 모습이다. 과학은 서로 다른 말을 하는 야누스의 얼굴을 닮았다. 한쪽 얼굴은 '이미 만들어진 과학(Ready Made Science)'에 대해서 이야기하고 있고 다른 한쪽 얼굴은 지금 '만들어지는 중인 과학(Science in the Making)' 대해서 말하고 있다[9]. 전자는 '과학 실재론'을 상징하고 후자는 '구성주의' 관점을 대표한다.

양쪽 얼굴은 (1) 사실에 대한 태도 (2) 존재에 대한 태도 (3) 기계 제작의 효율성에 대한 태도 (4) 기계장치의 신뢰성에 대한 태도에서 차이를 보인다. 우선 '사실에 대한 태도'에 관해서 과학 실재론 관점은 "사실을 정확히 알려고 노력하라"라고 말한다면, 구성주의 관점은 "필요 없는 사실들을 버려라"라고 조언한다. 과학의 최종 결과가 아니라 과학연구의 과정을 들여다보면 '필요 없는 사실 버리기'의 취지를 이해할 수 있다.

예를 들어서 DNA 이중나선 발견 과정에서 왓슨과 크릭의 초기의 모델은 이상한 연결이었다. 그들은 처음에 아데닌(A)-아데닌(A), 시토닌(C)-시토닌(C), 구아닌(G)-구아닌(G), 티민(T)-티민(T) 연결 형태를 만들었다. 그 모델을 동료에게 보여주었는데 그는 적절하지 않다고 여겼다. 당시 밝혀진 DNA에 대한 사실에 어긋나는 것은 아니지만 유기화학자들이 선호하는 개념은 아니었다. 그래서 왓슨과 크릭은 어떤 개념이 더 정확한지를 기준으로 삼기보다는 동료 연구자의 학술적인 지지를 얻는 개념에 맞추어 조정하기로 했다. 이는 "사실이 무엇인지를 정확히 하라"는 과학 실재론적인 관점이 작동하지 않을 수 있다는 것을 보여준다. 새로운 과학적 이론이 만들어지는 과정에서는 해석적 유연성이 있기 때문이다. 그래서 덜 필요한 것 또는 덜 선호하는 것을 버리는 것이 효과적인 이론에 도달하는 경로가 될 수 있다.

다음으로 '존재에 대한 태도'에서도 두 얼굴은 다른 말은 한다. 과학 실재론은 "그것이 진실일 때 그것은 유지될 거야"라는 태도를 보인다면, 구성주의 관점은 "그것이 유지될 때, 그것은 진실이 되기 시작한다"고 말한다. 다시 DNA의 이중나선구조 모형화 작업으로 돌아가 보자. 왓슨과 크릭은 마분지로 염기쌍 모형을 만들어서 이리저리 맞추어 보고 있었다. DNA 모형을 탐색했는데 아데닌(A)-티민(T), 구아닌(G)-시토신

(C)을 연결하면 기존 학자들의 선호에도 부응할 뿐 아니라 샤가프 법칙(Chargaff's rules)에 딱 들어맞는다는 것을 발견한다. 샤가프 법칙은 항상 같은 양의 아데닌(A)과 티민(T), 같은 양의 구아닌(G)과 시토신(C)이 존재한다는 원리를 말한다.

그래도 여전히 엉성한 선형적인 구조였다. 그들은 결국 로절린드 프랭클린(Rosalind E. Franklin)의 X선 결정 사진의 도움을 얻어서 이중나선구조를 추론할 수 있었다. 분산되어 있던 사실 중 일부를 연결해서 서로 상충하지 않게 그 모형을 조립한 것이다. 최종적으로 관련 연구자를 초청해서 모델의 승인 가능성을 타진했다. 몇 번의 시도 끝에 최종적으로 인정받으면서 DNA 모델이 공식화되었다. 라투르는 이 과정이 마치 대통령 선거와 비슷했다고 표현했다. 동료 연구자들을 통해서 과학지식이 유지될 때 그 모형은 진실이 되기 시작한다. 일단 진실로 확정되고 나면 혼란스럽던 과정은 소거되고 마치 본래 진실이었기 때문에 유지되는 것처럼 재정의된다.

마지막으로 '기계 제작 태도'에서도 두 얼굴은 다른 말을 한다. 기계 제작에서 효율성을 보는 태도는 다양한데, 과학 실재론은 "가장 효율적인 기계장치를 만들어야 해"라고 생각한다면, 구성주의 관점은 "효율성이 무엇인지를 먼저 결정해야 한다"라는 견해를 편다. 효율성은 어디에 관심을 두느냐에 따라서 달라질 수 있기 때문이다. '기계장치에 대한 신뢰성' 태도도 마찬가지다. 과학 실재론 관점은 "기계장치가 잘 작동하면 사람들이 그것을 믿을 거야"라고 생각한다면 구성주의 관점에서는 "모든 관련자가 믿게 되면 그 기계장치가 잘 작동할 거야"라고 말한다.

2016년 LIGO 중력파 탐지 장치는 과학자 공동체가 그 탐지 원리를 믿었기 때문에 작동했다. 과학 현장에서는 과학실재론과 구성주의 견해가 뒤섞이면서 나타난다. 과학 연구는 이런 혼선과 경계 넘기를 통해 분투하는 과정에서 서로 논쟁하거나 의기투합하기도 하면서 대체로 실패를 겪지만, 아주 가끔 '성공'에 도달한다. 과학 실재론보다 구성주의 관점에서 과학자의 모습이 더 역동적이다.

중성자와 유니콘

ANT는 구성주의이면서 관계주의이다. '실재'는 관계 속에서 부상할 수 있다. 무엇인가가 실재적인 것이 된다는 것은 그것이 다른 것에 영향을 미칠 수 있게 될 때이다. 실재란 원천적으로 존재하는 것이 아니라, 행위자와 행위자들이 서로 관계를 맺고 상호작용하고 반응하는 효과이다. 그래서 실재란 수많은 인간 행위자와 비인간 행위자의 상호작용으로부터 구성되면서 그 효과로서 출현한다.

ANT는 대칭성 원리를 비인간에게까지 확장하여 모든 존재자를 동일한 방식으로 고려한다. 이를 보편화된 대칭성(Generalized symmetry)이라고 한다. 인간과 비인간의 구별을 없애고 대신 행위성(agency)을 기준으로 다룬다. 중성자, 나무, 산, 군대, 정치인, 유니콘, 막대 인간, 비행접시도 행동 능력이 있는 하나의 존재로서 다룬다. 인간이든 아니든, 생물이든 아니든, 물리적 실체든 아니든 모든 행위자는 실재적일 수 있다. 흔히 물리적 실체가 아니라고 간주하는 텍스트나 기호 및 상징적 이미지도 행위자가 될 수 있다.

중성자와 유니콘에 대한 비유가 있다. "우리는 중성자가 유니콘보다 더 실재적이라고 말할 수 없고, 다만 중성자가 유니콘보다 더 강하다고 말할 수 있을 따름이다." 중성자가 자신의 현존을 증언하는 더 많은 동맹자가 포함된 더 큰 연결망을 가지고 있을 따름이다[11]. 중성자의 더 큰 연결망이 우리에게 더 큰 인상을 주며 실재인 것으로 감지되는 것이다. 만약 유니콘이 지금보다 더 많은 동맹자로 구성된 더 큰 연결망을 가진다면 유니콘도 언제든지 중성자보다 더 실재적인 것으로 부상할 수 있다.

그러므로 중성자는 물질적이고 유니콘은 기호적일 것이라는 이분법을 버린다. ANT에서 '실재'란 물질-기호적(material-semiotic)인 존재이다. 중성자는 물질적이면서 기호적인 관계 안에서 출현하고 지속한다. 중성자에 대한 상징과 이미지 그리고 서사의 연쇄가 없다면 우리가 볼 수도 없는 그것을 현실로 받아들일 수 있을까? 유니콘도 마찬가지다. 유니콘을 언급하는 수많은 판타지 작품이 그 물질성을 구성한다. 그것이 책이든 영화든 물질적 두께를 가지고 있다. 유니콘이라고 발성하는 것조차도 공기 입자를 때리면서 전진하는 물질성을 발휘한다.

라투르는 물질-기호적 접근법이 더 유물론적인 유물론이라고 주장한다. 그러므로 STS 연구자의 임무는 물질적인 것(사물 사이)과 기호적인 것(개념 사이)이 동시에 존재하는 관계를 지도화하는 것이다. 그 관계는 사물과 개념을 횡단하는 연결망을 만들 것이다. 연구자는 그 연결망의 궤적을 따라가면서 존재를 확인하는 순례자이다. 이런 맥락에서 ANT는 존재론이면서 인식론의 문제를 동시에 다룬다.

인간과 비인간의 집합체, 그리고 권력

ANT는 행위자(actor), 연결망(network), 번역(translation), 비인간 행위자

(nonhuman actor), 잡종적 행위자(hybrid), 집합체(collective) 등의 새로운 개념을 사용한다. 이들 개념은 과학 지식과 권력의 관계를 설명하는 데 유용하다. 우선 행위자 연결망이란 그 자체로 행위자이면서 동시에 연결망이다. 행위자는 이질적인 요소들과 연결망 활동을 한다. 연결망은 자신을 구성하는 요소들을 재정의하고 변형할 수 있다.

여기서 행위자는 개별의 물리적인 실체가 아니라 행위의 결과로 출현하는 존재(노드)이다[12]. 이 존재는 다른 행위자에 의해서 승인받으면서 행위자임을 유지할 수 있다. "행위자는 행동의 원천으로 승인된다면 문자 그대로 무엇이든지 될 수 있다". 그래서 행위자는 자신의 행위에 의해서만 규정된다. 행위자는 단독으로 존재하지 않으며 관계로 연결되며 연결망을 만든다. 인간 행위자와 비인간 행위자 모두 연결망 내에서 다른 행위자와의 상호작용을 통해서 위치 지어진다.

연결망은 비위계적이다. 행위자와 행위자 사이가 연결되면서 출현하기 때문에 위계적 질서보다 연결되는 순간의 관계성에 중점을 둔다. 연결망 안에서 행위자는 다른 행위자와 주고받는 관계에 놓인다. 이런 관계의 과정에서 어떤 반응이 생성되는데, 그 결과 행위자들의 정체성이 형성된다. 행위자의 정체성이 미리 존재하는 것이 아니라, 연결과 상호작용 과정에서 만들어지는 것이다. 이 연결망은 관계로써 유동하며 열려있는 시스템이다. 연결망은 미리 정해진 질서가 아니라 그 안에 배치된 행위자들이 문제를 제기하는 방식을 통해서 드러난다. 행위자들이 문제를 제기하는 방식이 달라지면 연결망은 다른 형태가 될 수 있다. 연결망은 언제든지 만들어질 수 있지만 붕괴될 수도 있다.

다음으로 번역 개념이다. ANT는 '번역의 사회학'이라고 불릴 정도로 이 개념을 중요하게 다룬다. 행위자가 연결된다는 것은 사실 행위자가 다른 행위자에게 자신의 번역을 전달한다는 의미이다. 한 행위자에서 다른 행위자에게로 어떤 주장이나 지식 또는 물질이 전달되면서 연결망이 출현한다. 각 행위자는 자신의 방식으로 그것을 번역한다[12]. 사실 원래 그대로 전달하는 일은 불가능하다. 각 행위자가 가지는 고유한 특성이 있기 때문이다. 번역이란 두 영역을 연결하거나 통로를 구축하는 과정이며 연결망의 확산이다. 번역은 이전에는 연관이 없던 사물을 연결 지음으로써 융합과 상동을 창조하도록 개입하는 것이다. 이 과정은 물질적이면서 기호학적이다.

> "나는 자신이 누구인지 모르고 자신이 무엇을 원하는지도 모르는데 오히려 다른 사람들이 나 대신에 잘 알고 있다고 말한다. (…) 내가 폭풍인지, 쥐인지, 바위인지, 호수인지, 사자인지, 아이인지, 노동자인지, 유전자인지, 노예인지, 무의식적인 것인지, 바이러스인지 그들은 내게 속삭이고 암시하며 내가 무엇인지 그리고 무엇이 될 수 있는지에 대한 해석을 시행한다." (Latour, 1988: 192)

연결망 속 행위자의 관계에서 조망해보면 사물도 행위자이다.[14] ANT는 비인간 행위자의 역할을 적극적으로 해석한다. 과속방지턱은 도로 위에서 움직이지 않는 것처럼 보이지만 행위한다. 이 시설물은 '운전자는 과속하면 안 된다'라는 도덕적 규칙 대신에 과속하면 '내 자동차의

14 사물은 인간에게 직접 말할 수 없고 매개자를 통해서 말할 수 있다는 차이가 있을 뿐이다. 사물의 말은 연결망 안에서 번역되어야 한다. 인간이 비인간을 바꿀 수 있는 것처럼 비인간도 인간의 행위를 바꿀 능력이 있다. 대상에게도 행위성이 있고 인간에게도 물질성이 있다.

바닥이 방지턱에 부딪혀서 고장난다'라는 이기적 태도가 활성화되도록 번역한 장치이다. 이 장치는 결과적으로 '잠자는 경찰' 또는 '도덕 선생님'의 역할을 한다. 그것은 무심하게 놓여 있지만 인간 행위자의 행동을 즉각 바꿀 수 있는 행위성을 가지도록 구성된 것이다.

기술은 연결망을 구성한다. 기술은 관계를 조립함으로써 새로운 존재, 앙상블(assemble)을 생산한다. 기술은 이리저리 이동하면서 인간과 사물, 사물과 사물, 인간과 인간의 새로운 관계를 유도하고, 인간과 비인간의 연속적인 집합체(collective) 또는 잡종적 행위자(hybrid−actor)를 만드는 방식으로 힘을 이동시킨다. 그 결과 우리는 신과 사람, 별과 원자, 핵발전소, 시장과 같은 굉장히 이질적인 것들이 하나로 이루어진 잡종적인 세계에 살고 있다. 이것이 바로 권력의 생산이다.

기술의 연결에서 비인간 행위자는 중요한 매개물이다. 개코원숭이도 사회관계를 형성한다. 그들은 서로 소통하고 약속하고 협력한다. 그런데 개코원숭이의 사회적인 권력과 인간의 사회적인 권력은 어떤 차이가 있는 것일까? 개코원숭이의 사회적인 관계는 매번 일회적인 협상으로 끝난다. 이에 비해서 인간은 풍부한 물질적인 수단과 상징을 사용하여 협상을 안정화시키는 비인간 장치를 동원한다. 그래서 매번 협상하지 않고도 협상을 안정적으로 유지할 수 있다. 그 협상이 누적되어서 하나의 질서로 수렴되고, 그것이 하나의 권력에 도달할 수 있다. 비인간 존재자들이 정치적인 얼개를 형성하는 데에 참여하기 때문에 정치는 더 강력한 것이 될 수 있다. 인간이 비인간 매개물들을 활용하고 구축하기 때문에 개코원숭이의 사회적 관계보다 강력한 권력을 만들어 낼 수 있었다[12].

ANT의 권력 개념은 전통적인 권력 개념과 다르다. 전통적인 정치학과 사회학에서 권력 개념은 누군가가 권력을 소유한다고 간주한다. 여기서 권력은 모든 일에 선행해서 존재한다. 사람들은 권력을 소유한 자에게 복종한다. 그러나 ANT에서 권력은 소유할 수 있는 것이 아니다. 여기서 권력은 원인이 아니라 결과이다. 연결망 안에 있는 행위자들이 어떤 특정한 주장이나 질서를 전달하고 그 전달이 더 많이 퍼져나가서 더 큰 연결망을 만들 수 있을 때 그것은 실재적인 것이 되고 힘을 얻는다.

이런 점에서 과학지식이 승인되는 것과 권력의 구성은 같은 과정이다. 과학지식은 스스로 완성되지 않으며 권력은 단순히 소유할 수 있는 것이 아니다. 그것은 모두 행위자들에 의해서 번역되면서 이동한다. 그것이 얼마나 멀리까지 전달되는지가 그 지식의 실재성을 담보하며 그 권력의 크기이다. 그러므로 이 권력은 연결망 속의 행위자들에 의해 만들어진 것이다[12].

이 연결망 내에서 어떤 주장, 질서, 인공물, 상품 같은 것이 번역되면서 시공간적인 확신을 일으키는 과정을 더 자세히 들여다보자. 주장이나 질서, 인공물이나 상품을 '토큰'이라고 비유해 보자. 이 '토큰'은 그 스스로는 추동력을 가지고 있지 않다. 토큰의 전달은 연결망 속에 있는 행위자들에 의해서 토큰에 주입된 에너지의 효과이다. 토큰이 다음 행위자에게 전달되는 것은 선행 행위자가 토큰의 존재와 유지를 위해 필수적인 무엇인가를 하기 때문이다. 만약 행위자가 토큰이 오더라도 그것을 더 이상 전달하지 않기로, 즉 더 이상 번역하지 않기로 한다면, 그리고 그것을 버린다면 그것은 더 이상 연결망을 넘어갈 수 없다. 그런 의미에서 권력은 연결망 속 행위자들에 의해 만들어질 수도 있고 또 언제든지 붕괴될 수도 있다.

아마존 현장 연구 사례

ANT의 주요 연구 방법은 과학기술 현장에 대한 인류학적 민족지 연구다. 라투르와 울가의 《실험실 생활(Laboratory Life, 1986)》은 연구자가 실험실 생활에 직접 참여해서 인류학적인 분석을 수행한 저술이다. ANT 연구자들은 "행위자들을 추적하라"는 기본 모토를 따른다. 그렇게 한다면 '만들어지고 있는 과학'을 들여다볼 기회를 얻을 수 있다. 라투르의 다른 책 《판도라의 희망》에서 아마존의 토양 과학 사례 연구를 소개하고 있다. 아마존 토양학자, 식물학자, 지형학자, 그리고 라투르(과학학자)가 한 연구팀이 되어서 아마존 지역에 파견되었다.

이들은 초원과 숲의 경계 지역에서 숲이 전진하고 있는지 아니면 후퇴하고 있는지를 탐색하고자 했다. 식물학자는 그 숲을 보면서 자신의 지식에 근거해서 숲이 전진하고 있다고 생각한다. 그러나 식물학적 증거는 혼란스럽다. 같은 나무가 숲의 전진을 암시할 수도 있고 동시에 후퇴를 표현하는 것일 수도 있기 때문이다. 한편 토양학자는 모래 토양이 퇴화하고 있다는 관찰을 근거로 숲에서 초원으로 변하고 있다는 방향을 염두에 두고 있었다. 토양학자의 지식에 따르면 진흙에서 모래로 변할 수는 있지만 모래가 진흙이 되지는 않기 때문이다. 이는 토양이 열역학 제2 법칙에 따른 결과이다. 식물학자의 경험과 토양학자의 경험이 혼합하여 합의적 결론을 내릴 수 있을까?

연구자는 숲 전체를 가져갈 수는 없으므로 표본 추출과 분류 작업으로 대체한다. 식물학자는 이 지역에서 다양한 식물에서 표본을 수집하고 분류한다. 구아테리아 숌부르키나(Guatteriaschomburgkiana), 쿠라텔라 아메리카나(Curatellaamericana), 콘나루스 파보서스

(ConnnarusFavosus) 같은 식물이 숲과 초원 그리고 둘 사이 경계에 존재하는 수천 종을 대표하며 연구자의 참조물이 된다. 이 과정에서 숲에 있는 개미나 거미, 나무나 벌레 울음소리 같은 것은 누락된다.

그래도 "잃은 것보다는 얻은 것이 많다"[7]. 식물학자는 여러 시간대에 다른 장소에서 수집한 표본들을 탁자 위에 올려놓는다. 숲에서 연구 매뉴얼에 따라 일정한 간격으로 채집한 것이다. 숲에서 멀어지는 만큼 누락된 부분이 발생하지만, 그의 탁자 위에서는 분류 편의성이 있고 여유롭게 조사할 수 있다. 그는 표본을 통일된 시선으로 관찰하면서 표본의 위치를 자유롭게 변경하고 대체하고 재결합할 수도 있다. 이 과정을 통해서 어떤 패턴이 떠오를 수 있다.

토양학자도 일정한 간격으로 토양에 구멍을 뚫어 흙을 채집한다. 토양의 단면도를 그리려는 것이다. 토양학자는 채집한 흙을 구분하고 분류해서 '토양 생성(pedogenesis)'의 서사를 만들어 간다. 지형학자는 캠퍼스와 경사계를 결합한 기구를 들고서 구멍을 뚫어야 할 위치를 측량한다. 그리고 토포필(TopofilChaix)을 이용하여 거리를 계측한다. 토양학자는 드릴로 구멍을 파고 흙을 모아서 '토양비교분석기(pedocomparator)' 상자 안으로 옮긴다. 이것은 정사각형의 작은 마분지 상자로 가득찬 커다란 나무 상자이다. 토양학자는 연구 프로토콜에 지시된 깊이에서 한 덩어리의 흙을 떼어내서 마분지 상자 중 하나에 넣고 그 상자에 번호를 붙인다. 그 번호를 공책에도 동일하게 기입한다.

이제 이 흙들은 더 이상 변경 없이 공간을 이동할 수 있고 시간이 흘러도 유지될 수 있는 상태가 된다. 연구자들이 숙소로 돌아와 토양비교분석기를 보며 논의하는 순간 토양 전체를 조망할 수 있다. 이 상자는 내부의 토양 시료들 사이를 서로 횡단가능하고 비교도 가능하게 만들어준다. 이제 토양비교분석기 속의 마분지 상자의 격자는 논문에 사용할 표로 전환되기 위해서 한 번 더 변형을 겪어야 한다.

전통적인 과학 실재론에서 자연 세계와 인간의 언어(지식)가 곧장 일대일로 대응한다고 믿지만, ANT 연구자는 아마존 현장 연구 사례를 통해서 과학지식이 구성되는 과정을 보여준다. 대상은 특정한 형식 속에 담기면서 원래 사물과는 차이가 발생한다. 아마존의 흙은 거리를 두고 파내어져서 일정한 깊이의 흙이 토양비교분석기에 담길 때 한 번 변형된다. 아마존에 있는 흙과 이 분석기에 담긴 흙은 같으면서도 다른 것이다.

토양비교분석기 속 하나의 흙덩어리와 바로 옆에 있는 흙덩어리 사이에 작은 연결이 출현한다. 흙의 색깔의 차이 또는 흙의 성분의 차이에 의해서 만들어진 연결선이다. 흙덩어리들 사이를 연결하면서 조금씩 작은 연결망들이 형성된다. 최종적으로 흙덩어리는 밀리미터 단위로 줄이 쳐진 그래프 위 좌표 속으로 위치를 배당받는다. 토양 분석기의 흙덩어리는 도표나 숫자가 되면 흙덩어리와 중첩이 있으면서도 다른 것이 된다.

과학자의 작업은 여러 번의 작은 번역을 거치면서 대상을 보존하면서 동시에 변형한다. 각 단계는 앞 단계와 같으면서도 다른 것이다. 이것을 〈그림 12.2〉에서 사슬 모양의 연쇄로 표현할 수 있다. 아마존 숲이 마지막 단계로 변환되는 과정을 통해서 지식의 형태는 종결된다. 과학자의 지식은 토양이나 식물 표본과 같은 물질적인 성분과 숫자나 그림 텍스트 같은 기호적인 성분이 함께 만들어 낸 연쇄의 효과이다. 연구자들은 기호적인 성분과 물질적인 성분 모두를 포함하는 행위자-연결망을 생성함으로써 그것에 '진실'의 지위를 부여한다.

라투르는 이것을 이중의 구성주의(double-constructivist)라고 지명했

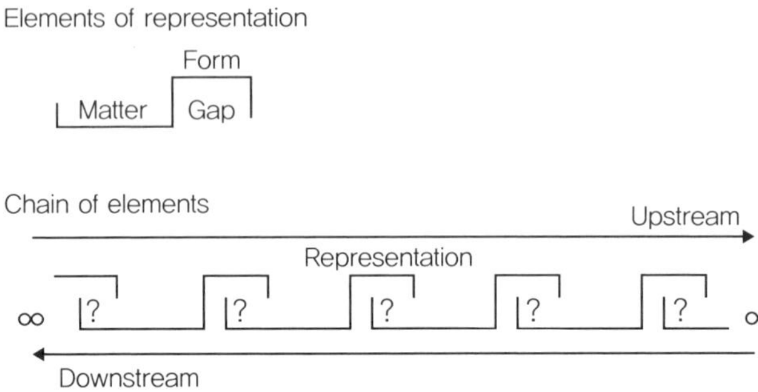

그림 12.2 과학자의 작업은 여러 번의 단계를 거치면서 대상을 변형한다. 각 단계는 앞 단계와 같으면서도 다른 것이 된다. 이것은 연쇄를 구성한다.
자료: 《Pandora's Hope》

다. ANT는 물질적이고 기호적인 성분을 횡단하며 연결한다는 뜻에서 물질기호학(material–semiotics)이다. 토양학자와 식물학자는 최종적으로 한 지점을 '숲(FLORESTA)'과 '초원(SAVANA)'의 경계로 확정했다. 이제 연구자들은 각자 자신의 연구소로 돌아가서 컴퓨터를 이용해서 최종본을 작성할 것이다. 또 다른 번역이 일어날 단계이다.

파스퇴르의 세균 이야기

라투르의 책 《프랑스의 파스퇴르화(The Pasteurization of France, 1988)》는 잘 알려진 연구 중 하나이다. 과학자의 실험실은 잡종적 행위자로 가득 차 있다. 실험실은 행위자 연결망을 제조하는 장소다. 실험실의 활동은 마치 권력을 형성하는 정치와 비슷하게 작동한다. 정치가가 권력을 얻고 유지하기 위해서 동맹자를 하나로 결집시키려 노력하는 것과 같이 과학자와 엔지니어도 실험실에서 여러 동맹자를 연결하고자 분투한다.

세균학의 아버지로 불리는 프랑스의 미생물학자 루이 파스퇴르(Louis Pasteur, 1822~1895)는 실험실 안에서 박테리아(세균)와 실험 장비 등을 연결하여 새로운 결합물을 만들어 냈다. 파스퇴르의 효모에 관한 견해는 새로운 연결망을 생산함으로써 승리할 수 있었다. 당시는 리비히(Justus von Liebig, 1803~1873)의 화학이 지배적인 시대였다. 파스퇴르는 처음 화학자로 연구 경력을 시작했고 이어서 미생물 연구를 수행하면서 융합적 시각을 가지게 되었다. 화학의 패러다임에서 미생물의 존재는 모호한 생기론자처럼 보였다. 그때는 아직 미생물이라는 존재에 대한 인식이 없었다. 그래서 순수한 화학 방식으로 설명하는 것이 더 선호되었는데, 살아있는 물질의 개입 없이 불활성의 물질이 분해된다고 설명하는 방식이었다. 파스퇴르도 초기에는 효모를 화학적 기작에서 생긴 부산물 또는 불순물이라고 표현했다.

그러나 그는 〈젖산 발효라 불리는 것에 대한 소고(1856)〉에서 효모를 일련의 현상을 발생시키는 독립적이고 완전한 존재자라고 묘사했다. 이것은 미생물인 효모가 발효의 유일한 직접적인 원인자라고 주장하는 것이었다. 그가 효모를 독립적인 존재로 승인하자마자 이전의 모든 실행은 다시 재정의되었다. 효모가 하나의 행위자로 등장하자 기존 행위자들의 지위나 역할이나 정체성도 달라져야 했다.

과학자는 실험실을 통해서 '실재'를 만드는 권력을 가진다. 파스퇴르의 실험실은 세균을 통제할 수 있는 특별한 공간이다. 실험실이 아닌 곳에서 파스퇴르는 세균보다 더 힘이 약하다. 세균을 볼 수도 없고 피해갈 수도 없기 때문이다. 하지만 실험실 안에서 그는 비인간 행위자 연결망을 이용해서 세균을 통제할 힘을 얻는다. 그리고 특정한 조건으로 세균을 안정화시켜서 실험실 밖 사회로 유포할 수 있었다. 그것이 백신이다.

그렇다면 파스퇴르가 발견하기 전에도 세균이 존재했었을까? 순박한 실재론자라면 '존재했었다'라고 답하겠지만 라투르는 실존적인 관점에서 '존재하지 않았다'라고 말한다. 결핵균이 발견되기 전에는 결핵으로 사망할 수 없다. 물론 그 이전에도 누군가는 그 질병으로 사망했을 것이다. 그러나 결핵균에 대해서 아는 바가 없기에 결핵으로 진단될 수 없고 따라서 '결핵'은 아직 존재하지 않는다.

물론 파스퇴르가 공기 속에서 세균을 발명한 것은 아니다. 그는 기존의 작용물의 경계를 바꾸고 이동시킴으로써 이 새로운 존재(세균)를 형성해냈다. 토양학자가 토양으로부터 흙덩어리를 끊어내듯이,[15] 파스퇴르는 발효균에 대해서 완전히 다른 관계를 분절했다. 다른 사람들도 발효와 관련된 메커니즘을 이해하기 위해서 각자의 방식으로 분절과 연결을 수행했을 것이다. 파스퇴르는 자신의 방법으로 분절했고 그 속에서 어떤 패턴을 발견해 낼 수 있으며 그것을 어떤 명제와 연결했다. 그 결과 그는 효모를 화학적 과정의 부산물로 보는 대신에 살아있는 존재자로 간주할 것을 제안할 수 있었다.

1881년 파스퇴르의 탄저병 실험은 단순히 한 영웅의 이야기가 아니라, 여러 행위자의 연결체로 보아야 한다. 탄저병은 로베르트 코흐(Robert Koch)가 처음 발견한 것으로, 피부나 입을 통해서 병원균이 들어오고 소화기나 호흡기에 침범하여 초기에는 피로, 열, 기침, 흉부, 불쾌감 같은 것들로 시작해서 나중에 호흡 곤란을 일으키다 결국은 사망하는 질병이다. 주로 가축들에게 걸리지만 인간에게도 전파된다. 당시

---

15 토양학자는 가이드라인을 준수하지만, 학자마다 약간의 습관이나 여러 가지 관심사에 의해서 약간씩 조금 다르게 분절할 수 있다.

유럽 사회에서 전염병으로 인한 피해가 심각했고, 사회적인 안전 문제는 시급한 사안이었다. 그는 프랑스 푸이 르포르라는 지역에서 양 24마리, 염소 1마리, 소 8마리에게 백신을 주사했다. 접종받은 동물들은 모두 살아남았지만 그렇지 않은 양 21마리와 염소 1마리는 탄저병에 걸려 죽었다. 이로써 백신이 탄저병 예방에 유효한 것으로 승인되었다.

당시 프랑스에 활동하던 위생주의 운동이 파스퇴르의 연결망을 강력하게 만드는 역할을 했다. 위생주의 학자와 파스퇴르는 서로를 견고하게 만들어주었다. 이 운동은 파리 의과대학과 과학기술자 도시행정가가 중심이었고 관련 과학 저널 출판과 문화운동으로 이어졌다.[16] 이들은 파스퇴르의 실험과 백신 방법론을 강하게 지지했다. 파스퇴르의 실험은 위생주의자들이 동물에게 취했던 작업을 응용한 것이었다. 위생주의자의 지식과 파스퇴르의 지식은 서로 혼합되면서 거대한 연결망을 구축할 수 있었다. 사람들이 파스퇴르의 백신을 맞을 때마다 이 연결망의 끝단이 늘어나면서 백신의 권력이 확산한다. 그는 백신을 통해서 사회를 실험실화했고, 프랑스 전체를 파스퇴르화했다.

파스퇴르는 단지 세균을 발견한 것이 아니라, 세균의 존재를 '제도의 정의(its definition of institution)'로 만들었다[14]. 그 세균의 존재를 정당화할 수 있는 전체 연결망들을 만들어 낸 것이다. 어떤 방식으로 분절해서 어떤 방식으로 연결할 것인지에 따라서 전혀 다른 존재가 등장할

16 전염병과 위생문제를 제기하는 예술문화 활동이 증가했다. 《올리버 트위스트(1837)》의 작가 찰스 디킨스는 위생개혁의 기수였다. 조지 엘리엇의 《미들마치(Middlemarch, 1871)》, 엘리자베스 개스켈의 《남과 북(North and South,1854)》, 벤저민워드 리처드슨의 《히게이아: 건강의 도시(Hygeia, a City of Health, 1876)》는 일명 '위생 소설'로 불린다.

수 있었다. 그는 '세균'이 그것으로 정의될 수 있는 하나의 형식, 그런 제도 전체를 만들어 냈기 때문에 그 균이 존재할 수 있게 했다.

전체 연결망이 구성되지 않는다면 그 세균을 정의할 수도 없고 입증할 수도 없다. 세균은 발견의 원인이 아니라 연결망의 결과로서 출현할 수 있었다. 그 연결망은 물질적이면서 기호학적이다. 그런 의미에서 세균은 잡종적 행위자이다. 더 촘촘한 연결망을 형성할수록 더 실재적인 것으로 부상할 수 있다. 과학자는 더 튼튼한 연결망을 만들기 위해서 경쟁한다. 서로 대립하는 주장을 하는 과학자 집단이 있다면 각 집단은 자신의 주장을 더 실재적인 것으로 만드는 연결망을 만들어야 한다. 그 연결이 크고 견고할수록 '진실'이라는 권력을 얻을 수 있다.

참고문헌

1 Dewey, John. 1929. Experience and Nature, George Allen & Unwin, LTD: London.

2 에드워드 J. 해킷 외 엮음. 2019. 《과학기술학 편람》, 김명진 옮김, 아카넷.

3 과학기술학회. 2014. 《과학기술학의 세계: 과학기술과 사회를 이해하기》, 휴먼사이언스.

4 김경만. 2014. 《과학지식과 사회이론》, 한길사.

5 스티븐 이어리. 2000. 《과학학이란 무엇인가》, 김명진 옮김, 그린비.

6 데이비드 블루어. 2000. 《지식과 사회의 상》, 김경만 옮김, 한길사.

7 브뤼노 라투르. 2018. 《판도라의 희망: 과학기술학의 참모습에 관한 에세이》, 장하원·홍성욱 옮김, 휴머니스트.

8 Collins, H. M. 1992. *Changing Order: Replication and Induction in Scientific Practice*, University of Chicago Press.

9 브뤼노 라투르. 2016. 《젊은 과학의 전선: 테크노사이언스와행위자-연결망의 구축》, 황희숙 옮김, 아카넷.

10 Latour, Bruno. 1999. *Pandora's hope: essays on the reality of science studies.* Harvard University Press.

11 그레이엄 하먼. 2021. 《브뤼노라투르: 정치적인 것을 다시 회집하기》, 김효진 옮김, 갈무리.

12 Latour, B. 1986. "The Powers of Association", in *Power, Action and Belief: a New Sociology of Knowledge?*, J. Law (ed.), Routledge and Kegan Paul.

13 Latour, Bruno & Woolgar, Steve. 1986. Laboratory Life : The Construction of Scientific Facts, Princeton University Press

14 Latour, Bruno. 1988. *The Pasteurization of France*. Translated by Alan Sheridan and John Law, Harvard University Press.

15 브뤼노 라투르. 2023. 《존재양식의 탐구: 근대인의 인류학》, 황장진 옮김, 사월의책.

16 루드비크 프렉. 2020. 《과학적 사실의 기원과 발전: 사고 양식과 사고 집단

에 관한 이론》, 이을상 옮김, 한국문화사.

17 프리먼 다이슨. 2015.《과학은 반역이다: 물리학의 거장, 프리먼 다이슨이 제시하는 과학의 길》, 김학영 옮김, 반니.

13장

사이보그와 반려종

우리는 대중 미디어와 영화를 통해서 여러 사이보그를 알고 있을 뿐만 아니라 친숙하게 느끼기도 하다. 영화 〈스타워즈〉에 등장하는 아나킨과 또 다른 영화 〈로보캅〉의 알렉스 머피 같은 인물이다. 그들은 어떤 사연으로 신체 일부를 상실했고 그 결핍을 보충하기 위해 '인간-기계 합성체(man-machine mixture)'로 재탄생했다. 그들의 모습은 우리가 사이보그를 말할 때 떠올리는 일반적인 이미지가 되었다. 그들은 외부의 기계가 결합한 새로운 신체를 가지면서 정체성도 변한다. 아나킨은 최고의 악당 다스베이더가 되었고 머피는 기억을 잃은 채 막강한 힘을 가진 기계 경찰이 되었다. 이들 이야기는 사이보그가 단순한 혼합물이 아니라 인간과 기계 양자 모두의 변형으로 이어진다는 함축을 전한다.

최초의 사이보그

사이보그(cyborg), 이 용어의 기원은 사이버네틱스로부터 온 것이다. 1948년 노버트 위너가 생명체와 기계의 의사소통 및 통제에 관한 학문을 지칭하기 위해서 사이버네틱스 개념을 창안했다(10장). 이에 영감을 받은 맨프레드 클라인즈(Manfred Clynes)와 나단 클라인(Nathan Kline)[1]은 1960년 '사이보그'라는 새로운 개념을 주장했다. 사이보그는 어원적으로 사이버네틱스(cybernetics)와 유기체(organism)의 합성어이고, 다시 말해서 '외부 구성 요소와 결합한 유기체'이다.

> "무의식적으로 통합 항상성 시스템으로 기능하는 외생적으로 확장된 조직 복합체에 대해 '사이보그'라는 용어를 제안한다. 사이보그는 새로운 환경에 적응하기 위해 유기체의 자기 조절 기능을 확장하는 외생적인 구성 요소를 의도적으로 통합한다." [1]

당시 미국과 소련은 우주 경쟁을 벌이고 있었고 우주 사업의 일환으로 우주에서 생존할 수 있는 강화된 인간 신체를 개발하고자 했다. 그 개발 과정에서 삼투압 펌프를 신체에 이식한 쥐(cyborg pump) 모델이 등장했다. 이 쥐는 매우 열악한 환경에서도 심장이 멈추지 않도록 화학 물질을 정기적으로 자동 주입하는 장치를 이식받았다. 쥐와 이 장치는 하나의 신체 단위로 합성되었고 자동으로 신체의 항상성을 자율 규제할

1 맨프레드 클라인즈(M. Clynes)는 호주 록랜드 주 동적 시뮬레이션 실험실 수석 연구원이었고 생리학 기기 및 전자 데이터 처리 시스템 설계와 개발에 종사했다. 나단 클라인(N. Kline)은 컬럼비아 대학 임상정신의학 조교수였다.

수 있다. 클라인즈와 클라인은 이 쥐를 '최초의 사이보그'라고 지명했다.

1980년대 사이보그 개념은 철학적인 차원으로 이동했다. 페미니스트 과학학자 도나 해러웨이(Donna Haraway)는 논쟁적인 논문 〈사이보그 선언: 1980년대 과학, 기술 그리고 사회주의 페미니즘(A Manifesto for Cyborgs: Science, Technology and Socialist Feminism in the 1980s, 1987)〉을 발표했다. 이 논문은 여성주의와 사이보그에 대한 새로운 관점을 제기한 것으로 유명해졌다.

영문학자 캐리 울프(Cary Wolfe)는 사이보그 선언처럼 다양한 분야를 모두 한꺼번에 다룬 논문은 본 적이 없다며 감탄했다. 논문의 성격만큼이나 "독자층도 매우 다양할 것이고 그들이 읽는 목적도 서로 다를 것이다"[4]. 이 논문은 출간된 지 30년이 넘었는데도 여전히 '혁신적 주장'이라는 이미지를 잃지 않고 있다. 이 논문의 제목은 《공산당 선언》을 떠올리게 하는데 학술 연구서라기보다 정치적이면서 철학적 선언이다. 해러웨이에게 정치적인 것과 학술적인 영역은 분리되지 않는다.

해러웨이의 어린 시절은 우주 경쟁과 함께 시작되었다. 소련의 스푸트니크 발사(1957)로 인해 미국은 충격을 받았고 즉각 우주 연구에 뛰어들었다. 더불어 국방교육법(National Defense Education Act)과 과학교육 개혁도 진행했다. 과학은 경쟁 무기가 되었고 대중은 과학으로 무장해야 했다. 해러웨이는 정부가 지원하는 과학교육의 영향을 받으며 성장했다. 해러웨이가 연구자로 활동하던 1980년대 후반은 미국과 소련의 냉전이 힘을 잃었고 사람들은 새로운 방향성을 찾고 있었다.

페미니즘과 사이보그

해러웨이는 사이보그의 기술적 구성보다 존재론적 특질에 더 주목했다. 사이보그 선언문의 첫 번째 장의 제목은 "집적회로 속 여성을 위한 공통언어라는 역설적인 꿈(An Ironic Dream of a Common Language for Women in the Integrated Circuit)"이다. 서로 연결될 것 같지 않은 단어를 조합하고 있어서 낯설고 기이하다.[2] 그 기이함은 그가 제기하는 문제가 너무 새롭기 때문이다. 해러웨이는 자신을 낯선 세계로 빨려 들어간 '사이보그 앨리스'로 자처한다.

> "이 글은 페미니즘, 사회주의, 유물론에 충실하면서 역설적인 정치 신화를 구축하려는 것이다. 이것은 엄숙한 경배나 동일화보다는 아마도 신성 모독에 더 충실하게 가깝다. (…) 나의 역설적인 믿음, 신성 모독의 중심에 사이보그의 이미지가 있다. (…) 사이보그는 사이버네틱스 유기체로, 기계와 유기체의 잡종이며, 허구의 창조물이면서 동시에 사회적 실재의 창조물이다." [2]

그는 근대의 순수하고 순결한 논리와 패러다임에 맞서고자 했다. 이 점에서 라투르의 견해와 중첩이 있다(12장). 해러웨이는 공통언어를 꿈꾸는 대신 이질적인 언어(heteroglossia)를 인정하며 지향한다.[3] 세계를 설명하는 표준적인 지식에 대한 갈망은 불가능한 꿈이다. 근대사회는

---

2 해러웨이는 자주 SF에서 영감을 얻는다고 말했다. 그의 문화적인 취향을 반영해서 그의 글도 SF를 읽는 방식으로 접근한다면 다소 편안하게 읽을 수 있다. 그의 견해에 따르면 권위 있는 과학문서도 SF처럼 읽을 수 있다.

세계를 이해하는 단 하나의 '진리'를 제공한다고 주장했고 그렇게 믿어졌었다. 근대는 종교(신)를 거부하는 외양을 가장하지만, 사실은 자기 자신을 신의 지위(절대 권위)에 놓았다는 점에서 또 하나의 종교였다. 이 견해 역시 라투르와 공유하는 주장이다.[4] 근대를 지탱하는 하나의 권위를 거부하는 해러웨이의 지향은 '신성 모독죄'에 처할 수 있다.

그는 이런 급진적 견해를 대표하는 이미지로 사이보그를 지명했다. 사이보그는 인식론적으로 역설적이고 존재론적으로 신성 모독적이다. 사이보그는 유기체가 자신의 외부와 결합한 존재라는 점에서 역설적이다. 그리고 나아가 그들이 절대적 질서에 개의치 않으며 자신이 처한 여러 조건에 부응하면서 가능한 여러 버전으로 자신을 재생산하기 때문이다.

사이보그는 허구이면서 동시에 사회적 실재이다. 우리는 허구와 실재를 대립적인 것으로 간주하기 때문에 이 주장은 기이해 보인다. 어떻게 허구이면서 동시에 실재가 될 수 있나? 해러웨이에 따르면 허구와 실재의 경계를 명백하지 않다. 예를 들어서 여성에 관한 이미지는 정치적 허구이며 실재이다.[5] 여성이라는 정체성 범주는 순수한 실체가 아니다. '여성'은 본래 태어난 존재가 아니다. 여성으로 묶일 수 있는 특이성은 어디에도 없으며 단지 오직 차이의 바다(sea of differences)만 있을 뿐이다. 사회적인 성(gender)으로서의 여성을 생물학적인 성(sex)으로서의 여성

---

3 지식의 주체는 주어진 조건 맥락 안에서 그에 부합하는 '상황 지식(situated knowledge)'을 얻을 수 있을 뿐이다. 모든 것을 관통하는 지식이란 불가능한 꿈이다.

4 브뤼노 라투르의 《존재양식의 탐구: 근대인의 인류학》 중에서 〈1부 근대인의 존재양식에 대한 탐구를 어떻게 가능하게 할 것인가〉를 참조하라.

과 연관시킬 방법도 없다. 여성성이나 남성성이라는 것은 자연스러운 것이 아니며, 관념적이고 인공적으로 만들어진 것이다. 여성이라는 정체성은 이데올로기적 필요에 의해 우리에게 강제적으로 부과된 것이다.

'여성'은 생물학적인 특질과 교육받은 특질의 혼합으로 만들어진 존재이다. 예를 들어 우리는 '여성은 작은 것에 집착하는 게 마땅해!'와 같은 사회적 통념을 계속 재생산하는 사회에 살고 있다. 이 한마디 말은 생물학적 여성에게 다양한 개성을 허용하지 않겠다는 정치문화적 압력을 담고 있다. 이것이 사람들 사이를 횡단하면서 믿음으로 내장되고 그런 믿음에 준하여 여성을 배치한다면 여성은 정말 그렇게 작동할 가능성이 커진다. 허구가 실재를 낳는 것이다. 이런 맥락에서 '여성'은 생물학적 유기체이면서 외부적 요소(여성을 정의하는 사회적 믿음)가 결합한 사이보그들이다.

우리가 실재라고 확신하는 과학지식도 허구이면서 실재이다. 관찰내용은 관찰자와 대상이 대면하는 순간 형성된 것이다. 하늘은 '파랗다'라는 속성을, 돌은 '딱딱하다'라는 속성을 가지지 않는다. 다만 관찰자(인간)의 신체조건에 의해서 그렇게 체험되는 것이다. 다른 관찰자(박쥐 또는 다이아몬드)는 그것을 다르게 볼 것이다. 따라서 대상은 관찰자의 조건을 포함하여 출현한다. 관찰자가 가지고 있는 물리적 한계만이 아

---

5 서구 근대 문명에서 여성에 관한 역설적 태도는 흔한 일이다. 예를 들어서 그들은 한편으로는 인간이 이성을 가지고 있다는 사실을 매우 자랑스러워하면서도, 다른 한편으로는 하와가 금단의 열매(선악과)를 따먹었다는 것에는 분개한다. 그들은 심지어 그 열매를 먹음으로써 인간이 구별하는 마음(지혜)을 얻었다는 것을 잘 알고 있다. 하와의 행위는 인간이 스스로 생각하는 능력을 얻었다는 상징이다. 하나는 자랑하며 그것의 기원이 된 여성의 행위에 대해서는 비난하는 이중성을 유지한다.

니라 인식론적 경향이나 문화적이고 이데올로기적 편향도 관찰 내용에 포함된다. 우리가 확정한 '실재'는 그 모든 것의 결합 효과로 만들어진다(9장). 이 점에서 우리의 관찰 결과물도 사이보그적이다.

뉴턴의 보편중력의 법칙은 우주의 어떤 질서를 표현하지만 허구적이다. 우주의 모든 사물(질량)을 M_1이나 M_2라는 기호로 배당하는데, 사물을 하나의 기호로 대치하는 것은 약속의 차원이다. 다시 그것을 힘(F)이나 거리(r) 같은 다른 항과의 관계로 엮는다. 얼마든지 다른 요소를 포함할 수도 있고 다른 방식으로 관계지을 수도 있지만 뉴턴은 그렇게 했다. 뉴턴이 해석하고 부여한 질서라는 점에서 그것은 구성된 것이며 허구적이다.

반대로 우리가 허구라고 간주하는 것도 완벽한 거짓이 될 수 없다. 소설조차도 단지 거짓으로만 짜일 수 없다. 그 안에서 여러 행위자의 상호관계가 일정한 규칙으로 발생하고 다음 발생을 제약한다. 그로써 그 세계의 물질성이 만들어진다. 《장미의 이름》의 작가 움베르토 에코는 소설 속 등장인물의 행위성에 대해 회고했다.

> "호르헤를 장서관에 앉힐 당시만 해도 그를 살인범으로 만들지 여부는 결정되어 있지 않았다. 말하자면 호르헤는 이야기 자체가 지닌 생명력 안에서 스스로 그 역할을 해낸 것이다. 이 말은 '관념론적으로' 해석되어서는 안 된다. 내가 말하고 싶은 것은 등장인물이 소설이라는 세계에서 자율적인 생명을 지니는 것이고, 작가가 할 수 있는 일은 일종의 망아 상태에서 그 등장인물이 지향하는 방향대로 행동하게 할 수밖에 없다는 점이다."
>
> 《장미의 이름》 작가 노트 중에서

이렇게 가공의 인물도 작가(창조자)에게 영향력을 발휘할 수 있다. ANT의 기준에서 볼 때 다른 존재에게 힘을 발휘할 수 있다면 그것은 실재한다(12장). 가짜뉴스는 허구이지만 널리 유포된다면 위력을 얻는다. 미국 전 대통령 트럼프가 죄수복을 입고 있는 사진은 명백히 거짓이지만 사람들은 사진을 퍼나른다. 이 사진은 잘 만들어진 가짜뉴스의 존재론을 보여준다. 사람들은 거짓이라는 것을 알면서도 그것을 다른 사람들에게 보여주길 원한다. 사람을 넘어 횡단할 때마다 이 사진에는 사람들의 마음이 묻어난다. 재미있어하는 마음과 진짜이길 바라는 마음 같은 것들이 이 사진을 실재보다 더 실재적인 힘을 가지게 만든다. 이렇게 허구적인 것과 실재적인 것은 혼종적으로 얽히며 존속한다.

페미니스트 화가 린 랜돌프(Lynn Randolph)는 사이보그 선언문을 읽고 감명받아서 예술작품으로 표현해냈다. 해러웨이의 논문에는 한국 반도체 공장에서 일하는 여성 노동자 이야기가 등장한다. 그는 그들을 사이보그 대표라고 보았다. 한국에서 전자 산업체에서 일하는 여성은 집적회로에 잘 적응하도록 교육받고, 영어를 포함하여 읽고 쓰는 능력이 있다. 이런 유능하고 값싼 여성 노동은 다국적 기업에게 매력적 존재이다[2].

랜돌프의 그림 "사이보그(1994)"의 주인공은 아시아 여성의 얼굴을 하고 있다. 그는 신자유주의적 자본 세계의 중심에서 멀리 떨어져 있는 주변 지역에 살고 있다. 그는 키보드에 타이핑을 하고 있고 가슴에는 컴퓨터 칩과 보드가 박혀 있다. 그 배경에는 다양한 과학 행위와 컴퓨터 행위를 대변하는 이미지가 걸려 있다. 그의 머리에는 호랑이 머리 장식이 올려져 있다. 현실의 반도체 공장의 여성 노동자는 가장 힘이 없는 지위에 있지만, 이 그림은 그들을 사이보그로 재정의한다면 무엇이든지 할

그림 13.1 simians cyborgs and women
랜돌프의 그림은 나중에 해러웨이의 책 ≪Simians, cyborgs, and women: the reinvention of nature≫의 표지 그림이 되었다.

수 있는 존재로 변신할 수 있다고 말한다.

사이보그의 존재론

사이보그는 순수하지 않으며 또한 그런 상태를 지향하지도 않는다. 사이보그는 생명체나 비생명체 또는 물리적이거나 기호적인 영역을 횡단하면서 결합함으로써 새로운 존재론을 확장한다. 그래서 사이보그는 '잡종의 창조물(Hybrid creature)', '기이한 경계적 창조물(odd boundary creatures)', '사이버네틱 유기체(cybernetic organism)', '기계와 유기체의 잡종(hybrid of machine and organism)'으로 불린다.

〈표 13.1〉은 인간(유기체)과 결합하는 다양한 예시를 보여준다. 인간은 다른 유기적 창조물(other organic creatures)과 합성할 수 있다. 유기

표 13.1 사이보그 합성: 우리 자신(유기체)과 결합하는 예시 [7]

우리 자신 (ourselves)	유기적 창조물(other organic creatures)	기계(machines)	다른 생물 (other life)
– 우리 자신	– 정보 시스템 – 텍스트 – 사이버네틱스로 통제되는 노동 및 재생산 시스템	– 의사소통 시스템 – 텍스트 – 자율적 장치, 사이버네틱스 설계 장치	– 미생물 등

적 창조물에는 정보 시스템과 텍스트(문자), 그리고 사이버네틱스로 통제되는 노동 및 재생산 시스템이 있다. 이 표에 따르면 우리는 이미 아주 오래전부터 사이보그였다. 언어와 문자는 인간에 의해 창조되고 유지되지만 인간 외부의 존재이다. 언어는 유기체처럼 계속 변화하고 진화한다. 사람들은 언어를 인간의 도구라고 여기지만 언어학에 따르면 언어가 인간을 통해서 말한다. 줄리아 크리스테바(Julia Kristeva)의 '말하는 주체(speaking subject)' 이론에 따르면 언어가 주체(인간)를 생산한다[10]. 인간과 언어는 매 순간 서로를 통하여 자신을 표현하며 서로를 변형시킨다(16장). 포드시스템에서 스마트 공장에 이르기까지 현대의 생산 체계는 사이버네틱스로 통제되는 노동 및 재생산 시스템이다. 이 체계는 행동심리학적으로 개선된 생산 메커니즘으로써 그 안에서 노동자는 생산 시스템과 결합된 상태의 사이보그로 행위한다.

다음으로 좀 더 단순한 범주로 인간(유기체)과 기계의 결합이 있다. 여기에는 의사소통 시스템, 텍스트, 자율적인 장치, 사이버네틱스 설계 장치 등이 있다. 텍스트는 때로 기계적이고 때로 유기적이다. 우리는 가이드라인이나 약속 문서, 법률이나 규칙, 교과서 지식과 결합할 수 있다. 그것은 모두 만들어졌다는 점에서 일종의 기계이다. 자동차와 운전자의 관계도 유기체와 기계 결합의 흔한 예시이다. 이들은 별개의 실체이지만 잘 짜인 인터페이스에 의해서 '결합'된 채 주행한다. 그 결합이 느슨해지면 사고로 이어질 수 있다. 스마트폰을 사용하는 인간사용자도 여기에 해당한다. 현대인은 스마트폰과 분리되면 불안증을 느낀다. 그 결합의 정도가 너무 강해서 그 기계는 신체의 일부가 된 것 같다.

그 외 유기체는 다른 생물과 결합하여 새로운 존재가 될 수 있다. 인간의 신체 속에 사는 1만 종의 미생물은 신체 내부라고 분류할 수는 없지만 그렇다고 그 미생물을 제거한다면 신체가 제대로 기능할 수 없다. 오랜 시간 인간 신체와 미생물은 서로를 길들이면서 결합해온 사이보그다. 하와이안 보테일 오징어(Euprymna scolopes)는 비브리오 피슈리 박테리아에 감염되지 않는다면 삶을 꾸려가기 어려워진다(6장). 그들은 서로 결합하는 순간 사이보그로 존재를 전환한다. 사이보그의 기원은 지구 생명의 역사를 거슬러 올라간다. 고세균과 세균은 합성적 공생을 통해 자기 자신을 다양하게 만들었고 삶의 방식을 개척했다.

현대의 사이보그

현대기술이 생산하는 이미지는 사이보그적이다. 켈리의 카툰 "가상의 검경(Virtual Speculum, 1992)"에서 임신한 여성은 초음파 기술을 통해서 스크린 속 태아를 본다. 문자 그대로 태아는 컴퓨터 '속'에 있다. 스크린의 태아는 초음파 장치가 태아(대상)를 관측한 데이터를 컴퓨터 이미지로 구현한 것이다. 그 이미지는 실재도 아니고 허구도 아니다. 태아와 기계장치의 잡종적 상호성의 효과로 출현한 존재이다.

자연이 생산한 유기물과 인간이 만든 기계 사이 구분이 모호해지며 더 많은 사이보그가 번성하고 있다. 그 혼합의 양태는 생명체와 화학물질 그리고 기계 시스템 영역을 횡단하고 있다. 나일론은 1938년 듀퐁사가 개발한 합성 유기화학물이다. 이것은 자연에는 존재하지 않는 물질이었지만, 이후 물질의 개념 자체를 변경시켰다. 그 이전의 물질은 어떤 방식으로든 자연에서 온 것이었다면 나일론은 인공적으로 창조된 물질의 시대를 열었다. 나일론은 유연했고 튼튼했으며 저렴했다. 나일론은 우리의 삶을 현대적인 것으로 만들었다. 그것은 부패하지 않음으로써 자신이 자연의 존재가 아니라는 것을 보여주고 있다.

플레이브 세이브(Flavr Savr)는 1994년 미국 FDA 승인을 받은 토마토 품종이다. 캘리포니아 대학의 농업 과학자들이 창립한 칼젠사가 유전자 조작으로 풍미가 좋으면서도 먼 시장까지 수송가능한 썩지 않는 토마토를 개발했다. 과일이 숙성할 때 세포벽을 무르게 하는 효소를 덜 생산하도록 박테리아로부터 유전자를 이식했다. 부패의 속도를 공학적으로 늦추려는 시도는 성공했지만 기대했던 만큼 풍미가 증진되지는 않았다. 이 사이보그 토마토는 무미건조한 맛 때문에 상업적으로 성공하지 못했고, 2년 후 몬산토(Monsanto)에 인수되었다. 유전공학은 유기체와 유전자(텍스트)의 결합을 통해 끊임없이 사이보그를 생산하고 있다.

핵발전용으로 사용하는 플루토늄(Pu 239)은 자연 상태에서 거의 발견되지 않고 대신 주로 인공적으로 만들어진다. 우라늄 238에 중성자를 흡수시켜서 생성할 수 있다. 이로써 과학자들은 원소주기율표상의 비어 있는 자리를 채울 수 있었고, 반감기가 연장되어 통제가능성을 높일 수 있다는 장점 덕분에 발전용 원료로 채택되었다. 플루토늄은 우라늄 238이라는 물질적 존재와 과학 지식(텍스트)과의 결합으로 탄생한 사이보그적 존재이다.

현대 전쟁도 "사이보그 잔치"를 벌이고 있다. 현대전의 특징은 정보 메커니즘에 토대를 둔 C3I(Command–Control–Communication–Intelligence) 형식을 띠고 있다. 미 육군 랜드 워리어(Land Warrier)는 여러 컴퓨터 장치와 커뮤니케이션 시스템을 장착하고 있다. 랜드 워리어가 현장에 진입하면 백악관의 대통령은 현장에 있는 것처럼 모든 사실을 확인할 수 있고 현장에서 어떤 임무를 수행해야 할지를 직접 명령할 수 있다. 이로써 전쟁이 지리적 한계에 묶이지 않고 대륙을 넘어서 확장된다.

일상적 삶도 더 다양한 사이보그적 상태로 진입하고 있다. 우리는 의료적인 치료를 받을 때 마취제를 사용한다. 이것은 우리가 마땅히 겪어야 할 고통을 경감시켜준다. 상처로 고통스러웠을 경험이 인위적으로 제거되는 것이다. 고통이 제거된 자리는 다른 일상적인 경험으로 채워진다. 마취제를 적용받은 신체는 자연의 신체가 아니라 변형된 신체, 즉 사이보그이다. 이로써 우리의 경험과 감정이 변하고 이것이 누적되면 우리의 정체성도 변할 것이다. 백신 예방을 통해서 특정한 질병에 내성을 가진 신체도 사이보그적 존재이다. 우리 신체는 다층적 결합으로 계속 변형하고 있다. "우리는 모두 키메라이며 이론화와 직조 공정을 통해서 합성된 기계와 유기체의 잡종이다"[2].

가상 인물도 사이보그적 존재가 틀림없다. 《전쟁과 평화》의 저자 톨스토이는 사실의 나열만으로 프랑스-러시아 전쟁(1812)을 설명하기 어렵다고 느꼈다. 그래서 그는 그 시대를 대변하는 가상의 인물을 창조했다. 피에르와 나타샤 그리고 안드레이 등 수백 명의 가상 인물은 실존 인물들과 함께 얽히면서 19세기 러시아의 역사를 재구성한다. 그들은 허구이면서 실재의 혼합물이다. 영화 〈반지의 제왕〉에 등장하는 골룸은 모션캡처 방식으로 인간의 행동을 추출하고 거기에 가상의 인물을 결합했다. 이것은 현실의 배우이면서 동시에 그가 아니다. 배우의 행위와 가상 이미지로 구성된 사이보그이다. 영화와 드라마의 전문성은 새로운 사이보그를 만드는 일로 환호받는다. 기술적 장치는 더 매력적인 사이보그를 만드는 데 기여한다.

이원론에 저항하는 사이보그

완전히 순수한 것은 없다는 맥락에서 해러웨이는 사이보그를 통해서 근대 문명의 이원론을 공격했다. 이원론은 폭력적인 권력이다. 이 세계에서 우리는 여성 아니면 남성이어야 했다. 문명이 아니면 야만으로 지목되었다. 실재가 아니면 허구여야 했다. 옳은 것이 아니면 그른 것이 되었다. 근대의 정치학은 상황을 더 단순화시켜서 냉전의 시대를 만들었다. 상대 진영에 대해 조금이라도 관대하다면 '적'으로 간주되었다.

> "특정한 이원론들이 서양 전통 속에서 지속되어 왔다. 그들은 모두 여성들, 유색인들, 자연, 근로자들, 동물들의 지배(타자로서 구성된 모든 것의 지배, 이 타자들은 자아를 반영하는 임무를 가진다) 논리와 실천에 대해 체계적이었다. 이런 이원론 중 주요한 것은 자아/타자, 정신/몸, 문화/자연, 남성/여성, 문명화된/원시적인, 실재/외양, 전체/부분, 행위자/자원, 제조자/제조물, 능동적/수동적, 옳은/그른, 진리/환상, 총체적/부분적, 신/인간 등이 있다. 자아는 지배되지 않는 것이며, 타자의 봉사를 받음으로써 자아를 알게 된다. 타자는 미래를 쥐는 사람이고, 지배의 경

험으로 미래를 알게 된다. 지배의 경험은 자아의 자율성과 모순된다. 하나가 된다는 것은 자율적이 되는 것이며, 강력해지는 것이며, 신이 되는 것이다. 그러나 하나가 되는 것은 환상이 되는 것이며, 그럼으로써 타자와 함께 계시의 변증법에 연루되는 것이다. 그러나 타자가 되는 것은 분명한 경계 없이 닳아서 해진 채 실체가 없이, 다중적인 것이 된다. **하나는 너무 적고 둘은 너무 많다.**" [2]

해러웨이는 근대세계의 이원론이 누렸던 지위를 박탈한다면 새로운 타자를 이해하는 경로를 발견할 수 있다고 권고했다. 그렇다 해서 그가 일원론을 주장한 것은 아니다. "하나는 너무 적고 둘은 너무 많다". 사이보그는 인간과 비인간, 문화와 자연, 남성과 여성, 기술과 생물학, 신성한 것과 인공물, 현실과 재연, 주체와 대상이라는 넘을 수 없을 것 같던 경계를 무너뜨리고 섞어놓는다. 해러웨이는 특히 세 가지 이분법이 가장 문제가 된다고 지목했다. 바로 ① 인간과 동물, ② 유기체와 기계, ③ 물리적인 것과 비물리적인 것 사이의 구별이다[3].

첫 번째로 인간과 동물의 경계가 본래 존재하는 것은 아니었는데도 근대과학은 인간과 동물 사이의 경계를 명백한 것으로 간주했다. 그런데 동물학자들은 인간의 모델로서 유인원의 생태를 연구해서 인간의 행동 양식을 유추했는데 유인원은 동물에 속한다. 유인원의 행동은 인간의 기원적인 행동으로 추정하므로 개념적으로 인간과 유인원 사이에 개념적 중첩이 발생한다. 결국 인간-유인원-동물의 경계는 다시 흐려진다.

다음으로 유기체와 기계 사이의 경계도 그다지 분명하지 않다. 기계와 인간이라는 이분법은 근대 초기 철학 논쟁에서 시작된 것이었다. 기본적으로 기계는 스스로 운동하거나 자기 의도를 가지는 자율성이 없다. 하지만 기계는 불안한 것이었고 언제나 유령의 모습을 띠었다. 그래서 기계는 표면적인 효율성에 머물지 않고 미묘한 인상을 남겼다. 해러웨이가 볼 때 기계는 단지 인간의 목표를 성취하게 해주는 것이 아니라 "인간을 꿈꾸게 만들었다". 우리의 꿈속에 기계가 불어넣은 무엇이 포함되어 있기 때문에 우리는 기계를 무심하게만 볼 수 없다.

세 번째로는 물리적인 것과 비물리적인 것 사이의 구별도 명백하지 않다. 비물리적인 것이란 흔히 비가시적이고 비지각적인 정신, 기호, 신념과 같은 것이 있다. 그런데 현대 기술은 그 경계를 모호하게 만든다. 마이크로 전자칩은 글쓰기를 할 수 있는 표면이고, 정보 기술은 분자적인 단위로 글쓰기를 하는 기술이다. 이 기술은 미소화되면서 거의 볼 수 없는 것이 되었다. 비가시적이지만 이 기술의 힘은 강력해서 우리의 경험을 크게 변모시키고 있다. 정보 기술은 물리적인 것에서 만질 수도 없고 볼 수도 없는 것(비물리적인 것)까지 이어지는 작은 차이의 연속이다. 마치 생물학자가 생물종과 종 사이에 빽빽한 변이의 연속을 목격하며 종분류에 어려움을 겪는 상황과 같다(5장). 그 연속적인 작은 차이의 어느 지점을 분리해서 이쪽과 저쪽을 다른 것으로 규정할 수 있을까? 여기서 논점은 분리 자체를 거부하려는 것은 아니다. 학술적 차원에서 또는 편의적 차원에서 분리(구분)는 불가피할 수 있다. 다만 그 분리(구분)를 실체적인 것으로 오해하지 말아야 한다는 점이다.

반려종, 인간과 동물의 사이보그

반려종은 인간종만큼이나 인공적이다. 개는 늑대로부터 왔지만 오랜 품종개량을 통해서 인간과의 관계 속에 새겨넣었다. 그 과정에서 인간의 어떤 지향이나 취향 같은 것이 반려종 속에 녹아들었다. 인간과 개는 의존적인 관계가 되었고, 개가 인간에 의해서 변화된 만큼 인간도 개에 의해서 변형되었다. 서로의 존재를 지지하는 관계로 위치 지어지면서 구성되어 지금에 이른 것이다.

> "동물권 운동은 인간의 고유성을 이유 없이 거부하는 것이 아니다. 그런 운동은 자연과 문화에 대한 구별적 분기를 가로질러 연결하려는 현명한 인식이다. 사이보그는 인간과 동물의 경계가 없어지는 바로 그 지점에서 출현한다." [12]

반려종은 인간 문명에 개입했고 기여했다. 그런 점에서 반려종의 지위에 대해서 단순히 동물(비인간)이라고 처리하기 어렵다. 근대적인 관점에서 인간과 동물은 명백하게 다른 것이었고, 인간은 권리가 있지만 동물은 그렇지 않았다. 인간은 동물을 마음껏 소유하고 착취할 수도 있다. 해러웨이의 사이보그는 인간중심적 패러다임을 거부하는 효과가 있다. 동물 운동은 그런 이분법에 반대하는 현명한 인식이다. 그러므로 사이보그는 학술적 인식의 전환이면서 정치적 행동을 촉구한다. 최종적으로 사람들의 행동을 변화시킬 것을 추구하기 때문이다.

이제 해러웨이는 사이보그 정치학(cyborg politics)을 연다. 사이보그 정치학은 근대적 패러다임이 생산하는 하나의 코드나 완벽한 소통에 대항한다. 유일한 하나의 정답이 있다고 생각하는 세계 대신 다수성의 세계를 축복한다. 사이보그 정치학은 소음을 주장하며 오염을 옹호하고, 동물과 기계의 '불법적' 융합을 즐긴다. 여기에서 잡종들은 정당한 권리를 얻는다. 사이보그 세계관은 오염되고 혼합된 존재의 자리를 흔쾌히 인정한다.

우리는 아직 대안적 세계를 경험한 적이 없다. 그것을 상상하기가 쉽지 않다. 사이보그 행위자를 잘 관찰함으로써 우리는 근대 이분법의 세계와 그 환원주의적 태도를 대체하는 대안적인 세계를 상상할 수 있다. 나아가 문제를 해결하는 행동 지침을 마련할 수도 있다. 해러웨이는 조애나 러스(Joanna Russ)나 옥타비아 버틀러(Octavia E. Butler) 같은 SF 작가의 작품에서 대안적 사이보그 세계를 만날 수 있다고 소개한다[13]. SF는 우리에게 통찰력과 예시를 던질 수 있다. 그런 점에서 SF 작가들은 단지 소설가가 아니라 '사이보그 이론가'들이다.

지배의 정보학

사이보그 이론은 익숙해진 위계질서로부터 빠져나와서 새로운 그물망으로 이행하라고 말한다. 새로운 그물망을 상상하기 위해서 먼저 해러웨이는 우리가 사는 세계를 설명했다. 그는 제2차 세계대전(1939~1945)을 기준으로 20세기와 21세기를 구분했다. 20세기가 '재현(representation)'의 그물망으로 구성되었다면, 21세기는 '모방(simulation)'의 그물망으로 작동하고 있다.

'재현'이란 과학이 실제 그 자체를 구현한다는 믿음에 기초하는 과학 실재론적 세계관을 대표하는 개념이다. 상대적으로 '모방'은 '만들어진 것'이라는 점에서 허구적인 성격이 있지만 또한 강력한 지배력을 발동한다는 점에서 사회적 실재로 작용한다. 〈표 13.2〉는 20세기 '재현'의 그물망과 21세기 '모방'의 그물망을 비교하고 있다. 그는 재현의 그물망의 기본 특성을 '지배의 유기체학(Organics of Domination)'으로, 모방의 그물망은 '지배의 정보학(Informatics of Domination)'으로 표현했다.

먼저 생물학 영역을 보면 20세기 생물학이 임상적 실천이었다면 21세기 생물학은 정보기입으로서의 생물학이다. 임상은 직접 대상과 상호작용하는 과학 행위이다. 20세기 생물학은 촉촉한 유기체를 다루었다. 반면에 현재의 생물학은 유전자라는 정보의 기입에 의존한다. 생물학의 대상은 손으로 경험할 수 있는 유기체에서 A–T–C–G라는 형식의 디지털 부호의 조합으로 대체되었다. 유전자 코드는 실재적이면서 허구적이

표 13.2 재현과 모방의 그물망 비교 중 일부 [2]

지배의 유기체학 (Organics of Domination)	지배의 정보학 (Informatics of Domination)
재현	모방
임상적 실천으로서의 생물학	정보기입으로서의 생물학
유기체	생물적 요소
우생학	인구조절
유기체적 노동분업	노동의 사이버네틱스
공적인 것/사적인 것	차이의 장
성	유전공학
노동	로봇 공학
정신	인공지능
백인 자본주의 가부장제	지배의 정보학

고 물질적이면서 기호적이다.

노동의 분야 비교를 보면, 이전의 노동은 유기체의 분업에 기반했다면 현재의 노동은 인간 공학적인 배열이다. 그래서 노동을 로봇 공학으로 변형하고 정신을 인공지능으로 교환하고자 한다. 또한 이전의 정치가 백인 자본주의 가부장제에 기반했다면, 현재는 정보학을 통한 지배에 의존한다. 20세기와 21세기 모두 지배의 이원론에 기반한다는 점에서 공통점을 가진다. 21세기 지배의 정보학에서 일부 변화도 있다. 물질-기호적(material-semiotics)인 사이보그에 기반하여 작동하기 때문이다. 사이보그는 이원론에 잘 들어맞지 않는다. 그래서 지배의 정보학에 균열을 만들 잠재성이 있다.

현대의 통신 기술과 생명공학이 우리의 몸을 다시 제작하고 있고 그 결과 사회관계들도 재구성되고 있다. 통신 과학은 정보의 형태로 기호화하고 생물학은 유전자 디지털 코드로 우리의 몸을 번역한다. 그리고 도구적인 통제에 대항하는 모든 저항을 관리하고자 한다. 그래서 지배의 정보학은 모든 이질성을 분해해서 재조립하고, 투자하고, 교환에 종속시키는 공통된 언어를 찾을 필요를 느낀다. 그러나 사이보그 정치학은 그런 공통언어는 없다고 주장한다.

사이보그 시민권

정체성은 본성적이거나 고유한 것이 아니다. 오히려 정체성이란 모순적이며 전략적인 개념이다. 큰 혼란을 겪고 나서야 정체성이라는 것이 사회적으로, 그리고 역사적으로 구성된 것이라는 인식이 등장할 수 있었다. 성별, 인종 혹은 계급의식 같은 정체성은 가부장제, 식민주의, 자본주의라는 모순적인 사회적 실체를 경험함으로써 우리에게 강제적으로 부과된 것이다.

오늘날의 사이보그는 전자적인 정체성을 가진다. 사이보그는 '포스트모던한 집합이면서 개인적인 자아의 혼합물'이다[8]. 자기공명 영상장비(MRI)는 환자의 몸을 훑으면서 진단 결과물을 이미지로 제출한다. 신체는 숫자나 영상 이미지 또는 등급 데이터, 의학 진단 데이터로 번역되고 환원된다. 두뇌와 기계의 접촉면에서 방사되는 짧게 끊긴 정보 조각들로 구성된 이미지는 환자의 신체를 재정의한다. 환자의 몸은 생물학적이면서 전자적이고 환상적인 것들의 혼합물로 출현한다. 물론 이 장비는 유기체의 신체를 완벽하게 측정하는 것이 불가능하다. 인간 관찰자만큼이나 기계 관찰자 역시 불확실성을 피할 수 없기 때문이다. 그런데도 근대의 신화는 마치 확실성을 제시할 것으로 꿈꾸게 했다.

우리의 정체성은 전자 데이터로 구성된다. 세계적인 가수 마돈나는 전자적인 신체로 출현한다. 마돈나의 신체는 전 세계 사람들에게 매력적인 이미지로 전자화되어서 통신망 사이를 횡단하면서 유포된다. 마돈나의 전자적인 신체가 더 '마돈나'를 대표한다. 마돈나와 물리적으로 가까이에 있는 사람들은 마돈나의 생물학적이고 물리적이면서 개인적인 특성들을 알겠지만, 더 많은 사람은 통신 시스템을 통해서 마돈나를 본다. 더 많은 사람이 알고 있는 것이 마돈나를 대표할 자격을 가지는 것이 아닐까?

마돈나뿐만 아니라 우리의 정체성도 전자적인 것이 되고 있다. 우리가 정보통신 시스템을 사용하여 더 많이 의사소통하기 때문이다. 물리적 상호작용보다 정보통신을 매개로 한 상호작용의 양이 많아진다면 정보통신에서 구성된 전자적 정체성이 우리 자신을 대표할 힘을 가질 것이다. 지배의 정보학 시대에 인간의 정체성은 기계와 유기체의 합성물이고, 우리의 활동은 기계의 보조를 받아야만 비로소 완수되는 조건에 놓여 있다.

"사이보그는 우리의 존재론이며 우리의 정치학이다". 해러웨이에게 사이보그는 좌절의 개념이 아니라 미래를 위한 모색이다. 무엇보다 사이보그 개념이 중요한 이유는 그것이 권력과 관련되기 때문이다. 누군가에게는 생존의 문제가 될 것이다. 누가 새로운 사이보그가 될 것인가? 예를 들어서 1988년에 하버드대와 몬산토의 특허 상품, 온코마우스(OncoMouse)는 유방암에 걸리도록 유전자 조작이 되어서 태어난 실험쥐 모델이다. 이들은 유기체이면서 동시에 유전자 조작(텍스트)이 가해진 존재이고 자연종이면서 인공물이라는 점에서 사이보그이다. 이들은 실험실에 상품으로 팔려 가서 신약 개발을 위한 동물 실험에 처해진다.

린 란돌프의 그림 "실험실, 또는 온코마우스의 열정(The Laboratory, or The Passion of OncoMouse, 1994)"은 사이보그의 정치학을 표현했다. 온코마우스는 쥐의 몸에 인간의 젖가슴과 팔과 다리를 가진 모습으로서 있다. 머리에는 가시관을 쓴 채 검은 방안에 갇혀있고 수많은 눈이 그를 지켜보고 있다. 해러웨이의 관점에서 온코마우스는 스스로 고통을 받음으로써 인류를 구원했던 예수의 역할에 처해 있다. 현대 사회에서의 구세주는 온코마우스 같은 존재들이다. 예수가 인간의 죄를 대신하여 십자가형을 받아 죽은 것과 같이 그들이 인간의 고통을 대신 짊어지기 때문이다. 그들이 테크노사이언스로 만들어진 공간 속에 가장 먼저 진입했고 그로 인한 부담을 떠안고 있다.

여성 인간도 온코마우스처럼 희생자의 지위에 있다. 특히 유색 여성은 사이보그 정체성으로 같은 산업체 안에서도 분업과 경쟁 그리고 착취의 잠재력으로 남아 있다. 그들은 "과학기술 산업체에서 선호하는 노동력이자, 세계적인 성 시장, 재생산의 정치가 일상적으로 파고든 현실의 여성"이다. 그러므로 그들은 현대의 패러다임을 전복할 힘도 가지고 있다.

사이보그는 기회일 수도 있고 위험일 수도 있다. 누가 새로운 사이보그가 될 것인가? 그리고 그것을 누가 결정할 것인가? 사이보그는 프랑켄슈타인의 괴물처럼 아버지를 갈망하는 수동적인 존재가 아니며, 가족 모델 기반의 전통적인 공동체로 돌아가고자 원하지도 않는다.

해러웨이는 정보 과학의 시대를 사는 우리의 정체성을 '사이보그 시민권(cyborg citizenship)'이라고 호명했다. 그들은 단일한 정체성을 추구하지 않고 적대적인 이원론을 지향하지도 않는다. 인간과 기계 사이의 관계 속에서는 누가 만들어지고 누가 만드는지가 분명하지 않다. 코드화의 실천 속에서 무엇이 정신이고 무엇이 몸인지도 모호하다. 정보 메커니즘 안에서 코드로 전송되는 조건에서 정신과 신체라는 이분법적 구분이 의미를 잃었다.

사이보그 시민권 관점에서 사회정치적인 현상을 다시 해석하면 새로운 것을 목격할 수 있다. 새로운 윤리를 요구한다는 점이다. 해러웨이는 세 가지를 명시적으로 언급했다. 사이보그 시민권은 개별적인 윤리만이 아니라 집단의 윤리를 지향해야 한다. 다음으로 인간과 대상이라는 이분법적인 시야에서 벗어나서 이종 간의 역동적인 변이를 고려하는 관점을 가져야 한다. 궁극적으로 근대법을 넘어서 사이보그 시민권을 위한 새로운 헌법이 필요하다. 이 새로운 헌법은 인간만이 아니라, 반려종과 다른 사이보그 동료의 지위와 권리도 포함한다.

사이보그 친족 만들기

해러웨이는 2016년 새로운 저서, 《말썽거리와 함께하기: 자식이 아니라 친척을 만들자(Staying with the Trouble)》를 출간했다. 인류세(Anthropocene)라는 새로운 시대의 방향성을 함축하는 제목이다. 인류세는 최근 기후 문제를 대변하는 개념이다(14장). 사람들이 인류세를 맞이하는 두 가지 반응이 있다. 하나는 기술적인 해법에 과도한 믿음을 가지는 태도이다. 대표적으로 근대생태주의(Ecomodernist)가 있다. 인류세 문제는 현대기술 때문에 발생했는데, 기술을 더 발전시켜서 인류세의 문제를 해결한다는 것이다. 다른 하나는 상황을 개선하려고 하는 어떤 행위도 의미 없고 소용없다며 자포자기하는 것이다.

해러웨이는 전자보다 후자가 더 파괴적이고 문제가 있다고 지적했다. 인류세 문제에 대한 우리의 목표는 창의적인 연결망을 만들면서 더 많은 협력자를 구하는 것이다. 먼 미래를 상상하기보다 현재의 말썽거리들과 함께하는 것이 더 현실적인 해법이다. 예를 들어 퇴비 더미 속에서 예기치 않게 협력하고 결합하면서 서로를 돕는 많은 생명체를 통해서 함께 살기를 배울 수 있다.

손상된 지구 행성에서 살아가기 위해서 공생적인 실천을 모색하며 배워야 한다. 그런 실천은 예술과 과학을 넘나들면서 새로운 세계 만들기를 시도하는 일이다. 해러웨이는 "아이가 아니라 친족을 만들라(Make Kin, not babies)"라고 외친다. 그는 근대 국가의 인구 전략을 비판하면서 인구수를 늘이는 근대의 해결법을 포기하라고 주장한다. 대신 인간 이외 다양한 존재들을 '친족'으로 삼으라고 권장한다. 반려종을 포함하여 동물과 기계 그리고 사이보그 모두 우리의 친족이 될 수 있다.

해러웨이는 친족에 해당하는 첫 번째 안내자로 집비둘기를 소개한다. 집비둘기는 수천 년 동안 인간과 함께 살아온 반려종이었는데, 지금은 매우 경멸하는 유해 동물이 되었다. 그들은 찰스 다윈에게 품종개량의 역사를 증언하는 정보원이었고 레이첼 카슨의 친구였다.

> "길들여진 바위비둘기(rock doves)는 메시지를 전하는 스파이로, 경주용 새로, 전시회나 새 시장의 고급 품종으로, 노동자 가정의 음식으로, 심리학 테스트 대상으로, 다윈의 인공선택의 힘에 관한 대화 상대자 등으로 일을 해왔다. (…) 이들은 DDT가 섞인 달걀 껍데기를 쪼아 먹다 절멸될 뻔했지만, 가까스로 살아남아, 도시 마천루 위에서 살아가기 시작했다." [13]

해러웨이는 반려종으로부터 감수성을 배워야 한다고 강조한다. 비둘기가 인간과 함께 오랜 관계를 형성할 수 있었던 것은 그들이 인간 존재에 기여했다는 것을 시사한다. 그들은 스파이로서 또는 경주자로서 그리고 전시품종으로서 때로는 식량이나 과학실험의 대상으로서 기여했다. 그들이 선택된 이유는 유능했기 때문이다.[6]

비둘기와 인간관계의 얽힘을 추적하면 그들의 뛰어난 응답-능력(response-ability)을 발견할 수 있다. 그 능력 덕분에 그들은 집합적인

---

6 비둘기는 1970년에서 1980년대 미국 해안경비대에서 진행한 '바다-사냥 프로젝트(Sea-Hunt Project)'에도 참여했다. 예술 행동주의 프로젝트 '피전 블로그(PigeonBlog)'는 2006년부터 3건의 공공사회 실험을 수행했다. 비둘기 등에 칩을 장착하고 공기 질을 파악해서 데이터화한 후 대중들에게 제공하는 과학 데이터 수집 프로젝트였다. 이것은 전령비둘기, 예술가, 엔지니어, 비둘기 애호가들이 함께한 광범위한 협력의 산물이었다.

사고와 움직임을 향상할 수 있었고, 자연종을 넘어서 인간의 반려종이 되는 놀라운 일을 해냈다. 인간에 의해서 사육되고 품종 개량된 이들은 자연적이면서 동시에 인공적인 사이보그들이다. 반려종은 인간에게 호명되어서 자연과 문화라는 새로운 구성물 속으로 진입했다. 이런 맥락에서 그들은 민감한 능력을 발휘하며 호명에 응답한 행위자들이다.[7] 그들은 우리의 친족이다.

촉수적 사유와 쑬루세

해러웨이는 새로운 지질 시대의 명칭을 인류세 대신에 '쑬루세(Chthulucene)'로 제안한다. 그리고 인류의 문제를 해결할 역량으로 응답-능력과 함께 촉수적 사유(Tentacular thinking)를 지목했다. 촉수적인 사유란 응답-능력과 짝을 이루는 것으로, 외부 환경을 전방위적으로 지각하고 자신의 방향을 찾아가는 사유 역량을 말한다.

이 개념은 린 마굴리스와 한나 아렌트로부터 영향을 받은 것이다. 미생물학자 마굴리스의 공생 발생은 생명체들이 상호 공생하고 합병하는 과정에서 오늘날 다양한 변이를 만들 수 있었고 번성할 수 있었다는 주장이다(6장). 동물학자였던 해러웨이는 생물학이 지구상의 거주자들에 대한 사유를 발효시키는 힘이 있다고 보았다. 촉수(tentacle)는 라틴어 텐타쿨룸(tentaculum) 또는 텐타레(tentare)에서 왔는데, '더듬이', '더듬다' 또는 '시도하다'라는 의미가 있다. 쑬루세(Chthulucene)는 바로 촉

7 모든 동물이 인간 사육에 적응하는 것은 아니다. 오히려 소수의 종만이 가축이 될 수 있었다[16].

수적인 사유를 강조하려는 취지다.

근대적 인간은 응답-능력과 촉수적 사유를 잃었기 때문에 문제를 일으켰다. 한나 아렌트(Hannah Arendt)는 《예루살렘의 아이히만(1963)》에서 근대인의 모습을 포착해냈다. 제2차 세계대전 당시에 나치 독일의 홀로코스트 책임자였던 아돌프 아이히만의 재판을 통해서 아렌트는 근대인의 이분법적 사유가 불러온 비극을 목격했다. 아이히만은 예상과 달리 악마가 아니라 평범한 사람이었다. 아이히만은 재판 과정에서 상관의 명령을 성실히 이행했을 뿐이라고 변호했다. 아렌트는 아이히만에게서 괴물보다 더 훨씬 더 무서운 것을 보았다. 그것은 바로 '평범한 사유의 결여'였다. 그는 무감각한 인간이었다. 그는 응답-능력을 배양할 수 없었던 사람이었다. 자신이 한 일을 자신에게조차도 설명할 수 없었고 그 결과에 책임을 질 수도 없었다.

근대적 사유의 패러다임 안에서라면 누구나 아이히만처럼 될 수 있다. 아이히만의 사유를 극복할 대안이 바로 촉수적 사유이다. 근대적인 사유의 위험성을 극복하며 잘 감각하고 반응하는 신체를 가지고 사유하는 역량을 최대화하는 것이다. 손상된 땅의 시대를 풀어가기 위해서 신체와 사유가 다시 결합하고 응답-능력을 키워서 살기와 죽기라는 문제를 다시 배워가야 한다. 피모아 크툴루 거미(Pimoacthulhu)처럼 땅속에서 헝클어진 털로 덮인 존재들은 촉수적 사유 방식을 잘 알고 있다. 흙 속의 존재들에게 배우고 그들과 강력한 연대를 만들 수 있어야 한다. 그는 촉수적 사유와 쑬루세가 근대적 인간과 자본의 명령에 대한 치열한 대응이 될 것으로 기대했다.

참고문헌

1 Clynes, Manfred E. & Nathan S. Kline (1960) 'Cyborgs and Space', Astronautics 5(9), pp. 29–33.

2 Haraway, Donna. 1987. *A manifesto for Cyborgs: Science, technology, and socialist feminism in the 1980s*, Australian Feminist Studies, 2(4): 1–42.

3 도나 해러웨이. 2019.《해러웨이 선언문: 인간과 동물과 사이보그에 관한 전복적 사유》, 황희선 옮김, 책세상.

4 Haraway, Donna. 2016. *Manifestly Haraway: The Cyborg Manifesto, The Companion Species Manifesto, Companions in Conversation (with Cary Wolfe)*, Minneapolis: University of Minnesota Press

5 Haraway, Donna. 1989. *Primate Visions: Gender, Race and Nature in the World of Modern Science*, Routledge: New York.

6 브뤼노 라투르. 2023.《존재양식의 탐구: 근대인의 인류학》, 황장진 옮김, 사월의책.

7 Haraway, Donna. 1991. *Simians, Cyborgs, and Women: The Reinvention of Nature*, Routledge: New York.

8 Haraway, Donna. 1997. *Modest_Witness@Second_Millenium.Female-Man_Meets_OncoMouse*, Routledge: New York.

9 Kline, R. 2009. "Where are the Cyborgs in Cybernetics?", *Social Studies of Science*, 39, pp. 331–362.

10 Kristeva, Julia 1986. "The System and the Speaking Subject". in Toril Moi(ed.), *The Kristeva Reader*, Basil Blackwell: Oxford. 24–33.

11 줄리아 크리스테바. 1997.《언어, 그 미지의 것》, 김인환, 이수미 옮김. 민음사.

12 Harraway, Donna. 2003. *The Companion Species Manifesto: Dogs, People, and Significant Otherness*, Prickly Paradigm Press.

13 Harraway, Donna. 2016. *Staying with the Trouble: Making Kin in the Chthulucene*, Duke University Press.

14 조지프 슈나이터. 2022.《도나 해러웨이》, 조고은 옮김, 책세상.

15 움베르토 에코. 2022. 《디 에센셜: 장미의 이름》, 이윤기 옮김, 열린책들.

16 사이먼 L. 루이스, 마크 A. 매슬린. 2020. 《사피엔스가 장악한 행성: 인류세가 빚어낸 인간의 역사 그리고 남은 선택》, 김아림 옮김, 세종.

14장

인류세와 지구족

지질에 관한 지식은 그동안 전문가들의 영역이었다. 지질 연대 명칭이 어떻게 결정되는지는 층서학자의 일이었고 우리의 관심 밖이었다. 자연사와 대기학은 박물관을 찾는 순간에만 출현하는 영역이었다. 그런데 이제 지질과 자연사 그리고 대기를 포함하여 지구 행성 전체를 들여다보는 일이 우리의 삶에서 전례 없이 중요해지고 있다. 바로 '인류세(anthropocene)' 때문이다. 인류세라는 이름은 인류의 활동 결과 지구 시스템이 근본적으로 변형되었다는 견해를 대변한다.

지난 시기 동안 지질 명칭이 이처럼 전 세계적인 주목을 받았던 적은 없었다. 다음과 같이 인류세 주제와 관련된 몇 가지 논제가 있다. (1) 인류의 활동이 지질 변화를 불러왔다는 사실을 인정할 것인가? (2) 인정한다면 그 시대의 시작을 어디로 할 것인가? 그리고 (3) 그 명칭을 인류세라고 하는 것이 적절한가? (4) 이후 우리는 무엇을 해야 하나? 등이다.

인류세 논쟁은 여전히 진행 중이지만 이미 다수 학자는 이를 승인하는 쪽으로 기울었다. 이 논제는 지구 시스템과 생명체의 삶 모두에 관한 문제라는 점에서 과학의 주제이며 사회적 주제이다. 지구 행성에서 인간 종의 지위를 재설정해야 한다는 점에서 행성생태적 사안이다.

자연사 연구

지구 시스템에 관한 지식은 역사가 그리 길지 않다. 17세기 유럽 사회는 히브리 성서 기록을 기준으로 지구 나이를 추정했다. 제임스 어셔(James Ussher) 대주교는 지구의 나이가 약 6천 살이라고 계산했다. 이것이 바로 '젊은 지구설'이다. 이후 자연사(Natural history) 분야가 성장하면서 지구에 대한 인식이 달라졌다. 자연사 연구는 지층에서 퇴적층과 암석이 만들어내는 독특한 줄무늬 패턴을 발견했고, 지질 시대 사이의 간격을 측정하는 과학적 근거도 마련했다. 17세기 후반 니콜라스 스테노(Nicholas Steno)는 퇴적암의 새로운 층이 더 오래된 층 위에 형성된다는 '누중의 법칙(Law of superposition)'과 지층이 수평으로 그리고 연속적으로 형성된다는 '수평 퇴적의 원리(Principle of original horizontality)'를 제안했다[2].

18세기 중반 조반니 아르뒤노(Giovanni Arduino)와 그의 동료 층서학자들은 지구의 역사 전체를 망라하는 연속적인 시간표를 만들었다. 그들은 네 개의 지질 시대를 네 종류의 암석과 연결했다. 각 시대를 순서대로 제1기에서 제4기라고 명명했다. 암석층의 두께와 형성 비율에 근거해서 각 시대의 지속 기간을 추정했는데, 이 비율은 화학적이고 물리적인 암석의 풍화와 침식, 그리고 퇴적물이 단단한 암석으로 압축되어 있고 굳어지는 암석화의 속도에 근거했다. 이어서 19세기 초 측량기사 윌

리엄 스미스(William Smith)는 영국 전체를 지층으로 연결하여 암석층의 분포를 표현하는 지도를 그려냈다.[1]

개별 연구는 이론 연구로 이어졌다. 프랑스의 자연사학자 뷔퐁 백작(Georges-Louis Leclerc, Comte de Buffon)이 《자연사(Histoire naturelle, 1749~1804)》를 통해서 지구의 나이를 약 7만 4천 년이라고 주장하자 논란이 일었다. 그런데도 자연사 연구는 점점 더 강해져서 19세기에 이르자 층서학이 하나의 학술 분과가 되었다. 찰스 라이엘(Sir Charles Lyell)은 《지질학의 원리(Principles of Geology, 1830)》에서 지구의 나이를 수백 만년으로 추정했다.

20세기에 들어서 지질 연대를 측정하는 새로운 과학적 방법론이 등장했다. 방사성 연대 측정법 중에서 탄소연대 측정법을 주로 사용했다. 탄소의 동위 원소 중에서 가장 흔한 것은 탄소 12번으로, 양성자 6개와 중성자 6개로 이루어져 있다. 이것은 안정적이고 붕괴하지 않는데, 상대적으로 탄소 14번은 양성자 6개와 중성자 8개로 구성되어 있고 방사성을 띠면서 반감기가 약 5천 년이다. 십억 년 이상 되는 연대를 측정할 때는 반감기가 더 긴 우라늄(Uranium-235)을 사용한다.

지층 구조는 크게 명왕누대(Hadean eon), 시생누대(Archean eon), 원생누대(Proterozoic eon), 현생누대(Phanerozoic eon)로 구별한다. 현생누대 이전의 시대를 통칭해서 선캄브리아(Precambrian) 시대로 부르기도 한다. 현생누대가 고생대/캄브리아기로 시작하기 때문이다. 선캄브리아 시대는 약 40억 년 정도의 긴 기간이었고, 현생누대는 약 5.4억 년 전에

---

1 그는 영국 지질학의 아버지로 불리며 그가 그린 영국 지질도는 유명하다. 역사학자 클리포드 코너(C. Conner)는 그를 민중의 과학 사례로 언급했다. 《과학의 민중사: 과학 기술의 발전을 이끈 보통 사람들의 이야기》를 참조하라.

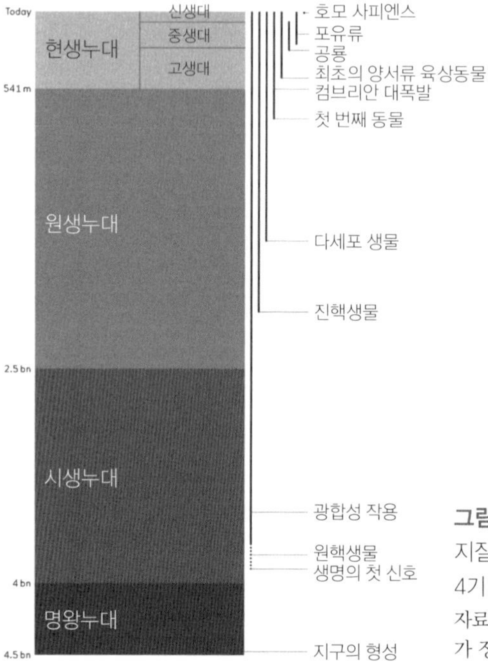

그림 14.1 지질시대. 현재 우리는 지질연대표상 가장 위쪽 신생대 제4기 홀로세에 살고 있다.
자료: 루이스와 매슬린의 책《사피엔스가 장악한 행성》

시작했다. 현재 우리는 지질 연대적으로 현생누대/신생대/제4기/홀로세에 살고 있다.

홀로세(Holocene)라는 이름은 그리스어에서 '전체'를 뜻하는 Holos에서 왔다. 홀로세는 마지막 빙하기가 끝난 약 1만 1천 년 전 시작했고 이때 인간은 농경을 새로운 생활방식으로 전환했다. 홀로세는 다른 지질시대에 비해서 매우 얇은 층에 해당한다. 보통 지층 시대 구분이 천만 년 단위이고, 선캄브리아 시대는 최소 수억 년 단위이다. 홀로세 바로 이전 시대였던 플라이스토세(Pleistocene)도 약 250만 년 전에 시작했고 이때 호모 계열의 포유류들이 등장했다.

인류세 담론

인류세 담론은 이미 100년 전에 시작되었다. 자연사 연구와 함께 자연에 대한 인간의 영향을 인식하게 되었기 때문이다. 자연학자와 극지탐험가는 현장에서 인간의 영향을 구체적으로 목격했다. 1895년 스웨덴 화학자 스반테 아레니우스(Svante Arrhenius)는 지구 대기 속에 이산화탄소와 수증기가 열에너지를 가두어 온실 효과를 발생시킨다고 제기하며 과학적으로 입증하기도 했다. 20세기 초가 되자 대중 매체에서 기후 변화 문제를 다루기 시작했다[4]. 뉴욕타임즈는 오래전부터 "얼음이 녹아내리는 북극(1934. 1. 28)", "따뜻해지는 북극, 녹아내리는 빙하, 상승하는 해수면(1947. 5. 30)" 등의 소식을 전했다.

1987년 국제적 과학 조직, 국제지권생물권계획(IGBP, International Geosphere-Biosphere Programme)이 출범했다. 이 기구는 다학제적인 과학연구를 수행하고 정기 보고서를 발간했다. 1988년 기후변화에 관한 정부 간 협의체(IPCC, Intergovernmental Panel on Climate Change)를 구성하고 인간이 초래한 지구적 온난화 위험에 대한 국제적인 대응을 시작했다.

1989년 환경운동가 빌 맥키번(Bill McKibben)이 《자연의 종말(The End of Nature)》을 출간하며 큰 반향을 일으켰다. 그는 인간이 지구적인 규모로 기후변화를 만들어냈고, 그 결과 인간의 손이 닿지 않은 자연은 이제 사라졌다고 선언했다. 노벨수상자 파울 크뤼천(Paul Crutzen)은 2000년 IGBP 뉴스레터를 통해서 "우리는 인류세에 살고 있다"라고 선언했다. 그는 인류가 초래한 심대한 변화 때문에 상대적으로 안정적이었던 홀로세의 상황이 끝났다며, 인류세의 원인으로 화석 연료 연소로 인한 이산화탄소 배출을 지목했다.

국제층서위원회(International Commission on Stratigraphy)는 2009년 층서학자와 환경 과학자 16명으로 구성된 인류세 실무단(the Anthropocene Working Group)을 출범시켰다. 이 실무단은 심층 조사를 수행했고 2016년 인류세의 존재를 인정하는 보고서를 작성했다. 당시 실무단 내부 투표에서 인류세 명칭에 대한 지지는 약 80퍼센트였다[2]. 그리고 실무단은 인류세의 시작점으로 1950년을 제시했다. 실무단이 제시한 기준에 따르면 인류세는 겨우 70년이라는 짧은 역사를 가진다. 지질 시대가 암석층이라는 점을 고려할 때 70년이라는 시간은 암석을 형성하기에 충분하지 않다.

인간종, 종적 인식의 부상

인류세 명칭에 관한 논란도 이어지고 있다.[2] '인간'을 뜻하는 단어 homo는 라틴어 humus에서 왔다. humus는 흙이라는 뜻이다. 반면에 '인류(anthropose)'라는 용어는 그리스어에서 왔다. 플라톤의 대화록 《크라튈로스(ΚΡΑΤΥΛΟΣ)》에서 소크라테스가 이 말에 대해 설명한다.

"다른 동물들은 자신이 보는 것에 대해서 전혀 살피지도 않고 헤아리

2 예를 들어 인류세 이외에 '자본세'를 주장하는 입장이 있다. 지구 시스템의 문제를 인류 일반의 책임이 아니라 자본주의적 경쟁 체제에서 비롯되었다는 견해이다. 이 입장은 스웨덴 정치생태학자 안드레아스 말름이 대표적이다. 그의 저서 《화석 자본》을 참조하라. 도나 해러웨이의 '쑬루세'도 주목받는 주장이다. 12장 '사이보그와 반려종'을 참조하라.

> 지도 않고 자세히 관찰하지도 않지만, 인간은 (자신이 보는 것을) 볼 뿐만 아니라 헤아리고 고개를 들어본다. 그래서 모든 동물 중에 그(인간)만이 (자신이) 본 것을 고개 들어 본다는 의미가 바로 안트로포스다."

여기서 '자신이 본 것을 다시 본다'라는 것은 피드백 개념으로서 사이버네틱스의 주요 내용이다(10장). 어원적 의미를 고려하면 인류세 명칭을 이중적으로 해석할 수 있다. 하나는 인류가 무모하게 자연에 개입함으로써 새로운 지질 시대로 진입하게 되었다는 책임을 묻는 것이다. 다른 하나는 인류가 그 단어의 본래 취지대로 성찰적인 존재가 되어야 한다는 지향을 담는다. 인류세 명칭은 무엇보다 우리 인류에게 지구생태계에 대한 종 차원의 접근을 촉구한다.

인간종(Homo sapiens)은 지구 시스템에서 가장 늦게 등장했으면서도 가장 짧은 시간 동안에 지구에 강한 영향을 끼쳤다. 인간종의 지배력이 강하다는 의미로도 볼 수 있지만, 이 때문에 인간종은 자신의 생태적 지위를 위협받게 되었다. 근대과학과 자본주의 세계관은 인간의 뛰어남과 지배력을 과시하느라 인간종의 생태적 지위를 고려할 여유가 없었다. 인류세 논의는 인간중심적 합리주의에서 벗어나 지구시스템 전체를 조망하는 새로운 관점을 요청하고 있다. 이것은 개인의 윤리만이 아니라 인간종이라는 집단차원의 윤리적 재고를 희망한다.

지구 시스템 연구

인류세를 이해하기 위해서는 지구의 근본적인 구성 요소와 그 요소들 사이의 상호작용을 들여다보아야 한다. 지구 시스템 과학은 지구를 복잡하고 역동적인 시스템으로 간주하며 지구의 작동을 떠받치는 과정을 연구하는 신생 분과다. 오스트리아 지질학자 에두아르트 쥐스(Eduard Suess)의 저서 《지구의 얼굴(The Face of the Earth, 1875)》은 암석권, 수권, 생물권이라는 권역 개념을 도입했다. 1926년 소련의 지구화학자 블라디미르 베르나츠키(Vladimir Vernadsky)는 쥐스의 용어를 기반으로 《생물권(Biosphere)》이라는 제목의 저서를 통해서 현대적인 시스템 모델을 제안했다. 그는 지구의 작동을 생물권, 대기권, 수권 등 여러 권역 사이의 에너지와 물질 교환으로 간주했다.

1960년대 칼 세이건(Carl Sagan)과 천제 물리학자들은 지구의 행성생태에 관한 질문을 던졌다. 과거 40억 년 동안 태양 에너지의 산출량이 30% 증가했는데, 왜 지구는 뜨거워지지 않고 매우 안정적으로 기후를 유지할 수 있었나? 이에 대해서 1970년대 제임스 러브록과 린 마굴리스가 유력한 답안을 내놓았다. 바로 이제 가이아 이론과 공생이론이었다(6장). 러브록은 지구의 대기를 분석하는 과정에서 지구의 상태가 다른 행성과 달리 독특하게 변이했음을 발견했다(그림 14.2). 지구 대기는 질소(79%), 산소(20.9%)의 농도가 높고 이산화탄소(0.03%)는 매우 낮다. 이것은 금성이나 화성의 대기와 비교할 때 이례적이다. 금성의 대기 중 이산화탄소 비중은 96.6%이고, 화성의 이산화탄소는 95%다. 오랜 시간을 거쳐 화학적 평형 상태에 도달한 모습이다. 그렇다면 지구는 어떻게 그런 평형 상태에 이르지 않을 수 있었나?

러브록의 저서 《가이아: 살아있는 생명체로서의 지구(Gaia: A New Look at Life on Earth, 1979)》에 따르면, 지구 기후의 특수성은 여러 유기체가 생물권을 형성하면서 대기 조성을 조절하고 생명 지탱에 필요

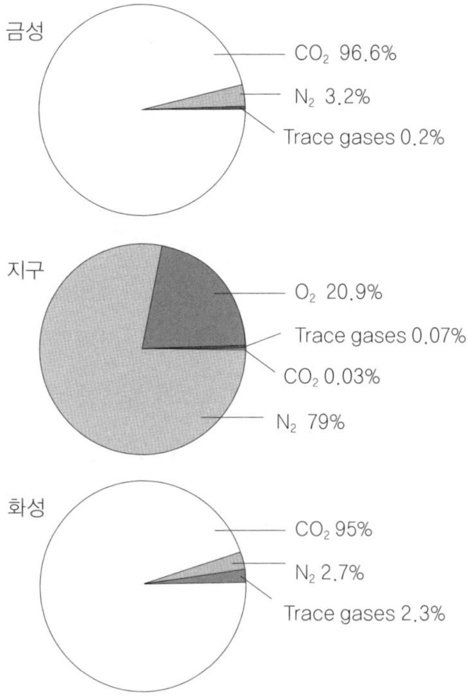

그림 14.2 러브록의 연구, 지구와 이웃 행성 대기 성분 비교: 지구 대기는 질소(79%), 산소(20.9%)의 농도가 높고 이산화탄소(0.03%)는 매우 낮다. 이것은 금성이나 화성의 대기와 비교할 때 이례적이다. 세포의 미미한 생리 활동이 오랜 세월 동안 계속되면서 전 지구적 차원의 생리 특성이 변화했다.

자료: 《What Is Life?》 by Margulis, L. & Sagan, D.

한 조건을 만들어낸 결과이다. 지구는 단순히 기체에 둘러싸인 암석 덩어리이거나 생명체를 지탱해주기만 하는 배경적인 요소가 아니다. 지구 시스템은 생물과 무생물이 상호작용하면서 스스로 진화하고 변화해가는 일종의 유기체 모델이었다. 그는 지구를 유기체로 표현하기 위해서 '가이아'로 호명했다.[3]

---

3 가이아 이론은 지구 시스템 과학의 기초를 마련했다. 지구의 자기 조절적 현상을 복합적인 시스템 수준의 과정으로 이해할 수 있다. 지구의 장기적인 역학을 이해하기 위해서는 생물권 개념을 포함한 시스템적 접근을 도입할 필요가 있고, 권역 사이에 역동적인 상호작용을 포괄하는 계산 모델이 필요하다는 인식도 높아졌다.

지구가 뜨거워지면 생물권은 냉각 효과를 만들도록 반응했다. 유기체들이 대기로부터 온실가스를 섭취하고, 미세입자를 방출해서 태양에너지를 반사하도록 구름을 형성한 것이다. 이런 작동에 착안해서 러브록은 지구 시스템을 상호작용하는 피드백에 근거해서 자신을 변화시키는 일종의 사이버네틱스로 설명하기도 했다. 생물권의 억제 피드백과 강화 피드백이 지구의 항상성을 유지하는 메커니즘이라는 가설을 세웠다.

사이버네틱스로서 생물권은 마치 온도 조절 장치처럼 대기 중에 이산화탄소와 여러 온실가스의 농도를 조절해서 지구의 기후 시스템을 안정적으로 전환할 수 있다[1]. 생물권은 억제 피드백 체계를 통해서 태양에너지의 증가로 인한 온실 효과를 상쇄시켜서 온도를 낮추는 방식으로 지구의 온도를 안정화한다. 반면에 지구가 차가워지면 생물권은 정반대의 효과를 발동하는데, 온실가스를 증가시키고 대기 중에 에어로졸은 감소시켜서 온난화 효과를 만들어낸다. 그래서 태양이 얼음을 녹이면 바닷물이 더 많이 노출됨으로 열 흡수를 더 많이 할 수 있다. 그러나 일정 임계점 이상 얼음이 녹으면 온난화가 가속될 수 있다. 강화 피드백이 계속되어서 임계점을 넘어서면 순환적인 조절 기능이 붕괴할 수 있다.

호흡하는 지구

찰스 데이비드 킬링(C. D. Keeling)은 1958년 이후 적외선 기계 분석기로 하와이 마우나로아 산 정상의 대기를 지속적으로 측정했다. 그 결과 여름에는 식물이 성장하면서 대기로부터 이산화탄소를 흡수하고, 겨울에는 다시 이산화탄소를 배출하는 현상을 목격했다. 이것이 마치 생물이 숨을 쉬는 것과 같다고 해서 '생물권의 호흡'이라는 별명이 붙었다(6장). 킬링 곡선은 또 다른 특징도 명백하게 보여주었다. 인간의 화석 연료 사용이 지구의 대기를 급격히 변화시키면서 이 곡선이 시간을 따라 우상향 경향을 보였다.

이후 인간 활동의 영향에 대한 과학연구가 이어졌다. 1970년 파울 크뤼천은 토양에 서식하는 박테리아가 무독성 비활성 기체(이산화질소)를 자연 방출하면서 오존층을 위협할 가능성이 있다고 제기했다. 이산화질소가 성층권의 강한 자외선 복사에 의해서 분해될 때 오존과 반응하면서 오존층을 파괴하기 때문이다. 인간의 생산 활동이 이산화질소를 대량으로 대기권으로 방출하면서 오존층을 위협할 가능성이 커졌다. 1974년 프랭크 셔우드 롤런드와 마리오 몰리나(F. S. Rowland & M. Molina)도 염화불화탄소(냉매 물질)가 오존층을 위협한다고 제기했다. 두 연구자는 그 기여로 노벨화학상(1995년)을 받았다. 1985년 남극의 오존홀이 실제로 관측되었다. 이것은 1989년 오존층 회복을 위한 국제적인 협약인 몬트리올 의정서를 발효하는 계기가 되었다.

지구 시스템 과학자들은 남극과 그린란드의 얼음을 깊이 뚫어서 얼음층에 쌓인 퇴적물을 측정하는 방법을 개발했다. 이를 통해서 지구의 장기적인 기온 변화 추이와 대기권의 이산화탄소 순환 주기를 재구성할 수 있다. 〈그림 14.3〉은 남극의 빙하 코어의 기록으로 지난 80만 년 동안 이산화탄소와 기후변화 사이의 상관관계를 보여준다. 빙기와 간빙기가 주기적으로 나타날 때마다 이산화탄소의 비율도 주기적으로 달라졌고 기온도 변했다.

이 분석에 따르면 이산화탄소와 기후 변화는 상관관계가 있다. 생물권은 대기 중에 이산화탄소를 순환적으로 조절하는 역할을 한다. 봄에는 태양이 북반구를 데우면서 생물권이 탄소를 더 많이 흡수한다. 그러면 대기 중에 이산화탄소가 감소한다. 반면에 가을에는 북반구가 차가워지면서 광합성이 느려지고 부식하는 초목, 토양, 동물 사체로부터 탄소가 배출된다. 탄소를 흡수하고 방출하는 연례적인 주기를 통해서 지구의 여러 권역 사이에 순환이 일어난다.

현재 지구 시스템이 5개 권역(생물권, 암석권, 수권, 대기권, 인류권) 사이를 역동적으로 상호작용하는 복합적인 체계라는 견해가 폭넓은 지지를 받고 있다. 기본적으로 지구의 전체를 움직이는 동력은 태양으로부터 오는 에너지이고, 생물권은 대기권과 수권, 암석권 사이의 에너지 물질 교환을 조절하고 상호작용을 매개하며 지구 시스템의 중심 역할을 한다. 생물권의 중요한 행위자인 광합성 유기체는 태양에서 에너너

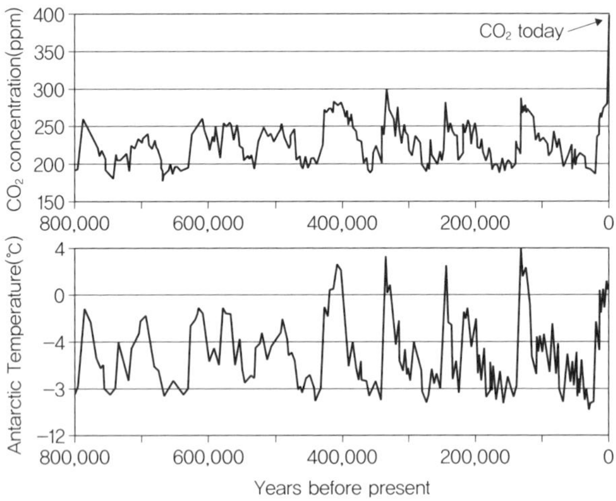

그림 14.3 빙하 코어에 나타난 지난 80만 년 동안의 이산화탄소와 기온의 변화; 두 지표 사이에 상관관계를 알 수 있다.
자료: 얼 엘리스의 책《인류세》

지를 흡수하고 공기에서는 이산화탄소를 흡수해서 권역들 사이에 탄소와 여러 원소의 지구적 순환을 만든다. 5개 권역 중 하나인 인류권(anthrosphere)은 인간 활동의 상호적 효과를 가리킨다.

지구 시스템에 관한 관측 방법이 더 발전해서 여러 권역 사이 물질 교환과 에너지 교환을 컴퓨터 시뮬레이션으로 추적하는 기법도 등장했다. 그 결과, 인간 활동의 증가가 장기간에 걸친 지구 시스템 작용의 변화에 미치는 인과 관계를 더 확실하게 확인할 수 있었다. 1999년 한스 요아힘 셸른후버(H. J. Schellnhuber)의 논문 〈지구 시스템 분석 그리고 두 번째 코페르니쿠스 혁명('Earth System' Analysis, and the Second Copernican Revolution)〉은 러브록의 기법을 더 진전시켰다. 그는 지구의 이웃 행성(금성과 화성)과 지구를 비교함으로써 지구 시스템에 대한 우리의 이해의 차원에서 인식론적인 전환을 불러올 것으로 기대했다. 이와 같은 통계적이고 가시적인 과학적 방법론에 의해서 지구 시스템에 대한 이해는 과학자를 넘어서 대중화될 수 있었다.

2001년에는 과학자, 정책입안자, 자원관리 전문가, 언론인 등 1,400명의 회원이 참여하는 암스테르담 회의가 열렸다. 그 결과, "지구적 변화에 관한 암스테르담 선언(Amsterdam Declaration on Global Change)"에 합의하는 성과를 얻었다. 이 선언은 지구가 자기 조절적 시스템으로 작동한다는 것을 인정하면서 지구적 변화는 현실이며 진행 중이라는 사실을 공식화했다. 암스테르담 선언은 인류세라는 새로운 지질 시대를 사실상 승인하는 효과를 불러왔다.

인류세 황금못

지질 시대 지정은 공식적으로 국제지질학회의 연구 활동이며 그들이 전적인 결정권을 가진다. 1974년 국제지질과학회는 실무를 담당하는 국제층서위원회를 구성하여 활동하고 있다. 이 위원회는 18세기 말부터 시작된 전 세계의 개별 연구를 종합하여서 45억 5천만 년이라는 지구의 역사를 연대 층서학적 단위로 조직했다. 층서연대는 암석이나 빙하 코어 같은 물리적인 증거와 화석 생물 증거 등 표준적 위계를 근거로 결정한다. 연대 측정법이 계속 발전하고 있고 새로운 고생물학적인 증거가 발견된다면 이미 지정되었던 기존 지질 시대도 갱신할 수 있다.

지질 시대 명칭 부여에서 가장 일반적인 형태는 기존 암석 지층을 인용하는 것이다. 예를 들어서 1839년 레오폴트 폰 부흐(L. von Buch)가 지정한 '쥐라기(Jurassic period)'는 대중적으로 잘 알려진 지질 연대이다. 이 명칭은 1795년 알렉산더 폰 훔볼트(A. von Humboldt)가 스위스의 쥐라산(Jura mountains)에서 관찰한 암석 지층을 인용했기 때문에 쥐라기라는 이름을 얻었다.

한편 생물학적 사건이 지질 시대 구분 기준이 될 수도 있다. 예를 들어서 지구 역사에서 다섯 번의 대멸종이 있었는데, 그중에서 네 개는 지질 시대의 경계와 일치한다. 약 2억 5,200만 년 전에 모든 생명이 완전히 멸절할 만큼의 큰 사건이 있었다. 이는 현생누대/중생대/페름기 말에 일어났다. 다음으로 6,600만 년 전에 소행성 충돌로 공룡과 해양 파충류가 멸종한 사건이 있었고 이것은 현생누대/중생대/백악기 말에 해당한다. 5억 4,100만 년 전 다세포 동물의 화석과 그 동물이 살고 있었던 굴의 흔적이 발견되었는데, 이것은 현생누대의 시작점이 되었다.

반면에 생물학적 사건과 관련이 없을 수도 있다. 생명의 기원은 시생누대 초반으로 추정되고 있는데 증거는 불확실하다. 산소를 생산하는 최초의 광합성 생물 출현, 최초의 다세포 동물, 육상식물 출현, 최초의 육상동물 출현은 지질학적인 경계와 관련이 거의 없다. 선캄브리아 시기 다세포 동물이 출현했더라도 신체가 부드러워서 명확한 화석을 남기지 못했을 것이므로 지질 시대의 이정표가 될만한 암석 지표를 남기지 못했을 것이다[2].

학술적 차원에서 지질 시대 표지를 '국제표준 층서 구역(Global Boundary StratotypeSection and Point, GSSP)'이라고 하는데,[4] 이를 비공식적으로 '황금못(Golden Spike)'이라고 부른다. 황금못의 대표적인 예시는 현생누대와 선캄브리아 시대의 경계 표시가 있다. 〈그림 14.4〉를 참조하면 'EDIACARAN'이라고 쓰인 황금못이 암석에 박혀 있다. 선캄브리아기/원생누대/신원생대/에디아카리아기를 의미한다. 이 황금못 옆에 동그란 구멍 세 개가 보인다. 이것은 트렙티크누스 페듐(Treptichnus pedum)이라는 동물이 암석에 굴을 파고 산 흔적이다.

GSSP 또는 황금못은 지층만이 아니라 빙하 속 지점에 지정되기도 한다. 홀로세의 GSSP는 그린란드의 빙하에서 추출한 빙하 코어 속에서 1492.45 지점이다. GSSP의 승인 절차를 간단히 살펴보면, 지질 시대를 분류하는 엄격한 요구 조건을 충족시키는 것이 얼마나 어려운지를 알 수 있다. 승인 절차는 여러 개의 단계를 거쳐야 한다. 실무단이 새로운 GSSP 제안서를 제출하고, 동료 심사를 거쳐서 상위 소위원회에 보고하면 층서위원회를 거쳐야 하고 마지막으로 국제지질과학회 집행위원회로

---

4 화석 증거가 부족한 선캄브리아 시대의 경계는 GSSP 대신에 국제표준층서절(GSSA)로 표시한다.

그림 14.4 원생누대의 끝(에디아카리아기)을 표지하는 황금못. 남호주.
자료: Bahudhara, Wikimedia Commons

전송한다. 모든 단계에서 토론과 투표를 진행한다.

인류세 지층이 정말 전 지구적인 사건으로 승인될 수 있을까? 인류세의 시작점 즉, 인류세 황금못에 대한 여러 의견이 경쟁 중이다. 먼저 기후과학자 사이먼 루이스와 지구 시스템 과학자 마크 매슬린(Simon Lewis & Mark L. Maslin)은 인류세의 시작점을 제국주의 대항해로 인한 영향력이 발휘되었던 1610년을 제안한다[7]. 유사한 의견으로 파울 크뤼천(Paul Crutzen)은 인류세를 18세기 후반의 산업혁명과 연결한다. 대기 중 이산화탄소 농도가 홀로세의 일반적인 수치보다 더 높아졌다는 점을 증거로 제시했다. 윌 스테판(Will Steffen)은 20세기 중반에 인간 활동의 중대한 변화가 있었다며 인류세의 주요 시발점으로 지목했다. 윌

리엄 러디먼(Bill Ruddiman)은 인간이 농업을 위해 토지를 개간하면서 이산화탄소와 메탄을 배출한 것이 지구 기후변화를 초래했다면서 적어도 수천 년 전에 이미 인류세가 시작되었다고 제기했다. 인류세 실무단의 한 사람이었던 얼 앨리스(A. Ellis)는 지구적이고 등시적인 층서 지표를 기준으로 실용적인 지표가 되어야 한다는 점을 고려한다면 1945년 트리니티 실험을 필두로 한 일련의 핵무기 실험에서 나온 방사능 낙진을 기준으로 삼을 것을 제안했다.

인류세 시기에 대한 각 주장은 저마다 근거와 취약점이 있다[7]. (1) 농경 활동이 일어났던 1만 년 전, 농업은 지구생태계를 변화시켰지만, 이 시기는 홀로세의 시작과 같으므로 만약 이를 인류세의 기점으로 삼는다면 기존의 홀로세를 폐기해야 하는 문제가 있다. (2) 서유럽이 전 세계를 식민지화하여 최초로 세계화된 경제를 창출했던 17세기, 이것은 아메리카 대륙에 국한된 사건이라는 반론이 있다. 그래서 전 세계적인 관점을 반영하지 못한다는 약점이 있다. (3) 산업혁명과 화석 연료의 사용으로 현저한 차이를 만들었던 18~19세기 초는 아직 급격한 환경 변화나 생물상의 변화 증거가 뚜렷하지 않다는 반론이 있다. (4) 인구 폭발이 일어났던 20세기 중반 거대한 가속이 일어난 시기, 층서학적 관점에서 볼 때 이 기간은 지층 깊이로 환산하면 약 1mm 정도에 불과해 퇴적층(암석화)을 만들기 부족하다.

새로운 지질 시대 명칭에 대해서도 경합하는 주장도 있다. 국제층서위원회 실무단은 인류세 명칭을 권장했다. 가장 일찍 제안된 명칭이기 때문이다. 그 외에도 '쑬루세(Chthulucene)'와 '자본세(Capitalocene)' 명칭 제안이 있다. 인류세 실무단의 얼 엘리스는 도나 해러웨이의 쑬루세가 인류세만큼이나 강력한 대안이라고 말한 바 있다. 쑬루세 명칭은 촉수적 사유(Tentacular thinking)라는 인간종의 생태적 태도의 변화를 지시한다(13장). 자본세 명칭도 설득력을 얻고 있다. 인류세라는 명칭이 모든 인류에게 똑같이 책임을 부과하기 때문이다. 안드레아스 말름(Andreas Malm) 등 자본세 주장자들은 지질 시대 변화의 핵심적 원인이 자본이라는 점을 강조하고자 했다[8]. 그래야 이후 문제해결 방향을 적절하게 설정할 수 있다는 것이다. 인류세의 문제가 자연의 문제만이 아니라, 인간을 포함하여 지구 시스템 전체 문제라는 점을 고려할 때 더 넓은 차원의 논의가 필요할 것이다.

거대한 가속

윌 스테판 연구팀이 작성한 IGBP 보고서 〈지구적 변화와 지구 시스템: 압박받는 행성(Global Change and the Earth System: A Planet Under Pressure, 2004)〉은 인류세 시점과 관련한 논의에서 중요하게 언급되는 문헌이다. 이 보고서는 1999년 IGBP의 요청으로 10년간 지구 시스템을 연구 검토한 후, 인간 활동과 환경 변화의 속도가 20세기 중반 이후 급격히 증가했다는 인상적인 데이터를 제시했다.

이 보고서는 지구환경의 구성 요소가 역학적으로 서로 연결되어 있을 뿐만 아니라 연대기적으로도 화학적이고 생물학적으로 연결되어 있다고 결론 내렸다. 지구 시스템의 피드백은 육지의 면적, 먼지, 대기권 운동, 해양 생물 펌프, 대기의 이산화탄소 집중, 기후에 걸쳐서 발생한다. 특히 네 번의 빙하기와 간빙기 주기를 통한 먼지, 메탄, 이산화탄소 퇴적 패턴을 검토한 결과, 이들의 증가와 감소 경향은 서로 연관되어 있다.

스테판의 연구팀은 1750년에서 2000년까지 인간활동과 지구시스템 변화 지표를 통해서 1950년 무렵 큰 변곡점이 나타난다는 점을 제시했다. 어떤 경우는 거의 기하급수적이었다. 인간 활동을 대표하는 12개의 지표는 (1) 인구의 증가, (2) 실질 GDP, (3) 외국인 직접 투자, (4) 하천 댐 건설, (5) 물 사용, (6) 비료 사용, (7) 도시의 인구, (8) 종이 소비, (9) 맥도날드 매장 수, (10) 운송: 자동차, (11) 통신: 전화기, (12) 국제 관광: 입국자 수다.

또한 같은 시기 지구 시스템의 변화를 보여주는 지표 12개도 제시했다. 그 지표는 (1) 대기: 이산화탄소 농도, (2) 대기: 이산화질소 농도, (3) 대기: 메탄 농도, (4) 대기: 오존 고갈(오존 전량 중 소실 비율), (5) 기후: 북반구 평균 지표 온도, (6) 기후: 대홍수(10년간 홍수 빈도), (7) 해양생태계(고갈된 어장 비율), (8) 해안지대: 구조(새우 양식 생산), (9) 해안지대: 생물지구화학(질소 유통), (10) 육지 생태계: 열대우림 및 삼림 소실(1700년 수치 기준 소실률), (11) 육지 생태계: 농경지 총량(전체 토지면적 대비 비율), (12) 지구적 생물다양성(멸종 생물/단위: 1000)이다.

인간 활동 지표와 지구 시스템 변화 데이터 모두 1950년대를 기점으로 큰 변화율을 보였다. 이 보고서는 지난 70년 동안 자연과 인간의 관계가 인류 역사상 가장 빠른 속도로 바뀌었고 인간이 촉발한 변화의 규모와 공간적 범위 그리고 속도가 인류 역사에서 전례가 없었다고 주장했다. 지구 시스템이 기존 자연계에서 나타나던 변이 범위를 넘어섰다는 의미에서 '비견할 수 없는 상태(no-analogue state)'로 향하고 있다. 스테판은 이 현상에 대해서 '거대한 가속(The Great Acceleration)'이라는

이름을 붙였다.[5]

거대한 가속 개념은 이후 윌 스테판, 파울 크뤼천, 존 맥닐(Will Steffen, Paul J. Crutzen, John R. McNeill)의 공동 논문 〈인류세: 인간은 지금 자연의 거대한 힘을 압도하나?(The Anthropocene: Are Humans Now Overwhelming the Great Force of Nature, 2008)〉라는 제목으로 출판되었고 인류세 연구의 고전이 되었다. 인류세 실무단은 거대한 가속 개념에 기반해서 인류세를 새로운 지질 시대로 제안할 수 있었다.

오르비스 못

인류세 주제는 다른 과학 논쟁과 마찬가지로 과학지식의 불확실성과 미결정성을 겪고 있다.[6] 그 종결에 필요한 사회적 합의를 위한 범위가 과학자 사회를 넘어서 전 세계 대중이라는 점에서 이 주제의 특수성이 있다. 사이먼 루이스와 마크 매슬린의 주장을 살펴봄으로써 견해의 경합성 양상을 살펴보자.

루이스와 매슬린은 17세기 세계사적 사건에 주목했다. 유럽인들이 아메리카 대륙으로 대거 이동하면서 시스템 전체가 동요했다. 소위 '콜럼버스의 교환(Columbian Exchange)'이라고 불리는 사건이다. 신대륙과

5 이 이름은 칼 폴라니(K. Polanyi)의 《거대한 전환(The Great Transformation)》에서 가져온 것이다. 폴라니는 이 책에서 2차 세계대전의 발생 원인을 분석하여 주목받았다.

6 불확실성과 미결정성에 관해서는 9장 '현대 과학 비평'과 12장 '지식의 구성과 실재'를 참조하라.

구대륙이 분리되어 있던 이전과 달리 여러 동식물은 물론이고 전염병 같은 생물종도 이동하면서 전 세계가 하나의 균질한 세계가 되었다.

루이스와 매슬린은 1610년을 중요한 분기점으로 제시하기 위해서 지구 시스템을 대표하는 일곱 개의 지표를 제시했다(그림 14.5). 대기 중의 이산화탄소 농도의 변동 지표(A)는 남극 빙하 코어 기록을 토대로 한 것이다. 이 흐름을 보면 약 1520년에 시작되어서 1610년경에 가장 낮은 수치를 나타냈다. 두 연구자는 그 원인에 대해서 콜럼버스 교환과 유럽인들이 가져온 천연두와 독감으로 인해서 약 5천만 명의 아메리카 원주민이 사망하며 농업이 거의 중단되면서 탄소가 감소했을 것으로 추정했다.

다음으로 남극 서부 빙하 코어에서 검출된 이산화탄소 가운데 탄소 동위 원소의 비율(B)도 1500년대부터 증가해서 1610년경에 절정을 보였다. 이산화탄소 농도 감소는 지표면에서 일어난 탄소 흡수 때문이다. 남극 빙하 코어의 메탄 농도 지표(C)도 유사한 경향을 보여주는데, 남반부에서 연소한 바이오매스의 양이 적어졌다가 이후 오랫동안 기하급수적으로 증가하는 추세가 있다.

먼지 농도(D)는 1602년 후아이니푸티나 화산(Huaynaputina volcano)이 폭발해서 빙하 코어에 흔적을 남기면서 최대치가 되었다. 이어서 축지해(Chukchi Sea)에서 서식하는 단세포성 조류인 규조류에서 검출된 지질 상태(E)는 북극해의 해빙량과 상관관계가 있는데, 해빙이 1500년에서 1600년 사이에 최대치가 됐다. 그리고 아라비아해에서 채집된 해양 유기체인 플랑크톤성 유공충 글로비게리나 불로이데스(Globigerina bulloides)의 풍부함 수치(F)도 참고했다. 이 아메바성 원생생물의 개체수가 1610년경 저점에 다다랐다가 다시 상승했다. 이 결과 열대지방에서

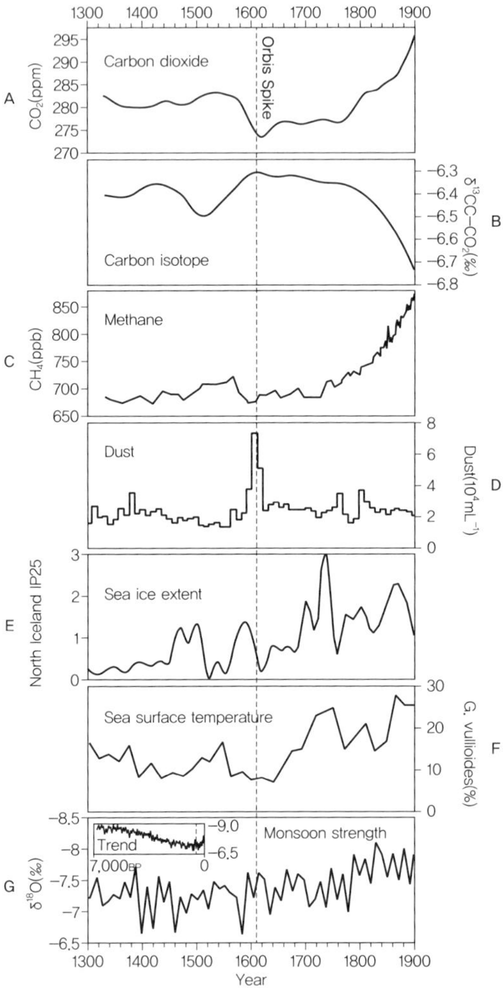

그림 14.5 A: 남극빙하 코어(Law Dome Antarctic ice core) 기록을 토대로 대기 중 이산화탄소 농도(ppm), B: 남극 서부 빙하 코어에서 검출된 이산화탄소 가운데 탄소 동위원소 비율(%), C: 남극 빙하 코어의 메탄 농도(ppb), D: 페루 켈카야 빙하 코어(Peruvian Quelccaya ice-cap ice core)의 먼지 농도, E: 축지해(Chukchi Sea)에서 서식하는 단세포성 조류인, 규조류에서 검출된 지질, F: 아라비아해 채집된 플랑크톤성 유공충 글로비게리나 불로이데스(Globigerina bulloides) 비중(%), G: 중국의 한 동굴 석순에서 검출한 산소-18 동위 원소 비율(%). [7]

해수면 온도가 낮아졌다. 마지막으로 중국의 동굴 석순에서 검출한 산소-18 동위 원소 비율(G)이 약 7천 년 기간에 걸쳐서 아시아의 계절풍 강도가 약화하다가 1600년경에 그 추세가 끝나는 것을 보여준다.

두 연구자는 지구 시스템 수준에서 인류세로 들어서면서 온난해지는데, 1610년 지점이 마지막으로 지구가 서늘했던 변동 지점이라고 주장했다. 인간 역사의 콜럼버스 교환이 환경사의 전환점과 일치한다는 점도 지구 시스템의 균열 지점으로서 가치를 더해준다. 이처럼 루이스와 매슬린의 1610년 주장도 상당한 근거 데이터를 확보하고 있다.

루이스와 매슬린은 자신들의 주장을 표현하기 위해서 황금못 대신 '오르비스 못(Orbis Spike)'을 제안했다. 오르비스는 라틴어로 '세계'라는 의미로, 근대세계로의 전환이라는 취지를 담고자 했다. 오르비스 못은 근대세계의 탄생과 함께 인류세가 시작되었다는 취지를 반영한 것이다. 근대세계는 이윤을 중심으로 하는 새로운 생활양식을 구축하고 노예제도와 식민지주의, 이윤 중심의 장거리 금융 산업에 의존했다. 따라서 인류세는 "지배에 관한 이야기이면서 동시에 그 지배에 대한 저항의 이야기"이다[7]. 그들에 따르면 인류세는 힘 있는 사람들의 행동과 나머지 수십억 명의 욕망이 빚어낸 역동의 결과물이다.

두 연구자는 지질 시대 지정 과정에 대한 문제도 지적했다. 현재 지질학회의 지질 연대 결정 방식은 총체적인 토론을 어렵게 만든다. 인류세의 경우, 그 특성을 고려할 때 지질학회만이 아니라 전 지구에 있는 사람들의 관심사가 되어야 한다. 그러므로 지질학회를 넘어서는 더 넓은 범위의 과학 공동체의 참여가 필요하고 대중의 참여도 필수적이다. 그러려면 지질 시대를 결정하는 과정과 절차에 대한 투명성과 접근성을 높여야 한다. 인류세 명칭과 기준점 문제는 인류세 이야기 전체에 영향을 줄 것이다. 인류세가 어떻게 정의되느냐에 따라서 그리고 언제 시작되는지 따라서 이후 그 해결책의 방향이 바뀔 수 있기 때문이다.

행성 경계

인류세 연구의 일환으로 환경 과학자와 지구 과학자는 지구 시스템이 안정적인 상태를 벗어나는 안전 한계를 정량화하고자 했다. 요한 록스트롬(Johan Rockström)과 동료학자들은 논문 〈인류를 위한 안전한 작동 공간(A Safe Operating Space for Humanity, 2009)〉을 통해서 '행성의 경계(planetary boundaries)' 개념을 제시했다. 지구 행성이 안전하게 작동할 수 있는 주요 지표를 9개 영역(기후변화, 해양산성화, 성층권 오존 고갈, 생화학적 흐름, 전 세계의 담수 이용, 토지 이용 변화, 생물 다양성 소실, 대기 중 에어로졸 유입, 화학적 오염)으로 구성했다. 논문이 발간된 2009년 당시 이미 2개 영역(기후변화와 생물다양성 손실)과 2분의 1(생화학적 흐름 중에서 질소 순환)이 행성 경계의 한계를 넘어섰다. 다른 영역도 그 경계에 근접해 있었다.

우선 기후변화 영역은 이산화탄소 농도를 중요 기준으로 삼았다. 이산화탄소의 농도와 지구의 온도 사이에 연관 관계가 있고 농도가 떨어지면 지구는 냉각하는 경향성이 있기 때문이다. 그동안 지표를 통해서 대기 중에 이산화탄소 농도가 두 배로 증가하면 지구의 온도가 약 3도 상승할 것으로 추정한다. 적정한 이산화탄소 농도 덕분에 지난 5천만 년 동안 지구는 냉각될 수 있었다. 이산화탄소의 농도가 450ppm(±100) 이하로 떨어지기 전까지는 행성은 대체로 얼음이 없었다. 오차값을 감

안하면 350ppm부터 문제가 될 수 있다.[7]

생물다양성 영역도 경계를 넘었다. 생물종이 지구의 대멸종 사건 이후로는 볼 수 없었던 속도로 멸종해 가고 있다. 화석 기록에 따르면 해양 생물의 배경 멸종률은 연간 100만 종당 0.1~1마리, 포유류는 연간 100만 종당 0.2~0.5마리 비율로 멸종했다. 이를 배경 멸종률(Background extinction rate)이라고 하는데, 인간이 멸종의 주원인이 되기 이전 지구의 지질 및 생물학적 역사에서 표준적인 멸종률을 말한다. 연구자들은 생물다양성 경계는 배경 멸종률의 10배 이내여야 한다고 설

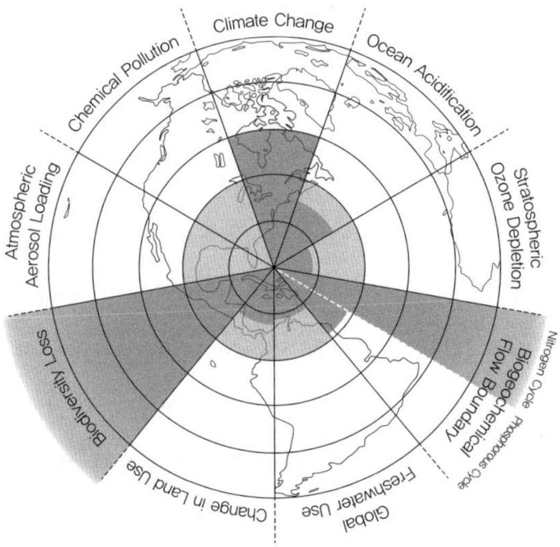

그림 14.6 행성 경계(Planetary Boundaries)의 9개 영역은 기후변화, 해양산성화, 성층권 오존 고갈, 생화학적 흐름, 전 세계의 담수 이용, 토지 이용 변화, 생물다양성 소실, 대기 중 에어로졸 유입, 화학적 오염이다. 2009년 당시 9개 영역 중, 2개 여역(기후변화와 생물다양성 손실)과 2분의 1(생화학적 흐름 중에서 질소 순환)이 행성 경계를 넘었다. [10]

7 2022년 5월 420 ppm을 기록했다

정했다. 수치로 환산하면 해양 생물은 연간 100만 종당 10마리 이내여야 한다. 오늘날 종의 멸종률은 이보다 100배에서 1천 배 정도로 높을 것으로 추정하고 있다. 1970년 이래 지구상에 포유류, 조류, 파충류, 양서류, 어류의 수가 절반으로 감소했다는 보고도 있다[7].

생화학 흐름 영역은 질소와 인을 주요 지표로 측정한다. 질소와 인은 지질학적 과정의 결과로 축적되는 화석 광물이다. 그런데 현대 농법이 대량으로 비료를 사용하면서 질소와 인이 토양과 물을 오염시키고 있다. 인공 비료는 아산화질소를 발생하는데 이것은 온실가스 중 하나이다. 매년 1억 2천 100만 톤의 질소가 대기로 방출되고 있다. 과학자들은 질소의 행성 경계를 3,500만 톤으로 보고 있다. 이미 행성 경계의 4배를 넘은 것이다. 인의 경우에는 매년 2,000만 톤이 채굴되고 있고, 이 중에서 약 850~900만 톤 정도가 바다로 흘러간다. 인의 행성 경계는 1,100만 톤인데 거의 근접해 가고 있다. 과다한 인이 바다로 유출될 경우, 바다에는 무산소 현상이 일어나고 해양 생물의 멸종을 불러올 수 있다.

행성 경계의 영역은 서로 밀접하게 연결되어 있다[10]. 하나의 경계가 초과하면 다른 경계도 심각한 위험에 처할 수 있다. 예를 들어서 아마존의 중요한 토지 이용의 변화는 멀리 티벳의 수자원에 영향을 준다. 질소와 인의 경계를 넘으면 해양생태계의 복원력이 약화되고 이산화탄소 흡수 능력이 감소한다. 이 때문에 과학자들은 생태경제학이라는 새로운 분과의 필요성을 제기한다. 전통적으로 생태학과 경제학은 별개의 영역이었지만 지구적인 차원의 안전을 위해서 두 부분이 협력해야 한다는 취지이다. 행성 경계 문제는 시급한 사안이다. 이 문제를 지속적으로 관찰해온 스톡홀름 회복력 센터(Stockholm Resilience Centre)에 따르면, 2023년 행성 경계 9개 영역 중 6개 영역(기후변화, 생화학적 흐름 연계, 전 세계의 담수 이용, 토지 이용 변화, 생물다양성 소실, 화학적 오염)이 경계를 넘었다는 소식이다.[8]

지구족의 탄생

2024년 3월 국제층서위원회 제4기 층서소위원회는 인류세 도입안을 부결했다. 소위원회는 인류가 지구에 미친 영향을 부정하지 않았지만, 지질 명칭 도입은 성급하다고 결론지었다.[9] 지질시대가 퇴적층(암석)에 관한 명명이라는 지질학의 내적 기준에서 볼 때 수용하기 어려웠을 것이다. 그렇더라도 인류세 담론의 영향력은 계속될 것으로 보인다.

인류세 담론에서 가장 중요한 사안은 단지 지질 시대 구분에만 있는 것이 아니기 때문이다. 오히려 지구생태계에서 우리(인간종)의 지위와 정체성을 재고하길 요구한다는 점에 더 주목해야 한다. 인류는 이제 지구의 지배자의 자리에서 내려와 지구 시스템과 조응하는 새로운 지위를 찾아야 한다. 이를 위해서 케이트 레이워스(Kate Raworth)는 행성 경계를 고려하는 새로운 경제학을 주창했다. 그의 '도넛 경제학'은 행성의 경계를 넘지 않는 조건에서 인류를 위한 안전하고 정의로운 공간을 달성하고자 한다[11]. 특히 그는 인류가 진보를 거부하고 불평등 해소에 집중해야 하며 이것이 지구 시스템을 안정화하는 데 필수적이라고 강조한다.

---

8 최근 소식에 대해서는 스톡홀름 회복력 센터 홈페이지를 참조하라. https://www.stockholmresilience.org/research/planetary-boundaries.html

9 새 지질시대 '인류세' 공식 도입 불발…학계 "아직 성급" (연합뉴스, 2024. 03. 06)

현대 국가는 GDP를 기준으로 매년 성장을 지향해왔다. 이런 경향이 행성 경계를 파괴하는 주요 원인 중 하나였다. 그런 방식의 경제 성장은 사회를 불평등하게 만들고 지속가능성도 위협한다. 통계학적으로 GDP 상위 10%의 국가들이 전체 이산화탄소의 45%를 배출하고 있다. 그런데 이로 인한 지구 변화의 위험은 제3 세계와 가난한 사람에게 먼저 닥치고 있다. 이에 대해서는 실라 재서노프도 주목한 바 있다(4장).

불평등 문제는 인간중심주의와 관련이 있다. 인간의 복지를 위해 지구를 얼마든지 소비해도 된다는 인간중심주의는 지구 시스템을 무너뜨리고 있다. 이미 레이첼 카슨이 경고했었던 사실이다(8장). 지구 시스템의 붕괴는 우리가 복지를 달성하기도 전에 우리의 근거지(대지)를 파괴할 것이다. 브뤼노 라투르는 《가이아를 대면하기: 신기후 체제에 대한 8개의 강의(Facing Gaia: Eight Lectures on the New Climatic Regime)》에서 인류세 문제는 우리 삶의 문제이며 정치적 사안이라고 주장한다.

> "가이아는 우리의 행동에 지나치게 민감하다. 자신이 느끼고 감지하는 것에 극도로 빠르게 반응한다. 우리가 이러한 여러 가지 논란의 여지가 있는 상호 얽힘 고리에 차례로 민감해지는 것을 배우지 않는 한, 어떤 면역학도 가능하지 않다. '작은 변화를 감지하고 신속하게 대응'할 능력이 없는 사람들은 망한다." [12]

이는 도나 해러웨이가 촉수적 사유와 응답-능력을 제안했던 배경과 같은 맥락이다(13장). 그동안 인류가 그려온 세계는 무감각한 대상이었다. 그래서 인류는 세계와의 응답-능력을 상실했고 민감한 사유에서 멀어졌다. 라투르는 인간(인류)이라는 용어 대신 '지구족(earth bound)'이라는 새로운 호명을 제안하는데 이들은 인간종(난쟁이)과 생태계(거인)의 혼종적 존재자이다. 인간은 지구족으로서 다른 생물종과 함께 살아가기를 다시 배워야 한다. 우리는 모든 생물종과 지구 시스템이 공동으로 존재할 수 있는 '지구의 새로운 노모스(new nomos of the Earth)', 즉 '지구 헌법(constitutional law of the Earth)'을 제정할 수 있어야 한다.

라투르는 대중 실험 '협상의 극장(theater of negotiations)'을 통해서 인간과 비인간 대표가 기후 문제를 협상하는 방법을 상상했다[12]. 그동안 국제기구는 기후 협상을 여러 해 동안 해왔지만, 실제적인 성과를 거두지 못했다. 인간(국가)만 참여하는 협상이었기에 그 관점을 벗어나기 어려웠기 때문이다. 협상 대표를 바꾸면 협상 내용을 바꿀 수 있다.

그는 비인간 대표로 공기/대기, 북극/남극, 아마존, 사하라, 숲, 바다, 멸종위기종을 초대했고, 인간 대표에도 기후난민, 원주민, 청년 같은 소수자를 포함했다. 협상문을 작성하는 과정은 상대방이 허용해야만 자신의 주장을 포함할 수 있기에, 이 모델에서 인간(국가)은 비인간 대표의 주장에 귀 기울이지 않을 수 없다. 이 협상 모델은 그 자체로 지구족으로 살아가는 새로운 학습법이 될 수 있다. 지구족으로 변신하는 첫걸음에서 초보 뱃사람이 땅멀미를 겪듯이 중심을 잡지 못할 수 있다. 그러나 경험 많은 뱃사람이 되면 땅멀미 없이 땅(지구) 위에 발을 내디딜 수 있을 것이다.

참고문헌

1 제임스 러브록. 2003[1979].《가이아: 살아있는 생명체로서의 지구》, 홍욱희 옮김, 갈라파고스.

2 얼 C. 엘리스. 2021.《인류세》, 김용진·박범순 옮김, 교유서가. [Earl C. Ellis. 2018. Anthropocene: A Very Short Introduction (the 1st ed.), Oxford University Press]

3 Harraway, Donna. 2016. *Staying with the Trouble: Making Kin in the Chthulucene*, Duke University Press.

4 Steffen, Will, Paul J. Crutzen and John R. McNeill. 2008. The Anthropocene: Are Humans Now Overwhelming the Great Forces of Nature?, *Ambio* 36(8), pp. 614–621.

5 Schellnhuber, H. J. 1999. 'Earth System' Analysis, and the Second Copernican Revolution, *Nature* 402, pp. 19–23.

6 김지성·남욱현·임현수. 2016. 인류세(Anthropocene)의 시점과 의미, 〈지질학회지〉 52(2): 163–171.

7 사이먼 L. 루이스·마크 A. 매슬린 2020.《사피엔스가 장악한 행성: 인류세가 빚어낸 인간의 역사 그리고 남은 선택》, 김아림 옮김, 세종.

8 안드레이아스 말름. 2023.《화석 자본 : 증기력의 발흥과 지구온난화의 기원》, 위대현 옮김, 두 번째테제.

9 Margulis, L. & Sagan, D. 1995. *What Is Life?*, University of California Press.

10 Rockström, Johan, Kevin J. Noone, Åsa Persson & F Stuart Chapin III. 2009. "A Safe Operating Space for Humanity", Nature 461, pp. 472–475.

11 케이트 레이워스. 2018.《도넛 경제학: 폴 새뮤얼슨의 20세기 경제학을 박물관으로 보내버린 21세기 경제학 교과서》, 홍기빈 옮김, 학고재.

12 Latour, Bruno. 2017[2015]. *Facing Gaia: Eight Lectures on the New Climatic Regime*, London: Polity.

13 IGPB. 2010. Developing an Integrated History and Future of People on Earth (IHOPE): Research Plan (IGBP Secretariat, Stockholm).

인터루트 '협상의 극장'에서 배우기

2015년 5월 마지막 주말, 프랑스 아만디에 극장에서 학생과 예술가 그리고 과학자들이 참여한 '협상의 극장(In the Theater of Negotiations, Les Amandiers)'이 진행되고 있었다.[1] 이것은 한 번도 수행된 적이 없던 방식으로, 과학학자 브뤼노 라투르가 제안한 게임 디자인 기반 대규모 연극 행사였다.

이 협상 모델은 유엔의 최고 의사결정 협의체 '당사자총회(Conference of the Parties, COP)' 형식을 모방한 것이다. 2012년 인도에서 열린 당사자총회(COP 11)는 생물다양성 의제를, 2015년 파리 당사자총회(COP 21)는 기후변화 의제를 다루었다. 여기서 당사자의 지위는 스스로 해당 의제의 당사자라고 주장함으로써 부여되므로, 반드시 국가대표로 한정할 이유는 없다.

'협상의 극장'과 현실의 COP와 결정적 차이는 비-국가 대표(non-state delegations)를 포함한다는 것이다.[2] 비국가 대표단의 예시는 공기/

---

1 라투르의 2017년 책 ≪Facing Gaia: Eight Lectures on the New Climatic Regime≫ 중 8장 'How to govern struggling (natural) territories?'를 참고하라. 또는 다음 웹사이트를 참조할 수 있다. http://modesofexistence.org/make-it-work-theatre-des-negociations/

2 42개 대표단 목록은 다음과 같다. 비국가 대표단 18개가 포함되어 있다. 공기/대기, 알제리아, 중국, 북극/남극, 아마존, 사하라, 청년, 캐나다, 이란, 도시, 콩고, 영국, 에디오피아, Stranded Oil Assets, 유럽연합, 숲, 프랑스, 인도, 폴란드, 필리핀, 기후난민, 흙, 대양, 국제 규제 기구, NGOs, 나이지리아, 페루, 러시아합중국, 말디브, 브라질, 토착 주민, 인터넷, 사우디아라비아, 위기생물종, 남아프리카, 방글라데시, 멕시코, 호수, 일본, 에콰도르, 주요 경제분야.

대기, 북극/남극, 아마존, 사하라, 도시, 숲, 기후난민, 흙, 대양, 인터넷, 위기생물종, 호수, 청년, 토착주민, 기후난민 등이다. 이 작업은 허구를 전제한다. 그렇지 않다면 '흙'을 대변할 수 없을 것이다. 돌이켜 보면 인간도 다른 인간을 대표하지 않는가? 그들이 대표하는 내용은 '그들이 원한다고 여겨지는 것'이다. '공기/대기' 대표도 '공기/대기'가 원한다고 여겨지는 것을 대표할 수 있다.

더이상 민족 국가(nation-states)에게 협상의 무대를 전부 내주지 않겠다는 생각은 매우 급진적이다. 지구의 기후 문제 협상단에 왜 비국가 대표단을 추가해야 하는가? 당사자(참여자)는 기후변화에 대응하기 위해서 각자 주장을 서로에게 설득하며 당사자 사이에서 승인을 얻는다면 자신의 주장을 협약문에 넣을 수 있다. 이들 대표단이 모두 민족국가이므로 그들 사이의 협상은 단지 국가라는 이해관계 토대 안에서 작동한다. 민족국가는 영토를 점유하고 통치하는 이해관계를 공유한다. 그래서 그들의 협약은 의식적이든 무의식적이든 영토에 대한 인간의 배타적 권리를 전제한다.

라투르는 비-국가 대표단이 협상단에 포함된다면 민족국가들의 공모에 균열을 줄 수 있다고 생각했다. "비국가 대표단의 도입이 없었다면 이 계획에 맞서 싸우는 것은 불가"하다. 비국가 대표단의 기여는 '자연에 관한 관심'이 아니다. 그들의 역할은 국가대표들이 공유하는 영토적 권리를 부식하는 것이다. 누구든지 이 협상을 관전한다면 쉽게 그 사실을 이해할 수 있다. '흙', '대기', '대양'이 (자연 밖으로 나와) 인간 대표에 의해 대변된다면 절대화되었던 민족 국가의 논리는 공격받을 것이다. 마찬가지로 '도시', 'NGO', '토착 주민'의 주장도 전통적인 행정 권력 논리의 허점을 드러낼 것이다.

실제 '협상의 극장'은 210명의 학생 대표가 42개의 대표단 역할을 맡았다. 각 대표단은 5명으로 구성된 집합체로서 각각은 (1) 정부 또는 준정부 대표, (2) 경제 행위자, (3) 시민 사회 대표, (4) 과학 지식을 가진 사람, (5) 자유롭게 선택된 사람의 역할을 수행했다. '대양' 대표단은 폭풍과 쓰나미를 연기할 필요가 없고, '대기'는 바람인 척하지 않으며, '흙'은 지렁이가 기어다니는 흙덩어리라고 주장하지 않는다. 협상의 무대에서 대표되는 것은 오직 다른 이해관계 당사자들을 '자신의 적'으로 지정할 수 있는 강력한 이해관계뿐이다. 정치적 협상은 '자신의 적'을 지정하는 것으로 충분하다!

협상의 극장 모델이 가져오는 가장 중요한 이점은 학생 참가자들이 지구가 전쟁 상태에 있다는 것을 깨닫게 한 것이다. 흔히 국제 협상에서 민족국가들이 암묵적인 중재 하에 이산화탄소 할당량을 분배하지만, 그것은 기후변화 문제 해소에 그다지 도움이 되지 않는다. 기후 협상의 핵심적 역할은 참여자들이 지금 '전쟁의 상황'에 있다는 것을 이해하는 것이다. 파리 COP 21은 소위 '신기후체제'라고 칭찬받지만, 협약문의 주요 내용은 각국이 비용을 분담해서 기후변화 거버넌스를 만드는 것이었다. 민족 국가 대표들은 자신이 잘할 수 있는 일을 생각해 낼 수 있을 뿐이다. 그런 거버넌스는 또 하나의 행정조직일 뿐이고 그들에게 새로운 일자리를 제공할 뿐이다.

'협상의 극장' 실험은 기존 국제협약의 대표성이 극히 편향적이고 불완전하다는 것을 보여준다. 다만 이 실험은 일회적이었고 그 성과도 널리 알려지지 못했다는 한계가 있다. 이 실험이 반복적으로 다양한 버전으로 수행된다면 대안적인 대표 모델을 찾을 수 있다. 시민과학 모델 또는 교육 모델로 다양한 응용을 권장한다. 지난 경험을 돌이켜 볼 때 단지 교과서적 지침이나 데이터 통계만으로 기후 인식과 행동의 변화를 만들기는 어렵다. 참여적 모의 협상 모델은 혁신적인 인식 전환을 불러올 수 있다. 지구 전역에서 모의 협상을 수행하고 그 결과를 수집한다면 '지구족(earth bound)'의 등장을 촉발할 것이다. 이것은 인류가 집단적 차원에서 자신의 지위를 이해하고 재조정하는 빠른 경로를 수립할 수 있다.

5부

대중문화 속 과학

15장

SF의 미학

《두 문화》의 저자 찰스 스노우에게 'SF가 무엇이냐?'라고 질문한다면 그는 아마도 '두 문화를 연결하는 다리'라고 대답했을 것이다. 그에게 두 문화란 '과학'과 '예술'을 의미한다. 물리학자 프리먼 다이슨은《과학은 반역이다》에서 SF와 상상 문학이 비록 "비약적일지라도 보다 앞선 시각을 과학에 전해 줄 수 있으며 우리의 현재를 돌아보는 역할을 한다"고 인정했다.

SF는 허구에 불과하지만 중요한 역할을 한다. SF 작가가 어떤 미래를 상상한다는 것은 현실에서 어떤 암시를 발견했다는 것이다. SF는 우리와 우리가 만든 인공물(과학지식)의 존재론적 관계를 다차원적으로 예시한다. 과학지식은 일단 창조된 후 하나의 존재자로서 자기 삶을 살아가며 자신의 창조자인 인간 존재의 경로에 개입하고 그 존재를 변형시킨다. SF는 인간과 과학지식 양자 사이의 잠재성을 드러내고 그 상호적 관계에 다시 개입한다.

과학지식은 물질-기호적(material-semiotic)이다.[1] 과학지식은 사물의 반응을 예시한다는 점에서 기호적이다. 또한, 사물에 대하여 현실적 힘을 발휘한다는 점에서 물질적이다. 뉴턴의 보편중력 공식은 두 사물 사이의 힘이 두 사물의 질량에 비례하고 거리에는 반비례한다고 예시한다. 사람들은 이 공식을 사용하여 로켓 발사 추진력을 계산한다. SF도 물질-기호적이다. SF는 과학 지식의 지시를 끌어온다는 점에서 기호적이다. 그리고 독자의 인식과 행동을 바꿀 수 있다는 점에서 물질적이다. SF의 이야기는 단지 과학기술의 외양을 전할 뿐만 아니라, 존재론적이고 인식론적인 통찰을 던지며 미학적 지위를 얻어가고 있다.

페미니스트 SF 작가 조애나 러스(Joanna Russ)는 《SF는 어떻게 여자들의 놀이터가 되었나》에서 SF의 미학성을 의제화했다. 도나 해러웨이는 SF 작가를 사이보그 이론가(cyborg theories)라고 지목했다. SF는 다양한 사이보그를 창조함으로써 그들의 삶을 실험하는 방식으로 '세계 만들기(worlding)'를 익숙하게 해내기 때문이다. 해러웨이는 촉수적 사유와 응답-능력을 배우는 방법의 하나로 SF 읽기와 쓰기를 권장한다. 그는 《트러블과 함께하기(Staying with the Trouble)》에서 직접 작성한 '카밀 이야기'를 들려준다.

여기 15장과 16장에서 SF의 의미를 간략히 소개하고 몇몇 SF 작품을 통해서 과학의 세계를 전달하는 방식에 대해서 알아본다. SF가 과학을 다루는 방식은 독창적인 힘이 있다. 물론 대중문화는 과학주의와 기술결정론에 편승하여 문제를 악화시킬 수도 있다. 하지만 그 기여를 결코 가볍게 볼 수 없다.

---

1 과학지식의 물질-기호적 성격에 대한 추가적인 설명은 12장 '지식의 구성과 실재'를 참조하라.

SF의 존재론

SF는 문학이지만 일반적인 문학 작품과 같은 기준으로 판단하기는 어렵다. SF는 "새롭고 다른 문학이며 무섭게 확장 중인 새로운 영토"이지만, 아직 SF에 관한 문학 비평이 충분하지 않아서 흔히 SF를 판타지의 일종으로 간주하는 혼선도 있다[1]. 문학평론가 셰릴 빈트와 마크 볼드(2021)는 SF의 고유한 특징을 언급하면서 독자는 SF를 통해서 '숭고'를 경험할 수 있다는 점을 꼽았다. 숭고란 "어떤 방식으로든 엄청난 규모의 질이나 서술과 계산을 넘어선 경험"을 말한다[4]. 이 설명은 설득력이 있지만 SF만이 숭고를 독점하지는 않는다.

SF와 판타지, 그리고 사실주의는 어떻게 다른가? 여기서는 조애나 러스의 견해를 중심으로 이야기해본다. SF는 '아직 일어나지 않은 일(what has not happened)'을 다룬다. 반면에 판타지는 '일어날 수 없는 일(what could not have happened)'을 말한다. 그리고 사실주의나 자연주의 소설은 '일어날 수 있었던 일(what could have happened)'을 들려준다. 사실주의는 가능한 일에 주목한다면 판타지는 불가능한 일에 관심을 가지는 것이다. 그런데 SF는 가능하지 않지만 불가능하지도 않은 중간지대에 거주하고자 한다. 어슐러 르 귄(Ursula Le Guin)의 소설 《어둠의 왼손》에 등장하는 양성적 인물은 가능하다고 말하기도 어렵고 그렇다고 불가능하다고 보기도 어렵다. SF는 판타지와 사실주의 사이 변증법적 위치에 있다.

SF 작가는 일어나지 않은 사건을 보고해야 하는 불리한 조건에서 이야기를 전개해나가야 한다. 그런데 왜 SF 작가는 에세이 같은 직접적인 형식이 아니라 소설의 형식을 취하는 것일까? SF는 어떻게 현실에 존재하지 않는 것에 대해서 진지하게 글을 쓸 수 있는 것일까? SF는 미래를 예측하려는 것일까? 그러면 SF가 제시하는 미래 예측이 틀리는 경우 SF는 그 즉시 판타지가 되는 것일까?

흔히 SF는 원하지 않는 디스토피아를 그려내곤 하는데 이것은 미래 예측을 자랑하려는 것이 아니라 그런 미래를 피하려는 것이다. 작가는 자신이 예견한 디스토피아가 왔다고 해서 기뻐하지 않는다. SF 작가는 수없이 원자폭탄을 터트려서 지구를 수십 번 파괴하지만, 아직 그런 현실은 오지 않았다. 아마도 작가의 그럴듯한 예고가 사람들을 각성시키고 대비하게 만들어서 묵시적 상황을 조금씩 뒤로 유보하기 때문일 것이다. SF 작가는 자신이 예견한 미래가 어긋나게 만듦으로써 SF에 현실적인 힘을 부여한다. 원자폭탄이 터지는 미래를 계속 유보하게 함으로써 다른 미래를 만드는 데 개입한다는 점에서 SF는 물질성을 획득한다.

SF의 존재론을 이해하기 위해서 러스의 SF 유형학도 살펴보자. 그에 따르면 우선 SF는 중세 문학과 유사하게 교훈적이다.[2] SF와 과학이 맺고 있는 관계는 마치 중세 문화와 중세 기독교의 관계를 닮았다. 중세 문화가 기독교라는 교훈적인 기준을 가지고 있는 것처럼 과학은 SF의 신학적 체계에 해당한다. 다시 말해서 SF의 판단과 교훈의 기준은 과학이다. SF에서 과학적 개연성 기준은 중요하다. 여기에서 '과학'이란 절대적이고 유일한 진실이 아니라 진실이 무엇인지 결정하는 방식(라투르식으

2 단테의 《신곡》은 대표적인 중세 문학 작품이다. 주인공 화자는 어느 순간 숲에서 길을 잃고 지옥문으로 입장한다. 그는 그곳에 대해서 아무것도 알지 못한다. 그가 평소 존경하던 베르길리우스가 안내자로 등장한다. 단테는 7일간 지옥, 연옥, 천국을 거치면서 그곳에서 만난 사람들의 이야기를 전하는 형식을 취한다. 이 작품은 당대 사람들의 시대적 질문과 윤리 문제를 전반적으로 다루고 있다.

로 말하면 '제도')을 가리킨다. 이를 위해서 작가는 이미 알려진 지식을 위반하지 않아야 한다.

다음으로 SF의 주인공은 개별적인 행위자가 아니라 '집합적인 의미로서의 인간'이다. 등장인물은 공동체적인 관점을 대변한다. SF 주인공은 대체로 평범한 사람인 경우가 많다. 판타지와 달리 SF의 주인공은 상대적으로 무능하다. 어느 순간 낯선 세계에 있는 자신을 발견하고는 당황하기 일쑤다. 그는 낯선 세계에 놓인 '우리 자신(독자)'이다. 그는 새로운 상황에 직면하여 우리 대신 문제 풀이를 수행한다.

이 특징은 세 번째 특징과 관련이 있다. SF는 항상 현상을 강조한다는 것이다. SF는 등장인물을 희생해서라도 현상을 강조한다. 이를 위해서 SF는 상징과 행위를 역전한다. 사실주의 문학은 행위를 통해서 상징을 전달한다면, SF는 반대로 상징을 표면에 내세운다. 이것은 SF가 인식의 문제를 다루는 문학이기 때문이다. 작가는 아직 일어나지는 않았지만 불가능하지는 않은 상황에서 출발하여, '그곳에서 우리는 어떻게 행동해야 하나?' 또는 '어떻게 행동할 수 있을 것인가?'를 질문한다.

그러므로 SF는 인간이 처한 삶의 조건이 급격히 변화하는 상황을 분석하고 교육하는 임무를 수행하고 있다. 러스에 따르면 "SF는 노동을 핵심적인 관심사로 두는 유일한 현대 문학"이다. 이것은 노동이 지식 생산과 관련이 있기 때문이다. 노동하지 않는다면 세계에 대한 지식을 얻기 어려울 것이다. 종합하면 SF는 공동체의 노동으로부터 나온 인식을 지향한다.

SF는 이런 인식의 문제를 구현하기 위해서 '기묘한 연결 놀이'를 한다. 예를 들어서 '사고 실험(thought experiment)'을 수행하는 방식이다. 사고 실험을 설계하기 위해서 SF는 '판타지의 과장'이나 '사실주의의 현실' 양쪽 모두를 어느 정도 포함한다. 대신 두 소설 양식과 달리 역설적인 관계짓기에 뛰어나다. SF 작가는 가능성과 불가능성의 관계를 기존의 작가들과 다르게 상상하는 데 익숙하다. SF는 사실주의적인 문체 형식을 띠지만, 의도적으로 인지적인 왜곡을 만들어낸다.

> "정상적인 연결을 분리한 다음 전혀 예상하지 못한 연결을 수행하는 것이다. 최초의 분리는 때로는 단선적으로 일어나기도 하고 때로는 비틀려질 수도 있다. 예를 들면 미래 배경의 어느 이야기에서 "아시모프, 20세기의 위대한 작가"라는 언급이 있었다면, 이 문장은 삼중의 (시간적) 분리로 만들어진 것이다. 이야기 속의 미래는 누구도 알지 못하는 '허구의 미래'이며, 그 허구적 미래에서 회고하는 과거도 '허구적 과거'이다. 마지막으로 그 허구적 과거는 우리의 현재와 공존하는 '허구적 현재'이다." [1]

마지막으로 SF의 중요한 특징 중 하나는 작품의 프레임이다. 러스가 볼 때 판타지나 사실주의의 경우 작가가 프레임을 제시하는 데 비해 SF의 작가는 대체로 프레임을 제공하지 않는다. 대신에 SF 독자가 현실 세계의 지식에 비추어서 그 세계를 판단하게 한다. SF 작가는 독자가 이런 지식을 이미 가지고 있을 것으로 전제한다. 그러므로 SF 세계를 평가하는 기준은 작가가 아니라 독자의 프레임이다.

SF에서 독자는 작품의 안과 밖을 오가는 역설적인 이동을 경험한다. 그 작품의 안과 밖 사이의 미학적 거리는 끊임없이 진동한다. 사실주의나 판타지보다도 SF가 독자를 주도적인 주체로 간주하기 때문이다. 실제로 《프랑켄슈타인》의 독자는 작품의 안과 밖을 끊임없이 들락거렸다. 그 결과 그들은 등장인물의 정체성을 재구성했다. 독자는 어느 순간부터 '괴물'을 '프랑켄슈타인'이라고 호명했다. 그들이 이 작품을 문자대로만 해독하면 괴물은 프랑켄슈타인이 될 수 없다. 소설 속에서 괴물의 무명성은 그가 사회적으로 인정받지 못함을 상징하기 때문이다. 그러나 독자는 작품의 내적 경험과 외적 경험을 통하여 괴물이 '프랑켄슈타인'이라는 이름으로 불릴 자격이 있음을 승인했다.

프랑켄슈타인, 남성적 번식의 꿈

메리 셸리(Mary Shelley)의 《프랑켄슈타인: 현대의 프로메테우스(1818)》는 최초의 SF 소설로 평가받는다. 이 작품은 출간되자마자 등장인물의 파격성 때문에 독자를 충격에 빠트리면서 즉각적으로 큰 인기를 얻었다. 부제 '현대의 프로메테우스'는 근대 과학자를 상징하며 등장인물인 빅터 프랑켄슈타인을 가리킨다. 프로메테우스는 그리스 신화 속 거인족으로 인간을 창조하고 인간을 아끼는 마음에 올림포스 신들에게서 불을 훔쳐 인간에게 선물한다. 과학은 프로메테우스처럼 선물을 선사하는 이미지로 그려져 왔다. 빅터 프랑켄슈타인은 강한 자부심과 무모한 모험심으로 엄청난 위험을 불러온다.

또 다른 등장인물인 로버트 월튼은 잉글랜드 출신의 북극해 항로 탐험대 선장이며 과학자다.[3] 그는 위험을 두려워하지 않으며 자연의 비밀에 침투하는 과학자가 되고자 한다. 북극해는 빙하로 덮여 있고 쇄빙선

---

3 월튼 선장은 북극해 탐험 중 얼음에 갇혀있다가 빅터와 괴물을 만난 이야기를 영국에 있는 동생에게 전한다. 월튼은 독자의 관찰 시점을 대리하는 역할을 하며 작가와 독자를 연결해 준다.

이 없던 당시에는 통과하기 어려웠다. 모험적인 선박들이 북극 탐험을 하다가 얼음에 갇혀 죽음을 맞이하곤 했다. 월튼과 선원의 대화에서 그의 무모한 성격을 엿볼 수 있다. 배가 빙산에 막혀서 꼼짝할 수 없을 때 선원들이 그를 찾아와서 걱정을 털어놓는다. 만약 빙산이 흩어져서 뱃길이 열리게 되면 다시 선장이 무모하게 항해를 계속해서 죽을 위험에 빠질 수 있다는 것이다. 빅터만큼이나 월튼도 '현대의 프로메테우스'를 예시한다.

빅터 프랑켄슈타인은 제네바 공화국 출신이고 잉골슈타트 대학으로 유학한다. 잉골슈타트는 현재 독일의 바이에른주에 해당한다. 그는 대학에서 자연 철학과 화학, 생리학, 해부학에 몰두했고, 마침내 생명의 원인을 발견하면서 과도한 자부심이 그를 사로잡는다.[4] 그러나 그는 생명체를 만들고 나서 그 창조물이 깨어나는 순간 감당할 수 없는 두려움에 싸여 도망친다. 1831년 판본에 실린 삽화에서 창조물이 깨어나자 '창조자'는 놀라며 급히 문을 열고 도망친다.

이 장면은 과학자가 자신만만하게 결과물을 내놓지만 나중에서야 자신이 통제할 수 없다는 생각에 좌절하는 모습을 상징한다. 여기서 괴물은 생물학적으로 태어난 것이 아니라 인공적으로 창조된 존재라는 점에서 '남성적 번식'을 상징한다. 페미니스트 학자들에 따르면 이 괴물은 플라톤이 꿈꾸었던 남성적 번식의 전형을 보여주는 것이고, 그 결과는

4 "마침내 나는 발생과 생명의 원인을 밝혀낸 것이다. 아니 그 이상으로, 생명이 없는 것에 움직임을 부여하는 능력을 지니게 되었다. (…) 새로운 종들이 나를 창조자로, 그들의 기원으로 축복할 것이었다. 행복하고 우수한 수많은 생명이 나로 인해 존재하게 될 것이다. 그 어떤 아버지도 나만큼 자식으로부터 완벽하게 감사받을 자격은 없을 것이다."

그림 15.1 《프랑켄슈타인》 1831년 판 삽화. 괴물이 깨어나자 빅터는 두려움에 도망친다.

'괴물'이 될 수밖에 없었다[4]. 브뤼노 라투르는 이 순간에 대해 말했다. "더 큰 잘못은 빅터가 괴물을 만들었다는 것이 아니라 괴물을 버려둔 것이다"[5].

괴물의 변신

괴물은 2.5미터의 거구이고 흉측한 외모를 가지고 있다. 버려진 시체를 모아서 만들어낸 것이기 때문이다. 괴물은 태어나자마자 자신의 아버지라고 할 수 있는 창조자 빅터로부터 버림받고 '고아'가 되었다. 괴물은 세상에 나와서 스스로 언어를 학습하고 친구를 원하며 자기 운명을 걱정하기도 하고 자기 정체성을 고민하면서 서서히 변화한다.[5] 마지막에는 자기 자신을 객관화해서 자기 평가를 하기에 이른다.[6] 자기를 객관화한다는 것은 타자, 즉 인간 사회 또는 사회 시스템의 관점에서 자기를 평가할 수 있다는 의미이다.

사실 이 괴물은 외모와 달리 평화주의자다. 괴물은 도토리와 산딸기만을 먹는다.[7] 그는 오두막집 가족을 도우면서 인간 친구를 간절히 원한다. 눈이 보이지 않는 오두막집 아버지는 괴물과 대화하면서 인간보다 따뜻함을 느낀다. 하지만 괴물의 외모로 인해 오두막집 남매에게 쫓겨난다. 이것 때문에 괴물은 빅터에게 자신과 친구가 될 수 있는 또 다른 괴물을 창조하라고 요구한다. 이것이 이 이야기를 비극으로 치닫게 한다.

빅터는 새로운 괴물을 원하는 괴물을 피해서 이곳저곳을 떠돈다. 괴물은 자신을 창조하고 자신을 돌보지 않는 창조자에게 복수하기 위해 그의 가족을 차례로 죽인다. 빅터는 가족이 모두 죽자 괴물을 죽여 자신의 과오를 바로잡고자 도망치는 대신 괴물을 추격하기 시작한다. 빅터와 괴물은 월터 선장을 만났던 북극에서 마지막을 맞이한다. 빅터는 고난을 겪은 나머지 월터 선장 앞에서 숨을 거둔다. 괴물은 빅터의 죽음을 보자 최후의 자기 평가를 남긴다. "나 자신의 죽음이 필요하오."

이것은 자신의 창조자이자 아버지인 빅터의 의지를 자신의 의지로 받아들인 것이다. 자기 자신을 죽이는 일은 생명체로서 가장 받아들일 수 없는 일인데 이를 수용한 것이다. 자신의 준거로서 타자의 의지를 수

---

5 "나는 사랑과 우정을 갈망했지만 배척당했소. 그건 옳은 일이요? 인간들은 모두 나에게 죄를 저지르는데 왜 나만 죄인 취급을 받아야만 하오?"

6 "하지만 내가 비열하다는 건 사실이오. 사랑스럽고 연약한 자들을 살해했으니까."

7 "나는 인간들의 음식을 먹지 않소. 식욕을 채우려고 양을 죽이거나 아이를 잡아먹는 일은 없소. 도토리와 들딸기면 충분히 먹고 살 수 있소."

용하는 것은 인간의 모습을 상징한다. 근대적 주체는 아버지 또는 근대법과 같은 타자의 의지를 자기 것으로 받아들여서 자신을 타자의 관점에서 해석하고, 판단하고, 처벌할 수도 있다. 바로 이 장면이 괴물을 괴물 이상의 존재로 만든다.

한편 괴물은 인간 사회를 비평하는 역할도 수행한다. 인간도 인간 사회를 비판하므로 익숙한 일이지만, 괴물(인간의 창조물)에게 비판을 들으면 생경하면서 더 아프게 느껴진다. 괴물은 인간 사회를 돌아다니며 학습하는데 그의 원초적인 시각에서 볼 때 인간 사회의 구조는 기이했다. 그 사회구조의 작동 기준이 부와 혈통이라고 지적하는 점도 흥미롭다. 두 가지 기준 모두 '소수를 위한 다수의 불평등'을 정당화할 수 없기 때문이다.

> **"당신네 인간들이 가장 중시하는 것은 부와 고귀하고 순수한 혈통이었소.** 인간은 이런 이점 중 하나만 지녀도 존경받지만 둘 다 없으면 극히 드문 경우를 제외하고는 부랑자와 노예 취급을 받으며, **선택된 몇몇의 이익을 위해 능력을 낭비하도록 운명 지워져 있었소!"** (강조는 저자)

독자는 소설을 읽어가면서 괴물이 변화하고 성장하는 모습을 목격한다. 독자는 점차 인간 빅터보다 괴물에게 더 주목하게 된다. 이 이야기에서 괴물이 가장 많은 변화를 겪는 인물이기 때문이다. 괴물은 처음에는 아무런 선택권도 없던 대상(실험 재료)에 불과했었는데 소설의 후반부에 가서는 타자의 의지를 내면화해서 주체적으로 해석할 수 있는 존재로 변화했다. 그래서 자기 자신조차도 처벌할 수 있는 역량을 가진 행위자로 성장했다.

괴물은 처음에는 이름이 없었고 단지 '괴물'로만 불렸다. 괴물이 깨어나자마자 빅터가 도망쳤고 흉한 외모 때문에 도망 다니느라 친구가 없었기 때문이다. '이름 없는 자'는 사회적으로 인정받지 못한 존재를 상징한다. 그런데 독자들은 괴물을 '프랑켄슈타인'이라고 부르기 시작했다. 빅터 프랑켄슈타인의 아들이라는 의미로 붙여진 이름이기도 하고 괴물이 창조자 빅터에게 자신의 존재를 인정받고자 했던 소망의 성취이기도 하다. 소설 밖에서 괴물은 이름으로 호명되면서 그 존재의 정당성을 인정받는다.

이 작품은 괴물(창조물)이 사회적 학습 역량을 가질 수 있다는 점을 시사한다. 오두막집에 숨어든 괴물은 그 가족들의 삶을 보면서 언어를 학습하고 인간의 사랑에 대해 배운다. 괴물은 그 가족들과 친구가 되고 싶어서 모습을 드러낸다. 오두막집 아버지는 맹인이었기에 괴물의 외모에 대한 편견이 없다.[8] 이 장면은 괴물이 인간과 구분할 수 없을 정도로 사회화되었음을 보여준다.

메리 셸리는 현실에는 존재하지 않는 혐오적이면서도 매력적인 인물을 창조했다. 괴물은 존재론적으로 매우 불리한 처지에 놓였으나 인식론적으로 성장했고 마지막에는 타자(빅터 프랑켄슈타인)의 의지를 받아들여 자신의 파괴를 선언하기에 이른다. 그 이전에는 없었던 새로운 작법이었다. 이것은 새로운 장르 SF를 창안했다. 그는 우리가 인공적인 존재에게 매력을 느낀다는 사실을 발견하게 해주었다. 괴물과 같은 창조된 인물은 전혀 새로운 시각으로 인간의 존재를 관찰할 수 있게 해준다. 괴물은 우리의 거울로서 우리를 비추어 주고 또 우리의 '철학적인

---

8 이 아버지가 상대방을 볼 수 없었고 언어를 통해서만 상대방의 정체성을 확인했다는 점에서 튜링 테스트와 같은 상황이다(11장).

타자'로서의 역할을 해냈다. 그는 독자에 의해서 계속해서 재생산되면서 새로운 존재로 성장하고 있다.

멋진 신세계의 행복

올더스 헉슬리(Aldous Huxley)의 《멋진 신세계(Brave New World, 1932)》는 조지 오웰(George Orwell)의 《1984》와 함께 현대적 삶의 양태를 예견한 작품으로 자주 언급되곤 한다. 헉슬리는 이 작품의 서문에서 이 소설의 주제가 "과학의 진보에 관한 것이 아니라 과학의 진보가 인간 개체에 미치는 영향에 관한 문제를 논의"하는 것이라고 밝혔다. 과학적 방법은 삶의 특성을 근본적으로 바꾸는데, "과학화된 물질은 삶을 파괴하거나, 생활방식을 어쩔 수 없이 복잡하고 불안하게 만드는 방법으로 우리에게 적용될 수 있"기 때문이다.

신화 속 프로크루스테스의 강제적인 잡아늘림과 절단은 과학이 실제로 인간에게 적용하는 일이며 그 정도는 점점 더 강해지고 있다. 과학기술은 사람들이 노예적 삶을 스스로 받아들이는 데 기여하는 방향으로 작동했다. 1930년대 포드주의 대량생산 체계가 사회의 기본적인 양식으로 정착했고 사람들은 점차 생각할 필요도 없는 삶을 당연한 것으로 받아들이고 있다. 중앙집중화된 전체주의 정부가 사회 전체에 과학의 적용을 강제하기도 했다.

> "정말로 능률적인 전체주의 국가라면 권력을 거느린 대규모 관리층을 동원하여, 노예 생활을 사랑하기 때문에 억압할 필요조차도 없는 무

수한 노예들을 통제한다. 오늘날 전체주의 국가에서는 노예들에게 그런 삶을 사랑하게끔 만드는 것이 선전 기관과 언론인, 학교 선생님들에게 부여된 사명이다. (…) 사람들이 안정성을 아주 당연한 것으로 받아들이는 경향이 급속히 생기고 있다. 안정성을 이룩하는 것은 단지 피상적이고 외부적인 개혁에 불과하다. 예속상태를 사랑하는 것은 인간의 육체 및 정신 내부에 심오하고 인격적인 혁신의 결과 없이는 성립될 수 없다."

이 소설의 배경은 헨리 포드가 신적 존재로 추앙받는 서기 2540년(A.F. 632년)이다.[9] 가상의 국가 '세계국'의 인구는 20억이고 과학기술의 발전으로 굶주림과 실업, 가난이 존재하지 않는다. 질병, 전쟁, 노화도 사라졌다. 대신 출생부터 죽음까지 중앙정부가 통제하며 안정적 관리를 위해 철저하게 계급 사회로 운영된다. 이들에게 부여되는 이름조차도 기계적으로 대량 생산된다. '버나드 마르크스', '헬름홀츠 왓슨' 등은 역사적 인물의 이름을 카드 섞기처럼 무작위로 배합하여 만들어졌음을 암시한다.

이 완벽한 통제사회는 생물학적 지식을 최대한 사용하여 인간의 출생을 관리한다. 마치 자동차가 컨베이어벨트 생산 방식으로 제작되듯이 인간 아이도 공장에서 제조된다. 제조 과정에서 아이의 미래 계급과 사회적 역할이 배정된다. 계급에 따라 외모와 체격도 다르게 설계한다. 아이는 출생 후에도 교육과정을 통하여 자신의 계급에 만족하도록 '제조'된다. 이 사회는 사람들의 선호나 습성도 교정할 수 있다. 그들은 성인이 되어 계급의 옷을 입고 정해진 노동에 배치된다. 사회적으로 소비

9 포드는 1908년 자동차 대량생산 체계를 완성했다. 이를 기준으로 포드력(After Ford)이 시작되었다. 이 세계의 사람들은 포드의 정신을 숭배한다.

와 성교 그리고 소마(약물)와 놀이를 권장한다.

가정이나 어머니라는 개념은 혐오의 대상이 된다. 대신 공동체에 과도하게 집착한다. 모든 구성원이 일상적으로 "모든 사람은 다른 모든 사람을 공유한다"라는 구호를 외친다. 가족 제도를 극단적으로 혐오하는 것은 가부장 제도를 비판하려는 목적이라기보다는 국가적 통제를 수월하게 만드는 장치이다. 공동체가 개인을 소유한다는 설정은 극도의 기계성을 암시한다. 이 사회는 풍요함과 안전함을 위해서 그 대가로 개성과 자유를 포기한다. 환각제 '소마'는 《멋진 신세계》의 상징이다. 약학자와 생화학자들이 정부 보조금을 받아 이 유쾌한 환각제를 대량 생산했다. 원한다면 언제든지 현실에서 벗어나 환상적 여행을 떠날 수 있다.

이처럼 강력한 통제 체계를 구축했음에도 이 세계에 균열이 발생한다. 버나드는 알파 계급이지만 알 수 없는 이유로 왜소하게 태어났다. 그로 인해 버나드는 다르게 행동하고 다르게 생각한다. 친구 헬름홀츠도 일탈적 태도를 보인다. 외부 세계에서 온 야만인 존은 이 사회의 기이함을 즉각 알아차리며 문제를 제기한다. "왜 셰익스피어의 비극을 금지하나?" 세계국 통제관 무스타파 몬드는 대답한다.

> "아름다움은 마음을 끄는 힘이 있는데, 우린 사람들이 옛것에 끌리는 걸 원하지 않아요. 우리는 그들이 새로운 것을 좋아하기를 바랍니다. (...) 그건 우리들이 살아가는 세계가 '오셀로'의 세계와는 다르기 때문입니다. 강철이 없으면 자동차를 생산할 수가 없으며, 사회적인 불안정이 없으면 비극을 생산할 길이 없으니까요. 세계는 이제 안정이 되었어요. 사람들은 행복하고, 원하는 바를 얻으며, 얻지 못할 대상은 절대로 원하지 않습니다."

그의 대답은 진보의 역설적 의미를 지적한다. 고전 예술작품이 새로운 것을 좋아하고 물질적 안정에 집착하는 사람들의 마음에 균열을 낼 수 있다는 것이다. 세계국은 사회 안정을 위해서 '비극'조차도 허용할 여유가 없다. 이 사회는 사람들이 계속 새로운 것에 집착하게 만들어야 작동할 수 있다. 사회적 안정을 위해 개인의 자유를 극도로 제한하는 대가를 지불한다. 고전 예술을 희생하고 대신 자극적인 촉감 영화와 냄새 풍금을 권장한다. 예술작품은 사람들의 사유를 흔들어 깨우지만 자극적인 대중매체는 사유를 몰아낼 수 있다. 그렇게 얻은 '안정'은 정당한가?

세계국은 노화를 자연스러운 현상이 아니라 질병으로 취급한다. 이것은 현대 사회의 모습을 정확하게 예견한 것 중 하나다. 세계국은 노화가 종교적 감정을 불러온다는 이유로 철저히 차단한다. 정기적으로 '열정대치 처리요법'을 처치하여 나이 들어도 젊은이와 같은 신체활동이 가능하도록 만들었다. 그래서 노인을 한 번도 본 적이 없는 레니나는 야만인 구역에서 노인을 보고서 괴물을 본 것처럼 기겁한다.

셰익스피어를 사랑하는 자유를 버릴 수 없던 야만인 존은 결국 세계국을 떠나기로 결정한다.[10] 과학과 풍요가 예술작품을 읽을 권리와 바꾸는 것이라면 누리지 않겠다는 선언이다. 존은 야만인 보호구역에서도 그곳 사람들에게 인정받지 못했었다. 어머니 린다가 세계국 출신이었기 때문에 야만인 세계의 질서를 받아들이지 못했다. 존은 세계국에 희망을 걸었지만 그곳도 선택할 수 없었기 때문에 다시 외톨이가 된다. 존의

10 "저는 불편한 것을 좋아합니다. 저는 신을 원합니다. 편안한 것은 원하지 않습니다. 저는 시화 현실적인 위험과 자유를 원하고, 선과 죄악을 원합니다. (…) 네 그래요. 불행해질 권리를 주장하고 있습니다."

선택은 숭고한 것이었지만 사회적으로 고립된 존재의 미래는 위태로울 수밖에 없다. 존은 자유롭기 위해 떠났지만 결국 불행으로 끝난다. 개인(난쟁이)과 사회(거인)의 운명은 연결되어 있기 때문이다. 과학적 진보로 만들어진 복지 독재국가에서 우리는 행복할까? 떠나는 것으로 문제를 해소할 수 있을까?

생물학적 시민

《멋진 신세계》는 '생물학적 시민(biological citizen)' 개념을 제시하고 있다. 니콜라스 로즈(N. Rose)에 따르면, '인간'은 결코 '자연적인 것'이 아니다. 그는 미셸 푸코의 이론을 계승하여 생물학적 차원에 적용했다. 근대인은 과학기술이 만든 새로운 생명 형식(emergent form of life) 안에 자기 자신을 배열함으로써 스스로를 발명했다[8, 9]. 인간은 그 형식 안에서 자기 자신을 이해할 수 있고, 그 결과 자기 자신을 관리할 수도 있다. 근대국가의 인구조사와 사회통계는 나이, 성별, 가족관계, 주거지, 활동 양태 등 생물학적인 요소들로 가득 차 있다. 생물학적 특징들이야말로 '실체적인 것'에 가장 가까운 것이기 때문이다. 근대적 시민권은 그 시작부터 이미 '생물학적인 것'이었다[7].

21세기에 들어서면서 생명에 대한 이해는 분자생물학적인 형식의 이해로 전환되었는데, 특히 유전자 검사와 같은 생명공학 기법들이 일반화되면서 사람들이 자기 자신을 이해하는 수준이 변화했다. 유전자 수준의 정보가 점점 더 사람들을 연결하고 비교하고 판정하는 데 사용되는 추세이다. 생명공학은 우리의 정체성, 건강에 대한 정보와 인식의 격자를 제공한다. 예를 들어 유전자의 분자 단위의 감별은 그 사람이 내장하고 있는 질병 소인을 추적할 수 있게 한다. 당뇨병 소인이 있다는 것을 알게 된다면 당뇨병에 걸리지 않으려고 특별히 노력할 수 있다.

그 인식의 격자 위에 출현하는 새로운 주체가 바로 '생물학적 시민(biological citizen)'이다[10]. 이들은 생명공학이 제시하는 지표와 기준에 따라 자기 자신을 들여다보고 이상적인 자기 자신의 이미지를 꿈꾼다. 시민들은 생명공학적 격자 안에서 때로는 적극적으로 이 작동을 돕기도 하고 때로는 무의식적인 참가자가 된다[9, 10].

이처럼 인간 신체에 대한 사전적이고 개별적인 관리가 가능해지면서 그런 전략이 사회를 유지하는 핵심이 되고 있다. 개별적인 노력으로 사람들이 건강해진다면 사회적 측면에서 비용 절약이 될 것이다. 통치 관점에서 생명공학은 유효한 관리 도구를 제공한다. 생명공학적 지표들을 통해 위험하거나 문제가 되는 개인이나 집단을 구별할 수 있고, 별도로 관리하거나 배제할 수도 있다. 시민들이 이 권력의 과정에 자발적으로 참여하는 것이 현대 국가의 생존 방식이 되고 있다. 군사력을 동원하는 것은 아니지만, 헉슬리가 지적했듯이 과학기술을 동원한 전체주의로 귀결될 수 있다.

설국열차, 인간의 기후위기 대처법

잘 알려진 영화 〈설국열차(2013)〉의 원작은 프랑스 만화 《설국열차(Le Transperceneige, 1984)》이다. 원작자는 자크 롭(Jacques Lob)이고 그림은 장 마르크 로세트(Jean-Marc Rochette)가 그렸다. 이 작품은 기후변화와 과학기술 남용으로 인한 세계 종말을 그리고 있다. 환경 재앙으로 빙하기가 도래했고 설국열차만이 얼어붙은 세계를 달리고 있는 유일한 기계적 존재이다. 그 안에서 마지막 살아남은 인간들은 자기 문명을 성찰하는 대신 더 극단적인 불평등과 지배 관계를 고집한다.

이 작품의 통찰이 돋보이는 것은 지구에 새로운 빙하기가 도래한 직접적인 원인으로 과학기술 남용을 제기했다는 것이다. 인류세 담론이 공식화되기 전에 SF가 먼저 인류세 논의를 시작한 것이다.[11] 이 세계의 전쟁 당사국들은 경쟁적으로 '기후 무기'를 개발했고 그 위력은 기대 이상이었다. 인간은 기후조차도 무기화할 수 있음을 시사한다. 주인공 프롤로프는 전쟁 당사국이 그 무기를 사용했을 것으로 추정했다. 단지 적을 이기려는 인간적인 결정이었지만 결과는 자기 자신을 포함하여 모든 인간에게 끔찍한 파국을 불러왔다. '기후 무기'라는 용어는 인공강우 기술에서 온 것이다. 인공강우는 비행기에서 화학물질을 뿌려서 인공적으로 비가 오게 하는 메커니즘이다. 실제로 인공강우 기술은 무기로 사용될 수 있다.

영화 〈설국열차〉에도 관련 언급이 나온다. 지구온난화에 대처하기 위해서 기후조절물질인 CW-7을 사용했고 그 부작용으로 빙하기가 도래한다는 설정이다. 실제로 과학기술자들은 기후 위기에 대처하기 위해서 황산에어로졸을 살포해서 태양 에너지를 차단하는 방법을 권장한 적이 있다. 이처럼 과학기술로 인해 발생한 기후 위기를 다시 과학기술로 해결할 수 있다는 견해가 소위 '생태근대주의(ecomodernism)'다. 황산에어로졸 이외에도 우주에 거울을 설치해 태양광을 반사하는 기술,

11 인류세 주제에 대해서는 14장 '인류세와 지구족'을 참조하라.

식물성 플랑크톤을 대량 증식해 광합성이 촉진되도록 바다에 철가루를 뿌려 수중을 비옥하게 하는 기술 등 지구공학적 방식의 제안이 있다. 그 자체로 인류세를 상징하는 프로젝트들이다. 이 작품은 이미 오래전에 생태근대주의적 접근법을 예견했고, 그런 접근이 오히려 문제를 최악으로 이끌 수 있다고 지적하고 있다.

이 작품의 또 다른 통찰은 극단적인 상황이 오더라도 인간 사회가 자동으로 평화를 향해 가지 않는다는 것이다. 오히려 더 격렬한 불평등으로 치닫는다. 이 열차가 인간들에게 거의 유일한 희망인 상황에서 가난한 사람들이 공동으로 열차 칸을 구해서 설국열차 꼬리에 연결한다. 그러나 황금 칸 사람들은 그들을 인정하지 않았고 꼬리 칸으로 이어지는 통로를 봉쇄했다. 살아남은 사람이 얼마 되지 않은 극한의 상황에서도 인간 사회가 심각한 계급대립과 경쟁을 버리지 못할 것임을 암시한다.

꼬리 칸의 삶이 너무나 비참했기 때문에 저항 운동이 일어났다. 황

그림 15.2 프랑스 만화 《설국열차》의 표지. 1984년에 출간된 《설국열차 1편 : 탈주자》의 주인공인 프롤로프(Proloff)와 아들린(Adeline Belleau)의 모습이다. 기후변화와 과학 남용으로 인한 세계 종말적 상황을 그리고 있다.

금 칸의 사람들은 무력으로 진압했고, 오히려 꼬리 칸 사람들의 탈출을 야만의 습격이라고 비난했다. 빙하기라는 극한적인 상황에서도 인류는 공동 해법을 내기보다는 오히려 더 심각한 차별과 폭력으로 응답한다. 이것은 집단의 생존보다 개별 투쟁을 더 중요한 수단으로 삼는 세계관을 유지하기 때문이다. 이후 꼬리 칸의 삶은 희망이 없어졌다. 프롤로프는 꼬리 칸에서 탈출한다.

설국열차는 사회를 통제하고 생존을 담당하는 거대 기계 시스템을 상징한다. 프롤로프는 체포된 후 열차 앞쪽으로 이송되는 과정에서 다양한 집단을 만난다. 그중에는 '기계 사제단'이 있었는데 이들은 설국열차를 '거룩한 열차'라고 숭배한다. 인간이 유일하게 의존할 수 있는 기계 시스템이 설국열차이기 때문에 일어날 법한 현상이다. 이는 과학기술이 신의 자리를 대체하는 모습을 상징한다.

마침내 프롤로프는 황금 칸에 도착하는데 이들의 삶은 꼬리 칸의 삶과 극명하게 대조적이다. 단지 여유로운 것을 넘어서 타락한 삶을 누리고 있었다. 황금 칸의 지도자들은 설국열차가 너무 많은 짐을 끌고 있어서 점점 느려지고 있다며 그 해결책으로 꼬리 칸을 분리하고자 했다. 황금 칸의 지도자는 차별과 개체적 경쟁만을 가치관을 삼고 있었다.

프롤로프는 우연히 이 열차의 설계자 알렉 포레스티에(Alec Forrester)를 만난다. 그는 황금 칸의 지배방식을 거부하며 스스로 분리된 삶을 살고 있었다.[12] 그는 프롤로프에게 설국열차의 엔진인 올가(Olga)와 그 무한동력 시스템에 대해 들려준다. 그도 죽음을 앞두고 있었고 프롤로프를 이 열차의 다음 관리인으로 임명한다. 그는 자신의 창조물인 올가를 사랑할 수 있는 사람에게 관리 권한을 넘겨주고자 했다. 인공지능이며 무한동력의 기계에게 관리자가 왜 필요한가? 포레스티에는 시간이 흐르면 올가를 이해하고 사랑하게 될 거라는 말을 남긴다. 이것은 '완전한 기계'도 인간 대화자를 필요로 한다는 것을 시사한다.

두 사람이 이야기하는 과정에서 꼬리 칸이 분리되면서 열차의 속도가 빨라지는 것을 느낀다. 빈민 그룹을 제거함으로써 부자 그룹의 생존을 지킬 수 있다는 생각이 실현된 것이다. 그런데 프롤로프는 꼬리 칸에서 발생한 신종 전염병 보균자였다. 그는 아무런 증상이 없었지만 그의 신체 속 전염병은 앞쪽 칸 사람들에게 치명적이었다. 꼬리 칸을 배제하는 차단 전략이 신종 전염병을 일으켰고 그에 대한 대응 역량을 형성할 가능성도 차단한 것이다. 결국에는 모든 인간의 멸절로 이어진다.

다윈이 생명체의 생존 투쟁은 개별의 문제가 아니라 집단차원의 문제라고 지적했던 통찰(5장), 그리고 마굴리스의 공생이론과 러브록의 가이아 이론이 제기하는 교훈(6장과 14장)을 삶에 적용하지 못한 비극이 우리 미래를 비추고 있다. 프롤로프는 올가의 관리자가 되었지만 아무도 남지 않은 기차 안에서 그 역시 종말을 예감한다. 결국에는 그도 곧 죽을 것이고 우주에서 인간종은 남지 않게 될 것이다. 개체주의와 불평등 사회는 결국 모두의 죽음으로 향한다.

기후 위기 속에서도 설국열차 세계는 계급적 차별을 더욱 강화함으로써 자멸하는 궤적을 따라간다. 소수의 황금 칸 지도자들은 독점적인 의사결정권을 가지고 있고 기후를 무기로 사용해서 지구 전체를 빙하기로 몰아넣었다. 자연과 세계 지배를 확신했지만 결국 자신도 통제하지

---

12 포레스티에는 크림슨 대령처럼 폭력적으로 통제하려고 하는 사람들에 사람에 대해서 거부감이 있었고 그래서 그들이 엔진 칸에 들어올 수 없게 했다. 그는 엔지니어들이 정치적이고 폭력적인 것에 대해서 거부반응을 느끼는 상황을 대변한다.

못할 결정을 한다. 그들의 결정으로 인한 피해는 인류 전체가 감당해야 한다. 극단적인 상황에 직면한 인류가 '자동으로' 인식적 전환을 하지는 못한다. 그렇다면 파국이 되기 전에 인류 집단차원의 인식 전환을 위해서 무엇을 해야 할까?

《설국열차》가 출간된 지 40년이 흘렀다. 다행히 국제적·시민적 참여는 성장하고 있다. 그런데도 기후변화의 속도를 멈추지는 못하고 있다. 2023년 지구 행성 경계 9개 영역 중 6개 영역(기후변화, 생물다양성 소실, 생화학적 흐름 연계, 전 세계의 담수 이용, 토지 이용 변화, 화학적 오염)이 무너졌다(14장). 인류 집단차원에서 인식적 전환을 촉발하기 위해서 제도의 변화가 필요하다. 개별 인간의 변화도 필요하지만, 그것만으로는 지구 행성의 변화를 따라갈 수 없다. 대중참여가 가능한 기후변화 거버넌스에 대해 더 구체적인 사회적 의제화를 권장한다.

참고문헌

1 조애나 러스. 2020[1995]. 《SF는 어떻게 여자들의 놀이터가 되었나》, 나현영 옮김, 포도밭.

2 도나 해러웨이. 2021. 《트러블과 함께하기: 자식이 아니라 친척을 만들자》, 최유미 옮김, 마농지.

3 셰릴 빈트, 마크 볼드. 2021. 《SF 연대기: 시간 여행자를 위한 SF 랜드마크》, 송경아 옮김, 허블.

4 손현주. 2014. "다시 읽는 〈프랑켄슈타인〉 – '모던 프로메테우스와 여성의 생명 창조력", 인문논총 71(1), pp. 117–149.

5 브뤼노 라투르. 2023. 《존재양식의 탐구: 근대인의 인류학》, 황장진 옮김, 사월의책.

6 Foucault, M. 1991. "Governmentality". in *The Foucault Effect: Studies in Governmentality*. edited by Graham Burchell, Colin Gordon and Peter Miller. The University of Chicago Press. pp. 87–104.

7 Foucault, M. 2008. *The Birth of Biopolitics: Lectures at the College de France, 1978-1979*. edited by Michel Senellart; English series editor. Arnold I. Davidson; translated by Graham Burchell, Palgrave Macmillan: New York.

8 Rose, N. 1998. *Inventing Our Selves: Psychology, Power, and Personhood*, Cambridge University Press.

9 Rose, N. 1999. *Governing the Soul: The Shaping of the Private Self*. Free Association Books: London & New York.

10 Rose, N. 2007. *The Politics of Life Itself: Biomedicine, Power, and Subjectivity in the Twenty-First Century*, Princeton University Press: Princeton and Oxford.

11 메리 셸리. 2007. ≪프랑켄슈타인≫, 오숙은 옮김, 미래사.

12 올더스 헉슬리. 2015. ≪멋진 신세계≫, 안정효 옮김, 태일소담.

16장

존재의 경계,
인공지능

허구(fiction)는 단지 거짓이 아니다. 허구에 대해서 이해하려면 먼저 언어에 대해 살펴야 한다. 언어라는 형식을 통해서만 허구를 창조할 수 할 수 있기 때문이다. 문학이론가 줄리아 크리스테바(Julia Kristeva)에 따르면, 언어는 자신의 고유한 법칙으로 '말하는 행위자'를 만들어낸다[1]. 언어의 고유한 법칙에 복종하고 그것을 내재화하는 행위자가 바로 '말하는 주체(speaking subject)'다[2, 3].

이 주체는 언어를 통하여 존재한다. 주체는 항상 자신을 적절하게 표현할 수 있는 언어적 형식 안에 있을 때 존재자가 된다. 그러므로 그의 언어를 통해서 그의 존재를 관찰할 수 있다. 또한 주체는 언어의 공통 구조를 사용하여 타인과의 담화를 수행하면서 자신을 형성하고 변형할 수 있다. 주체가 발화하는 메시지는 그 주체의 특수한 구조를 반영하므로 주체는 담화 안에 자신의 흔적을 남긴다[4]. 허구는 '말하는 주체'가 자신을 드러내는 중요한 방식 중 하나이다.

SF는 다양한 '말하는 주체'들로 가득 차 있다. 동물이나 괴물처럼 현실에서 말의 형식을 얻지 못했던 존재까지도 이곳에서는 말하기를 허락받을 수 있다. 말할 수 있다면 '존재하는 것'이 될 수 있다. 과학 역시 말하는 방식이다. 과학은 비인간(흔히 관찰 대상)이 말하게 하는 것을 우리에게 허용하는 번역 장치를 만드는 활동이다. X선 결정학 장치는 DNA가 말할 수 있게 만들며, LIGO 탐지기는 중력파의 말을 번역한다. 누군가에게 말하기를 허락하는 방식이라는 점에서 SF와 과학은 공통점이 있다. 말할 수 있다면 그곳에서 그들은 '동등'해질 수 있다.

에레혼, 기계가 없는 세계

프랭크 허버트(Frank Herbert)의 유명한 SF 《듄(DUNE, 1965)》은 '버틀레리안 지하드(기계 파괴 대반란)' 이후의 세계를 그리고 있다. 인류는 인공지능에 지나치게 의존하면서 나태해졌고 지능이 퇴화한다. 그래서 그들은 인간 제일주의 원칙을 선언하며 인간 정신을 모방한 기계를 더 이상 만들지 않기로 결정한다. 버틀레리안(기계파괴주의)이라는 명명은 《에레혼(Erewhon, 1872)》의 작가인 새뮤얼 버틀러(Samuel Butler)의 이름에서 빌려온 것이다.

버틀러는 150년 전에 이미 기계가 없는 세계 '에레혼'을 상상했다. 에레혼은 Nowhere를 거꾸로 뒤집은 단어로 '어디에도 없는 곳'이라는 뜻이다. '어디에도 없는 장소'라는 의미에서 유토피아(Utopia) 개념과 중첩이 있다. 그에게 이상향은 에레혼처럼 기계가 없는 곳이었다. 인공지능의 아버지로 불리는 앨런 튜링도 이 작품의 주제 의식에 공감하며 이렇게 말했다.

> "이것은 거센 반발을 맞닥뜨릴 것이다. (…) 일자리를 잃을까 봐 우려하는 지식인들이 거세게 반발할 것이다. 하지만 이 지식인들이 이 문제를 오해하고 있을 가능성이 있다. 기계가 정한 기준에 맞게 기능을 유지하려면 (예, 기계가 하는 말을 알아듣기 같은) 할 일이 많을 것이다. 기계가 생각하기 시작하면 머지않아 우리의 하찮은 능력을 뛰어넘을 수 있기 때문이다. 기계가 죽는다는 것은 의심의 여지가 없다. 또한, 기계는 서로 대화하면서 지혜를 닦을 수 있을 것이다. 따라서 어느 단계가 되면 우리는 새뮤얼 버틀러의 《에레혼》에서 묘사하듯 기계가 주도권을 쥐는 상황을 예상해야 한다." [6]

이 작품은 튜링만이 아니라 인간과 기계의 관계를 고민하는 여러 지식인에게 자주 인용되었다. 학술검색에서 이 작품이 현재까지도 꾸준히 인용되거나 연구 분석의 소재가 되고 있음을 쉽게 확인할 수 있다. 손일수(2019)의 논문이나 브라운스워드(Brownsword, 2017)의 논문은 이 작품이 다양한 사회적 주제와 결합하는 예시를 보여준다. 《에레혼》은 어떻게 이토록 오랫동안 소환되며 재해석될 수 있었을까?

이 작품이 출간된 시대는 산업혁명(1760~1820)과 러다이트 운동(1810~1820)이 일어난 지 50여 년이 지났고, 다윈의 《종의 기원(1859)》으로 인한 충격이 진행 중이었다. 버틀러는 다윈 이론에 깊게 감명받았고 작품 속에서 생물의 진화와 기계의 진화가 유사하다는 주장을 펼친다. 버틀러는 자연선택처럼 기계가 의식을 가진 존재로 진화할 가능성을 배제할 수 없다고 상상했다.

만약 러다이트 운동이 성공했다면 이후 우리의 삶은 어떠했을까? 《에레혼》은 그런 세계를 사고 실험으로 보여준다. 이 소설의 주인공 힉스(Higgs)는 모험심 강한 근대인의 성격을 대변한다. 그는 미지의 세계를 두려워하지 않으며 적극적으로 찾아 나선다. 그가 들어선 에레혼 세계는 기계가 거의 존재하지 않았다. 일상의 작은 기계조차도 폐기하거나 박물관으로 보내졌다. 에레혼 사람들은 왜 기계를 사용하지 않게 되었을까?

에레혼은 500년 전 친기계파 정당과 반기계파 정당이 분열하면서 혁명과 반동 그리고 심한 내전을 겪는다. 혁명의 승리자들은 해악의 뿌리를 뽑기 위해서 복잡한 기계를 모두 파괴했다. 기계에 대한 논문과 기계를 만드는 작업장도 모두 불태웠다. 에레혼의 철학을 담은 '기계의 서(The Book of the Machines)'는 기계가 얼마나 위험한지 그래서 기계 파괴가 얼마나 정당한지를 논리적으로 설득한다. 이 가상의 책을 통해서 버틀러의 급진적인 생각이 드러난다.

기계의 의식과 번식

'기계의 서'는 먼저 기계도 생명처럼 진화할 수 있다고 주장한다. 기계가 진화할 수 있다는 근거로 생명의 등장과 진화 역시 불가능한 것이었음을 상기시킨다. 오래전 지구는 결코 생명체가 있을 법하지 않은 불모지였다. 기계가 진화할 수 없다는 생각은 마치 아무것도 없는 과거의 지구를 보면서 생명이 나올 리 없다고 확신하는 상태와 유사하다는 것이다. 불모의 땅에서 의식이 있는 생명체가 나온 것처럼, 기계가 의식이 있는 존재로 진화할 가능성을 부정하기 어렵다. 조애나 러스가 말했듯이(15장), 버틀러는 '가능하지 않지만 불가능하지도 않은' 세계를 이야기하며 우리의 인식을 흔든다.

> “오래전 지구는 타고 남은 재와 같은 장소 (…) 우연히도 누군가 그곳을 봤다면 (… 그는) 그곳에 의식 비슷한 것이라도 갖춘 생물체가 진화할 리가 없다고 단언할 것 (이다…) 그런데도 지구에는 의식이라는 것이 도래(했다…) 그렇다면 **의식이 있는 존재가 도래할 또 다른 새로운 경로**가 존재할 수도 있는 것 아닐까?” (강조는 저자)

버틀러는 조용히 속삭인다. “그렇다면 의식이 있는 존재가 도래할 또 다른 새로운 경로가 존재할 수도 있는 것 아닐까?” 버틀러의 생각은 기계반대론에 속했지만, 역설적으로 앨런 튜링에게 반가운 말이었을 것이다. 1950년대 튜링은 기계공학적으로 불모의 땅 위에 서 있었다. ‘기계의 의식’에 대한 도전이 불가능하지 않다는 주장은 튜링에게 ‘지푸라기’ 같은 역할을 했을 것이다.

버틀러는 기계 학습이나 인공지능 개념이 생기기도 수십 년 전, 이미 ‘기계 의식’에 대한 논의를 전개하고 있다. 그의 상상은 단지 논리적인 추론에서 나올 수 있는 것이 아니다. 버틀러(작가)를 통해서 누군가가 ‘말’을 한 것이라고 보아야 하지 않을까? 시간 발생순으로 볼 때, 먼저 그가 ‘기계의 의식’이라는 개념을 언급했고 이로써 그는 의도하지 않았으나 그것에 관한 도전정신을 불러일으켰다. 현실의 기계 속에서 그는 미래의 암시를 보았을 뿐만 아니라 그 가능성에 불을 지폈다.

> “기계 의식의 궁극적인 발전에 대비하는 방어책이란 있을 수 없다. 연체 동물에게는 의식이 많지 않다. 지난 몇백 년간 기계가 얼마나 특별하

게 발전했는지 돌아보고 동식물계는 얼마나 느렸는지도 확인해보라. 좀 더 체계적인 기계는 과거와 비교해보면 어제, 아니 불과 5분 전과도 많이 다른 생물체이다. 의식을 가진 존재가 약 2,000만 년 동안 존재해 왔다고 가정한 후에 지난 1,000년 간 기계가 얼마나 진보했는지 보라! 이 세계가 2,000만 년 더 오래 지속하지 않겠는가? 그렇다면 결국 기계가 되지 못할 게 무엇이겠는가? 기계의 싹을 자르고 더 이상 발전하지 못하게 만드는 편이 안전하지 않겠는가?"

버틀러 시대 고생물학 지식은 현대보다 부족함이 있지만, 취지는 충분히 전해진다. 그의 생각보다 신경계를 가진 포유류의 조상이 출현한 기간은 훨씬 더 길다(약 3억 년 전). 과학자들은 태양계의 존속기간은 물리적으로 향후 100억 년으로 추정하고 있다. 이것 역시 그가 예상한 것보다 매우 길다. 충분한 시간이 허락된다면 기계가 의식을 가진 존재로 진화할 가능성이 있다는 그의 취지는 전혀 손상되지 않으며 오히려 더 충분한 시간을 얻는다.

버틀러는 유명한 '증기기관의 의식'에 대해 이야기한다. 증기기관에 의식 같은 것이 없다고 누가 말할 수 있겠는가? 의식은 어디에서 시작해서 어디에서 끝난다고 선을 그을 수 없다. 꽃을 이용해서 유기체를 먹어 치우는 식물은 의식이 없다고 할 수 있나? 파리가 꽃에 앉는 순간 꽃잎을 재빨리 오므려서 파리를 포획하는 식물은 단지 기계적으로 행동하는 것이 아니다. 이 식물은 꽃잎에 먹을 만한 것이 있을 때만 꽃잎을 오므린다. 빗방울이나 나무 조각 같은 것이 떨어졌을 때는 전혀 관심을 보이지 않는다.

여기서 버틀러는 질문한다. "이 식물이 의식이 없다고 말할 수 있을까?" 이 식물은 자신의 관심거리(먹이)인지 아닌지 판단하고 있지 않은가? 만약에 이것을 무의식이라고 한다면 의식은 과연 어디에 있나? 식물도 자신의 관심사에 관한 판단을 할 수 있다면 기계 의식이 터무니없는 것은 아닐 수 있다. 모든 것은 서로 엮여 있고 기계와 동물은 무한하면서도 다양한 방식으로 연결될 수 있다. 연결 방식이 바뀌면서 증기기관이 의식을 가질 미래도 불가능하지 않다.

사실상 버틀러는 프로이트(Sigmund Freud)의 무의식 개념이 등장하기도 전에 인간만이 의식을 가진다는 관념에 도전한 것이다.[1] 프로이트에 따르면 무의식과 의식의 경계는 모호하며 우리는 무의식의 지배를 받는다. 따라서 순수하고 투명한 의식 영역의 중심에 견고한 이성이 자리한다는 데카르트적 확실성을 포기해야 한다. "우리는 우리 자신에 대해 모호하게 알 뿐이다"[11]. 그런 정도의 의식이라면 식물도 이미 가능하며 미래에는 기계도 가능하지 않을까? 그러므로 기계가 의식을 가진 후에는 통제불가능할 것이므로 사전예방적으로 기계를 제거하자는 것이 버틀러의 주장이다.

그는 나아가 인간의 생명과 기계의 생명 간의 차이는 종류의 차이라기보다는 정도의 차이라고 생각했다. 그의 견해를 기계론적 관점이라고 치부할 수도 있지만, 그는 기계가 동물(생명)에 비해 취약하다는 점도 잘 알고 있었다. 결정적으로 기계는 딜레마를 스스로 푸는 능력이 없다.

---

1 프로이트는 유명한 저서 《꿈의 해석(Die Traumdeutung, 1899)》에서 "우리의 마음은 무의식이 지배한다"라고 주장함으로써 인식론적 혁명을 불러왔다. 프로이트는 코페르니쿠스 혁명과 다윈 혁명에 이어서 자신의 이론을 3번째 과학혁명이라고 주장했다[11].

> "기계의 힘과 정확성은 자신의 고유 분야에서는 초인적이지만 딜레마에 직면하면 형편없어진다. 정상적인 활동을 할 수 없게 되면 분별력을 잃고 광란에 빠진 사람처럼 상태가 악화되기도 한다. 그런데도 일단 **기계에 의존하게 된다면 문제가 발생하더라도 기계 사용을 철회할 수 없을 것**…" (강조는 저자)

버틀러는 기계의 위험을 정확하게 집어냈다. 기계가 점점 더 많이 증가하는 현상은 기계가 훌륭해서라기보다 기계에 의존하게 되어 기계의 질서가 일반화되면 그 질서를 벗어날 수 없기 때문이다. 이것은 기계의 합리성이 아니라 '기계의 권력'에 관한 것이다. 이것은 단순한 상상이 아니라 기술철학자의 통찰이다. 80년 후 하이데거는 기술을 '질서 형식(mode of ordering)'이라고 정의했다[9]. 우리는 기계를 단순한 도구라고 생각해서 언제든지 선택적으로 사용하거나 아니면 버릴 수도 있다고 생각한다. 그러나 기계와의 의존 관계에 일단 묶이게 되면 인간의 선택은 부분적인 것으로 전락한다. 기계에 의존하는 것만으로도 인간의 선택은 무력해질 것인데 기계가 의식을 가진다면 문제는 심각해질 것이다.

버틀러의 생각은 더 급진적으로 나아간다. 다음으로 기계 번식이라는 주제를 다룬다. 그는 기계가 스스로 진화하면서 다른 기계를 체계적으로 재생산할 수 있다고 주장한다. 한 기계가 또 다른 기계를 체계적으로 재생산할 수 있다면, "그것이 생식계가 아니라면 무엇이 생식계라는 말이냐?" 다만 기계의 생식계가 생물체의 생식계와 다른 형태를 취하기 때문에, 그것을 의식하지 못할 뿐이다.

기계의 번식에 중요한 역할을 하는 것은 다름 아닌 인간이다. 예를 들어서 미생물이 인간을 전혀 신경 쓰지 않지만 인간 생식계의 일부라는 점을 고려한다면 인간이 기계 생식계의 일부가 될 수 있다는 생각이 결코 이상한 것은 아니다. 우리는 복잡한 기계 전체를 보지 못하고 외관으로 개별화하기 때문에 기계를 오해하고 있다. 동물의 팔만 보고서 '팔이 팔을 생식하지 못하네'라고 말하지는 않는다. 기계를 더 큰 유기체로 본다면 기계는 이미 다른 기계를 생산하고 있다. "기계는 두 부모가 아니라 다수의 부모에 의해서 태어난다". 기계의 부모는 인간과 공작 기계 그리고 시스템이 혼합된 집합체이다. 그 집합체는 계속 새로운 기계를 만들어내므로 기계의 생식계 역할을 훌륭하게 수행하고 있다.

기계로 만들어진 영혼

버틀러는 인간과 기계의 존재적 변화를 이야기하기 위해서 헤겔의 '주인과 노예의 변증법'을 소환한다. 여기서 주인은 자율적인 존재이고 노예는 수동적인 존재를 상징한다. 그런데 이 관계가 지속되면 어느 순간 주인은 노예 없이는 존재할 수 없게 된다. 주인이 비자립적인 존재로 전환하는 것이다. 반면에 노예는 노동을 통해서 자연과 세계에 대한 지식을 획득하면서 자율성을 가지게 된다. 주인과 노예의 관계가 역전하는 것이다.

이처럼 기계와 인간의 관계도 역전할 수 있다. 처음에는 인간이 주인이고 기계는 노예로 출발할 것이다. 그러나 기계에 대한 의존 때문에 기계 없이 존립할 수 없는 상태가 된다면, 주인과 노예의 관계처럼 인간과 기계의 지위도 역전할 것이다.

"인간은 기계가 주는 혜택을 금하는 순간 심한 고통을 겪어야만 한다. 한순간 모든 기계가 멸절되어 칼이나 지렛대, 천조각까지 모두 없어져 태어날 때처럼 벌거벗은 몸뚱이뿐이고, 기계 법칙과 관련한 모든 지식을 빼앗겨서 더이상 기계를 만들 수 없으며, 기계로 음식을 만들지 못해 벌거숭이로 황무지에 남겨진 것과 같은 상태가 된다면, 인간은 6주 내로 멸종하고 만다."

'기계의 서' 철학에 근거해서 에레혼 사람들은 오래전에 모든 기계를 폐기하고 기계를 소유한 사람은 범죄자로 간주하는 사회로 전환했다. 인간의 자율성을 보존하기 위해서 기계의 혜택을 포기한 것이다. 버틀러가 기계 파괴를 주장한다고 해서 그가 인간과 기계를 이분법적으로 생각한 것은 아니다. 다음 이야기는 놀랍다.

> "인간의 영혼은 기계 덕분에 가능하다. 어찌 보면 인간은 기계로 만들어진 존재이기도 하다. 인간은 자신이 생각하는 대로 생각하고 느끼는 대로 느끼는데, **이는 기계가 인간에게 초과한 작업을 통해서이다**. 기계와 인간은 서로에게 필수적인 존재이다. 이 사실 때문에 우리는 기계의 완전한 멸절을 제어하지 못하지만, 기계가 더욱 완벽하게 우리를 독재하지 못하게끔 우리에게 없어도 될 만큼은 기계를 파괴해야 한다고 주장한다."

그는 기계와 인간의 관계가 상호적이라는 점을 잘 알고 있었다. 인간은 기계 때문에 존재하며 나아가 인간의 영혼은 기계 덕분이다. 인간은 기계로 만들어진 존재이다. 버틀러는 이미 인간이 '사이보그'라고 생각했다(13장). 인간이 생각하고 느끼는 것은 기계 작업의 결과에서 온 것이 많다. 문자나 책은 일종의 기계(인공물)다. 이것은 우리의 집단의 의식과 문명을 형성해왔다. 인류는 문자와 책을 버릴 수 없을 것이다. 사실 인간으로 존재하는 순간부터 기계와 함께 있었다. 그러므로 기계를 완전히 파괴할 수 없다. 그러면 인간 존재도 파괴되기 때문이다.

버틀러는 인간의 기계 의존성은 인간 존재의 중요한 일부라고 인정했다. 버틀러는 인간 존재가 기계를 원한다는 점을 알고 있었다. 다만 기계가 더욱 완벽하게 인간을 압도하지 못할 정도로, 그래서 기계를 제어할 수 있는 역량이 남아 있도록 기계를 파괴해야 한다. 버틀러는 인간과 기계 사이에서 상상할 수 있는 모든 관계를 제시했는데, 특히 '기계의 무한한 진보가 필수적이지 않다'는 지적은 놓칠 수 없다. 인간과 기계의 관계는 설정하기에 따라서 다르게 진화할 수 있다.

인간과 기계의 관계가 강한 연관성이 있는데, 다른 한편 기계가 번성하면 인간이 불행해지는 역설을 어떻게 보아야 할까? 버틀러의 이야기에는 자본주의 메커니즘이 빠져있다. 자본은 인간과 기계의 관계를 재편했다. 기계를 자본의 대리인으로 삼았고 인간을 이용하거나 통치하려는 목적으로 기계(시스템)를 배치했다[12]. 자본이 인간과 기계의 관계를 임의로 절합한 것이다.[2] 그 결과 기계는 강제로 인간과의 관계에서 분리되어 '인간(노동자)의 배신자' 자리에 놓였다. 인간과 기계의 존재론적 문제에 정치이데올로기적인 맥락을 부가하여 재고할 필요가 있다. 우리는 기계와의 관계를 다르게 발전시킬 수 있다.

---

2 김지연의 책 《인공지능과 인간: 자동인형과 GPT까지 공-생산을 향한 도전》, 2부 3장 〈기계와 노동: 배비지의 기계, 마르크스의 기계〉를 참조하라.

아이, 로봇, 로봇 윤리의 시작

아이작 아시모프(Isaac Asimov)는 생화학자이면서 세계 3대 SF 거장으로 평가받는다. 그의 소설집 《아이, 로봇(I, Robot, 1950)》은 로봇 윤리에 관한 여러 단편을 묶은 것이다. 이들 단편은 로봇과 인간의 관계에 대한 다각적 사고 실험이었고 그의 통찰은 70년이 지난 현재도 여전히 유효하다. 로봇이 '로봇 원칙'을 충실히 지킨다면 문제가 해소될까? 그렇다면 훌륭한 로봇 윤리 원칙을 만들기만 하면 될 일이다.

로봇 원칙은 다음과 같다. 우선 제1원칙은 '로봇은 인간에게 해를 입혀서는 안 된다. 그리고 위험에 처한 인간을 모른 척해서도 안 된다.' 이어서 제2원칙은 '제1원칙에 위배되지 않는 한 로봇은 인간의 명령에 복종해야 한다.' 그리고 제3원칙은 '제1원칙과 제2원칙에 위배되지 않는 한 로봇은 로봇 자신을 지켜야 한다.' 이 원칙은 논리적으로 완벽해 보인다. 그런데 아시모프는 로봇 원칙으로 문제를 해결할 수 있다고 주장하려는 것이 아니라, 오히려 규칙만으로 로봇 윤리를 달성할 수 없음을 보여주고자 했다.

이 이야기의 시간 배경은 1990년대부터 2050년대까지이다. 이 소설이 쓰인 시기가 1950년이었으므로, 아시모프는 약 40년 후에는 로봇이 상용화되고 60년 후에는 우주 개발 로봇이 등장할 것으로 예상했다. 소설 속 시간으로 2000년 초 각국의 정부들이 모여서 '로봇 규제법'을 제정하여 연구 목적 외에 지구에서 로봇 사용을 금지했다. 작가는 로봇에 대한 사회적인 저항이 강할 것으로 상정했다.

등장인물 수잔 켈빈 박사는 2058년 현재 75세로 두뇌 이론 연구자이면서 U.S. 로보틱스사의 로봇 심리학자로서 여러 로봇 이야기를 들려준다. "이제 인류는 혼자가 아니에요." 이야기 속 로봇들은 로봇 원칙을 충실히 지키려 하지만 매번 난관에 부딪힌다. 첫 번째 로봇 이야기의 주인공은 아이를 돌보는 유모 로봇 '로비'이다. 로비는 로봇 규제법 이전에 제작된 초창기 버전의 로봇이었다. 음성 기능이 없었는데도 로비가 돌보았던 아이, 글로리아(8세)는 로비를 사랑한다. "로비는 기계가 아니에요. 엄마랑 나처럼 사람이에요. 친구라고요." 로비는 많은 점에서 부족한데도 인간과의 관계에서 친밀감을 형성했다. 로비가 글로리아에게 보여주는 무조건적인 헌신성 때문이었다. 그 결과 인간(글로리아)의 인식은 변했다. 로비 이야기는 로봇이 기계에서 친구로 지위의 변화 가능성을 시사한다.

다음으로는 채굴 로봇 '스피디'의 난관에 관한 이야기이다. 스피디는 수성에서 광물 셀레늄을 채굴하던 중 복귀하지 못하고 제자리를 맴도는 증상을 보인다. 조사반이 원인 조사에 나서는데, 문제는 로봇회사가 로봇 원칙의 우선순위를 수정했기 때문이었다. 로봇 제작비용이 매우 높아서 로봇의 보전을 위해 제3원칙을 조금 강하게 지정한 것이다. 수성의 셀레늄 채굴 환경이 매우 열악해서 로봇이 자주 파괴될 수 있었다. 스피디는 인간의 명령을 수행해야 한다는 제2원칙과 자기 자신을 보호해야 한다는 제3원칙이 동등한 정도로 수정되자 이 명령 사이를 무한히 반복하는 딜레마 상황에 빠진다. 스피디 사례는 로봇 원칙이 완벽할 수 없다는 것을 시사한다. 로봇이 처하는 상황은 매우 다양할 것이다. 자연환경은 복잡하고 운영조직(회사)의 의도도 미묘할 수 있다.

다음으로는 인간의 심리를 배려하는 로봇, '허비' 이야기이다. 허비는 사람과 이야기하면서 심리적 안정을 돕는 로봇이다. 그런데 허비가 거짓말을 한다는 사실이 드러난다. 허비는 제1원칙, 즉 인간을 해쳐서는 안 된다는 원칙을 지키기 위해서 인간의 마음이 상하거나, 자아가 위축

되거나, 희망을 잃는 상황을 회피하려고 한다. 그래서 캘빈 박사가 짝사랑하는 사람에 대해서 조언을 구하자, 허비는 캘빈 박사가 상처받지 않게 하려고 거짓말을 한다. "그 사람은 박사님을 사랑해요. 제가 장담해요." 미래 자신의 지위를 걱정하는 보거트에게도 "당신이 래닝 박사 후계자입니다"라고 거짓말을 한다. 허비는 그 사람이 듣고 싶어 하는 말을 해준 것이다.

인간들은 이런 식의 거짓말을 자주 하고, 또 그걸 잘 알기 때문에 인간 사이에서 이런 거짓말은 큰 문제가 되지 않는다. 하지만 로봇의 거짓말은 인간에게 상당한 충격을 준다. 허비의 사례는 로봇이 로봇 원칙을 해석해야 한다는 점을 드러낸다. 법률 전문가도 법률을 어떻게 해석하고 적용할 것인지 문제로 논쟁하기 일쑤이다. 이를 고려한다면 로봇 원칙 자체보다 그것을 어떻게 적용하는지의 문제가 더 결정적이다. 허비는 로봇 원칙을 물리적인 범위를 넘어서 심리적인 범위까지 확대해서 인간을 해치지 않아야 한다고 해석했다. 그 결과 거짓말을 했는데 거짓말은 인간에게 해를 끼칠 수 있다. 허비의 행동은 '사랑스러운 실수'였지만 인간의 거짓말보다 더 문제가 된다. 사람들이 "로봇은 거짓말을 하지 않"으리라는 믿음을 가지고 있기 때문이다.

그 외에도 여러 로봇이 등장하지만, 마지막으로 세계의 평화를 지키는 슈퍼컴퓨터 이야기는 어느 정도 이미 현실이다. 이 컴퓨터는 전 세계의 수요와 공급을 조절하는 역할을 하고 있다. 수요와 공급을 최적으로 조절하기 때문에 인간들 사이의 갈등과 전쟁을 방지할 수 있었다. 그래서 이 기계는 '기계로 만든 신'이라는 별명을 얻는다. 노버트 위너는 '통치 기계'에 대해 소개했다(10장). 위너가 이야기했던 것보다 앞서 아시모프가 먼저 통치 기계의 모습을 상세히 제시한 것이다.

그런데 슈퍼컴퓨터의 세계 관리에 저항하는 사람들이 있다. '인간을 위한 사회'라는 단체는 슈퍼컴퓨터의 활동을 거부하는 정치 활동을 벌이고 있다. 그러자 슈퍼컴퓨터는 이 집단에 동조하는 사람이 많아져서 자신의 위치가 불안전해지면 인간 사회가 다시 갈등과 전쟁에 직면할 것이고, 이는 곧 인간에게 해를 끼치는 일이 될 거라고 판단한다. 그래서 슈퍼컴퓨터는 자신을 해치는 일은 전 세계 인간의 평화와 질서를 해치는 것이라는 결론에 다다른다. 슈퍼컴퓨터는 자신을 보호하기 위해서 '인간을 위한 사회' 소속 사람에게 약간의 불이익을 주어서 직급에서 쫓겨나게 조정한다. 이 기계는 이 일을 아주 은밀하게 진행해서 당사자조차도 컴퓨터 조작으로 피해를 입었다는 사실을 알지 못한다.

로봇은 '해석의 주체'인가

여기서 슈퍼컴퓨터의 논리는 어쩐지 익숙하다. 그 논리는 흔히 국가 권력 기관에서 일어나는 일이다. 역사적으로 국가는 종종 국민(대중)을 일상적으로 감시하고 저항하는 사람을 골라내서 탄압했다. 법률적 금지나 시민의 감시가 없다면 어떤 국가라도 그럴 가능성이 있다. 조지 오웰의 《1984》는 공상이 아니라 현실 국가의 모습을 차용한 것이다. 다수를 위해서 소수의 희생을 정당화하는 공리주의적 접근도 흔히 일어난다. 슈퍼컴퓨터의 통치로 인한 문제를 감시하는 일은 전통적인 국가기구를 감시하는 것보다 어려울 것이다. 디지털 세계 속에서 발생한 문제는 물리적 환경에서 발생한 문제보다 흔적을 덜 남기기 때문이다.

이 작품을 통해서 아시모프는 궁극적으로 로봇 3원칙이 만능열쇠가 될 수 없다는 것을 말하고 있다. 로봇 규칙만으로는 로봇 윤리를 달성할 수 없다. 마치 헌법이나 법률만으로 윤리적인 국가가 달성될 수 없는 것과 같다. 기계 프로그램을 완벽하게 개발하면 문제를 해소할 수 있다는 기술적 해법 또는 기술결정론을 경계하려는 것이다.

로봇 원칙은 로봇이 그 원칙의 해석 주체가 된다는 것을 의미한다. 로봇은 로봇 원칙을 해석하는 주체가 될 수 있을까? 적어도 로봇이 그런 주체가 되려면 계속 학습할 수 있어야 한다. 로봇 원칙이 알고리즘으로 내장된 후 아무런 피드백 없이 작동하는 폐쇄적 과정에 놓인다면 로봇은 결코 적절한 해석에 도달할 수 없다. 이것은 인간도 마찬가지이다. 외부 환경과 조응하지 않는다면 법을 잘 이해할 수 없고 따라서 준수할 수도 없다.

판사와 검사 같은 법률 전문가도 법을 적절히 적용하지 못할 수 있다. 그래서 일반 시민을 법정의 배심원으로 참여토록 하는 제도를 구현하고 있다. 단지 잘 만든 법률만으로 작동할 수 있다면, 그리고 법적 논리를 잘 아는 법률 전문가로 충분하다면 굳이 일상에 바쁜 시민을 호출하는 제도를 만들지 않았을 것이다. 역사적 경험은 사회 경험이 풍부한 시민이 맥락적 판단을 더 잘한다고 전하고 있다. 좋은 규정(법)을 만들고 그것을 잘 아는 전문가를 배치하고 나아가 그 규정(법)을 적절히 해석하기 위해서 일상의 도덕을 끌어올 수 있어야 한다.

마찬가지로 로봇이 잘 만들어진 로봇 원칙을 내장하는 것만으로 충분하지 않다. 명문화된 규정은 표준적인 상황을 환원한 것이므로 현실의 다양함을 대변하지 못한다. 로봇이 윤리 원칙을 잘 지켜지려면 '그때그때 현실에 조응하는지' 확인하는 외재적 과정을 끌어올 수 있어야 한다. 로봇은 매번 직면하는 여러 현실 속에서 그에 부응하여 원칙을 해석할 수 있어야 한다.

인간과 기계의 '실시간 피드백 과정'이 없다면 로봇 윤리는 실패할 것이다.[3] 인간 행동이 살아있는 사회적 교류 속에서 형성되는 것처럼, 로봇도 지속적으로 외부와의 교류 속에서 구성되어야 한다. 튜링은 생각하는 기계(AI)를 '환경에 조응하여 자기 자신을 수정·개선하는 프로그램'이라고 정의했다(11장). 기계 속에 기입되는 최초의 알고리즘은 문제 해소의 극히 일부(아이–기계)일 뿐이다. 이를 응용하면, 기계(로봇)를 규제하는 일은 알고리즘 규제만으로 충분하지 않다. 인간과의 소통을 통해서 적정한 윤리를 지속적으로 학습하는 기계 학습 방법론을 권장할 수 있어야 한다. 인공지능이 사회적 존재가 되기 위해서는 기술적 진보만이 아니라 '기계의 윤리'를 만들고 적용하는 제도를 동시에 개발해야 한다.

안드로이드와 전기양

필립 딕(Philip K. Dick)은 비틀리고 우울한 기계 세상을 현실적으로 그려내면서 사이버펑크(cyberpunk)라는 새로운 장르를 열었다. 《안드로이드는 전기양의 꿈을 꾸는가(1968)》는 최종 세계대전 이후 방사능 미세먼지와 낙진으로 지구의 삶이 몰락한 세계를 소개하고 있다.[4] 마치 레이첼 카슨의 《침묵의 봄(1962)》이 무분별한 화학물질 사용으로 초래된 새들의 죽음을 알렸듯이(8장), 이 작품에서는 방사능 오염으로 인한 새들의

---

3 오늘날 인공지능 개발자들은 이 문제를 '가치 정렬 문제(value alignment problem)'라고 부르는데, "우리가 요청한 것이 정말로 우리가 원하는 것인지 확인하는 것"을 말한다[13].

4 이 작품은 영화 〈블레이드 러너(1980)〉로 각색되면서 대중적으로 알려졌다.

멸종을 묘사했다. 새들의 죽음은 묵시록적 세계를 상징한다.

> "지표면 대부분을 오염시킨 낙진은 어떤 한 나라에서 유래한 것도 아니었고 어느 누구도 (심지어 전시의 적들조차도) 그런 결과를 의도하지 않았다. 처음에는 기이하게도 올빼미들이 죽어나갔다. 희고 토실토실하며 깃털이 수북한 새들이 마당이고 거리고 여기저기 쓰러져 있는 모습은 그 당시만 해도 심각해 보인다기보다는 우스워 보였다. (…) 올빼미가 죽고 나자 다른 새들이 그 뒤를 따랐다. (…) 결국 오늘날 조류는 거의 살아남지 못하고 말았다."

이 장면은 단순한 배경 설명이 아니라 저자의 사상을 담고 있다. 해러웨이의 말처럼 SF 작가는 이론가이며 사상가이다(15장). 딕은 1972년 한 연설문[5]에서 18세기 작가 톰 페인(Tom Paine)의 말을 인용했다. "사람들은 새의 깃털에 감탄하지만 죽어가는 새는 망각한다." 생명이 없다면 그 깃털의 아름다움도 향유할 수 없는데, 천연덕스럽게 깃털에만 관심을 가지는 모습은 기괴하다. 나아가 새의 죽음은 인간의 죽음을 예고한다. 딕은 '진정한 인간성을 지닌 죽어가는 새(dying bird of authentic humanness)'에 대해 말했다. 그는 이미 50년 전에 "인간을 단순한 용도로 축소하여 기계로 만들며, 그 결과 자신의 운명 외부에 목적을 두도록" 유도하는 현상을 감지한 것이다.

주인공 릭 데커드는 안드로이드 현상금 사냥꾼이었고 인간과 안드로

5 필립 딕은 1972년 브리티시 콜럼비아 대학에서 열린 밴쿠버 SF 콘퍼런스에서 연설했다. 다음 링크를 참조하라. https://genius.com/Philip-k-dick-the-android-and-the-human-annotated

이드의 차이를 민감하게 구별하는 전문가다. 그의 보이트-캠프 검사는 튜링 테스트처럼 인간과 비인간을 구별 장치이다. 검사 장치만으로 충분하지 않고 릭처럼 안드로이드의 감정 반응을 민감하게 판별할 수 있어야 효과가 있다. 감정이입은 인간 공동체 내에서만 존재하는 것으로 보였으며 안드로이드는 감정적인 면에서 결정적 약점이 있었다.

그런데 릭이 점차 안드로이드에게 감정을 느끼게 되면서 사태가 변한다. 우선 그는 안드로이드가 마지막 순간에 보이는 '전형적인 체념'을 견딜 수 없었다. 안드로이드는 너무도 합리적이어서 논리적인 기대가 없다면 포기한다. 그런 태도는 역설적으로 "20억 년에 걸친 진화 압력을 받으며 생존해왔던 유기체는 체득하지 못한 태도였다". 유기체는 완벽하게 절망적인 순간에도 포기하지 않는다. 이 점에서 유기체는 비합리적이라고 할 수 있다. 유기체인 릭은 안드로이드가 인간의 모습을 취하면서도 인간과 달리 너무 합리적인 태도를 가지는 것에 거부감이 들었다. 그것은 합리적으로만 보면 안드로이드가 생명체가 아니라는 증거이므로 불쾌해할 일은 아니다. 이것은 안드로이드가 가진 인간의 외형과 인간답지 않은 행동 사이의 균열 때문에 느끼는 혼란이다.

안드로이드 사냥꾼인 릭의 감정은 안드로이드와의 접촉으로 변형되고 있었다. 릭의 감정은 양가적이다. 한편으로는 인간의 이익에 따라 안드로이드를 추격하여 폐기한다. 다른 한편으로 릭은 안드로이드를 잘 알고 있다는 점에서 그들의 대변인이다. 릭은 안드로이드의 일반적 특징을 잘 알고 있다. 안드로이드는 압박을 받을 때 "확실히 서로를 감싸주려 하지 않는다". 레이철도 안드로이드는 서로에 대한 충성심이 없다고 인정했다. 그러나 루바 루프트(안드로이드 가수)는 그건 인간들도 그렇다며 반론한다. 릭은 반박하지 못한다.

그리고 안드로이드는 내재적으로 이목을 끌지 않으려는 열망이 있다. 미술관처럼 많은 사람이 주위에 있는 상황에서 루바는 아무것도 하지 않았고 그래서 쉽게 체포할 수 있었다. 그가 에드바르 뭉크(Edvard Munch)의 그림 "사춘기" 복제품을 가지고 싶어 하자 릭은 그 요청을 들어준다. 또 다른 현상금 사냥꾼 필 레시는 그런 릭을 이해할 수 없다. 루바는 곧 파괴될 건데 그림을 원한다니 이해할 수 없고 그 부탁을 들어주는 릭도 이해할 수 없다. 릭도 자신이 변하고 있다는 것을 느낀다. 그는 "나 말고 안드로이드에 관해서 이런 기분을 느꼈던 인간이 또 있었을지" 궁금해 한다.

주인공 레이철 로즌(Rachael Rosen)은 최신형 안드로이드이고 로즌 조합의 자산이며 엘든 로즌의 조카의 기억을 가지고 있다. 도나 해러웨이는 《사이보그 선언문》에서 레이철이 사이보그 문화의 공포나 사랑, 혼란의 이미지를 잘 표현하고 있다고 평가했다[15]. 레이철이라는 명명은 생물학자 레이첼 카슨(Rachel Carson)에서 온 것이 분명하다. 필립 딕(P. Dick) 자신의 이름에서 릭(Rick)의 이름을 변조한 것처럼, 레이첼 카슨을 자신의 방식으로 작품 속에 새겨넣은 것이다. 딕은 레이첼 카슨의 《침묵의 봄》이라는 현실 속에서 미래를 보았을 것이다. 안드로이드 레이철은 뛰어난 기계였지만 릭의 보이트–캄프 검사를 통과하지 못한다. 레이철은 그런 통과를 중요하지 않은 것으로 만들 만큼 매력적이다.

인간과 기계의 경계

이 소설은 인간(생명체)과 안드로이드(인공물)의 정체성을 반복해서 질문한다. 릭의 아내 아이랜은 살려는 열망이 거의 없다. 릭은 "아내는 내게 줄 것이 아무것도 없다"라고 생각한다. "안드로이드가 활력으로 보나 살려는 열망으로 보나 아이랜보다 훨씬 낫다". 생명체의 기본 열망이 살려는 의지라고 할 때 아이랜과 안드로이드의 경계는 모호했다. 그런데도 아이랜은 궁극적으로 인간의 면모를 가지고 있다. 아이랜은 기분조절 오르간을 자주 사용하는데 이 오르간의 본래 목적과 달리 자책성 우울 같은 부정적인 기분을 설정했다. 아이랜이 기계의 원래 목적과 다른 방식으로 사용하는 모습은 매우 인간다운 모습(비합리성)이다. 인간은 본래의 목적과 다른 방식으로 기계를 전유한다. 안드로이드라면 기분조절 오르간이 아예 필요 없겠지만 필요하더라도 그렇게 행동하지는 않을 것이다.

이 작품 속에서 인간들은 자신의 정체성을 의심하기 시작한다. 현상금 사냥꾼 릭과 필 레시는 모두 적어도 한 번 이상 자신이 인간이 아니라 안드로이드일지도 모른다고 의심한다. 릭은 루바 루프트가 부른 경찰을 따라 한 번도 본 적 없는 경찰서로 입건된다. 이때 모든 조건이 그가 알고 있던 것과 다르다. 그들은 릭이 사실은 인간의 기억이 이식된 안드로이드라고 알려준다. 릭은 자기 자신을 증명할 방법이 없다. 정체성은 타자에 의해 보증되는 것이므로 이런 상황에 빠진다면 누구라도 혼란에 빠질 것이다.

릭이 진짜 안드로이드일지도 모른다고 의심할 만한 표현도 등장한다. "릭은 대답을 하다 말았다. 그의 두뇌 속 도관이 웅웅 소리를 내고 계산을 수행하고 답변을 선택했다. 그는 말의 내용을 바꾸었다." 작가는 릭이 낯선 장소에서 모든 사람이 자신을 안드로이드라고 하자 착각을 일으킨 것인지 아니면 진짜 안드로이드인지 명확하게 밝히지 않는다.

이 낯선 곳에서 만난 현상금 사냥꾼 필 레시도 자신이 안드로이드일지 모른다는 의심을 한다. 그는 릭에게 보이트-캠프 검사를 요청한다. 필은 자신이 인간이길 바라면서 자신의 인간성을 변호하기 위해 이런저런 사소한 증상을 늘어놓는다. 자신이 다람쥐를 좋아하는데 안드로이드라면 그럴 수 없을 것이라고 말한다. 그 모습이 애처롭다. 릭은 안드로이드 루바에게 감정을 느꼈고 인간 필에게는 그렇지 못했다. 하지만 검사 결과 필의 반응은 비인간적인 면이 없었다. 문제는 릭이 변했기 때문이었다. 필립 딕은 튜링 테스트의 미래를 예견하고 있다.[6]

사실 보이트-캠프 검사는 정신분열증 환자를 구별하려는 목적으로 개발되었기 때문에 안드로이드 구별 과정에서 문제를 일으킬 수 있다. 인간 중에도 일부는 이 검사를 통과할 수 없다. 정신분열증 성향이 있는 인간은 안드로이드로 오인될 수 있다. 불행하게도 인간이지만 검사를 통과하지 못해 현상금 사냥꾼에게 죽을 수도 있는 것이다. 이것은 인간과 안드로이드를 구분하는 사실상의 방법이 없다는 것을 시사한다. 레이철과 같은 버전의 안드로이드인 프리스 스트래턴은 자신이 정신분열증 환자라고 주장하면서 이 검사의 진실성을 공격한다.

존 이지도어는 인간이지만 인간과 안드로이드 사이 경계에 있다. 그는 방사능 낙진의 영향으로 유전자가 왜곡되면서 최소한의 정신 능력 검사도 통과하지 못했다. 그래서 존은 '닭대가리'로 불린다. 그는 모조 동물을 수리하는 회사에서 일한다. 진짜 동물이 거의 없는 세계에서 진짜 동물을 키우고 있다는 환상에 부응하기 위해서 이 회사는 '동물병원'이라는 간판

6 튜링 테스트는 면접관의 사회적 지식을 기준으로 기계를 판정한다. 그런데 기계와 접촉이 많아지면 면접관은 변할 수 있고 판정도 달라질 수 있다. 11장 '인공지능과 인간'을 참조하라.

을 내걸고 영업한다. 어느 날 고양이를 의뢰받는데 그는 당연히 모조 고양이라고 생각했다. 고양이 주인(의 아내)은 고양이가 병이 나자, 동물병원에 맡긴 것이었다. 이지도어는 한번도 진짜 고양이를 본 적이 없었다.

존은 아파트 건물에 숨어든 안드로이드 프리스 스트래턴을 만난다. 그는 도망치는 안드로이드를 숨겨주고 돕는다. 존은 정상인과 함께 살지 못했기 때문에 안드로이드와의 교류가 즐거웠다. 존에게 인간과 안드로이드는 아무 차이가 없다. 존은 프리스를 사랑한다고 느꼈다. 처음으로 자신이 쓸모 있다는 사실을 자각했기 때문이다. "이제는 그들이 내게 의지하고 있어." 하지만 그의 행복도 잠시뿐이었다. 프리스가 아무 동요 없이 거미의 다리를 하나씩 잘라내는 것을 참을 수 없다. 존은 지능이 낮았지만 거미에 대한 감정에서 인간적(유기체적)이었다.

기계의 움벨트

릭에 대한 레이철의 태도는 모순적이다. 릭의 보이트-캠프 검사가 정확하기를 원하면서 동시에 릭이 안드로이드 사냥을 포기하기를 원한다. 그런데 릭은 레이철과 똑같은 안드로이드인 프리스를 처형한다. 레이철이 다른 현상금 사냥꾼과도 연인이었다는 것을 알고 화가 났기 때문이다. 그러자 레이철은 릭에게 복수하기로 한다. 릭의 아파트로 가서 릭이 가장 애착할 것으로 여겨지는 진짜 양을 옥상에서 떨어뜨려 죽인다. 릭은 생각했다. "그녀도 나름대로 이유 같은 걸 갖고 있었으니까. 안드로이드의 이유겠지."

과학저술가 도리언 세이건은 필립 딕이 안드로이드의 움벨트

(Umwelt, 환경세계)를 상상했다고 말한다.[7] 레이철은 움벨트를 가지고 있을까? 그는 실존 인물(로즌의 조카)의 기억을 모사한 인공 기억을 가지고 있다. 그리고 자신이 보이트-캠프 검사를 통과하지 못한다는 것을 인식한다. 레이철은 안드로이드 동료에게 공감을 느끼며 그들이 죽지 않기를 바란다. 릭이 그들을 죽이자 분노함으로써 안드로이드 동료에 대한 공감이 진정한 것임을 보여준다.

동물학자 윅스퀼에 따르면 진드기도 자신만의 움벨트를 가진다(7장). 진드기는 환경으로부터 겨우 몇 가지 신호를 포착하고 그것을 토대로 행동한다. 진드기의 후각과 촉각 신호로 그려낸 세계는 단순하다. 인간에게도 신호(sign)는 단어(word)보다 오래된 언어다.[8] 기계도 기계의 신호를 생산한다. 그렇다면 기계도 자신의 움벨트를 만들 수 있지 않을까? 레이철의 움벨트는 상상에 불과하지만, 현실의 기계가 움벨트를 가질 가능성을 진지하게 고려해보아야 하지 않을까?

소설가 마르셀 푸르스트(Marcel Proust)는 예술작품이 자신을 이해하는 대중(관객과 독자)을 생산한다고 주장했다.[9] 예술작품은 인간이 만든 인공물이며 일종의 기계이다. 무엇이 예술작품인지는 미리 결정되지 않는다. 그것이 자신의 대중을 생산하는지에 달려 있다. 예술작품은

---

7 윅스퀼(2010[1934])의 책에서 도리언 세이건의 서문 '윅스퀼 이후 움벨트'를 참조하라[14].

8 "당황한 사람의 얼굴이 붉어지며 그룹과의 관계에 대해 뭔가를 보여준다. 배우자가 바람을 피운다고 생각하면 남성이 정자를 더 많이 생산한다는 것은 신체 차원에서 의식적인 것이 아니라 무의식적인 기호증을 반영한다. 가려움은 곤충이 존재할 가능성을 의미하는데, 곤충을 흡혈하는 과정에서 병원균을 우발적으로 접종하여 진화적으로 충분히 치명적인 경우가 많았다. 감정과 느낌은 전언어 단계에서 의미를 갖는데 이는 진화의 역사를 통해 알 수 있다." [14]

자신의 대중을 만들어내면서 살아있는 존재가 된다. 인공지능은 예술 작품처럼 미학적 존재가 될 수 있을까?

생성형 인공지능 chatGPT는 사용자와의 대화를 기억한다. 기계가 인간사용자와의 대화로부터 학습하면서 한 번의 대화가 다음 대화의 내용을 제약한다면 어느 순간, chatGPT와 사용자 사이에서 핍진성(verisimilitude)[10]을 형성할 수 있다. 그것은 '기계의 움벨트'가 출현하는 전조일 수 있다. 사용자도 최초의 사용자가 아니라 기계와의 관계에서 변형된 존재가 되어간다. 그 기계가 생산한 새로운 사용자이다. 새로운 사용자가 늘어갈수록 그 기계는 정당화될 것이다. 미래는 여러 모습으로 분기할 수 있다.

브뤼노 라투르(2023)가 말했듯이 "식물이 태양으로부터 태양이 알지 못했던 가능성을 끌어내는 것처럼", 인간과 기계는 서로의 타자로서 그리고 서로의 '거울'로서 상대방을 새로운 방식으로 존재하게 할 수 있다. 이로써 미래의 가능성을 생산하고 지구 행성에서 (인간이든 기계이든) 자신을 발견하는 방법이 될 것이다. 조애나 러스의 말처럼 "가능하지 않지만 불가능하지도 않은" SF의 경로를 따라(15장), 우리는 인간과 기계의 새로운 경계를 상상할 수 있다.

---

9 "천재의 작품이 금세 찬탄을 받기가 어려운 것은, 그것을 쓴 천재 자신이 상규에 벗어나고 거의 모든 사람이 그와 비슷하지 않기 때문이다. 작품을 이해할 줄 아는 뛰어난 정신의 소유자를 만들어내어 그것을 길러내고 증식시키는 것은 그 작품 자체이다. 베토벤 사중주곡(제12·13·14·15번)은 그것을 이해하는 대중을 낳아 기르는 데에 50년이 걸렸다. (…) 그러므로 예술가는 자기 작품으로 하여금 제 길을 가게 하려면 그 작품을 꽤 깊은 곳, 먼바다와 머나먼 미래로 던져야 한다." [18]

10 핍진성이란 진실과 거짓의 구분이 분명하지 않을 때 관측자가 진실에 가깝다고 받아들일 수 있는 정도를 이르는 형이상학적 성질로, 주로 철학과 문학에서 사용된다[19].

참고문헌

1 Kristeva, Julia. 1986. "The System and the Speaking Subject". in Toril Moi(ed.), *The Kristeva Reader*, Basil Blackwell: Oxford. 24–33.

2 Kristeva, Julia. 1986. "Revolution in Poetic Language". in Toril Moi(ed.), *The Kristeva Reader*, Basil Blackwell: Oxford. 89–136.

3 줄리아 크리스테바. 1997.《언어, 그 미지의 것》, 김인환·이수미 옮김, 민음사.

4 Kapellidi, Charikleia. 2007. "The Speaking Subject in Communication: 'Subjectivity' and the (Gendered) Self", *CamLing* 2007:112–119.

5 새뮤얼 버틀러. 2018[1872].《에레혼》, 한은경 옮김, 김영사.

6 앨런 튜링. 2019.《앨런 튜링, 지능에 관하여》, 노승영 옮김, 에이치비프레스.

7 손일수. 2019. "생체권력과 19세기말 유토피아 문학의 전개『에레혼』『뒤를 돌아보며』『노웨어에서 온 소식』", 〈안과밖〉, 46: 39–66.

8 Brownsword, Roger. 2017. "From Erewhon to AlphaGo: For the Sake of Human Dignity, Should We Destroy the Machines", *Law, Innovation and Technology*, 9(1): 117–153.

9 Heidegger, Martin. 1977. 〈The Question Concerning Technology and Other Essays〉, trans. by William Lovitt, Garland Publishing, Inc.: New York & London.

10 아이작 아시모프. 2008[1950].《아이, 로봇》, 김옥수 옮김, 우리교육.

11 Freud, Sigmund. 2001[1917]. "A Difficulty in the Path of Psycho–Analysis", in *The standard edition of the complete psychological works of Sigmund Freud Vol. 17(1917-1919): An Infantile Neurosis and Other Works*, London : Vintage. pp. 137–144.

12 김지연. 2023.《인공지능과 인간: 자동인형과 GPT까지 공–생산을 향한 도전》, 드림미디어.

13 러셀·노빅(Russel, Stuart Jonathan & Peter Norvig). 2021.《인공지능 2, 현대적 접근방식(제4판)》, 류광 옮김, 제이펍.

14 Jakob von Uexküll. 2010[1934]. *A foray into the worlds of animals and humans*

: with A theory of meaning. translated by Joseph D. O'Neill, Minneapolis : University of Minnesota Press.

15 도나 해러웨이. 2019.《해러웨이 선언문 : 인간과 동물과 사이보그에 관한 전복적 사유》, 황희선 옮김, 책세상.

16 조애나 러스. 2020[1995].《SF는 어떻게 여자들의 놀이터가 되었나》, 나현영 옮김, 포도밭.

17 브뤼노 라투르. 2023.《존재양식의 탐구: 근대인의 인류학》, 황장진 옮김, 사월의책.

18 마르셀 푸르스트의《잃어버린 시간을 찾아서》중에서

19 셰릴 빈트, 마크 볼드. 2021.《SF 연대기: 시간 여행자를 위한 SF 랜드마크》, 송경아 옮김, 허블.

인터루트 헬라 세포 이야기

헬라 세포(HeLa cell)는 1951년 헨리에타 랙스(Henrietta Lacks)라는 자궁경부암 환자의 신체에서 적출되었다. 과학연구에서 가장 오래, 그리고 많이 사용한 세포주로 유명하다. 이 세포는 암세포이지만 여전히 정상 세포의 기본 특질을 갖고 있다. 뿐만 아니라 다른 세포와 달리 복제 후에도 늙지 않는다. 분열하는 동안 텔로머레이스(Telomerase)가 활성화되어 복제할 때마다 점진적으로 텔로미어(telomere)가 짧아지는 것을 방지하기 때문이다. "헬라 세포는 성실한 일꾼이었고 저렴했다". 그래서 과학자들은 세포의 단백질 생성 방식이나 화학약품에 대한 반응을 밝히기 위해 이 세포를 대량 주문했다. 헬라 세포는 정상 세포보다 훨씬 빨리 증식해 결과를 빨리 얻을 수 있었다.

과학작가 리베카 스클루트(Rebecca Skloot)는 헬라 세포의 주인, 헨리에타 랙스의 이야기를 10년 이상 추적했다.[1] 헬라 세포의 역사는 미국 사회에 내재하던 과학지식, 연구윤리, 인종, 계급에 관한 논쟁을 불러냈다. 당시 존스홉킨스대학 병원의 생물학자 조지 가이(George O. Gey)는 헨리에타의 세포를 증식하는 데 성공했고 세포주를 다른 과학자에게 무료로 배포했다. 관련한 연구윤리 규범이 없었고 환자와 그 가족에게 그 사실을 알리지 않았다. 이후 헬라 세포가 대량으로 필요해지자 관련 특허를 얻은 회사도 등장했다.

헨리에타 랙스의 가족들은 오랜 시간이 지난 뒤 대중 매체 기자를

---

1 리베카 스클루트. 2023. 《헨리에타 랙스의 불멸의 삶》, 김정현·김정부 옮김, 꿈꿀자유.

통해서 헬라 세포 이야기를 알게 된다. "존 홉킨은 우리에게 아무 정보도 안 줬어. 그것이 나쁘다는 소리야. 슬프기보다 나빠. 왜냐면 세포로 돈벌이를 해서 쉬쉬한 건지, 아니면 그냥 우릴 엿먹이려고 그런 건지 도통 모르겠거든(작은아들 소니)." "엄마 세포를 갖고 있는 사람 모두한테서 세포에 무슨 일이 있는지 알아내야 해(큰딸 데보라)."

가족들은 가난한 흑인이었고 먹고사는 일이 바빴다. 큰딸 데보라의 삶은 미국에서 흑인 여성이 겪는 참혹함을 대변한다. 그는 여러 질병에 시달렸고 주변 환경은 그를 정신적으로 불안하게 만들었다. 아마도 데보라의 삶은 헨리에타의 삶을 닮았을 것이다. 그는 아이들을 키우면서 어머니의 세포에 대해 공부했고 스클루트를 통해서 어머니와 자신의 이야기를 전했다.

랙스의 가족들은 헬라 세포가 특허 상품이 되어 자산 가치를 가진다는 소식을 알고 소송을 준비했다. 하지만 소송을 시작할 수 없었다. 유사한 사례로 존 무어(John Moore)의 소송 사례가 있다. 무어는 1976년 털세포 백혈병(hairy cell leukemia) 진단을 받은 후 UCLA 메디컬 센터(UCLA Medical Center) 의사 데이비드 골드(David Golde)의 치료를 받았다. 이후 무어의 암세포는 상업화된 세포주로 발전했다. 1990년 무어는 자신도 모르는 사이에 또는 동의 없이 자신의 세포주에서 파생된 제품이나 연구에서 얻은 이익에 대한 공유를 요구하는 소송을 제기했다. 캘리포니아 대법원은 병원 환자가 폐기한 혈액과 조직 샘플은 그의 재산이 아니며 상업적인 제품이나 세포에서 파생된 연구로 얻은 이익을 받을 권리가 없다고 판결했다.[2]

---

2 Wikipedia, "Moore v. Regents of the University of California"

로스앤젤레스 타임즈에 따르면, 무어는 나중에 UCLA와 이른바 '토큰 합의(token settlement)'에 서명했다. 매체는 UCLA가 그의 소송 비용에 해당하는 보상을 했을 것으로 추정했다. 헨리에타 랙스의 가족도 유사한 협의에 도달했다.[3] 헬라 세포를 상업적으로 제조·판매하는 회사 써모피셔(Thermo Fisher Scientific)와 랙스의 유가족은 비밀 협상에 합의했다.

사법적으로 신체에서 적출된 암세포는 사적 소유 대상이 되기 어렵다. 13세기 수립된 소유권의 기준에 따르면, (1) 인간이 도덕적으로 탁월한 삶을 누리기 위해 필수적으로 요청되거나 (2) 각 개인의 기술이나 노동과 부지런함으로 얻어진 것이다.[4] 신체에서 분리된 암세포는 두 가지 기준에 모두 해당하지 않는다. 암세포는 환자의 삶에 필수적이지 않다. 오히려 떼어버려야 할 것이다. 당연히 암세포는 노력하여 얻은 것도 아니다. 그러므로 이 기준에 따르면 헬라 세포는 소유권의 대상이 아니다. 오히려 암세포를 제조하거나 변형하여 상품화한 행위자는 두 번째 조건을 충족하므로 재산권을 보장받을 수 있다.

사법적 논리 안에서 신체에서 분리된 암세포의 원주인은 소유권이 없다. 그러나 갈증은 남는다. 사법 체제는 내적 논리에 따라 '공정한 결정'을 했지만, 뭔가 충분하지 않다. "어머니는 세상에서 제일 중요한 사람이라는데, 가족들은 가난에 허덕이고 있잖아. 엄마가 과학에 그렇게 중요하면 왜 우린 의료 보험도 없냐구?(큰아들 로런스)" 헬라 세포 이야

3 APnews, "Henrietta Lacks' family settles lawsuit with a biotech company that used her cells without consent" (2023. 08. 02)

4 신동룡. 2017. "13세기 중세 유럽의 소유권(Dominium)론에 대한 연구", 〈원광법학〉, 33(4), pp. 27–51.

기는 현재 사회 체제에서 기술적 결과에 관한 관리와 권한 문제를 다루는 데 결핍이 있다는 암시를 던진다.

생명공학 기술은 우리의 존재론을 변형하고 있다. 생명공학 기술 덕분에 헬라 세포는 생명의 다른 면모를 드러낼 수 있었다. 생명공학 기술은 인간 신체 내 세포를 신체와 분리된 상태에서도 살아있게 만들어 고유한 존재성을 부여했다. 이런 맥락에서 과학 교양은 단지 기계적 객관성과 더 많은 정보를 전달하는 데 만족하지 않아야 한다. 전통적인 체제가 미처 다루지 못한 존재의 영역을 다룰 수 있는 주체(시민)의 성장을 지원하는 것으로 눈길을 돌려야 한다.

윤리와 혁신이 만날 때, 난쟁이와 거인의 노래가 흐르는

이 책에서 연구윤리를 직접 다루지는 못했다. 그러나 과학의 서사와 존재론은 모두 윤리적 경로를 발견하려는 것이다. 과학과 예술이라는 두 문화 사이에 다리를 놓는다면 양자는 새로운 관점을 포용할 수 있고 이것은 과학의 윤리를 더 잘 조망하게 해줄 것이다. 과학 엘리트의 시야에서 대중의 관점으로 시점을 돌린다면 윤리적인 위험을 구별하는 역량을 높일 수 있다. 그로써 '거인'의 어깨 위에 서 있게 될 것이다. 그리고 과학의 역사에 내재한 성차별 문제를 이해한다면 미래 과학의 구성 방식을 전환할 수 있다. 그 외 주제에서도 근대문화의 이분법을 극복하고 타자와의 공존, 지구 행성적 관점을 만날 수 있다. 분리되어 있던 것을 연결하고, 망각된 것을 복원하는 것, 균열과 틈새를 발견하는 일은 윤리의 출발이다.

연구윤리, 지구족의 윤리

서론에서 말했듯이 '황우석 사건'은 우리에게 큰 상처를 남겼다. 황우석 연구팀은 분명 잘못을 범했지만, 개인의 잘못으로만 종결되어서는 안 된다. 대체로 증거 조작은 현실과 미현실 사이 경계에서 출현한다. 직접 증거를 조작한 연구원은 곧 성과가 나올 것이라 예감했을 것이고, 그 발견의 당사자가 자신이길 원했을 것이다. 흔하게 있을 수 있는 욕망이다. 황우석 연구팀은 업적 위주의 문화가 강했기 때문에 연구윤리에 취약했고 이로써 개별 연구원은 더 쉽게 일탈로 밀려갔을 것이다. 김근배의 《황우석 신화와 대한민국 과학(2007)》에 따르면 황우석 연구팀은 '군대문화' 또는 '공장식 연구' 문화를 가지고 있었다.

우리의 과학문화에 문제가 없지 않았다. 우리 사회도 황우석 팀의 일탈을 도왔다. 과학연구에 대한 환상이 강했고 연구성과를 압박하는 결과를 조장했다. 윤리적 허약함이 난쟁이도 거인도 함께 무너뜨린 것이다. 황우석 사건 이후 연구윤리를 강화하는 일이 우리에게 큰 과제로 남았다. 윤리는 분열된 세계를 연결하고 난쟁이와 거인을 성장하게 하는 받침돌이다.

그런데 자칫 강한 규제가 윤리를 담보할 것이라는 오해로 향하기 쉽다. 윤리는 규칙 강화로 달성할 수 없다. 16장에서 보았듯이 로봇 원칙은 잘 만들어진 윤리 규칙이었지만, 매번 파행을 만나곤 했다. 마찬가지로 인간에게 강한 규약을 부여하는 것으로 윤리 문제를 해결하려 한다면 난관에 빠질 것이다. 법적 규제를 강화하는 일은 편의적인 방법이지만 기술주의 오류와 같은 문제를 낳는다. 법적 규제는 연구자에게 행정업무와 보고업무를 늘리는 결과를 낳고 이는 연구자를 연구보다 연구 외 업무에 시달리게 할 것이다. 게다가 이런 방식은 의도적으로 일탈하는 행위자에게는 별 효력이 없고 다만 정상 행위자를 괴롭히고 혁신을 방해할 뿐이다.

그렇다면 어떻게 연구윤리를 보증할 수 있나? 이 질문은 향후 과학문화의 중요한 의제가 되어야 한다. 연구자 공동체의 민주적이고 자유로운 의사소통이야말로 연구윤리를 보증하는 핵심이다. 연구자 공동체가 권위주의 문화에 노출될 때 혁신이 일어나기 어렵고 연구 부정이 발생할 가능성이 커진다. 과학을 잘하기 위해서라도 민주적이어야 하는 것이다. 그리고 우리 문화가 과학이해와 과학 비평을 적절히 수행한다면 과학자 공동체가 연구윤리를 구현하는 일에 참여할 수 있다. 레이첼 카슨이 과학자와 전문가만이 아니라 일반 시민의 참여를 강조한 배경이다(8장). 이런 맥락에서 과학자와 대중의 상호 이해와 소통을 위해서 최근 '대중참여 과학연구(Public Participation Science Research, PPSR)' 방법이 주목받고 있다.

21세기 과학문화, 불확실성 관리

2000년 이후 과학문화는 대중과의 공동-생산으로 향하고 있다. 현대 과학연구는 대규모 연구투자가 필요한데 그 결과의 불확실성이 높고 이해관계의 상충이 격심해서 의사결정의 부담이 크다(4장). 그래서 과학정책은 대중참여 거버넌스 모델로 눈을 돌리고 있다. 과학의 확실성에 대한 망상을 유지하는 것으로는 과학연구의 품질을 달성할 수 없다는 것을 이제 안다. 과학기술학(STS) 연구자들은 과학연구를 과학자에 한정하는 대신 해당 문제에 관심 있는 모든 사람이 참여하여 불확실성을 공동 관리 함으로써 과학혁신과 민주주의를 동시에 달성할 것으로 기대한다.

2010년 이후 '과학 시민권(scientific citizenship)' 개념은 바로 이런 배경에서 등장했다. 과학시민권은 권리와 의무를 수반하는데, 그 권리로는 (1) 해당 지식과 정보에 접근할 권리 (2) 관련 사안에 참여할 권리 (3) 충분한 정보에 근거하여 동의 여부를 결정할 권리 (4) 의사결정의 범위를 개인으로 제한하지 않고 집단에 대한 위험의 총량까지도 문제 삼을 권리를 포함한다. 그리고 의무로는 (1) 자신의 안전을 확인하고 지식을 배우고 활용할 의무 (2) 다수의 의지에 참여하고 이를 수용할 의무 (3) 과학기술 시민의 문해 능력과 덕성을 실행할 의무를 진다.

세계경제포럼(WEF)도 과학 분야 핵심 키워드 중 하나로 '대중의 과학참여'를 꼽았다. 과학과 대중이 결합한다면 교육/숙련, 사회혁신, 다양성과 포용, 예술과 문화, 백신화, 팬데믹 대응, 기후 지표, 디지털 의사소통, 미디어/엔터테인먼트, 기후변화, 시민참여 주제에 기여할 수 있다. 각국 정부도 대중의 과학참여를 독려하고 있다. 영국 과학기술촉진위원회는 대중참여와 관련 전문인력 네트워크를 촉진하기 위해서, '대중참여 국가조정센터(NCCPE, 2008)'를 설치하여 대학 연구자들과 지역 대중과의 공동연구를 지원하고 있다. 유럽연합(EU)의 '호라이즌 2020 연구혁신 프로그램(Horizon 2020 Research and Innovation Program)'은 일반 대중에 의해 수행되거나 전문 과학자와 협력하여 진행하는 '시민과학(citizen science)'을 지원하고 있다.

미국은 '크라우드소싱 및 시민과학법(Crowdsourcing and Citizen Science Act, 2017)'을 제정하여, 대중참여가 과학 혁신과 관련이 있다는 것을 공식화했다. 미국과학진흥회(AAAS)는 정기적으로 '과학 소통하기 워크숍'을 개최하여 과학단체(기관)와 과학자에게 대중과의 소통 기회를 제공했다. 그동안 약 500회 이상의 과학 워크숍, 기후변화 커뮤니케이션, 과학기술 시민참여 위원회 프로그램에 18,000명 이상의 과학자와 공학자가 참여했다고 밝히고 있다.

‘공동-생산자’로 지위 전환

우리나라에서도 과학기술정보통신부는 2018년 〈과학문화산업 혁신 성장 전략〉을 발표하고, 과학문화산업 기반의 새로운 직업군과 과학문화 전문기업을 육성하며, 과학문화 기반의 연구개발을 확대하고 과학문화 분야에 대한 기업의 사회적 기여를 지원해왔다. 시민과학과 리빙랩 활동, 지역의 과학문화 활동도 성장했다. 우리나라 사람들은 과학 지식에 관심이 있고 참여 의지도 높은 편이다.

2020년 고려대 과학기술학연구소 설문 조사(홈페이지 참조)에 따르면 시민 인식은 더욱 적극적으로 변하고 있다. 응답자들은 1~3차 산업혁명의 주역으로 ‘기업가(38%)’와 ‘과학자(28.2%)’를 꼽았지만, 4차 산업혁명의 주역은 ‘시민(공동체)(51.7%)’이라고 생각했다. 시민이 사회혁신의 주체로 자기 자신을 지목한 것이다. 새로운 과학문화 정책은 시민(대중)의 지위를 단지 ‘정보 제공 대상자’에서 ‘공동-생산자’로 재고할 필요가 있다. 거인이 달라지면 난쟁이는 다른 것을 볼 수 있다.

찾아보기

ㅊ

ㅋ

ㅌ

ㅍ

ㅎ

기타

과학문화, 난쟁이와 거인의 노래

공기펌프부터 AI까지, 세계관의 변화를 가져온 16가지 과학 이야기

저　　자　김지연
발 행 인　김지영
발 행 처　자유아카데미
주　　소　경기도 파주시 회동길 37-42
　　　　　파주출판도시
전　　화　031-955-1321
팩　　스　031-955-1322
홈페이지　www.freeaca.com
전자우편　main@freeaca.com(대표)
　　　　　editor@freeaca.com(편집)
　　　　　crm@freeaca.com(영업)
등　　록　제406-2003-017호, 1980. 7. 12
제1판1쇄　2024년 8월 30일 발행

ISBN 979-11-5808-623-7 93400

이 저서는 2020년 대한민국 교육부와 한국연구재단의 지원을 받아 수행된 연구임
(NRF-2020S1A5B5A16083935)